Sistemas Prediais Hidráulicos e Sanitários

Projetos Práticos e Sustentáveis

Sistemas Prediais Hidráulicos e Sanitários

Projetos Práticos e Sustentáveis

Aline Pires Veról
Elaine Garrido Vazquez
Marcelo Gomes Miguez

- **Atendimento ao cliente: (11) 5080-0751 | faleconosco@grupogen.com.br**

- Direitos exclusivos para a língua portuguesa
  Copyright © 2019 (Elsevier Editora Ltda.) © 2021 (2ª impressão) by
  GEN | Grupo Editorial Nacional S.A.
  Publicado pelo selo **LTC | Livros Técnicos e Científicos Editora Ltda.**
  Travessa do Ouvidor, 11
  Rio de Janeiro – RJ – 20040-040
  www.grupogen.com.br

- Copidesque: Claudia Figueiredo
  Revisão tipográfica: Adriana Kramer
  Editoração Eletrônica: Thomson Digital

CIP-BRASIL. CATALOGAÇÃO-NA-FONTE
SINDICATO NACIONAL DOS EDITORES DE LIVROS, RJ.

V628s

Veról, Aline Pires
   Sistemas prediais hidráulicos e sanitários : projetos práticos e sustentáveis / Aline Pires Veról, Elaine Garrido Vazquez, Marcelo Gomes Miguez. - 1. ed. - [Reimpr.].- Rio de Janeiro: LTC, 2021.
   ; 24 cm.

   Inclui bibliografia e índice
   ISBN 9788535287431

1. Edifícios - Engenharia ambiental. 2. Instalações hidráulicas e sanitárias - Projetos e construção. I. Vazquez, Elaine Garrido. II. Miguez, Marcelo Gomes. III. Título.

| 18-53454 | CDD: 628 |
| | CDU: 628 |

Dedicatória

A nossos filhos Carolina Veról Miguez,
Maria Eduarda de Paiva Miguez e Rafael Vazquez Moraes.

Agradecimentos

A publicação deste livro é a materialização de uma parte importante de nosso caminho profissional e acadêmico. Colocamos nas páginas que se seguem um material que consideramos importante, não trivial, mas, ao mesmo tempo, simples, sobre como realizar projetos de sistemas prediais hidráulicos e sanitários, com um olhar sustentável e compreendendo as inter-relações da edificação com o ambiente urbano. Tivemos o cuidado, durante esta trajetória, de buscar nos aproximar do leitor, imaginando como abrir caminhos, permitindo a construção do conhecimento, com discussões e exemplos, tentando antecipar cada dúvida que poderia ser gerada, e como saná-la da melhor forma em nosso texto. Cada linha escrita foi feita com rigor, no intuito de ter um livro completo, útil e moderno ao alcance de todos os estudantes e profissionais que se interessam pelo tema.

Para que esse resultado fosse possível, vencendo todas as dificuldades, tivemos ao nosso lado pessoas muito especiais, que nos ajudaram a superar os obstáculos e, mais do que tudo, nos deram força para não desistir. Nesse sentido, é com muito carinho que agradecemos às alunas da Faculdade de Arquitetura e Urbanismo da UFRJ, Ana Luzia Leandro Argôlo, Ariane Pereira da Silva, Domitila Velasco Vanzillotta e Mylenna Linares Merlo, pela companhia constante, pela dedicação e auxílio nos exemplos e belas imagens que ilustram esta obra, mas, sobretudo pela força, alegria e brilho no olhar, sempre que encerrávamos alguma etapa. Também agradecemos aos alunos que estiveram conosco em algumas etapas específicas desta obra, mas cujo auxílio foi fundamental para a realização de um trabalho de qualidade, Amanda Oliveira da Silva, Aline Lima de Sousa, Gustavo Lennon da Silva, Julia Almeida Celles Cordeiro, Larissa de Almeida Monteiro e Nathally de Almeida Rosário, do curso de Arquitetura e Urbanismo da UFRJ e Amanda Santos Souza, Carolina Fernandes Cunha, Matheus da Silva Dias e Thayná Farias Ramos, do curso de Engenharia Civil da UFRJ. Também agradecemos ao Arquiteto e Urbanista Davi Melo, pela contribuição na produção do material complementar online.

Ao Professor Assed Naked Haddad, que aceitou escrever o prefácio deste livro, nosso sincero agradecimento.

Aqui também deixamos um agradecimento especial à Escola Politécnica e à Faculdade de Arquitetura e Urbanismo da UFRJ, nossa instituição, pela oportunidade de exercermos nossa profissão como professores e pesquisadores. Aos nossos colegas de profissão, também deixamos nosso agradecimento.

De forma não menos importante, também agradecemos às nossas famílias e amigos mais próximos, que estiveram presentes e acompanhando, com compreensão e incentivo, os esforços que, muitas vezes, ocuparam momentos de nossa vida pessoal.

Por fim, deixamos ainda um agradecimento muito especial à Editora Elsevier, que acreditou em mais um projeto, permitindo que esta obra chegasse a tantos estudantes.

Aline Pires Veról
Elaine Garrido Vazquez
Marcelo Gomes Miguez

Apresentação

As edificações compõem uma parte fundamental de qualquer cidade, junto com as redes de infraestrutura e com o sistema de espaços livres. Um edifício, por sua vez, é constituído de vários sistemas inter-relacionados, classificados de acordo com suas funções. Ao projetar um edifício, este estará conectado às várias redes que provêm serviços essenciais para o seu funcionamento, sem os quais não seria possível cumprir a função "habitar" de forma saudável. Os sistemas prediais são agentes dessa conexão e relação com as redes de infraestrutura das cidades: os sistemas prediais de água fria e água quente se conectam com a rede de abastecimento de água, que disponibiliza este recurso para a edificação; o sistema predial de esgoto sanitário se conecta com a rede urbana de esgotos domésticos, dando destino aos efluentes gerados; o sistema predial de águas pluviais descarrega suas contribuições na rede de drenagem urbana; o sistema predial elétrico recebe energia do sistema público, o mesmo ocorrendo com gás, incêndio, telefonia, internet, TV a cabo etc.

A partir da crescente urbanização experimentada nos últimos dois séculos, ocorreu uma maior demanda por serviços e qualidade de vida urbana, aumentando a preocupação com o desempenho dos sistemas prediais. Esses sistemas vêm ganhando uma importância tecnológica considerável, sendo contemplados com recomendações, restrições e demandas sustentáveis nos códigos de edificações das principais cidades do mundo. Fez-se necessária, portanto, uma revisão da estruturação de todos esses sistemas, de modo a garantir um desempenho com padrões cada vez mais elevados. Neste livro, em particular, serão abordados os Sistemas Prediais Hidráulicos e Sanitários (SPHS), definidos como o conjunto de componentes com finalidade de conduzir a água potável para o consumo, permitir sua utilização de forma conveniente, recolher de forma adequada após o uso e encaminhar ao sistema de coleta disponível e também captar e encaminhar de forma segura as contribuições das águas da chuva, englobando desta forma, os sistemas prediais de água fria e água quente, de esgoto sanitário e de águas pluviais. Cada sistema componente de uma edificação, de forma intrínseca, é indispensável para a sua composição, e diversas interações ocorrem entre eles, de tal forma que o produto final deve apresentar uma harmonia funcional e compatibilizada. Arquitetura, estruturas e sistemas prediais compõem uma tríade que define a qualidade e funcionalidade da edificação.

No contexto da integração com os sistemas urbanos, além do uso racional da água, os edifícios sustentáveis também podem empregar tecnologias alternativas, que transformam água antes descartada em utilizável para fins não potáveis. Nesse caso, o reúso de águas servidas e o aproveitamento das águas de chuva se encaixam como possibilidades. É importante ressaltar, portanto, que, além de benefícios para a própria edificação, essas ações revertem em ambientes urbanos mais saudáveis. Ainda neste contexto, medidas de adaptação, para incremento da resiliência das cidades aos eventos de inundação, por exemplo, incluem ações em nível de lote para um manejo mais sustentável das águas pluviais. A possibilidade de recompor o ciclo hidrológico, com o favorecimento da implantação de medidas compensatórias de infiltração e retenção, em nível local e distribuído sobre a bacia, auxilia a manter o desenvolvimento urbano com baixos níveis de impacto hidrológico. As águas retidas da cobertura, por sua vez, podem ser aproveitadas para usos não potáveis (rega de jardim, lavagem de pisos, reserva técnica de incêndio), diminuindo a demanda de água potável dos sistemas públicos de abastecimento e gerando economia, tanto pela diminuição do consumo, quanto por evitar que o excedente de escoamento superficial produzido pelos lotes, de forma descontrolada, favoreça o processo de agravamento de inundações e gere diversas perdas correlatas.

Este livro, "Sistemas Prediais Hidráulicos e Sanitários: Projetos Práticos e Sustentáveis", coloca em discussão a concepção do projeto desses sistemas prediais, considerando sua inter-relação com os demais projetos, como os de arquitetura e de estruturas, com foco nos sistemas prediais de água fria, água quente, esgoto sanitário e águas pluviais. Busca ainda situar a edificação no contexto de sua inserção na cidade, como célula de um tecido urbano que pretende ser sustentável. Os assuntos serão organizados em suas diferentes vertentes, proporcionando ao leitor mais do que um manual de cálculo — o livro pretende oferecer uma visão integrada e sistêmica dos projetos, que faz pensar nos resultados para o edifício e nos seus desdobramentos para a cidade, construindo também uma discussão que relaciona soluções de projetos com aspectos construtivos práticos, integrando essa proposta com o viés da sustentabilidade. Assim, sem perder de vista a concepção e o cálculo dos projetos dos diferentes sistemas, discutem-se as várias inter-relações entre sistemas e destes com a cidade, apresentam-se exemplos práticos passo a passo e a própria apresentação de projetos, com seus requisitos, aparece como tema, na parte final do livro.

Prefácio

Em tempos modernos que a escrita em geral tem sido muitas vezes banalizada e reduzida em qualidade e focada na quantidade a escrita de um livro que valha a pena ser lido é em geral uma atividade que exige muita dedicação e conhecimento. Ao leitor hoje em dia cabe muito mais saber discernir o que ler e distinguir entre os temas que mereceram sua atenção do quer ler indiscriminadamente qualquer material sem ter realizado uma escolha precisa e detalhada. Um livro técnico pressupõe organização, detalhamento e profundidade na abordagem dos tópicos que aborda.

O presente trabalho dos autores aborda um tema importante dentro da área de Engenharia, Arquitetura e Construção: os sistemas prediais hidráulicos e sanitários. Estes sistemas têm crescente importância nos dias atuais e dentro da perspectiva da sustentabilidade de sistemas se apresenta como opção muito relevante aos que necessitam trabalhar neste tema de forma segura, com informação precisa, atual, objetiva e estruturada. A escolha dos temas que compõem os capítulos do livro segue uma lógica que permite ao leitor se apropriar dos conhecimentos de forma segura, indutiva e partindo do geral ao particular. A sequência adotada pelo texto leva em conta o caminhar natural dos estudos e projetos em sistemas prediais: inicialmente os conceitos teóricos são apresentados, a seguir os elementos de dimensionamento e detalhamento destes sistemas, materiais utilizados, normas técnicas e detalhamentos de projetos.

O livro cobre os sistemas prediais de água fria e quente, os sistemas prediais de esgotos sanitários e de água pluvial, seus projetos com os requisitos para sua elaboração e procedimentos de aprovação. Além disto, aborda as patologias existentes nestes sistemas e sua caracterização. Muito oportunamente também desenvolve os conceitos de sustentabilidade em sistemas prediais, sua atualidade e necessidade. A escolha dos tópicos a abordar e seu desenvolvimento capacita o leitor a desenvolver o conhecimento no assunto e muito necessariamente oportuniza informação nova, corrente, baseada em normas técnicas e conhecimentos científicos de maneira equilibrada e em desejável nível de profundidade. O equilíbrio entre os temas apresentados, sua completude e aderência permite ao leitor o desenvolvimento de projetos de sistemas prediais hidráulicos e sanitários de maneira completa, sustentável e com qualidade.

Os novos desafios de projeto e execução na Engenharia e Arquitetura levam os profissionais envolvidos nestes trabalhos a necessidade de deter conhecimentos gerais e específicos dos temas em que devem atuar. O conhecimento dos conceitos de sustentabilidade, segurança e sistemas é central na compreensão dos problemas inerentes desta área de atuação. Profissionais e estudantes se encontram na necessidade de aprender, manter e desenvolver conhecimentos de forma a poder atuar profissionalmente de forma segura e precisa. Os conhecimentos em sistemas prediais devem permitir a execução de projetos sustentáveis, com economia e tecnicamente sólidos para atender uma sociedade que demanda por isto.

Os autores deste livro de "Sistemas Prediais Hidráulicos e Sanitários: Projetos Práticos e Sustentáveis", Aline Pires Veról, Elaine Garrido Vazquez e Marcelo Gomes Miguez, são professores e engenheiros e cada um deles detém tanto pelo exercício Profissional específico como pela atividade acadêmica conhecimento especializado nos temas em que se dedicam. Seu perfil profissional os qualifica para apresentarem aqui as questões de sistemas prediais hidráulicos e sanitários com a necessária *expertise* e compor um livro que apresenta os pontos centrais do tema, que é atual e suficientemente profundo para atender profissionais, estudantes e interessados no assunto de forma plena e com sua abordagem especial.

Assed Naked Haddad
Professor Titular
Escola Politécnica
Universidade Federal do Rio de Janeiro

Os Autores

Aline Pires Veról é Professora da Faculdade de Arquitetura e Urbanismo da UFRJ desde 2014, Professora Colaboradora do Programa de Pós-Graduação em Arquitetura (PROARQ-FAU/UFRJ) desde 2014 e do Programa de Engenharia Civil-COPPE/UFRJ desde 2016. É coordenadora do Laboratório de Sistemas Urbanos e Prediais da FAU/UFRJ. Vice-líder do grupo de pesquisa CNPq Manejo de Águas Pluviais Urbanas e Cidades Sustentáveis. Adicionalmente, participa de outros grupos de pesquisa do CNPq: Gestão de Riscos de Cheias e Resiliência Urbana e AMBEE FAU UFRJ.

Engenheira Civil, formada pela própria UFRJ, em 2006, obteve, na mesma Instituição, os títulos de Mestre (2010) e Doutora (2013) em Ciências em Engenharia Civil, na área de Recursos Hídricos, pela COPPE/UFRJ. Sua Tese foi agraciada com o *IV Prêmio Oscar Niemeyer 2014*, promovido pelo CREA-RJ. Participou, no âmbito de seu Doutorado, de intercâmbio científico em atividades de pesquisa na *Universidad Politécnica de Madri* (Espanha) e no *Centro Italiano per la Riqualificazione Fluviale/CIRF* (Itália), por conta de um projeto de cooperação técnica e de pesquisa entre a UFRJ e a Comunidade Europeia, intitulado *Semillas REd Latina Recuperación Ecosistemas Fluviales y Acuáticos* (Sementes de uma Rede Latino-Americana para a Recuperação de Ecossistemas Fluviais e Aquáticos) – SERELAREFA, financiado pelo programa europeu UE FP7-PEOPLE IRSES 2009.

Atuou como Engenheira Civil na ENEL Brasil de 2008 a 2010, tendo trabalhado como Engenheira Hidráulica na Itália de abril a julho de 2009; foi sócia da empresa AquaFluxus Consultoria Ambiental em Recursos Hídricos, então residente da Incubadora de Empresas da COPPE/UFRJ de 2011 a 2013. Ingressou como docente na Faculdade de Arquitetura e Urbanismo da UFRJ em 2014, onde leciona o conteúdo de sistemas prediais hidráulicos e sanitários no âmbito de um ateliê integrado, em que há forte interação entre os projetos de arquitetura, paisagismo, estruturas e sistemas prediais. Também leciona a disciplina Saneamento Urbano, considerando a articulação do ambiente natural e construído, com objetivo combinado de melhoria da qualidade ambiental e de valorização do espaço urbano. Na pós-graduação atua nas linhas de pesquisa "Manejo Sustentável da Água em Edificações" e "Manejo de Águas Urbanas para Cidades mais Resilientes".

É coautora do livro Drenagem Urbana: Do Projeto Tradicional à Sustentabilidade (Editora Elsevier) publicado em 2015 e premiado no 58º Prêmio Jabuti (2016) com o 3º lugar, categoria "Engenharias, Tecnologias e Informática" e do livro Gestão de Riscos e Desastres Hidrológicos" (Editora Elsevier), publicado em 2017.

É revisora dos periódicos Landscape and Urban Planning (Elsevier), Cities (Elsevier) Sustainability (Basel), Urban Water Journal (IWA) e Water (MDPI). Tem experiência na área de Engenharia Civil, com ênfase em Recursos Hídricos e Saneamento, atuando, principalmente, nos seguintes temas: Sistemas Prediais Hidráulicos e Sanitários, Saneamento Básico, Drenagem Urbana Sustentável.

Elaine Garrido Vazquez é Professora da Escola Politécnica da UFRJ desde 2006, Professora do Programa de Engenharia Urbana PEU/UFRJ desde 2008. Participa de quatro grupos de pesquisa do CNPq: Gestão de Riscos de Cheias e Resiliência Urbana – UFRJ/FAU, Laboratório de Projetos Urbanos

Sustentáveis - UFRJ, Manejo de Águas Pluviais Urbanas e Cidades Sustentáveis - UFRJ e Sustentabilidade Ambiental Urbana - UFRJ.

Engenheira Civil, formada pela própria UFRJ, em 1995, obteve, na mesma Instituição, os títulos de Mestre (1998) e Doutora (2004) em Ciências em Engenharia Civil, na área de Estruturas, pela COPPE/UFRJ. Participou, no âmbito de seu Mestrado e Doutorado do trabalho de cooperação técnica entre a COPPE/UFRJ e o Instituto Superior Técnico de Lisboa, desenvolvido no âmbito do projeto de Cooperação Internacional do CNPq/ICCTI, "Sistemas Construtivos em aço e materiais compósitos".

Entre 1999 e 2005 atuou com Engenheira Civil na empresa Santiago Empreendimentos Imobiliários Ltda, como responsável técnica (PREO) em diversos empreendimentos de edificações multifamiliares. Ingressou como docente na Escola Politécnica, no curso de Engenharia Civil, em 2006, ministrando desde então, as disciplinas de Sistemas Prediais II, Arquitetura e Conforto Térmico nas Edificações. Desde 2009, participa da pós-graduação no Programa de Engenharia Urbana da POLI, ministrando as disciplinas, Conforto no Ambiente Construído e Sustentabilidade nas Edificações. Foi Coordenadora do Curso de Engenharia Civil (2010-2012), Diretora de Ensino e Cultura da Escola Politécnica (2012-2014), Vice Diretora da Escola Politécnica (2014 – 2017), ambos da UFRJ. Participou de duas atividades internacionais de destaque. Bolsista da Fundação Carolina no Programa de Mobilidade de Professores de Universidades Públicas Brasileiras (2009), para desenvolver um trabalho de pesquisa sob o tema – Sustentabilidade da Construções: Técnicas e Tecnologias para Eficiência Energética e Conforto Térmico no Ambiente Construído (UPM – Madri). Colaborou com o Consórcio Brasil envolvendo as principais Universidades Públicas Brasileiras (UFSC, USP, UFRJ, Unicamp, UFRGS e UFMG) para participação na competição Internacional - Solar Decathlon Europe 2010 - Madri , com o projeto da Casa Solar Flex.

É revisora dos periódicos International Journal of Sustainable Development and Planning (WIT) e da revista Pesquisa em Arquitetura e Construção (PARC).

Tem experiência na área de Engenharia Civil, com ênfase em Construção Civil, atuando, principalmente, nos seguintes temas: Sustentabilidade na Construção Civil, Sistemas Prediais Hidráulicos e Sanitários, Conforto Térmico, e Técnicas Compensatórias Sustentáveis com foco na Drenagem Urbana (Pavimentos Permeáveis e Telhados Verdes).

Marcelo Gomes Miguez é professor da Universidade Federal do Rio de Janeiro (UFRJ), desde 1998. Engenheiro Civil, formado pela própria UFRJ, em 1990, obteve, na mesma Instituição, os títulos de Mestre (1994) e Doutor (2001) em Ciências em Engenharia Civil, na área de Recursos Hídricos. Sua tese de Doutorado apresentou um modelo matemático para a simulação de cheias em áreas urbanas e recebeu um dos prêmios da Associação das Empresas de Engenharia do Rio de Janeiro AEERJ, em 2002, relativo ao triênio 1999-2001. Teve também um projeto de recém-doutor premiado pela Fundação José Bonifácio, no Programa Antônio Luís Vianna, de 2001, quando propôs a incorporação do efeito de resíduos sólidos no escoamento de cheias urbanas e um tratamento hidráulico-hidrológico distribuído para bacia urbana. A partir de sua tese e pesquisas seguintes, desenvolveu e formalizou o modelo matemático chamado MODCEL, que teve registro de obra intelectual junto ao CONFEA, com nº. 1463. Esse modelo vem sendo utilizado em problemas de cheias urbanas, na UFRJ, tendo sido a principal ferramenta do projeto Modelagem Matemática de Cheias Urbanas, através de Células de Escoamento, como Ferramenta na Concepção de Projetos Integrados de Combate a Enchentes (2002-2004) desenvolvido junto a FINEP, no Edital de Gerenciamento Urbano Integrado de Recursos Hídricos 03/ 2002 (CT-HIDRO-GURH). Esse estudo, coordenado por Miguez, focou no diagnóstico e avaliação integrada de problemas de cheias urbanas e possíveis soluções. Cenários de modelação matemática permitiram combinar concepções tradicionais e novas abordagens, com atuações distribuídas na bacia do Rio Joana/RJ. Foi Chefe dos Departamentos de Construção Civil (2011-2013) e do Departamento de Engenharia de Transportes (2005-2007), da Escola Politécnica da UFRJ. Foi Coordenador do Curso de Engenharia Civil (2007-2010) e Vice-Coordenador do Programa de Pós-Graduação de Engenharia Ambiental (2010-2011), ambos da UFRJ. Miguez atua no contexto da pós-graduação da UFRJ também no Programa de Engenharia Civil, do Instituto Alberto Luiz Coimbra-COPPE, e no Programa de Engenharia Urbana, da Escola Politécnica. Em sua atuação acadêmica, desenvolve atividades de pesquisa, em projetos nacionais e cooperações internacionais, envolvendo, principalmente, o diagnóstico de cheias, hidrologia urbana, concepção de projetos integrados de sistemas de drenagem urbana sustentável, hidráulica fluvial, modelagem hidráulica computacional e simulação de ondas de ruptura de barragem, entre outros. Atua também como consultor e responsável técnico em projetos desenvolvidos pela Fundação Universitária COPPETEC. É pesquisador do CNPq, Editor Associado do Journal of Urban Planning and Development, da American Society of Civil Engineering (ASCE) e Assessor da revista Municipal Engineer, da Institution of Civil Engineers (ICE). Foi nomeado em 24/02/2011 para compor a Comissão Brasileira para Programas Hidrológicos Internacionais (PHI) da UNESCO, a COBRAPHI, como representante em recursos hídricos da região Sudeste do Brasil, para o triênio 2011-2014. Participa ainda do Grupo de Águas Urbanas, da UNESCO, para a América Latina e Caribe. Atuou em projeto internacional, em conjunto com o Centro Italiano de Requalificação Fluvial e a Universidade Politécnica de Madri, formando um grupo de pesquisa no âmbito do Programa FP7 IRSES PEOPLE 2009, da Comunidade Européia, envolvendo também parceiros do Chile e México. O projeto SERELAREFA SEmillas REd LAtina Recuperación Ecosistemas Fluviales y Acuáticos teve o objetivo de lançar as bases para uma rede latino-americana de recuperação fluvial. Miguez também coordenou, pela UFRJ, um grupo de pesquisa inserido na chamada FINEP para Saneamento Ambiental e Habitação, no tema Manejo de Águas Pluviais. Esse projeto buscou avaliar e desenvolver técnicas compensatórias para minimização dos efeitos das cheias urbanas e discutir a integração de ferramentas de Engenharia Civil com aspectos de Arquitetura e Urbanismo, na produção de um ambiente urbano equilibrado e sustentável em longo prazo.

Material Suplementar

Este livro conta com os seguintes materiais suplementares:

- Para leitores e docentes:

  CadernodeQuestões_A3, arquivo em (.pdf).
  Projeto_AF_AQ_A1, arquivo em (.pdf).
  Projeto_AP_ A1, arquivo em (.pdf).
  Projeto_CadernoComplementarA3, arquivo em (.pdf).
  Projeto_ES_ A1, arquivo em (.pdf).
  ProjetoCompleto_REVIT_Parte1, conjunto de arquivos em (.zip).
  ProjetoCompleto_REVIT_Parte2, conjunto de arquivos em (.zip).
  Pranchas ilustrativas_Sistema Predial de AF-AQ, arquivo em (.pdf).
  Pranchas ilustrativas_Sistema Predial de ES, arquivo em (.pdf).
  Pranchas ilustrativas_Sistema Predial de AP, arquivo em (.pdf).

  - O acesso ao material suplementar é gratuito. Basta que o leitor se cadastre e faça seu *login* em nosso *site* (www.grupogen.com.br), clicando em GEN-IO, no *menu* superior do lado direito.

  - *O acesso ao material suplementar online fica disponível até seis meses após a edição do livro ser retirada do mercado.*

  - Caso haja alguma mudança no sistema ou dificuldade de acesso, entre em contato conosco (gendigital@grupogen.com.br).

GEN-IO (GEN | Informação Online) é o ambiente virtual de aprendizagem do GEN | Grupo Editorial Nacional

Sumário

CAPÍTULO 1

Introdução

Conceitos apresentados neste capítulo

Este capítulo introduz a proposta deste livro *Sistemas Prediais Hidráulicos e Sanitários: Projetos Práticos e Sustentáveis*, que coloca em discussão a concepção do projeto desses sistemas prediais, considerando sua inter-relação com os demais projetos, como os de arquitetura e de estruturas, com foco nos sistemas prediais de água fria, água quente, esgotamento sanitário e águas pluviais. Busca ainda situar a edificação no contexto de sua inserção na cidade, como célula de um tecido urbano que pretende ser sustentável. Os assuntos serão organizados em suas diferentes vertentes, proporcionando ao leitor mais do que um manual de cálculo — o livro pretende oferecer uma visão integrada dos projetos, que faz pensar nos resultados para o edifício e nos seus desdobramentos para a cidade, construindo também uma discussão que relaciona soluções de projetos com aspectos construtivos práticos. Assim, neste primeiro capítulo, serão abordadas questões mais gerais, situando a proposta do livro como um todo, no qual se considera o desenvolvimento de projetos integrados e sistêmicos, buscando interagir com uma discussão que engloba o viés da sustentabilidade.

1.1 EDIFICAÇÃO, SISTEMAS PREDIAIS E SUA RELAÇÃO COM A CIDADE

As edificações compõem uma parte importante de qualquer cidade, junto com as redes de infraestrutura e com o sistema de espaços livres. Um edifício, por sua vez, é constituído de vários sistemas inter-relacionados, classificados de acordo com suas funções. Ao projetar um edifício, este estará conectado às várias redes que conduzem a serviços essenciais para o seu funcionamento, sem as quais não seria possível cumprir a função "habitar" de forma saudável. Os sistemas prediais são exemplos dessa relação com as redes de infraestrutura das cidades: os sistemas prediais de água fria e água quente se conectam com a rede de abastecimento de água; o sistema predial de esgoto sanitário se conecta com a rede urbana de esgotos domésticos; o sistema predial de águas pluviais descarrega seus efluentes na rede de drenagem urbana; o sistema predial elétrico depende do fornecimento de energia do sistema público, o mesmo ocorrendo com gás, telefonia, internet, TV a cabo etc.

Um sistema é um conjunto de dois ou mais elementos inter-relacionados de algum modo. São necessários a integração e o entendimento entre os vários processos que envolvem um sistema, já que, frequentemente, seus diversos segmentos carecem de intercâmbio de informações.

Cada sistema componente de uma edificação, de forma intrínseca, é indispensável para a sua composição, e diversas interações ocorrem entre eles, de tal forma que o produto final deve apresentar uma harmonia funcional.

1.1.1 Sistemas Prediais Hidráulicos e Sanitários (SPHS)

A partir da Revolução Industrial e da crescente urbanização, ocorreu um maior desenvolvimento dos sistemas prediais e, consequentemente, aumentou a preocupação com seu desempenho. A partir desse período, esses sistemas ganharam uma importância tecnológica considerável, sendo contemplados nos códigos de edificações das principais cidades do mundo. Fez-se necessária, também, uma estruturação de todos os sistemas, exigindo uma interação entre si, de modo a garantir um desempenho minimamente adequado. Em linhas gerais, pode-se dizer que os de água fria e água quente, de esgoto sanitário, de águas pluviais, de incêndio, de gás, elétricos e de telefonia são os mais comuns. Neste livro, em particular, serão abordados os *Sistemas Prediais Hidráulicos e Sanitários* (SPHS), englobando os sistemas prediais de água fria e água quente, de esgoto sanitário e de águas pluviais.

Os SPHS podem ser definidos como o conjunto de componentes com finalidade de conduzir a água potável para o consumo, permitir sua utilização de forma conveniente, recolher de forma adequada após o uso e encaminhar ao sistema de coleta disponível.

O sistema predial de água fria constitui-se no conjunto de tubulações, equipamentos, reservatórios e dispositivos destinados ao abastecimento dos aparelhos e pontos de utilização de água da edificação, em quantidade suficiente, mantendo a qualidade da água fornecida pelo sistema de abastecimento. O sistema predial de água quente se deriva deste, e tem por objetivo proporcionar maior conforto ao usuário. O funcionamento desse sistema está ligado ao abastecimento público de água, que, por sua vez, depende da disponibilidade hídrica. A questão da escassez hídrica passou, recentemente, a ser levada em consideração no projeto dos sistemas hidráulicos e sanitários. Surgem, assim, os edifícios que empregam tecnologias sustentáveis. O emprego de sistemas hidráulicos que utilizem aparelhos economizadores de água, por exemplo, permite o uso racional da água. Dentre as principais vantagens, podem ser citadas: a economia de água, dado que o volume não utilizado permanece disponível para uso posterior; a consequente menor geração de esgoto sanitário; e a economia na conta de água do usuário.

O sistema predial de esgoto sanitário, por sua vez, é o conjunto de tubulações e acessórios destinados a coletar e transportar o despejo proveniente do uso da água para fins higiênicos, garantindo o encaminhamento dos gases para a atmosfera e evitando seu retorno aos ambientes sanitários.

O sistema predial de águas pluviais também é um sistema de esgotamento no sentido literal, uma vez que se destina ao recolhimento e à condução das águas que se originam a partir das chuvas nos telhados e áreas descobertas da edificação e a sua posterior descarga no sistema público de drenagem urbana. A captação dessas águas tem como principal finalidade permitir o escoamento, evitando empoçamento e infiltração na edificação, com consequente degradação.

No contexto da integração com os sistemas urbanos, além do uso racional da água, os edifícios sustentáveis também podem empregar tecnologias alternativas, que transformam água antes descartada em utilizável para fins não potáveis. Nesse caso, o reúso de águas servidas e o aproveitamento das águas de chuva se encaixam como possibilidades. O reúso se baseia no tratamento de esgoto sanitário proveniente de aparelhos como lavatórios e chuveiros, por exemplo, de modo a melhorar as características desse recurso a ponto de utilizar essa água para fins não potáveis. Já o aproveitamento de água de chuva consiste em coletar as águas pluviais de coberturas e tratá-las adequadamente, também para uso em fins não potáveis, como seria o caso da lavagem de pisos, rega de jardins, dentre outros (como previsto na NBR 15.527:2019, *Aproveitamento de água de chuva de coberturas para fins não potáveis — Requisitos* (ABNT, 2019), que fornece os requisitos para o aproveitamento de água de chuva de coberturas em áreas urbanas para fins não potáveis). Novas tecnologias, como telhados e paredes verdes, podem auxiliar no controle dos escoamentos pluviais e reduzir a temperatura interna da edificação, diminuindo o consumo de energia. Essas tecnologias se somam a detalhes do projeto arquitetônico tradicional, como cuidados com a ventilação e a iluminação natural, uso de cores adequadas, entre outros, valorizando a busca por edificações mais eficientes. Além disso, é importante observar que, além de benefícios para a própria edificação, essas ações revertem em ambientes urbanos mais saudáveis.

Medidas de adaptação, para incremento da resiliência das cidades aos eventos de inundação, incluem ações em nível de lote para um manejo mais sustentável das águas pluviais. A possibilidade de recompor o ciclo hidrológico, com o favorecimento da implantação de medidas compensatórias de infiltração e retenção, em nível local e distribuído sobre a bacia, auxilia a manter o desenvolvimento urbano com baixos níveis de impacto hidrológico. As águas retidas, por sua vez, podem ser aproveitadas para usos não potáveis, diminuindo as demandas dos sistemas públicos de abastecimento e gerando economia, tanto pela diminuição do consumo, quanto por evitar que o excedente de escoamento superficial produzido pelos lotes, de forma descontrolada, favoreça o processo de agravamento de inundações e gere diversas perdas correlatas.

1.1.2 Projeto Arquitetônico e sua Relação com Sistemas Prediais Hidráulicos e Sanitários

Os sistemas prediais compõem o conjunto de sistemas que constituem a edificação. Devem ser integrados ao projeto de arquitetura e, consequentemente, ao sistema construtivo definido (concreto armado, alvenaria estrutural, aço), bem como ao projeto de estruturas, de tal forma que o produto final apresente a harmonia funcional esperada pelo usuário.

Os sistemas agregam inúmeros componentes, e a avaliação do desempenho de cada um deles, e do edifício como um todo, vem se tornando cada vez mais detalhada e complexa. A NBR 15.575-6, *Edificações Habitacionais — Desempenho Parte 6: Sistemas Hidrossanitários* (ABNT, 2013) estabelece as exigências de desempenho para os sistemas prediais hidráulicos e sanitários. Em seu Anexo A (normativo), apresenta uma lista de verificações para os projetos, com o objetivo de estabelecer uma rotina de análise de projetos de sistemas hidráulicos e sanitários. Esta lista de verificações está subdividida nas seguintes fases:

- *Fase A* - Concepção do produto.
- *Fase B* - Definição do produto.
- *Fase C* - Identificação e solução de interfaces.
- *Fase D* - Projeto de detalhamento de especialidades.
- *Fase E* - Pós-entrega dos projetos.
- *Fase F* - Pós-entrega da obra.

As principais inter-relações com o projeto arquitetônico são observadas nas fases B, C e D. Na fase B, de definição do produto, são desenvolvidos o partido hidráulico e sanitário e os demais elementos do empreendimento, em consonância com o projeto arquitetônico, compreendendo o estudo preliminar, o anteprojeto e o projeto legal. Já a fase C, constituída por identificação e solução de interfaces, se caracteriza pelo desenvolvimento do PB (projeto básico), consolidando todos os ambientes, suas articulações e demais elementos do empreendimento, com as definições necessárias para o intercâmbio entre todos os envolvidos no processo. É nessa fase que devem ser identificadas e resolvidas todas as interfaces resultantes dos projetos, ajustando-se as interferências entre os demais sistemas. A fase D, de projeto de detalhamento de especialidades, que se traduz no PE (projeto executivo), apresenta o detalhamento de todos os componentes do empreendimento necessários para a etapa de produção, de modo a gerar um conjunto de informações suficientes para a perfeita caracterização de obras/serviços a serem executados.

Destaca-se que uma das atividades mais críticas ligadas ao processo de desenvolvimento dos projetos de uma edificação é a compatibilização integrada. Cada projeto pressupõe uma análise de inúmeras variáveis visando prever seu comportamento em uso. Para tanto, é necessário que os projetistas tenham fácil acesso às informações técnicas, possibilitando a avaliação do desempenho tanto no projeto quanto na seleção de seus componentes. Essas análises têm sido facilitadas com o apoio de ferramentas computacionais, principalmente aquelas de tecnologia do Building Information Modeling (BIM), em que é possível trabalhar com um modelo tridimensional, definido a partir de informações geométricas ou não, durante todo o ciclo de vida do edifício.

1.2 CIDADES SUSTENTÁVEIS

O processo de crescimento das cidades e o aumento da população, ao longo do século XX, trouxeram uma série de preocupações quanto à capacidade de sustentação deste processo e à possibilidade (concreta) de uma perigosa degradação ambiental, com eventual comprometimento dos recursos naturais. Em 1968, o Clube de Roma publicou um relatório em que questionava os "limites do crescimento" (The Club of Rome, 1968), lançando um olhar de preocupação sobre os modelos econômicos em vigor. Em junho de 1972, foi realizada a Conferência das Nações Unidas sobre o Ambiente Humano, que reuniu mais de 110 países em Estocolmo, Suécia (Unep, 1972). A partir dessa reunião, conhecida como Conferência de Estocolmo, manifestou-se, pela primeira vez, a preocupação com questões ambientais em escala global. Em 1987, o Relatório de Brundtland, chamado de "Nosso Futuro Comum" (WCED, 1987), elaborado pela Comissão Mundial sobre Meio Ambiente e Desenvolvimento, criada pela Organização das Nações Unidas, pela primeira vez formalizou o conceito de desenvolvimento sustentável, visando uma produção mais inteligente, racionalizada e com o mínimo de desperdício, em busca da equalização do atendimento das necessidades do presente e do futuro:

> "O desenvolvimento que procura satisfazer as necessidades da geração atual, sem comprometer a capacidade das gerações futuras de satisfazerem as suas próprias necessidades."

O conceito de sustentabilidade, necessariamente, deve ser visto sob a ótica de três pilares básicos: o social, o econômico e o ambiental. Soluções urbanas sustentáveis têm de ser capazes de atender as necessidades da sociedade, preservando o meio ambiente e sendo economicamente viáveis, em uma integral ao longo do tempo. Qualquer desequilíbrio nesses pilares, que dão suporte ao conceito, pode levar a situações não sustentáveis.

A proposta de um desenvolvimento sustentável foi consolidada, e mais largamente disseminada, após a Conferência das Nações Unidas sobre Meio Ambiente e Desenvolvimento, também conhecida como Rio 92 ou Eco 92, realizada no Rio de Janeiro, em 1992 (UNCDE, 1992). A elaboração da Agenda 21 (UN, 1993) foi, talvez, o principal resultado desse encontro e definiu objetivos para a promoção do desenvolvimento sustentável dos assentamentos humanos, incluindo: proporcionar habitação adequada para todos; melhorar a gestão dos assentamentos humanos; promover o planejamento e a gestão sustentável do uso do solo; e promover a prestação integrada de infraestrutura ambiental, considerando os temas água, esgoto, drenagem e manejo de resíduos sólidos.

Esses objetivos estão fortemente relacionados com um processo de urbanização racional e equilibrado, orientado para a garantia de um ambiente construído de forma sustentável. A indústria da construção civil, por sua vez, está diretamente relacionada a essa discussão, uma vez que age sobre este ambiente construído, promovendo novos desenvolvimentos urbanos e implantando redes de infraestrutura e transportes. A urbanização, quando realizada sem planejamento e de forma descontrolada, é, na verdade, um dos grandes "vilões" da degradação ambiental — paradoxalmente, porém, é também receptora das consequências negativas desse processo. Cidades que crescem sem planejamento e controle sofrem com inundações, poluição, perda de ecossistemas e de valores ambientais, além de escassez de água, entre outros problemas. A cidade deve, portanto, ser objeto de racionalização, no sentido de buscar a sustentabilidade.

De forma livre, e sem a pretensão de gerar uma definição única para um tema que é muito amplo, pode-se dizer que uma cidade sustentável é aquela que cumpre suas funções sociais, oferecendo qualidade de vida a seus habitantes, com acesso à moradia e aos serviços essenciais, sem comprometer os recursos naturais, e integra, de forma harmônica, o ambiente construído ao ambiente natural, respeitando os limites impostos por este último, em uma composição economicamente positiva e viável ao longo do tempo.

A Constituição Federal de 1988 (Brasil, 1988), em seu Capítulo II — Da Política Urbana, Art. 182, diz que: "A política de desenvolvimento urbano, executada pelo Poder Público municipal, conforme diretrizes gerais fixadas em lei, tem por objetivo ordenar o pleno desenvolvimento das funções sociais da cidade e garantir o bem-estar de seus habitantes."

O Estatuto da Cidade — Lei Federal 10.257, de 10 de julho de 2001 (Brasil, 2001), que regulamenta os Arts. 182 e 183 da Constituição Federal de 1988, em seu Art. 1º, "estabelece normas de ordem pública e interesse social que regulam o uso da propriedade urbana em prol do bem coletivo, da segurança e do bem-estar dos cidadãos, bem como do equilíbrio ambiental". No Art. 2º, o Estatuto da Cidade define diretrizes, segundo as quais se orienta o objetivo de ordenar o pleno desenvolvimento das funções sociais da cidade e da propriedade urbana. Essas diretrizes são:

I – garantia do direito a cidades sustentáveis, entendido como o direito à terra urbana, à moradia, ao saneamento ambiental, à infraestrutura urbana, ao transporte e aos serviços públicos, ao trabalho e ao lazer, para as presentes e futuras gerações;

(...)

IV – planejamento do desenvolvimento das cidades, da distribuição espacial da população e das atividades econômicas do Município e do território sob sua área de influência, de modo a evitar e corrigir as distorções do crescimento urbano e seus efeitos negativos sobre o meio ambiente;

V – oferta de equipamentos urbanos e comunitários, transporte e serviços públicos adequados aos interesses e necessidades da população e às características locais;

VI – ordenação e controle do uso do solo, de forma a evitar:

a) a utilização inadequada dos imóveis urbanos;

b) a proximidade de usos incompatíveis ou inconvenientes;

c) o parcelamento do solo, a edificação ou o uso excessivos ou inadequados em relação à infraestrutura urbana;

d) a instalação de empreendimentos ou atividades que possam funcionar como polos geradores de tráfego, sem a previsão da infraestrutura correspondente;

e) a retenção especulativa de imóvel urbano, que resulte na sua subutilização ou não utilização;

f) a deterioração das áreas urbanizadas;

g) a poluição e a degradação ambiental;

h) a exposição da população a riscos de desastres. (Incluído pela Lei nº 12.608, de 2012)

(...)

VIII – adoção de padrões de produção e consumo de bens e serviços e de expansão urbana compatíveis com os limites da sustentabilidade ambiental, social e econômica do Município e do território sob sua área de influência;

(...)

XII – proteção, preservação e recuperação do meio ambiente natural e construído, do patrimônio cultural, histórico, artístico, paisagístico e arqueológico;

(...)

XVI – isonomia de condições para os agentes públicos e privados na promoção de empreendimentos e atividades relativos ao processo de urbanização, atendido o interesse social;

XVII - estímulo à utilização, nos parcelamentos do solo e nas edificações urbanas, de sistemas operacionais, padrões construtivos e aportes tecnológicos que objetivem a redução de impactos ambientais e a economia de recursos naturais. (Incluído pela Lei n° 12.836, de 2013);

XVIII - tratamento prioritário às obras e edificações de infraestrutura de energia, telecomunicações, abastecimento de água e saneamento. (Incluído pela Lei n° 13.116, de 2015.)

Assim, também de forma livre e sem esgotar a discussão, pode-se dizer que a utilização racional dos recursos naturais e a construção de um ambiente urbano funcional e de qualidade para a coletividade materializam o atendimento das funções sociais e ambientais pela propriedade urbana, como célula básica do tecido urbano, que deve obedecer aos parâmetros legais estabelecidos e compor coerentemente o ordenamento urbano proposto, no intuito de contribuir para o interesse coletivo.

Essa utilização deve-se traduzir:

- Na preservação das atividades humanas e da paisagem urbana relacionadas com a propriedade urbana de acordo com as normas de proteção ambiental, urbanísticas e de posturas municipais.
- Na utilização da infraestrutura e do espaço construído urbano (áreas, edificações, infraestrutura e vias), em intensidade compatível com a capacidade de suporte tanto do ambiente natural quanto das próprias redes de infraestrutura disponíveis.
- No uso dos recursos naturais da cidade (água, solo, subsolo, ar, fauna e flora), garantindo meios para a sua conservação e preservação, cujo respeito deve ser observado pelas atividades humanas desenvolvidas na cidade.

O Estatuto da Cidade destaca que:

"A propriedade urbana cumpre sua função social quando atende às exigências fundamentais de ordenação da cidade expressas no plano diretor, assegurando o atendimento das necessidades dos cidadãos quanto à qualidade de vida, à justiça social e ao desenvolvimento das atividades econômicas."

(Brasil, 2001)

Várias discussões foram e vêm sendo motivadas pela necessidade de tornar as cidades mais sustentáveis, consumindo menos energia e recursos, emitindo menos gases de efeito estufa e preservando o meio ambiente, com qualidade de vida para a população. Nesse sentido, muitas propostas convergem para a adoção de padrões de cidades mais compactas e com uso misto do solo, o que otimiza serviços, diminui deslocamentos, e consome menos energia e recursos, produzindo menos poluição. Há, certamente, um limite para a compactação, traduzido por um equilíbrio entre capacidade de suporte do ambiente natural e otimização do ambiente construído.

Qualquer cidade, por sua vez, é um conjunto de edificações, espaços livres e redes de infraestrutura — e estes são os elementos que precisam ser conjugados para um funcionamento eficiente e que garanta a sustentabilidade. As edificações, nesse contexto, são as unidades básicas que compõem o tecido urbano. É necessário discutir o ambiente construído, na escala da cidade, considerando também que as unidades básicas desse ambiente (as edificações) estejam relacionadas com o conceito de sustentabilidade e engajadas nessa busca. Não parece ser razoável (nem possível) discutir e se chegar a uma cidade realmente sustentável, sem que seus elementos constituintes básicos, nesse caso, as edificações, também o sejam. Nesse sentido, surgem, em microescala, preocupações relacionadas, principalmente, com a economia de água, de energia e com o ciclo de vida dos materiais empregados nas construções. Pode-se dizer que essas preocupações devem observar, de forma geral, dois momentos distintos: a fase de construção da edificação (muitas vezes com efeitos significativos, embora pontuais) e, mais tarde, uma outra fase mais perene, a da sua vida útil.

A fase de construção de uma edificação em que ocorre a preocupação com questões de sustentabilidade engloba a prática da construção racionalizada, em que são considerados a otimização do processo produtivo, a racionalização de materiais e de tempo, a padronização de projetos, a automação de controle de processos e o uso de novas tecnologias. Podem ser citados como exemplos: o reúso de água nos canteiros de obra; o uso de resíduos de construção civil como material reciclado; e a opção por materiais cujo ciclo de vida possua menor impacto sobre o meio ambiente.

Já quando se trata da edificação ao longo de sua vida útil, são consideradas, numa construção sustentável, principalmente, questões relacionadas à economia de água e energia. Ainda que a edificação sustentável, na sua construção, possa necessitar de um investimento um pouco maior do que aquelas que adotam tecnologias tradicionais, quando se empregam tecnologias visando à economia de água e de energia, tanto o meio ambiente quanto o usuário final são beneficiados, pois a economia perdura ao longo da vida da obra, usualmente com melhores resultados econômicos na integral de sua vida útil.

Assim, considerando a edificação como a célula básica de um tecido urbano que cumpre suas funções sociais e que pretende ser sustentável, as iniciativas que levam à adoção de técnicas que economizam água potável, que geram menor quantidade de esgotos, que reduzem o aporte das águas pluviais ao sistema de drenagem, que economizam energia, que valorizam o ambiente e melhoram a qualidade de vida do seu habitante produzem um rebatimento significativo e positivo dessas ações na escala urbana.

1.3 A ÁGUA COMO FOCO DA DISCUSSÃO

A água, no contexto da edificação, tanto como insumo quanto como descarte, é o elemento que aparece no cerne da discussão desenvolvida ao longo deste livro. A água é, provavelmente, o recurso natural mais básico e essencial e tem relações com os mais diversos aspectos da civilização, desde a sua fixação no espaço, por causa da oferta de água de abastecimento, até o desenvolvimento agrícola e industrial, passando por valores culturais e religiosos arraigados na sociedade.

A importância da água para o homem se dá tanto para sua vitalidade quanto para o desenvolvimento de suas atividades. Percorrendo a história desde os indícios do surgimento dos *Homo Sapiens Sapiens*, o homem sempre buscou um local onde houvesse um clima mais ameno e um ambiente que desse suporte para sua sobrevivência. Com o caminhar natural da evolução, o homem deixou de ser nômade e começou a formar comunidades, tornando-se sedentário. A consolidação dessa tendência demandou que os assentamentos humanos se fizessem próximos a uma fonte de água perene, pois além de precisarem de água para consumo, necessitavam da mesma para o uso na agricultura e, até mesmo, para descarregar seus dejetos, contando com a capacidade de condução dos rios para manter saudável esse ambiente coletivo. Grande parte das civilizações antigas desenvolveram-se nas margens de rios e lagos. Exemplos mais remotos se referem a civilizações que surgiram nos vales dos rios Amarelo, Indo, Tigre, Eufrates e Nilo, situados respectivamente na China, Paquistão, Mesopotâmia e Egito.

No Ocidente, e ainda considerando o mundo antigo, o principal papel de agente urbanizador pode ser creditado ao Império Romano. As cidades romanas, suas grandes obras e monumentos se destacam ainda hoje na paisagem de muitos países, mas a engenharia romana destaca-se também no contexto de provimento de infraestrutura: estradas, aquedutos, sistemas de esgotos e de drenagem e beneficiamento de territórios alagadiços foram pilares do crescimento de Roma e muitos se encontram operacionais ainda hoje (Carneiro e Miguez, 2011).

Abastecimento de água no Império Romano – Aquedutos históricos

Roma possuía, no século IV d.C., segundo Ferrari (1991), 19 aquedutos capazes de abastecer a cidade com um milhão de m³/dia, para mais de um milhão de habitantes, e contava também com um sistema de esgotos que mantinha a cidade em boas condições sanitárias. Note-se que essa oferta relatada, se computada por habitante, era extremamente alta.

O Aqueduto de Segóvia, um dos monumentos antigos mais importantes, localizado na Espanha, é o mais importante marco arquitetônico da cidade. Preservado em excelente condição, forneceu água para Segóvia até meados do século XIX. Toda sua estrutura está suportada pelo próprio peso das pedras.

O Aqueduto de Spoleto, conhecido como "Ponte delle Torri", é uma construção imponente, sendo considerado o monumento mais famoso da cidade, com 230 metros de comprimento e 80 metros de altura.

AQUEDUTO DE SEGÓVIA, ESPANHA   **AQUEDUTO DE SPOLETO, ITÁLIA**

Fonte: Veról, 2009

Também são atribuídos aos romanos avanços importantes em projetos de drenagem urbana. Preocupações com a atenuação das inundações urbanas e a necessidade de "secar" terras baixas para ocupação do território foram importantes para a própria cidade de Roma, que cresceu em uma área úmida entre as colinas da região do Lácio, junto ao Rio Tibre. Burian e Edwards (2002) destacam que uma complexa rede de canais abertos e ductos subterrâneos foi construída e que áreas baixas foram aterradas para atender às necessidades de drenagem. As próprias vias também compunham a rede de drenagem, como pode ser visto, por exemplo, na cidade de Pompeia, cujo escoamento se concentrava na parte central, preservando calçadas laterais para uso da população.

Aproveitamento de água de chuva na Antiguidade Romana – Pompeia

Outro aspecto interessante relacionado com as águas pluviais (e atual, se considerarmos as várias discussões sobre aproveitamento de água de chuva que encontramos hoje na literatura) diz respeito à coleta destas por meio dos chamados "implúvios", receptáculos em forma de pequenos lagos que recebiam água de uma abertura nos telhados das salas ou eventualmente em átrios, chamados "complúvios".

As imagens mostram a captação de águas pluviais em residências, datando da Antiguidade Romana, na cidade de Pompeia, na Itália.

COMPLÚVIO — ABERTURA NO TELHADO; E IMPLÚVIO — BACIA COLETORA PARA ÁGUA DE CHUVAS NAS EDIFICAÇÕES EM POMPEIA

Fonte: Miguez, 2009

De forma similar, ainda hoje e provavelmente sempre, grande parte das civilizações em todo o mundo continua a se desenvolver e a depender dos cursos d'água. A razão dessa dependência está relacionada aos múltiplos usos da água para as diversas atividades desenvolvidas pelo homem. Os principais usos da água são o abastecimento público, o abastecimento industrial e a produção agropecuária. Em todo o mundo, em termos médios aproximados, segundo a Organização das Nações Unidas, 10% da utilização da água vai para o abastecimento público, 20% para a indústria e 70% para a agricultura (ONU, 2000). De acordo com a Agência Nacional das Águas (ANA, 2009), no Brasil, a divisão se dá conforme apresentado na Figura 1.1, com 69% da água destinada a atividades de irrigação e 10% para uso urbano.

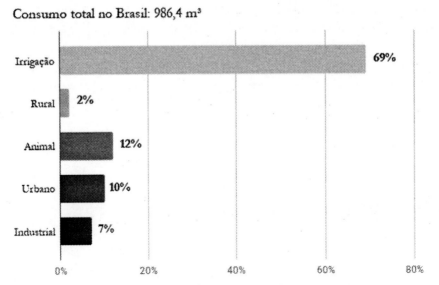

FIGURA 1.1: Distribuição da água segundo os principais usos no Brasil.
(Adaptada de ANA, 2009.)

A água, conforme ressaltado no início desta seção, é um insumo essencial à preservação da vida no nosso planeta e vem sendo motivo de preocupação em todo o mundo pelos sinais de crescente escassez, poluição e deterioração. É o ciclo da água que mantém a vida na terra —por meio dele se dão as condições para o desenvolvimento de plantas e animais e o funcionamento de rios, oceanos e lagos. A escassez da água representa atualmente um problema ambiental crescente para a humanidade. A declaração da agência da Organização das Nações Unidas para as águas, ONU-Água (UN-Water), para o dia Mundial da Água, em 2010, colocava estas preocupações.

Dia Mundial da Água, em 2010
Declaração da agência da Organização das Nações Unidas para as Águas, ONU-Água

"A água potável limpa, segura e adequada é vital para a sobrevivência de todos os organismos vivos e para o funcionamento dos ecossistemas, comunidades e economias. Mas a qualidade da água em todo o mundo é cada vez mais ameaçada à medida que as populações humanas crescem, atividades agrícolas e industriais se expandem e as mudanças climáticas ameaçam alterar o ciclo hidrológico global. (...)

A cada dia, milhões de toneladas de esgoto tratado inadequadamente e resíduos agrícolas e industriais são despejados nas águas de todo o mundo. (...) Todos os anos, morrem mais pessoas das consequências de água contaminada do que de todas as formas de violência, incluindo a guerra. (...) A contaminação da água enfraquece ou destrói os ecossistemas naturais que sustentam a saúde humana, a produção alimentar e a biodiversidade. (...) A maioria da água doce poluída acaba nos oceanos, prejudicando áreas costeiras e a pesca. (...)

Há uma necessidade urgente para a comunidade global – setores público e privado – de unir-se para assumir o desafio de proteger e melhorar a qualidade da água nos nossos rios, lagos, aquíferos e torneiras."

Fonte: https://nacoesunidas.org/acao/agua/

As grandes massas de água já foram consideradas reservatórios inesgotáveis, capazes de fornecer água pura, sem restrições de uso. Cabe ressaltar que a percepção do Brasil como um país detentor de abundância hídrica causou efeitos danosos, como uso inadequado do insumo e elevados índices de perda, tanto no que diz respeito, especificamente, aos processos de distribuição de água pelos sistemas de abastecimento, como em relação ao próprio uso residencial e industrial, muitas vezes marcado pelo desperdício. Mais ainda: o próprio descuido com a qualidade ambiental e, consequentemente, com a qualidade da água traz limitações para seu uso. Águas muito poluídas, de corpos hídricos muito degradados, resultantes de ações diversas na bacia, como o desmatamento, o manejo inadequado de resíduos sólidos e lixo, a deposição inadequada de esgotos sanitários e efluentes diversos, limitam o seu aproveitamento — ou seja, a própria qualidade inadequada limita a quantidade de água disponível.

A disponibilidade de água doce é variável no tempo e no espaço. A distribuição espacial dos recursos naturais nem sempre acompanha as maiores demandas geradas pela concentração populacional e pelas atividades econômicas dependentes da água. A disponibilidade finita da água exige que demandas de usos múltiplos, por diferentes atividades humanas, sejam compatibilizadas. Apesar de o planeta Terra ser quase todo coberto por água pelos oceanos, mares e águas continentais, a maior parte dessa água não é aproveitável para grande parte das demandas, pois é água salgada ou na forma de gelo. As chamadas águas doces são minoria. Diante desse cenário, foi promovida, por meio do Conselho Mundial da Água, a realização de diversos fóruns mundiais da água, com objetivo de despertar a consciência sobre essa questão. Em suma, desde sua 1ª edição, em 1997, em Marrakech, no Marrocos, até a 8ª, em 2018, na cidade de Brasília, no Brasil, esses eventos contribuíram para o diálogo do processo decisório sobre o tema em nível global, visando ao uso racional e sustentável deste recurso.

Segundo a Lei Federal 9.433, de 8 de janeiro de 1997 (Brasil, 1997), conhecida como *Lei das Águas*, que institui a Política Nacional de Recursos Hídricos, em seu Art. 1º, a água é definida como bem de domínio púbico e como um recurso natural limitado, dotado de valor econômico de mercado. Essa lei define ainda que o uso prioritário dos recursos hídricos seja para o consumo humano e a dessedentação de animais, e que a gestão dos recursos hídricos deve sempre proporcionar o uso múltiplo das águas. O Art. 2º estabelece como objetivos da Política Nacional de Recursos Hídricos:

I - assegurar à atual e às futuras gerações a necessária disponibilidade de água, em padrões de qualidade adequados aos respectivos usos;

II - a utilização racional e integrada dos recursos hídricos, incluindo o transporte aquaviário, com vistas ao desenvolvimento sustentável;

III - a prevenção e a defesa contra eventos hidrológicos críticos de origem natural ou decorrentes do uso inadequado dos recursos naturais.

Entre as diretrizes postuladas na *Lei das Águas*, destaca-se, na discussão desenvolvida neste livro, que a gestão de recursos hídricos deve englobar aspectos de qualidade e quantidade, e deve ser integrada à gestão ambiental e de uso do solo.

No que concerne ao abastecimento público, uso prioritário da água, o consumo *per capita* depende de uma série de fatores comprovadamente relevantes para a determinação do perfil de demanda, como tipologia habitacional, área construída, clima, atividades econômicas, renda dos usuários, preço do serviço e outros.

Em nível de política pública nacional, foram implementados vários programas com ações para promover a conservação da água, incentivando o combate aos vazamentos nas redes de distribuição, tais como o consumo consciente, a possibilidade de utilizar equipamentos economizadores de água e recursos hídricos provenientes de fontes alternativas (aproveitamento de água de chuva e reúso de água, por exemplo), em substituição às fontes existentes, em usos nos quais a qualidade da água tenha padrões menos exigentes que aqueles da potabilidade.

O desperdício de "água nobre" tem, nos últimos anos, indicado a necessidade de uma análise sistêmica integrando os diversos projetos das edificações. Dessa forma, a integração e a compatibilização dos projetos buscam a melhoria do desempenho, e a aplicação de estratégias sustentáveis visa à redução do uso de recursos naturais e dos custos de operação e manutenção nas edificações, sem desconsiderar suas exigências funcionais. O desempenho nos projetos de sistemas hidráulicos e sanitários pode ser atingido pelo cumprimento das exigências presentes na NBR 15.575-6, *Edificações habitacionais — Desempenho* (ABNT, 2013). Já a compatibilização integrada pode ser facilitada pela utilização de ferramentas computacionais, tais como o BIM.

1.4 DISPONIBILIDADE DE ÁGUA E ESCASSEZ HÍDRICA

A Terra possui cerca de 75% da sua superfície coberta por água, e aproximadamente 97% desse total corresponde à água salgada disponível em oceanos e mares. Essa água salgada é imprópria tanto para o consumo humano quanto para uso industrial. O restante, uma fração de cerca de 3%, corresponde à água doce. Desse total, a maior parte, equivalente a 2,5%, está sob a forma sólida, nas geleiras e calotas polares, o que dificulta o seu aproveitamento pelo homem. Assim, todas as necessidades do homem e dos ecossistemas dependem de cerca de 0,5% da água doce disponível. A Figura 1.2 ilustra essas informações obtidas em ANA (2009).

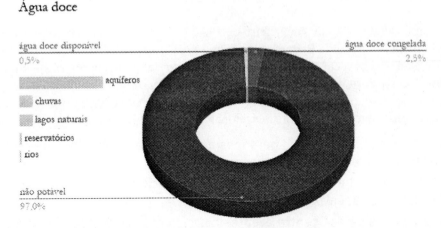

FIGURA 1.2: Distribuição de água no planeta.
(Adaptada de ANA, 2009.)

A variação da disponibilidade hídrica e da distribuição populacional no planeta ocasiona situações contrastantes, em que o volume *per capita* pode ser alto em áreas com grande disponibilidade de água e com densidade populacional pequena, ou muito baixo, em áreas nas quais os recursos são escassos e a população é grande. Ocorrem também situações nas quais há alta disponibilidade de recursos, mas existe a escassez, em virtude de elevados níveis de consumo.

Segundo a ONU, cerca de um bilhão de pessoas não possuem acesso a um abastecimento de água mínimo de 20 litros por pessoa por dia, a uma distância não superior a 1.000 metros (UN, 2013). Esse

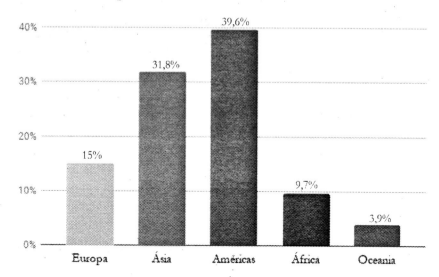

FIGURA 1.3: Distribuição da disponibilidade hídrica mundial.
(Adaptada de ANA, 2009.)

panorama se agrava a cada dia, em virtude da demanda crescente em todo o mundo, ultrapassando a capacidade de fornecimento das fontes naturais. A Figura 1.3 apresenta a porcentagem da disponibilidade hídrica mundial, com destaque para as Américas, que possuem o maior percentual de disponibilidade hídrica (39,6%), e para a Oceania, com o menor percentual (3,9%).

A escassez da água potável tem um impacto direto na saúde humana e no desenvolvimento socioeconômico. Essa preocupação se associa a outros fatores que contribuem para a escassez, podendo-se apresentar quatro grandes grupos de razões que promovem este cenário:

- Distribuição desigual de recursos hídricos.
- Fatores relacionados com o desperdício e o mau gerenciamento dos recursos disponíveis.
- Número crescente de fatores que causam a poluição, como lançamento de resíduos domésticos e industriais diretamente nos rios, exploração intensa de águas subterrâneas e desflorestamento.
- Crescimento populacional e aumento do consumo gerado pelo aumento da demanda.

De acordo com dados das Nações Unidas (UN, 2015), a população mundial atual é de 7,3 bilhões de pessoas, e para o ano de 2100, a expectativa é atingir aproximadamente 11,2 bilhões. Esse aumento populacional ocasionará aumento da necessidade de água potável, fazendo-se necessária a busca por soluções para suprir a demanda.

O Brasil é considerado um país privilegiado no que diz respeito à disponibilidade hídrica, segundo classificação definida pela ONU (UN, 2015). Segundo dados da ANA (ANA, 2009), os recursos hídricos do Brasil representam 12% dos recursos mundiais. Sua distribuição, porém, não é uniforme em todo o território nacional, como é possível visualizar na Figura 1.4. Destaca-se a Região Norte, com 68% da disponibilidade hídrica do país, e a Região Nordeste, com apenas 3%. Comparando-se a abundância hídrica da Bacia Amazônica, com os problemas de escassez no Nordeste e os conflitos de utilização em outras regiões brasileiras, a situação da disponibilidade de água doce no país se fragiliza. Além disso,

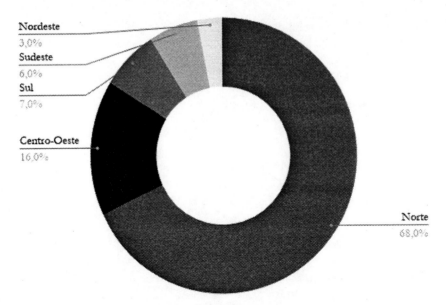

FIGURA 1.4: Distribuição da disponibilidade hídrica no Brasil.
(Adaptada de ANA, 2009.)

as dificuldades de acesso à água, em várias situações, não se resumem à existência do recurso, mas às condições de acesso à água de qualidade.

Ghisi et al. (2006) avaliaram a disponibilidade hídrica *per capita* por ano nas cinco regiões geográficas brasileiras, nos anos de 1900 a 2000, e fizeram estimativas de população e das futuras disponibilidades de água até 2100. A Tabela 1.1 apresenta os resultados parciais dessa pesquisa. Em 2000, as duas regiões brasileiras mais populosas, Sudeste e Nordeste, apresentavam disponibilidades baixas e inferiores à média mundial de 7.000 m^3 *per capita* por ano. Com relação às futuras disponibilidades de água para essas regiões, a pesquisa aponta que, a partir de 2050, elas serão inferiores a 2.000 m^3 *per capita* por ano, ou seja, muito baixas; e que a partir de 2094, no Sudeste, e de 2100, no Nordeste, passarão a ser catastroficamente baixas.

Diante do cenário de alterações, em que se consideram níveis elevados de consumo, uso inadequado, aumento populacional, poluição de rios e lagos, abastecimento inadequado e excessiva exploração das reservas de água doce, tanto do meio urbano quanto do rural, a disponibilidade da água no Brasil, que sempre foi considerada suficiente (e até farta) para suprir as demandas, vem se tornando insuficiente e menos confiável.

Tabela 1.1 – Disponibilidade hídrica *per capita* por ano no Brasil (Ghisi et al., 2006)		
Região	**Disponibilidade hídrica (m^3 *per capita*/ano)**	
	(Ano 1900)	**(Ano 2000)**
Norte	5.708.864	307.603
Nordeste	27.587	3.900
Sudeste	42.715	4.615
Sul	203.396	14.553
Centro-Oeste	2.353.814	75.511
Brasil	328.745	33.762

1.4.1 Ações Mundiais

Até a década de 1970, o discurso sobre os recursos hídricos se restringia praticamente aos meios técnicos e acadêmicos. A preocupação com o tema "água", no mundo, surgiu num contexto de industrialização, produção e consumo da população incompatíveis com o requisito de sustentabilidade. Diante dessa problemática, surgiu a ideia de construir uma nova era civilizatória, em que os governos devessem assumir compromissos com a sociedade e com o meio ambiente, em busca da sustentabilidade.

Devido às crescentes demandas por água, uma série de códigos, leis, normas e modelos de gerenciamento surgiu no século XX, e associados a outras questões relacionadas ao meio ambiente, os recursos hídricos passaram a ser discutidos de forma global em eventos como a *Conferência das Nações Unidas sobre a Água*, em Mar del Plata, Argentina, em março de 1977 (UN, 1977); a *Conferência Internacional de Água e Meio Ambiente*, realizada em Dublin, em 1992 (ICWE, 1992); a *Conferência das Nações Unidas sobre Meio Ambiente e Desenvolvimento* (CNUMAD), realizada no Rio de Janeiro, em 1992 (UNCDE, 1992) e o *VIII Fórum Mundial da Água*, realizado em Brasília, em 2018.

Em 2010, em um momento histórico, foi reconhecido o acesso à água como um direito humano, pela Resolução 64/292, de 2010 (UN, 2010a) da Organização das Nações Unidas, devido à sua essencialidade para a vida na Terra. No dia 30 de setembro de 2010, os 47 membros do Conselho de Direitos Humanos da ONU adotaram a Resolução A/HRC/RES/15/9 (UN, 2010b), a qual corroborou o direito humano à água e ao saneamento, tornando-os um dever dos governos e estabelecendo suas responsabilidades e obrigações.

Em 2018, Brasília sediou o *VIII Fórum Mundial da Água*, promovido pelo Conselho Mundial da Água (World Water Council — WWC), sendo a primeira edição no hemisfério sul. O evento, mais uma vez, colocou a água no topo da agenda política e da sociedade, como uma tentativa de aumentar a consciência sobre problemas hídricos no mais alto nível político e na sociedade em geral, bem como promover diretrizes globais visando ao aproveitamento racional e sustentável deste recurso.

A disponibilidade da água é um dos fatores mais importantes, tanto para manter os ecossistemas quanto para organizar espacialmente as comunidades e suas respectivas atividades, que, em grande parte, dependem deste recurso natural. Para que a escassez da água não atinja a população num futuro próximo, é urgente a tomada de decisões. A conscientização sobre a importância da conservação e preservação da água é fundamental para a sobrevivência humana. No cenário brasileiro, a crise no abastecimento de água potável na Região Sudeste, entre 2014 e 2015, serviu de gatilho para despertar várias questões em relação a essa problemática.

1.4.2 Marcos Legais no Brasil

No Brasil, o marco inicial da legislação nacional de âmbito federal foi a promulgação do Decreto nº 24.643, em 1934, que instituiu o "Código das Águas" (Brasil, 1934), garantindo o uso gratuito da água para suprir as necessidades básicas de manutenção da vida.

A resolução Conama 20, de 1986 (Brasil, 1986), dispôs sobre o enquadramento dos corpos de água segundo classes de usos preponderantes, padrões de qualidade e outras questões relativas ao lançamento de poluentes em corpos de água, tendo sido substituída em 2005 pela Resolução Conama 357 (Brasil, 2005).

Em 1993, foi criado o Programa de Modernização do Setor Saneamento (PMSS), que evoluiu para uma ação permanente do governo. O PMSS tem atuação técnica, implementando projetos de assistência a estados e municípios brasileiros, visando à melhoria da gestão dos serviços de saneamento básico.

Em 1997, entrou em vigor a Lei Federal nº 9.433/1997 (Brasil, 1997), também conhecida com "Lei das Águas", que instituiu a Política Nacional de Recursos Hídricos (PNRH) para garantir a quantidade dos recursos hídricos e sua qualidade para as gerações presentes e futuras; promover desenvolvimento sustentável; preservar e defender os recursos hídricos por meio da promoção de seus usos racionais e múltiplos, favorecendo sua utilização simultânea para diversas finalidades.

Em 2000, foi criada a Agência Nacional de Águas (ANA), vinculada ao Ministério do Meio Ambiente, com o objetivo de estimular a adequada gestão e o uso racional e sustentável dos recursos hídricos, garantindo qualidade e quantidade às gerações futuras.

No Brasil, o *Dia Nacional da Água* foi instituído por meio da Lei n° 10.670, de 14 de maio de 2003 (Brasil, 2003), na mesma data de 22 de março de cada ano, conforme estabelecido internacionalmente.

Em 2007, foi promulgada a Lei Federal 11.445 (Brasil, 2007), conhecida como a "Lei do Saneamento", que estabelece diretrizes nacionais para o saneamento básico e tem como princípios fundamentais a universalização do acesso ao saneamento básico e a sua integralidade.

O Ministério das Cidades (MC), criado em 2003, é responsável pela coordenação de políticas urbanas voltadas à melhoria da qualidade de vida nas cidades brasileiras, atuando também na expansão da cobertura e melhoria da qualidade dos serviços públicos de saneamento em áreas urbanas. Uma das atribuições da Secretaria Nacional de Saneamento Ambiental (SNSA), vinculada ao MC, no âmbito do Programa Saneamento Básico, é a coordenação do processo de elaboração do Plano Nacional de Saneamento Básico (Plansab). O Plansab, previsto na Lei de Saneamento Básico de 2007 (Brasil, 2007), foi aprovado pelo Decreto n° 8.141, em 2013 (Brasil, 2013), tendo como meta o planejamento integrado do saneamento básico em um horizonte de 20 anos, abrangendo o período 2014 a 2033.

1.5 CONSUMO E USO RACIONAL DA ÁGUA

A água pode vir a ser responsável por impacto significativo sobre o meio ambiente, se mal utilizada. Nos sistemas prediais hidráulicos, as perdas deste recurso resultam em maiores volumes de consumo e de insumos necessários tanto ao seu tratamento quanto ao tratamento dos esgotos gerados. Parte dessas perdas é decorrente da má qualidade de materiais e componentes e de procedimentos inadequados em relação ao uso da água.

O perfil de consumo de água nas diferentes regiões do planeta é muito diversificado e depende de variáveis físicas, sociais, econômicas e culturais, como as seguintes: condições climáticas; diferenças nos usos domésticos, comerciais e industriais; renda familiar; tamanho da edificação; número de habitantes da residência; desperdício domiciliar; estrutura e forma de gerenciamento do sistema de abastecimento; valor da tarifa da água e também eficiência dos aparelhos sanitários. Países mais desenvolvidos, com acesso à água mais facilitado, possuem valores de consumo muito mais altos do que os em desenvolvimento.

Em relação ao uso residencial, foco deste livro, a quantidade mínima de água necessária estabelecida pela Organização Mundial de Saúde para beber, fazer a higiene pessoal, preparar alimentos e realizar limpeza doméstica é de 50 litros/hab/dia, devendo estar disponível a, no máximo, 1 quilômetro da residência do usuário (OMS, 2009). Como pode ser observado na Tabela 1.2, que apresenta dados de Sabesp (2004), países como Estados Unidos e Canadá têm o consumo médio estimado em 300 litros/hab/dia. A Escócia possui uma média ainda mais alta, com estimativa de 410 litros/hab/dia. O Brasil, segundo essa mesma referência, possui consumo médio igual a 133 litros/hab/dia, o que o coloca à frente do consumo *per capita* ideal de 110 litros/hab/dia para suprir as necessidades humanas, como proposto pela ONU (UN, 2007).

Tabela 1.2 – Consumo médio de água potável em alguns países (Sabesp, 2004)	
Países	**Consumo (L/hab/dia)**
Austrália	270
Canadá	300
Escócia	410
Estados Unidos	300
Inglaterra	141
Suíça	159
Holanda	135
Brasil	133

Em 2012, foi publicada uma pesquisa pelo Sistema Nacional de Informações Sobre Saneamento (SNIS, 2012), considerando o ano de 2010 como referência, o qual quantificou o consumo médio brasileiro de água no valor de 159 litros/hab/dia. Em nível nacional, o maior consumo *per capita* acontece na Região Sudeste, com o valor de 185,9 litros/hab/dia, e o menor, no Nordeste, com o valor de 117,3 litros/hab/dia. Dos estados brasileiros apresentados no estudo, Alagoas possui o menor valor de consumo (91,6 litros/hab/dia), bem abaixo da média nacional, contrastando com a média do Rio de Janeiro, 236,3 litros/hab/dia, a mais alta apresentada. Esses e outros valores estão apresentados de forma resumida na Figura 1.5.

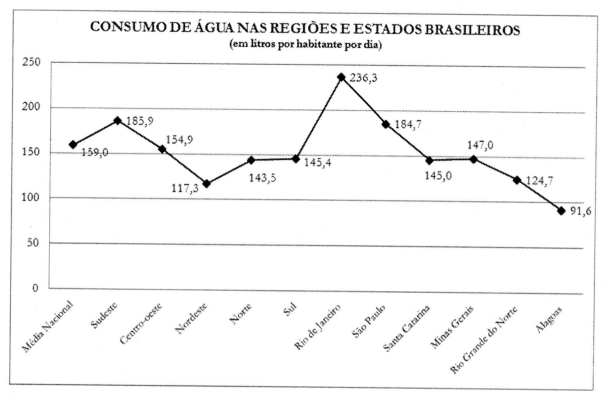

FIGURA 1.5: Consumo de água *per capita* em diferentes regiões do Brasil (SNIS, 2012).

O conceito de uso eficiente da água engloba qualquer medida que reduza a quantidade de água consumida para as diversas atividades desenvolvidas, e que também possibilite o favorecimento da manutenção e a melhoria da qualidade da água. A economia do consumo de água, nos diferenciados elementos prediais, assume um destaque importante na preservação do meio ambiente como um todo. Dessa maneira, devem ser implementadas tecnologias ligadas à redução do consumo, bem como fontes alternativas de suprimento de água para fins não potáveis. Dentre os benefícios promovidos por essas ações, destaca-se também a redução no consumo da água de abastecimento público, com impacto direto no valor pago mensalmente à concessionária, além dos ganhos ambientais decorrentes.

1.6 SISTEMAS PREDIAIS HIDRÁULICOS E SANITÁRIOS SUSTENTÁVEIS

Os requisitos de sustentabilidade apontam para a necessidade de uma série de modificações referentes à relação do homem com os recursos hídricos, em especial nos centros urbanos. O conceito de desenvolvimento sustentável tem como objetivo reduzir os recursos, promover as mais variadas práticas possíveis de conservação, e incentivar novas medidas, orientadas por critérios que confiram sustentação ambiental. O desenvolvimento sustentável, portanto, implica "melhoria da qualidade de vida dos seres humanos, nos níveis urbanos e arquitetônicos, dentro da capacidade do ecossistema global" (Unep, 1972).

A construção de edificações é uma das atividades com maior consumo de recursos e materiais manufaturados. Outra grande parte desses recursos também é consumida na manutenção do edifício ao longo da sua vida útil. Diante desse cenário, e a partir do conceito de desenvolvimento sustentável, constatou-se que, no âmbito da construção civil, o principal desafio estava na redução do consumo de recursos naturais, principalmente água e energia. Nesse sentido, o setor vem se impondo, com metas para o desenvolvimento sustentável, mediante a adoção de estratégias sustentáveis em projetos com eficiência em energia, redução do consumo de água potável e seleção de materiais com bom desempenho ambiental.

Em relação aos sistemas prediais hidráulicos e sanitários, a busca pela sustentabilidade se traduz de forma prática em medidas que visam ao uso racional da água, como: a utilização de tecnologias economizadoras; manutenção eficiente, de forma a possibilitar a detecção e o conserto de vazamentos; instalação de sistemas de medição individualizada; e utilização de fontes alternativas de suprimento para o abastecimento dos pontos de consumo de água com finalidades não potáveis.

Nos dias atuais, não basta apenas atuar na gestão da oferta da água com o efeito de se garantir o abastecimento dos centros urbanos. A gestão da demanda de água no âmbito dos edifícios se torna um importante instrumento para a conservação deste insumo, seja qual for a tipologia de edificação. A gestão da demanda é a realização de toda e qualquer ação voltada para reduzir o consumo de água final dos usuários, sem prejuízo dos atributos de higiene e conforto dos sistemas originais. As ações de uso racional devem sempre preceder a oferta de fontes alternativas, de modo a se aperfeiçoar a relação entre a demanda e a oferta nas edificações, e são uma opção primordial para o desenvolvimento sustentável, assegurando a existência de recursos suficientes para as gerações futuras.

Os chamados edifícios verdes, do termo em inglês, *green buildings*, surgiram a partir da discussão sobre desenvolvimento sustentável no âmbito das edificações. É esperado que um edifício verde possua um processo ambientalmente responsável e eficiente durante todo o seu ciclo de vida, o que significa que, desde o seu planejamento até a sua demolição, passando pelas etapas de construção e manutenção, deve manter um balanço ecológico positivo.

1.7 BREVE DESCRIÇÃO DO LIVRO

O presente capítulo inicia o livro "Sistemas Prediais Hidráulicos e Sanitários: Projetos Práticos e Sustentáveis", cuja principal característica é propiciar ao leitor questões projetuais que precisam ser avaliadas pelo profissional de Engenharia Civil e de Arquitetura e Urbanismo, tais como:

1. Traçado das tubulações e posicionamento dos dispositivos de cada sistema (decisão sobre uso de *shafts*, posicionamento de reservatórios considerando os projetos arquitetônicos e de estruturas etc.).
2. Projeto em diferentes sistemas construtivos (concreto armado, alvenaria estrutural, aço) — as *nuances* e particularidades dos sistemas hidráulicos e sanitários em cada tipo de sistema construtivo.
3. Interface com os demais sistemas (arquitetura, estruturas e paisagismo) — as *nuances* e particularidades dos sistemas hidráulicos e sanitários quando há interferências entre sistemas.

Partindo deste Capítulo 1, introdutório, em que o leitor foi apresentado ao tema e ao livro em si, apresenta-se, na sequência, o Capítulo 2, com as relações entre os edifícios e os sistemas prediais, de forma geral, considerando os sistemas que envolvem o projeto de uma edificação. Adicionalmente, também serão discutidas as relações entre os diversos sistemas construtivos (concreto armado, alvenaria estrutural e aço) e os sistemas prediais hidráulicos e sanitários.

Os capítulos sequenciais serão, então, desenvolvidos de maneira detalhada para cada sistema predial proposto pelo livro: Sistemas Prediais de Água Fria e Água Quente (Capítulo 3), Sistemas Prediais de Esgoto Sanitário (Capítulo 4) e Sistemas Prediais de Águas Pluviais (Capítulo 5). Esses três capítulos representam o coração do livro, demonstrando o traçado técnico e o dimensionamento de cada sistema, bem como uma visão crítica, fruto de experiências práticas dos autores. Serão apresentadas informações considerando as legislações mais recentes publicadas no País, como aquelas que exigem o sistema de medição individualizada de água.

A partir daí os autores levantam, no Capítulo 6, a discussão sobre as diversas possibilidades para economia de água quando da realização de Projetos Hidráulicos e Sanitários Sustentáveis — desde a realização de um projeto otimizado, até a proposição de técnicas modernas que considerem o uso racional da água, por exemplo, a adoção de aparelhos economizadores e de medição individualizada, e o uso de fontes não convencionais, como o aproveitamento de água de chuva e o reúso de águas. Assim, a proposta é envolver o leitor com o tema, mostrando o significado e a importância dessas tecnologias alternativas. Pretende-se, também, resgatar informações dos programas brasileiros relacionados com o uso racional da água e sobre o sistema internacional de certificação e orientação ambiental para edificações.

Por fim, discute-se, no Capítulo 7, a forma de apresentação técnica de um projeto de sistemas prediais hidráulicos e sanitários, seu conteúdo, até o passo a passo para a legalização do mesmo nos órgãos competentes.

O propósito do livro é encontrar um equilíbrio entre dimensionamento e proposta de projeto, integrando-os aos demais sistemas. Esse é um caminho que valoriza a visão sistêmica sem minimizar a preocupação técnica e busca discutir sustentabilidade no nível da edificação, com seu rebatimento consequente para o espaço urbano.

REFERÊNCIAS BIBLIOGRÁFICAS

ANA. Agência Nacional de Águas. CEBDS. Conselho Empresarial Brasileiro para o Desenvolvimento Sustentável. *Fatos e tendências: água.* Brasília, 2009.

ASSOCIAÇÃO BRASILEIRA DE NORMAS TÉCNICAS. NBR 15257: *Aproveitamento de água de chuva de coberturas para fins não potáveis — Requisitos.* Rio de Janeiro, 2019.

ASSOCIAÇÃO BRASILEIRA DE NORMAS TÉCNICAS. NBR 15.575-6: *Edificações habitacionais — Desempenho. Parte 6: Requisitos para os sistemas hidrossanitários.* Rio de Janeiro, 2013.

BRASIL, 1934. Decreto nº 24.643, de 10 de julho de 1934. *Decreta o Código das Águas.* Brasília, DF, 1934. Disponível em: <http://www.planalto.gov.br/ccivil_03/decreto/d24643.htm>. Acessado em 20 de março de 2017.

BRASIL, 1988. Constituição da República Federativa do Brasil de 1988. Brasília, DF, 1988. Disponível em: <http://www.planalto.gov.br/ccivil_03/Constituicao/Constituicao.htm>. Acessado em 20 de março de 2017.

BRASIL, 1997. Lei nº 9.433, de 8 de janeiro de 1997. *Institui a Política Nacional de Recursos Hídricos, cria o Sistema Nacional de Gerenciamento de Recursos Hídricos, regulamenta o inciso XIX do art. 21 da Constituição Federal, e altera o art. 1º da Lei nº 8.001, de 13 de março de 1990, que modificou a Lei nº 7.990, de 28 de dezembro de 1989.* Brasília, DF, Disponível em: <http://www.planalto.gov.br/ccivil_03/leis/L9433.htm>. Acessado em 20 de março de 2017.

BRASIL, 2001. Lei nº 10.257, de 10 de julho de 2001. *Estatuto da Cidade. Regulamenta os arts. 182 e 183 da Constituição Federal, estabelece diretrizes gerais da política urbana e dá outras providências.* Diário Oficial da União, Poder Executivo, Brasília, DF, 10 de julho de 2001.

BRASIL, 2003. Lei nº 10.670, de 14 de maio de 2003. *Institui o Dia Nacional da Água.* Diário Oficial da União, Poder Executivo, Brasília, DF, 15 de maio de 2003. Seção 1. p. 3.

BRASIL, 2007. Lei nº 11.445 de 05 de janeiro de 2007 – *Política Nacional do Saneamento Básico.* Diário Oficial da União, Poder Executivo, Brasília, DF, 08 de janeiro de 2007. Seção 1.

BRASIL, 2013. Decreto nº 8.141, de 20 de novembro de 2013. *Dispõe sobre o Plano Nacional de Saneamento Básico - PNSB, institui o Grupo de Trabalho Interinstitucional de Acompanhamento da Implementação do PNSB e dá outras providências.* Brasília, DF, 20 de novembro de 2013.

BRASIL, CONSELHO NACIONAL DO MEIO AMBIENTE. Resolução CONAMA nº 20, de 18 de junho de 1986.

BRASIL, CONSELHO NACIONAL DO MEIO AMBIENTE. Resolução CONAMA nº 357, de 17 de março de 2005.

BURIAN, S.J.; EDWARDS, F.G., 2002, Historical perspectives of urban drainage, Global Solutions for Urban Drainage, In: *Proceedings of the 9th International Conference on Urban Drainage*, Portland, September 2002.

CARNEIRO, P. R. F.; MIGUEZ, M. G., 2011, *Controle de Inundações em Bacias Hidrográficas Metropolitanas*. São Paulo, Annablume.

FERRARI, C., 1991. *Curso de Planejamento Municipal Integrado: Urbanismo*. 7. Ed. São Paulo: Pioneira Editora.

GHISI, E.; MONTIBELLER, A.; SCHMIDT, R. W. Potential for potable water savings by using rainwater: An analysis over 62 cities in southern Brazil. *Building and Environment*, v. 41, n. 2, p. 204-210, 2006.

ICWE, 1992. *International Conference on Water and the Environment: Development Issues for the 21st century*. Dublin, Ireland.

OMS — ORGANIZAÇÃO MUNDIAL DE SAÚDE, 2009. Desenvolvido pela Organização Mundial de Saúde, 2009. Disponível em: <http://www.who.int/water_sanitation_health/diseases/en/index.html>. Acessado em 20 de março de 2017.

ONU — ORGANIZAÇÃO DAS NAÇÕES UNIDAS. *Classes de países em termos da oferta de água*. New York, Relatório técnico, 2000.

PNCDA —Programa Nacional de Combate ao Desperdício de Água, 2015. Disponível em: <http://www.pmss.gov.br/index.php/biblioteca-virtual/programa-nacional-combate-ao-desperdicio-agua-pncda>. Acessado em 20 de março de 2017.

SABESP, 2004. Companhia de Saneamento Básico do Estado de São Paulo. *Uso racional*. Disponível em: <http://www.sabesp.com.br>. Acessado em 1º de outubro de 2016.

SNIS — SISTEMA NACIONAL DE INFORMAÇÕES SOBRE SANEAMENTO. *Diagnóstico dos Serviços de Água e Esgoto – 2012*. Ministério das Cidades, Brasília: Ministério das Cidades – SNSA, 2012.

THE CLUBE OF ROME. (1968). *About the Clube of Rome*. Disponível em: <http://www.clubofrome.org>. Acessado em 20 de março de 2017.

UNCDE — UNITED NATIONS CONFERENCE ON ENVIRONMENT AND DEVELOPMENT, 1992. *Earth Summit*. Disponível em: <http://www.un.org/geninfo/bp/enviro.html>. Acessado em 20 de março de 2017.

UN — United Nations, 1977. *Report of The United Nations Water Conference*. New York, 1977. Disponível em: <http://www.ircwash.org/sites/default/files/71UN77-161.6.pdf>. Acessado em 17 de outubro de 2016.

UN — UNITED NATIONS, 1993. *Agenda 21: Earth Summit – The United Nations Programme of Action from Rio*. Rio de Janeiro: United Nations, Department of Public Information.

UN — UNITED NATIONS, 2007. *General Assembly. A/RES/58/217. International Decade for Action, "Water for Life", 2005-2015*. Disponível em: <http://www.undemocracy.com/A-RES-58-217.pdf>. Acessado em 1 de setembro de 2016.

UN — UNITED NATIONS, 2010a. General Assembly. The human right to water and sanitation (A/RES/64/292 108th plenary meeting 28 July 2010). Disponível em: <http://www.onwa.ca/upload/documents/un-water-as-a-human-right.pdf> Acessado em 17 de outubro de 2016.

UN — UNITED NATIONS, 2010b. General Assembly. Human rights and access to safe drinking water and sanitation. (A/HRC/RES/15/9 31st meeting 30 September 2010). Disponível em: <http://www.right2water.eu/sites/water/files/UNHRC%20Resolution%2015-9.pdf>. Acessado em 17 de outubro de 2016.

UN — UNITED NATIONS, 2013. *Millennium Development Goals and Beyond 2015. Goal 7: Ensure environmental sustainability*. Disponível em: <http://www.un.org/millenniumgoals/pdf/Goal_7_fs.pdf>. Acessado em 15 de outubro de 2016.

UN — UNITED NATIONS, 2015. *The World Population Prospects: 2015 Revision*, 29 de julho de 2015. Disponível em: <https://www.un.org/development/desa/publications/worldpopulation-prospects-2015-revision.html>. Acessado em 20 de março de 2017.

UNEP — UNITED NATIONS ENVIRONMENT PROGRAMME, 1972 *Stockholm, 1972. Report of the United Nations Conference on the Human Environment*. Disponível em: <http://www.unep.org> Acessado em 20 de março de 2017.

WCED —WORLD COMMISSION ON ENVIRONMENT AND DEVELOPMENT, 1987. *Report of the World Commission on Environment and Development: Our Common Future*.

CAPÍTULO 2

Edifícios e Sistemas Prediais

Conceitos apresentados neste capítulo

Neste capítulo serão apresentadas as relações entre os edifícios e os sistemas prediais, de forma geral. Os sistemas que envolvem o projeto de uma edificação, como o de arquitetura e o de estruturas, são correlacionados com os sistemas prediais hidráulicos e sanitários, apresentando questões relevantes para a compatibilidade entre eles. Pontos importantes no desenvolvimento do projeto de um sistema predial são ressaltados, como a necessidade de se considerarem as inter-relações entre os projetos, para que sejam compatíveis, evitando interferências entre projeto e execução. Segue-se, então, a lógica de integrar Engenharia Civil e Arquitetura e Urbanismo, levando o leitor-projetista a questionar sobre quais os melhores locais para o posicionamento das tubulações, considerando suas interferências com vigas e pilares, por exemplo. Projetos de sistemas que não *conversam* entre si podem gerar conflitos significativos na fase de construção. Serão apresentadas as soluções alternativas para a passagem de tubulação dentro da parede, como os *shatfs* e as edificações que utilizam tubulações aparentes. O intuito é fazer o leitor raciocinar sobre essa questão, trazendo exemplos que ilustrem as diversas possibilidades. Dentro desta mesma lógica integradora, também serão discutidas as relações entre os sistemas construtivos de concreto armado, alvenaria estrutural e aço e os sistemas prediais hidráulicos e sanitários. Por fim, são apresentados os materiais mais utilizados nos diferentes sistemas prediais abordados neste livro.

2.1 SISTEMAS PREDIAIS – RELAÇÃO ENTRE SEUS COMPONENTES E OS DEMAIS SISTEMAS DA EDIFICAÇÃO

O desenvolvimento do projeto dos sistemas prediais hidráulicos e sanitários deve ser conduzido concomitantemente com os projetos de arquitetura, estrutura, fundações e outros pertinentes ao edifício, de modo que se consiga a compatibilização entre todos os requisitos técnicos e econômicos envolvidos e que o produto final apresente a harmonia funcional solicitada pelo usuário.

A norma de desempenho NBR 15575:2013 (ABNT, 2013) prevê a necessidade dessa integração, mencionando que os sistemas prediais devem ser incorporados à construção, de forma a garantir a segurança dos usuários, sem riscos de queimaduras (tubulações de água quente) ou outros acidentes. Devem ainda harmonizar-se com a deformabilidade das estruturas, interações com o solo e características físico-químicas dos demais materiais de construção. Projetos realizados sem a devida integração podem gerar atrasos e retrabalhos que irão alterar o cronograma tanto físico como financeiro das etapas.

Neste capítulo, os autores fazem algumas recomendações de projeto, baseadas nas normas vigentes e em sua experiência profissional, para orientar o projetista a tomar as melhores decisões possíveis, sempre considerando a relação existente entre os diferentes sistemas.

2.1.1 Reservatórios

Uma das maiores questões envolvendo os projetos de arquitetura e de sistemas prediais hidráulicos envolve o posicionamento do reservatório superior de uma edificação. Em muitos outros países não há necessidade de previsão deste elemento, uma vez que as concessionárias disponibilizam água com abastecimento contínuo e pressão adequada a seus usuários. É comum, portanto, ao buscar exemplos internacionais, ter dificuldades em encontrá-los. No Brasil, por uma herança histórica na dificuldade de provisão de água de abastecimento com as condições mínimas (continuidade e pressão), os reservatórios são previstos para cada edificação, em analogia aos reservatórios urbanos.

De acordo com Yazigi (2013), os reservatórios precisam ser localizados adequadamente, considerando suas características funcionais como espaço, iluminação, ventilação, proteção sanitária, operação e manutenção.

Considerando a abordagem técnica, o reservatório deve ser posicionado acima de todos os pontos a abastecer, a uma altura suficiente para prover carga hidráulica aos pontos de água. Se a edificação possuir áreas molhadas distribuídas ao longo de toda sua área, o reservatório superior deve ser posicionado em área central. Caso contrário, se forem previstas áreas molhadas de forma concentrada, a melhor posição é acima das mesmas. Há casos de edifícios muito longilíneos, em que a solução mais adequada é a instalação de mais de um reservatório, para evitar percursos de tubulação longos demais (maior perda de carga).

O percurso longo, muitas vezes, pode ser compensado pela elevação do reservatório superior, mas há um limite prático para essa altura: existem limites de altura especificados pelas legislações edilícias que impossibilitam a elevação da cota do reservatório superior. Do ponto de vista da estética arquitetônica, esse elemento, muitas vezes, não adere ao restante do projeto de forma harmônica, o que faz com que o profissional responsável pelo projeto de arquitetura proponha uma alternativa para esconder o reservatório, como acontece no edifício Jorge Machado Moreira, que abriga a Faculdade de Arquitetura e Urbanismo da Universidade Federal do Rio de Janeiro (UFRJ), na Ilha do Fundão (Figura 2.1).

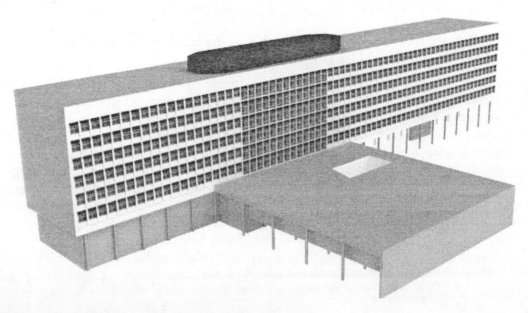

FIGURA 2.1: Edifício Jorge Machado Moreira, na Ilha do Fundão.

Particularidades dos reservatórios

O reservatório deve ser instalado de modo a garantir sua efetiva operação e manutenção, da forma mais simples e econômica possível. Além disso, deve considerar algumas questões, vistas a seguir.

Altura do reservatório em relação às vias: se o reservatório superior ficar a uma altura não atingida pela pressão da concessionária, a rede não terá capacidade para alimentá-lo. Como limite prático, a altura do reservatório em relação à via pública não deve ser superior a 9 m.

Manutenção semestral: o acesso ao interior do reservatório, para inspeção e limpeza, deve ser garantido por uma abertura com dimensão mínima de 600 mm, em qualquer direção. No caso de reservatório inferior, a abertura deve ser dotada de rebordo com altura mínima de 100 mm para evitar a entrada de água de lavagem de piso e outras.

Segurança: recomenda-se observar uma distância mínima de 600 mm (entre qualquer ponto do reservatório e o eixo de qualquer tubulação próxima, com exceção daquelas diretamente conectadas ao reservatório; entre qualquer ponto do reservatório e qualquer componente utilizado na edificação que possa ser considerado um obstáculo permanente; entre o eixo de qualquer tubulação conectada ao reservatório e qualquer componente utilizado na edificação que possa ser considerado um obstáculo permanente.

Uma vez que o reservatório é uma estrutura que irá gerar uma sobrecarga estrutural, existe uma tendência lógica de fazer seu posicionamento em cima da caixa de escada e elevador, para concentrar esses esforços em pilares já posicionados. Isso facilita uma fluidez na planta arquitetônica dos andares. Entretanto, essa solução não é única; o reservatório superior pode ser posicionado de outra maneira, desde que o projeto estrutural preveja pilares de sustentação adequados para o mesmo.

A norma NBR 5626:1998 (ABNT, 1998) prevê que o espaço em torno do reservatório deve ser suficiente para permitir a realização das atividades de manutenção (regulagem da torneira de boia, manobra de registros, montagem e desmontagem de trechos de tubulações, remoção e disposição da tampa), bem como a movimentação segura da pessoa encarregada de executá-las.

2.1.2 Tubulações

As normas NBR 5626:1998 (ABNT, 1998) e NBR 8160:1999 (ABNT, 1999) trazem recomendações para a relação entre as tubulações de água fria e de esgoto sanitário, respectivamente, e os demais sistemas de uma edificação. Aqui são resgatadas algumas delas, considerando, de modo geral, as tubulações dos três sistemas prediais tratados neste livro (hidráulico, de esgoto sanitário e de águas pluviais). Assim, de maneira resumida, pode-se dizer que:

Relação entre o projeto de arquitetura e o de sistemas prediais

- Deve ser previsto fácil acesso a todas as tubulações, para manutenção, quando necessário. É possível prever, no projeto de arquitetura, o uso de forros ou paredes falsas, dutos, galerias de serviço ou outras disposições igualmente eficazes.
- É permitida a instalação de tubulação no interior de parede de alvenaria estrutural, desde que a mesma seja tubulação recoberta em duto projetado especificamente para tal fim.
- Deve ser evitada a passagem das tubulações em paredes, rebaixos e forros falsos de ambientes de permanência prolongada, como forma de evitar problemas maiores em caso de vazamento, e, também, evitar o ruído decorrente da passagem do fluido dentro da tubulação (Figura 2.2).

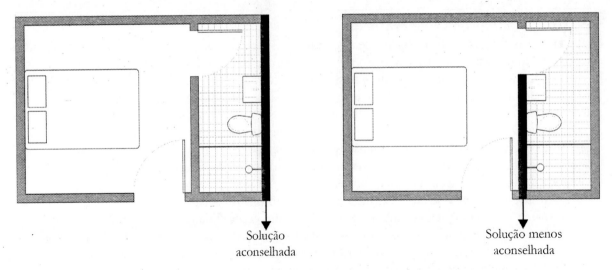

Solução
aconselhada

Solução menos
aconselhada

FIGURA 2.2: Exemplo *layout* de suíte, com indicação da melhor parede para a passagem de tubulações.

Relação entre o projeto de estruturas e o de sistemas prediais

- A instalação de tubulações no interior de paredes ou pisos deve considerar a manutenção e a movimentação das tubulações em relação às paredes ou aos pisos, de forma que não sofram danos frente aos deslocamentos previstos pela estrutura do prédio ou por outras solicitações mecânicas.
- Tanto as tubulações recobertas, instaladas em dutos, quanto as aparentes devem ser fixadas ou posicionadas utilizando-se anéis, abraçadeiras, grampos ou outros dispositivos (Figura 2.3).

FIGURA 2.3: Exemplo de fixação de tubulações.

- O método de fixação das tubulações de esgoto sanitário deve ser tal que possibilite garantir a declividade de projeto das tubulações.
- A tubulação não deve ser embutida ou solidarizada longitudinalmente a paredes, pisos e demais elementos estruturais do edifício, de modo a não ser prejudicada pela movimentação destes e de maneira a garantir a sua manutenção. No caso em que a tubulação corre paralela a elementos estruturais, a sua fixação pode ser feita por meio de abraçadeiras ou outras peças que permitam a necessária movimentação e facilitem a manutenção. Outra solução alternativa é a utilização de tubulação recoberta em duto especialmente projetado para tal fim.
- Na eventual necessidade de atravessar elementos estruturais no sentido da sua espessura, o furo deve ser previsto no projeto de estruturas, seguindo a norma vigente (Figura 2.4).

FIGURA 2.4: Exemplo de viga com furos no sentido de sua espessura, para passagem de tubulações.

2.1.3 Áreas Molhadas

A norma de desempenho NBR 15575-1:2013 (ABNT, 2013), em seu Anexo F, apresenta uma sugestão das possíveis formas de organização dos cômodos e dimensões compatível com as necessidades humanas. Para as áreas destinadas à higiene pessoal, recomenda-se que os projetos de arquitetura de edifícios habitacionais prevejam, no mínimo: lavatório, chuveiro (box) e bacia sanitária. No caso de lavabos, não é necessário o chuveiro. Para as áreas destinadas ao preparo de alimentos, é previsto, além de móveis e eletrodomésticos, no mínimo uma pia de cozinha. A área de lavanderia prevê tanque (externo para unidades habitacionais térreas) e máquina de lavar roupa. Essa parte da norma também indica as dimensões mínimas de mobiliário e circulação das áreas molhadas, que são apresentadas, como previsto na referida norma, na Tabela 2.1.

Tabela 2.1 – Dimensões mínimas de mobiliário e circulação (ABNT, 2013)

Ambiente	Móvel ou equipamento	Mobiliário Dimensões (m) L	P	Circulação (m)	Observações
Cozinha	Pia	1,20	0,50	Circulação mínima de 0,85 m frontal à pia, fogão e geladeira	Largura mínima da cozinha: 1,50 m Mínimo: pia, fogão e geladeira e armário
	Fogão	0,55	0,60		
	Geladeira	0,70	0,70		
	Armário sobre a pia e gabinete	–	–	–	Espaço obrigatório para móvel
	Apoio para refeição (duas pessoas)	–	–	–	Espaço opcional para móvel
Banheiro	Lavatório	0,39	0,29	Circulação mínima de 0,4 m frontal ao lavatório, vaso e bidê	Largura mínima do banheiro: 1,10 m, exceto no box Mínimo: um lavatório, um vaso e um box
	Lavatório com bancada	0,80	0,55		
	Vaso sanitário (caixa acoplada)	0,60	0,70		
	Vaso sanitário	0,60	0,60		
	Box quadrado	0,80	0,80		
	Box retangular	0,70	0,90		
	Bidê	0,60	0,60	–	Peça opcional
Área de serviço	Tanque	0,52	0,53	Circulação mínima de 0,50 m frontal ao tanque e máquina de lavar	Mínimo: um tanque e uma máquina (tanque de no mínimo 20 L)
	Máquina de lavar roupa	0,60	0,65		

Em relação à quantidade de aparelhos sanitários por tipo de edifício ou ocupação, a Tabela 2.2 apresenta as exigências mínimas, que podem ser utilizadas para orientar a confecção dos projetos de áreas molhadas, dependendo do projeto arquitetônico que se está desenvolvendo. É preciso atentar para a necessidade de estabelecer acesso aos aparelhos de forma adequada, pensando no melhor *layout* possível para cada área. Ressalta-se que esta tabela, apresentada em Creder (2006) e Macintyre (2010), tem origem no *Uniform Plumbing Code*, publicado em 2015 pela The International Association of Plumbing and Mechanical Officials.

Tabela 2.2 – Instalações mínimas conforme o tipo de edifício ou ocupação (Creder, 2006; Macintyre, 2010; Uniform Plumbing Code, 2015)

Tipo de edifício ou ocupação	Lavatórios		Banheiras ou chuveiros	Bebedouros	Bacias sanitárias		Mictórios
Residência ou apartamento	1 para cada		1 para cada e chuveiro para serviço	–	1 para cada e 1 para serviço		–
Escolas primárias	1 para cada 60 pessoas		1 para cada 20 alunos havendo educação física	1 para cada 75 alunos	Meninos: 1/100 Meninas: 1/25		1 para cada 30 meninos
Escolas secundárias	1 para cada 100 pessoas				Meninos: 1/100 Meninas: 1/45		
Escritórios ou edifícios públicos	N° de pessoas 1-15 16-35 36-60 61-90 91-125 acima de 125	N° de aparelhos 1 2 3 4 5 + 1 para cada 45 pessoas a mais	–	1 para cada 75 pessoas	N° de pessoas 1-15 16-35 36-55 56-80 81-110 111-150 acima de 150	N° de aparelhos 1 2 3 4 5 6 + 1 para cada 40 pessoas a mais	Quando houver mictórios, instalar 1 bacia para cada mictório contanto que o número de bacias não seja reduzido a menos que 2/3 do especificado
Estabelecimentos industriais	N° de pessoas 1-100 mais de 100	N° de aparelhos 1 para cada 10 1 para cada 15 pessoas a mais	1 chuveiro para cada 15 pessoas dedicadas a atividades contínuas ou expostas a calor excessivo ou contaminação da pele com substâncias venenosas, infecciosas, ou irritantes	1 para cada 75 pessoas	N° de pessoas 1-9 10-24 25-49 50-74 75-100 acima de 100	N° de aparelhos 1 2 3 4 5 + 1 para cada 30 operários	Mesma especificação feita para escritórios ou 1 para cada 50 operários

Tabela 2.2 – Instalações mínimas conforme o tipo de edifício ou ocupação (Creder, 2006; Macintyre, 2010; Uniform Plumbing Code, 2015)   *(Cont.)*

Tipo de edifício ou ocupação	Lavatórios		Banheiras ou chuveiros	Bebedouros	Bacias sanitárias		Mictórios	
Cinemas, teatros, auditórios e locais de reunião	N° de pessoas 1-200 201-400 401-750 acima de 750	N° de aparelhos 1 2 3 + 1 para cada 500 pessoas a mais	–	1 para cada 100 pessoas	N° de pessoas 1-100 101-200 201-400 acima de 400	N° de aparelhos h m 1 1 2 2 3 3 + 1 para cada 500 homens ou 300 mulheres	N° de pessoas 1-100 101-200 201-400	N° de ap. 1 2 3
Dormitórios	1 para cada 12 pessoas. Acima de 12 1 para cada 20 homens ou 15 mulheres		1 para cada 8 pessoas. Quando só feminino, adicionar banheiras na razão de 1/30	1 para cada 75 pessoas	N° de pessoas h m 1-10 1-8 >10 >8 3 3	N° de aparelhos h m 1 1 + 1 para cada 25	1 para cada 25 homens. Acima de 150 pessoas, adicionar 1 para cada 20	
Acampamento ou inst. provisórias	–		1 para cada 30 operários	–	1 para cada 30 operários		–	

Para áreas que necessitam de acessibilidade, a norma NBR 9050:2015, *Acessibilidade a edificações, mobiliário, espaços e equipamentos urbanos* (ABNT, 2015), deve ser consultada. Essa norma apresenta requisitos como posicionamento e características de peças, acessórios, barras de apoio, pisos e desnível, localização, bem como as dimensões dos boxes e quantidades mínimas necessárias para sanitários, banheiros e vestiários acessíveis. Todos os espaços, peças e acessórios previstos em projeto devem atender aos conceitos de acessibilidade, assim como as áreas mínimas de circulação, de transferência e de aproximação, alcance manual, empunhadura e ângulo visual, também definidos pela mesma norma.

Os sanitários, banheiros e vestiários acessíveis devem localizar-se em rotas acessíveis, próximas à circulação principal, e próximas ou integradas às demais instalações sanitárias. A Tabela 2.3 apresenta o número mínimo de sanitários acessíveis segundo os diferentes usos das edificações, e a Figura 2.5 apresenta as dimensões mínimas de um sanitário acessível.

Um projeto acessível deve atender aos parâmetros estabelecidos pela NBR 9050:2015 (ABNT, 2015), sendo alguns deles listados a seguir.

- Instalação de lavatório sem coluna ou com coluna suspensa ou lavatório sobre tampo, dentro do sanitário ou box acessível, em local que não interfira na área de transferência para a bacia sanitária, podendo sua área de aproximação ser sobreposta à área de manobra.
- Os lavatórios devem garantir altura frontal livre na superfície inferior, e na superfície superior de no máximo 0,80 m, exceto a infantil.
- Alcance manual para acionamento de válvula sanitária, torneira, barras, puxadores e trincos e manuseio e uso dos acessórios.

Tabela 2.3 – Número mínimo de sanitários acessíveis segundo os diferentes usos das edificações (ABNT, 2015)

Edificação de uso	Situação da edificação	Número mínimo de sanitário com entradas independentes
Público	A ser construída	5% do total de cada peça sanitária, com no mínimo um, para cada sexo em cada pavimento, onde houver sanitários
	Existente	Um por pavimento, onde houver ou onde a legislação obrigar a ter sanitários
Coletivo	A ser construída	5% do total de cada peça sanitária, com no mínimo um em cada pavimento, onde houver sanitário
	A ser ampliada ou reformada	5% do total de cada peça sanitária, com no mínimo um, em cada pavimento acessível, onde houver sanitário
	Existente	Uma instalação sanitária, onde houver sanitários
Privado áreas de uso comum	A ser construída	5% do total de cada peça sanitária, com no mínimo um, onde houver sanitários
	A ser ampliada ou reformada	5% do total de cada peça sanitária, com no mínimo um por bloco
	Existente	Um no mínimo

NOTA: As instalações sanitárias acessíveis que excederam a quantidade de unidades mínimas podem localizar-se na área interna dos sanitários.

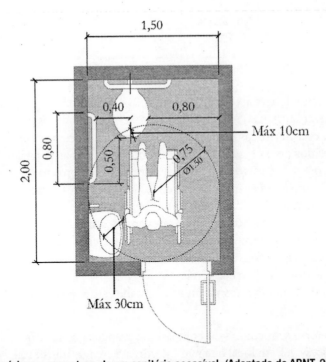

FIGURA 2.5: Dimensões mínimas, em metros, de um sanitário acessível. (Adaptada de ABNT, 2015.)

- O acionamento da válvula de descarga deve estar a uma altura máxima de 1,00 m e ser preferencialmente realizado por sensores eletrônicos ou dispositivos equivalentes.
- Os lavatórios devem ser equipados com torneiras acionadas por alavancas, com esforço máximo de 23 N, torneiras com sensores eletrônicos ou dispositivos equivalentes.
- Instalação de ducha higiênica ao lado da bacia, dentro do alcance manual de uma pessoa sentada na bacia sanitária, dotada de registro de pressão para regulagem da vazão.
- As grelhas e os ralos devem ser posicionados fora das áreas de manobra e de transferência.

- As bacias e os assentos sanitários acessíveis não podem ter abertura frontal e devem estar a uma altura entre 0,43 e 0,45 m do piso acabado, medidas a partir da borda superior sem o assento.

A instalação das bacias sanitárias, sejam elas convencionais ou de caixa acoplada, devem prever uma distância de seu eixo até a parede lateral de, no mínimo, 0,40 m, para bacias de adulto, como apresentado na Figura 2.6.

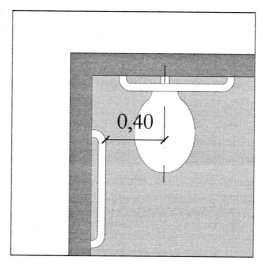

FIGURA 2.6: Distância mínima recomendada entre as bacias sanitárias e a parede adjacente: 0,40 m. (Adaptada de ABNT, 2015.)

Já a instalação dos lavatórios deve prever a área de aproximação de uma pessoa em cadeira de rodas e/ou de pessoa com mobilidade reduzida, como apresentado pela Figura 2.7.

Para mais detalhes, o projetista deve consultar a norma NBR 9050:2015 (ABNT, 2015) na íntegra.

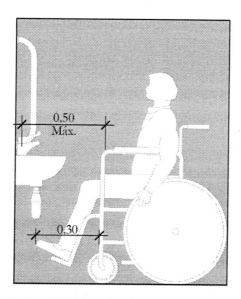

FIGURA 2.7: Área de aproximação frontal em lavatórios, com dimensões em metros. (Adaptada de ABNT, 2015.)

2.2 SISTEMAS CONSTRUTIVOS

Segundo Tacla (1984), sistema construtivo pode ser definido como "o conjunto das regras práticas, ou o resultado de sua aplicação, de uso adequado e coordenado de materiais e mão de obra que se associam e se coordenam para a concretização de espaços previamente programados". Entende-se, portanto, que o sistema construtivo corresponde ao conjunto de materiais, técnicas e elementos empregados de forma associada e coordenada, impactando no funcionamento global daquilo que se pretende construir (uma edificação, por exemplo). Para que seja possível estabelecer a relação entre essas partes, é necessário o correto atendimento às normas técnicas e legislações vigentes.

A definição do sistema construtivo a ser adotado em determinado projeto é função de diversos fatores, dentre os quais Salgado (1996) menciona: a adaptabilidade ao terreno; os materiais constituintes e o custo com seu transporte (ou o uso de materiais locais); a necessidade de especialização de mão de obra, e a possibilidade de expansão ou flexibilização do espaço.

Os sistemas construtivos podem ser tradicionais, para os quais existem normas técnicas vigentes, como o concreto armado, por exemplo, ou inovadores, que usam técnicas mais modernas, geralmente visando menores custos, rapidez na construção e menos impacto ao ambiente. Este livro abordará de forma breve três sistemas construtivos adotados com alguma frequência no país, enfatizando sua relação com os sistemas prediais hidráulicos e sanitários: concreto armado, alvenaria estrutural e aço.

2.2.1 Concreto Armado

A associação entre o concreto e o aço com fins estruturais começou a ser feita na Europa, em meados do século XIX, para a construção de tubos, lajes e pontes. Em 1902 foi elaborada e publicada a primeira teoria cientificamente consistente, e então foram redigidas as primeiras normas para o cálculo e a construção em concreto armado. O concreto armado é o material estrutural mais utilizado hoje no Brasil, tanto moldado no local como pré-fabricado.

Pode-se dizer que o concreto armado é a aliança racional de materiais com características mecânicas diferentes e complementares, como apresentado na Figura 2.8, levando a um trabalho solidário entre aço e concreto, garantido pela boa aderência entre os materiais.

De acordo com Barros e Melhado (1998), os edifícios produzidos com concreto armado geralmente são denominados convencionais. Seus elementos estruturais principais são lajes, vigas e pilares, vinculados entre si, como demonstra a Figura 2.9.

As lajes são elementos bidirecionais, geralmente horizontais, que suportam diretamente as cargas verticais do piso. As vigas são elementos unidirecionais, geralmente horizontais, que vencem vãos entre os pilares e fornecem apoio às lajes, às alvenarias e, eventualmente, a outras vigas. Os pilares, por sua vez, são elementos unidirecionais, geralmente verticais, que garantem o vão vertical dos compartimentos, fornecendo apoio às vigas.

Barros e Melhado (1998) apresentam um esquema genérico para o fluxograma de produção dos elementos de concreto armado, como apresentado na Figura 2.10.

A norma de concreto armado é a NBR 6118:2003, *Projeto de estruturas de concreto – Procedimento*, que fixa os requisitos básicos exigíveis para projeto de estruturas de concreto simples, armado e protendido, excluídas aquelas em que se empregam concreto leve, pesado ou outros especiais.

Tradicionalmente, como mencionado, os edifícios são produzidos, no Brasil, em concreto armado. No passado, as tubulações dos sistemas prediais hidráulicos e sanitários eram posicionadas embutidas em alvenaria. Essa solução traz o inconveniente de, em caso de manutenção, ter de abrir e refazer o acabamento da alvenaria, levando mais tempo, com maior custo, e gerando mais resíduos e sujeira. É comum, ainda hoje, a passagem das tubulações de forma embutida em casas. Nessas situações, recomenda-se o diâmetro máximo de 32 mm, com o cuidado devido no seu posicionamento, evitando pontos de indução de fissuras.

Concreto

- Boa resistência à compressão
- Meio alcalino (reações de hidratação do cimento presente no concreto que apassiva o aço e aumenta sua durabilidade)
- Rigidez

Aço

- Excelente resistência a tração
- Necessita proteção
- Esbeltez

Concreto Armado

- Versatilidade
- Durabilidade
- Economia

FIGURA 2.8: Concreto armado: características mecânicas.

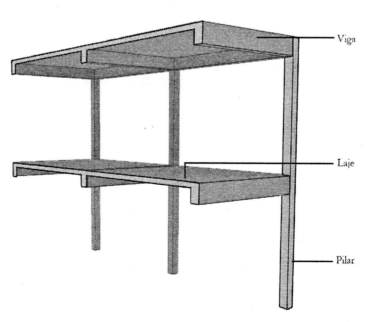

FIGURA 2.9: Esquema estrutural em concreto armado.

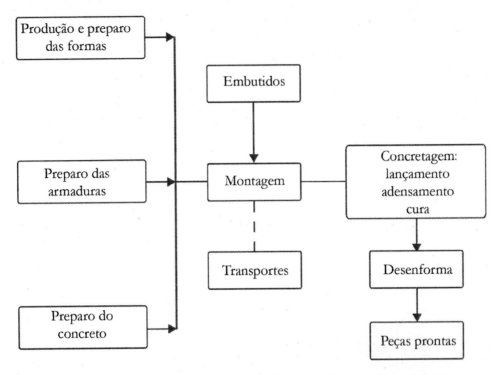

FIGURA 2.10: Fluxograma de produção dos elementos de concreto armado. (Barros e Melhado, 1998.)

Yazigi (2013) recomenda que os rasgos na alvenaria sejam fechados com argamassa de cimento e areia para evitar a perfuração indevida da tubulação.

Já nos edifícios, há alguns anos, têm sido empregadas tubulações em aberturas específicas para esse fim, chamadas *shafts*. Os *shafts* são áreas específicas e reservadas para passagem das tubulações, podendo ser usados tanto para a rede elétrica quanto para a hidráulica, de esgoto sanitário e de águas pluviais. Além das tubulações, os *shafts* também podem abrigar equipamentos associados ao sistema hidráulico, como válvulas redutoras ou de manutenção de pressão, misturadores, válvulas de sinalização ou controle de sistemas hidráulicos de combate a incêndio, além de medidores de consumo de água ou gás.

De maneira geral, os *shafts* podem ter formas e tamanhos variáveis, embora costumeiramente sejam estreitos, com comprimento da largura do cômodo, por motivos estéticos. Eles devem ser posicionados em locais para que a visita seja facilitada. Assim, geralmente, costumam se localizar nas áreas molhadas (banheiros, cozinhas e áreas de serviço), pela facilidade de passagem das tubulações, mas também podem estar nos corredores. Seu fechamento pode ser feito com portas ou placas removíveis, facilitando o acesso às tubulações, em caso de manutenção, por exemplo (Figura 2.11A). Muitos usuários, porém, não gostam do efeito desse tipo de fechamento. Assim, para considerar, também, o efeito estético, é muito comum que se preveja o fechamento com painéis de gesso acartonado, o que torna essas tubulações acessíveis para manutenção pela quebra dos painéis, operação muito mais fácil do que se elas estivessem embutidas em paredes de alvenaria e revestidas com azulejos (cerâmicas) (Figura 2.11B).

É importante que o projetista apresente o detalhamento do *shaft*, com a indicação de todas as tubulações que passam por ele, seus respectivos diâmetros, bem como os demais dispositivos em seu interior (caso

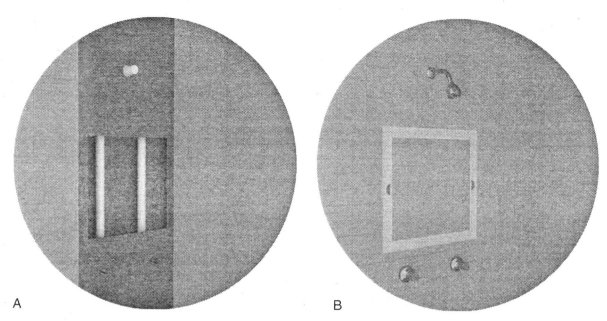

A   B

FIGURA 2.11: A, *Shaft* em box de banheiro com fechamento por janela. B, Fechamento por *drywall* (gesso acartonado).

existam), em planta e em vista. Também devem ser especificados as formas de fixação, condições de acesso, eventuais dispositivos de ventilação e o detalhamento de perfurações em laje. A Figura 2.12A e B apresenta como exemplo o projeto de um banheiro de apartamento. Nele é possível ver o *shaft* localizado atrás do chuveiro, na parede ao fundo do box.

O projeto dos *shafts* deve ser criado em concomitância com o projeto de arquitetura, necessitando que o arquiteto domine as informações necessárias para o projeto de sistemas prediais hidráulicos e sanitários e, também, elétricos, de modo que preveja tamanhos adequados e quantidade suficiente desses espaços.

Yazigi (2013) faz recomendações para o traçado das tubulações em sistemas construtivos de concreto armado, as quais são listadas a seguir, de forma breve.

- Recomenda-se que as tubulações, em estruturas de concreto armado, tenham o menor traçado possível, evitando colos altos e baixos.
- Deve ser garantido que não haja esforços não previstos, decorrentes de recalques ou deformações da estrutura; a possibilidade de dilatações e retrações deve ser considerada pelo projetista.
- É permitida (embora não desejada) a passagem de tubulação embutida nas paredes de alvenaria, desde que não passem em elementos estruturais como lajes, vigas e pilares. Há exceções, previstas pela NBR 6118 (ABNT, 2003), quando vigas poderão ser perfuradas na direção de sua largura, desde que o efeito desse furo sobre sua resistência e deformação seja verificado e que não sejam ultrapassados os limites para dimensões, deslocamentos e abertura de fissuras previstos em norma.
- É indicado como melhor recurso para a localização da tubulação aquele que permite sua total independência da estrutura e da alvenaria: espaços livres, verticais (*shafts*) e horizontais, para a sua passagem, com aberturas para inspeções e substituições, podendo ser empregados forros ou paredes falsas para escondê-la.

As Figuras 2.13 a 2.15 apresentam propostas de *layout* de áreas molhadas com posicionamento de *shafts*.

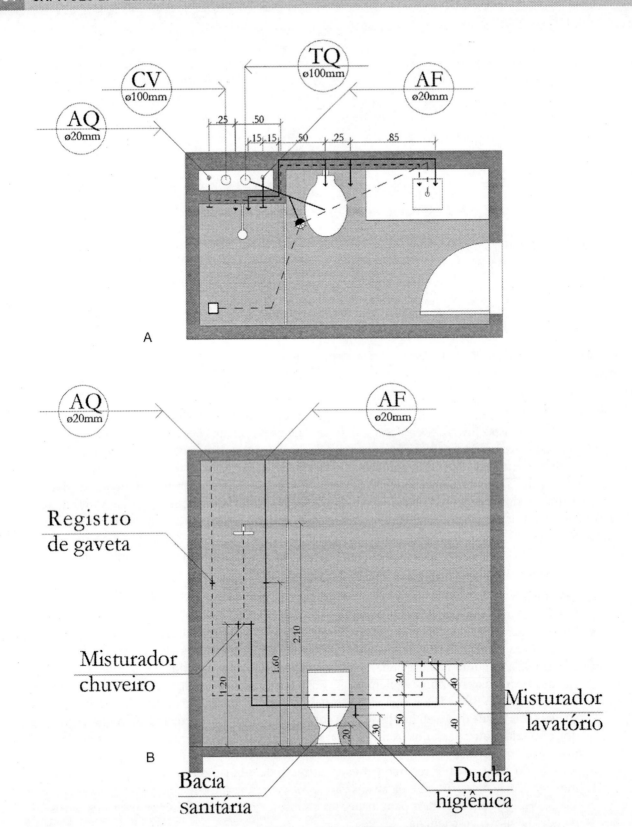

FIGURA 2.12: Projeto de banheiro com *shaft* (A) em Planta Baixa; (B) Vista.

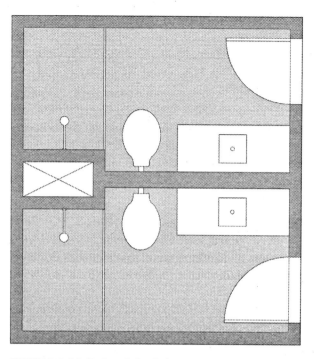

FIGURA 2.14: Projeto de banheiro com *shaft* compartilhado.

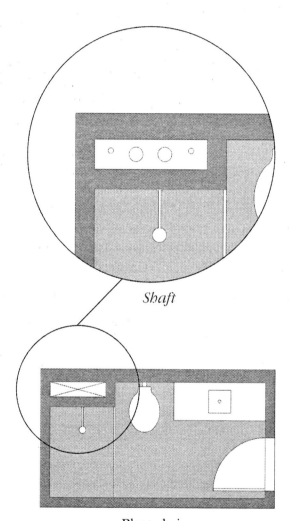

Shaft

Planta baixa

FIGURA 2.13: Projeto de banheiro com *shaft* dentro
do box — uso mais comum.

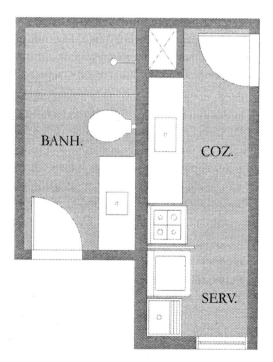

FIGURA 2.15: Projeto de áreas molhadas de uma mesma
unidade com *shaft* compartilhado.

2.2.2 Alvenaria Portante

A alvenaria portante, também conhecida como alvenaria estrutural, é um sistema construtivo no qual se prescinde de vigas e pilares. Neste sistema construtivo, os esforços são resistidos pela própria alvenaria, que, unida por argamassa, é capaz de resistir ao próprio peso e aos seus carregamentos de utilização. No Brasil, é muito comum o emprego de blocos de concreto para a concepção de projetos deste tipo de sistema construtivo. Devem seguir as normas NBR 8798, *Execução e controle de obras em alvenaria estrutural de blocos vazados de concreto* (ABNT, 1985), e NBR 10837, *Cálculo de alvenaria estrutural de blocos vazados de concreto* (ABNT, 1989a).

A alvenaria portante pode ser classificada como "não armada" ou "armada/parcialmente armada", como descrito a seguir:

- *Alvenaria estrutural não armada*: constituída apenas de blocos assentados com argamassa, podendo até conter armaduras construtivas, não consideradas na absorção dos esforços calculados (armadura sem função estrutural).

- *Alvenaria estrutural armada/parcialmente armada*: há necessidade de inserção de armaduras envolvidas em graute, nas cavidades dos blocos, dimensionadas para absorver esforços calculados (armadura com função estrutural).

O projeto em alvenaria portante é racional, tendo como vantagens menor tempo de execução, menos desperdício na obra e a garantia de alinhamento e prumo. Entretanto, pode-se citar como limitação a necessidade de haver um projeto bem concebido e compatibilizado, uma vez que não será possível fazer ajustes de última hora na obra. Assim, desde o princípio, é necessária a integração entre o projeto estrutural e o de sistemas prediais.

O projeto de alvenaria portante é baseado na modulação dos elementos de alvenaria (blocos de concreto). Os blocos de concreto são agrupados em função da sua largura, sendo os principais grupos M-15 e M-20, com larguras de 14 e 19 cm, respectivamente. O ajuste de 1 cm é feito pela junta de argamassa. Dentro desses grupos, existem as famílias: as mais comuns são a família 39 e a família 29, ambas no grupo M-15. A família 39 é a mais tradicional e mais segura de encontrar no mercado. A família 29, de concepção mais recente, ainda não está estabelecida na norma pertinente, mas também é encontrada no mercado; tem como vantagem o fato de a modulação ser equivalente à largura, o que não acontece com a família 39. Assim, a família 39 precisa de alguns blocos especiais para garantir a modulação. A seguir, na Figura 2.16, estão apresentados os blocos principais de cada uma das famílias citadas.

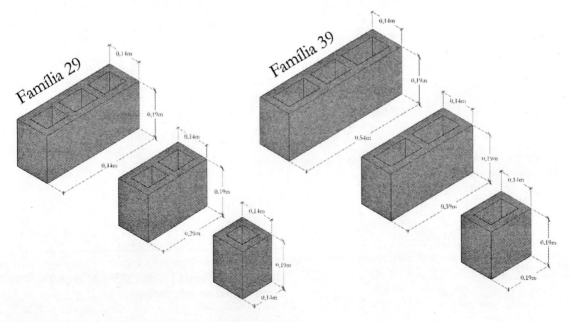

FIGURA 2.16: Principais blocos de concreto – famílias 29 e 39.

A norma NBR 15961-1:2011, *Alvenaria Estrutural – Blocos de concreto* (ABNT, 2011) proíbe a passagem de fluidos por condutores embutidos em paredes estruturais, exceto quando a instalação e a manutenção não exigirem cortes.

É possível se aproveitar do próprio vazado dos blocos para que as tubulações hidráulicas sejam passadas. No caso das tubulações de esgoto sanitário, que possuem diâmetros maiores, outra solução deve ser adotada. É possível, nesse caso, fazer o caminhamento horizontal das tubulações por debaixo da laje, "escondido" por um forro de gesso. A outra opção é passar essa tubulação de forma aparente. A Figura 2.17 apresenta um exemplo que emprega este tipo de solução — a tubulação vertical utiliza-se dos vazios dos blocos, enquanto a horizontal, que a alimenta, passa sob a laje, por um forro de gesso.

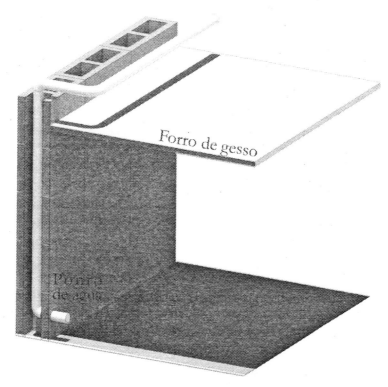

FIGURA 2.17: Passagem de tubulação nos vazios dos blocos estruturais.

São apresentadas a seguir outras possíveis soluções para passagem das tubulações dos sistemas prediais de água, esgoto e águas pluviais, preservando a integridade dos blocos de concreto:

- Passagem pelo vazio dos blocos de concreto, principalmente para as tubulações de água, conformando as paredes hidráulicas.
- Uso de *shafts* (interrupção da alvenaria ou muchetas).
- Uso de blocos especiais, denominados "blocos hidráulicos".
- Uso de tubulação aparente.
- Uso de parede dupla.

As paredes hidráulicas, destinadas às tubulações de aparelhos hidráulicos e sanitários nos edifícios de alvenaria portante, só atuam como vedação (Figura 2.18). Devem ser projetadas em conjunto com o engenheiro calculista, visto que devem ser propostas no projeto sem que tenham função estrutural.

O uso de *shafts* em sistemas de alvenaria portante pode ser feito de duas formas: por meio de interrupção da alvenaria com posterior fechamento, ou por meio da descida dos tubos rente à alvenaria, com posterior fechamento.

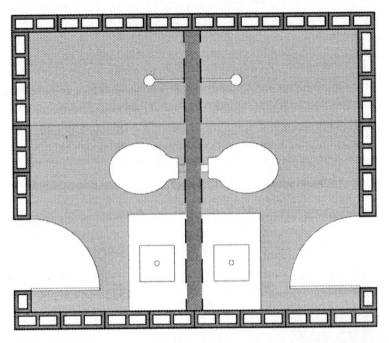

FIGURA 2.18: Solução com parede não estrutural.

Na Figura 2.19 está representado um *shaft* com interrupção da alvenaria, e na Figura 2.20 se encontra esquematizado um *shaft* com descida de tubulação rente à alvenaria (mucheta).

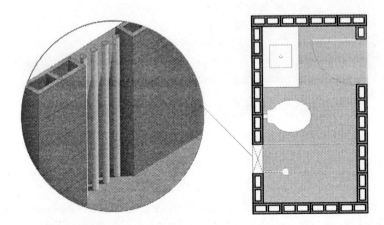

FIGURA 2.19: *Shaft* previsto com interrupção da alvenaria.

No *shaft* por interrupção da alvenaria, o fechamento pode ser pelo uso de argamassa ou, mais simples, de painéis (placas cimentícias de gesso acartonado, por exemplo), tornando as tubulações acessíveis para manutenção. No *shaft* tipo mucheta, o fechamento pode ser de alvenaria (blocos cerâmicos ou concreto) ou também painéis pré-fabricados, parafusados à parede, permitindo a remoção fácil em casos de verificação e manutenção, dentre outros. De forma geral, a solução com *shafts* é considerada uma boa alternativa, tanto do ponto de vista construtivo quanto estrutural.

Outra possibilidade é o uso de blocos especiais denominados "blocos hidráulicos", que simulam "cavidades" nas paredes, em que as tubulações podem ser encaixadas. Esses blocos são usados para tubulações que variam de 25 a 40 cm. O bloco hidráulico (14 × 19 × 39 cm) é usado somente para passagem de tubulações verticais, que são acomodadas em ranhura prevista no mesmo. O bloco com redução também

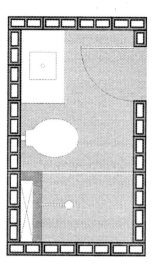

FIGURA 2.20: *Shaft* previsto com descida de tubulação rente à alvenaria (mucheta).

só é usado para tubulações verticais. Já o bloco hidráulico maciço (14 × 19 × 19 cm) pode ser usado para passagem de tubulações verticais ou horizontais, que também são acomodadas em sua ranhura. Cabe ressaltar que esses blocos e, por consequência, essa alternativa para a passagem das tubulações não são muito utilizados no Brasil, em virtude de sua pouca oferta no mercado. A Figura 2.21A e B apresenta imagens desses blocos, bem como um exemplo de parede construída com os mesmos.

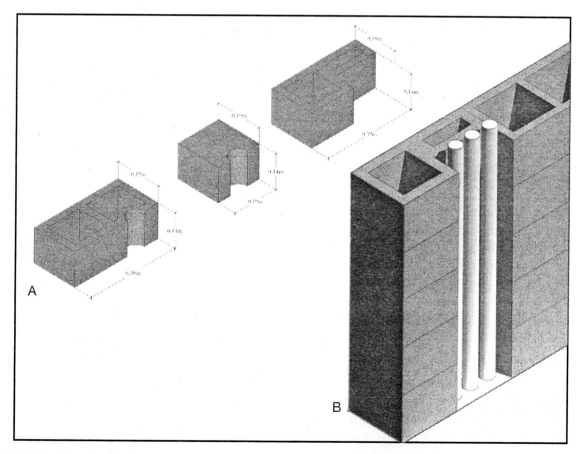

FIGURA 2.21: A, Tipos de blocos hidráulicos. B, Parede com "rebaixos" para encaixe das tubulações hidráulicas.

FIGURA 2.22: Uso de tubulação aparente conjugada com projeto de arquitetura.

O uso de tubulação aparente é possível, desde que projetada em conjunto com o arquiteto, para não interferir no projeto de arquitetura. Tem como vantagem a facilidade de manutenção da tubulação, quando necessário, visto que é simplesmente presa a parede. Neste tipo de solução, até mesmo a identificação de eventuais vazamentos é facilmente detectável e solucionável. A Figura 2.22 apresenta um exemplo de banheiro com tubulação de água aparente.

Por fim, pode ser mencionado o uso de parede dupla como possível solução para a passagem das tubulações. Neste tipo de solução, a tubulação é embutida em uma parede feita com blocos de menor espessura do que a estrutural e adjacente a ela, tanto na horizontal quanto na vertical (Figura 2.23).

Cabe ressaltar que a compatibilização do projeto arquitetônico em alvenaria portante ocorre tanto nas plantas em que, por exemplo, são indicados os *shafts*, quanto na elevação das paredes. Esse conjunto é consultado na obra para o assentamento de blocos especiais e a colocação das tubulações e outras peças constituintes do sistema predial hidráulico e sanitário.

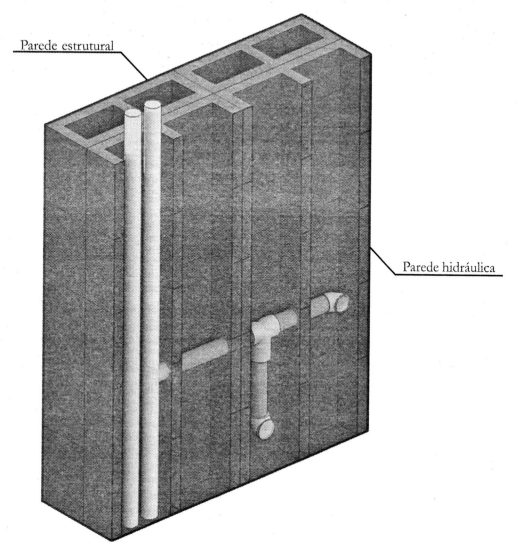

Parede estrutural

Parede hidráulica

FIGURA 2.23: Utilização de parede dupla para passagem das tubulações hidráulicas e sanitárias em sistema de alvenaria portante.

2.2.3 Aço

O sistema construtivo em aço emprega, em sua estrutura, perfis metálicos laminados, soldados, conformados a frio ou perfis especiais. Apresenta como vantagens a racionalização da construção, com o emprego de elementos fabricados em indústrias especializadas, em que há rigoroso controle de qualidade; maior velocidade na construção, com o consequente retorno financeiro ocorrendo, também, mais rapidamente; o fato de poder ser usado para vencer grandes vãos; o fato de ser uma estrutura mais leve, aliviando as fundações; e também o fato de ser reciclável.

O aço é uma liga metálica de ferro e carbono (0,03%-2,0%), mas que pode conter outros elementos químicos para melhoria de suas propriedades. Na indústria da construção, o aço é aplicado, principalmente, como material estrutural em vigas, pilares, lajes e estacas, ou em esquadrias, trilhos, coberturas e fechamentos laterais, dentre outros.

Perfis em aço

Os perfis podem ser laminados, soldados ou conformados a frio.

Laminados

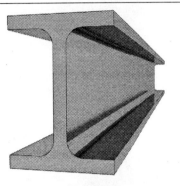

Abas paralelas
Seções transversais formatos I e H
Nomenclatura série americana WF (*wide flange*)
Usados na construção de estruturas metálicas

Padrão americano
Padrão americano de abas inclinadas
Usados em estruturas de pequeno porte

Soldados

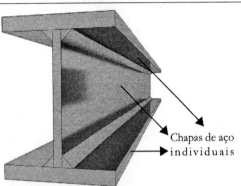

Chapas de aço
individuais

Perfis obtidos pelo corte, composição e
soldagem de chapas planas de aço
Permitem grande variedade de formas e
dimensões de seções
União dos perfis — soldagem

Conformados
a frio

Processo de dobramento a frio de chapas de aço
Embora padronizados, podem ser produzidos
pelos fabricantes com a forma e o tamanho
solicitados
Recomendados para construções leves
(elementos estruturais como barras de treliças,
terças etc.)

A estrutura em aço tem facilidade de interação com outros elementos construtivos. Nesse sentido, o fechamento vertical dessa estrutura pode ser feito com alvenaria tradicional, painéis cimentícios e placas de OSB (*oriented strand board*), dentre outros. Podem ser empregadas nas lajes moldadas *in loco*, lajes mistas, como *steel deck*, ou lajes pré-fabricadas. A cobertura pode ter estruturas metálicas e fazer uso de lanternins ou *sheds*, bem como utilizar telhas cerâmicas.

A estrutura em aço, da mesma forma que a alvenaria portante, não admite improvisações em obra. O projeto precisa, portanto, ser desenvolvido e compatibilizado com os demais sistemas, como é o caso dos sistemas prediais, com ajustes completos antes do início das obras.

Muitas vezes, é possível passar tubulações tradicionais por baixo das vigas, embutidas em forro de gesso. Quando isso não é possível, pode-se lançar mão da previsão de furos nas almas dos perfis metálicos (Figura 2.24). A abertura desses furos deve ser prevista em projeto, de forma que o engenheiro calculista a leve em consideração quando fizer o dimensionamento da estrutura. Cabe ressaltar que essa abertura deve

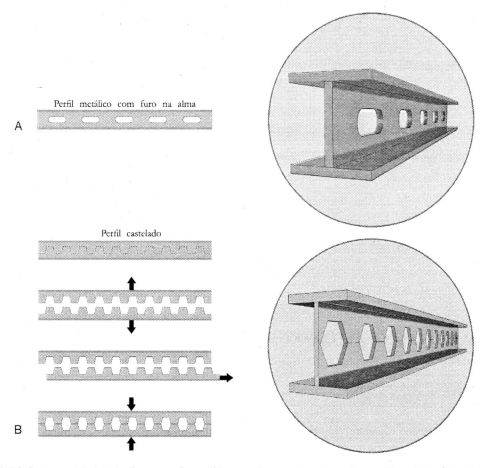

FIGURA 2.24: Passagem de tubulações em pefis metálicos. A, Furo na alma de perfis metálicos. B, Perfil castelado.

ser um pouco maior que o diâmetro da tubulação, de forma que a mesma não sofra nenhuma deformação. A NBR 15.253:2014 (ABNT, 2014) trata da abertura de orifícios em perfis metálicos.

Os perfis metálicos que formam os painéis estruturais devem vir serrados de fábrica e já contendo os furos determinados no projeto (Figura 2.24A), de modo que, no canteiro de obras, ocorra apenas a montagem dos painéis. Assim, ressalta-se a necessidade de compatibilização dos projetos, planejando o posicionamento exato de todos os furos para a passagem das tubulações hidráulicas e sanitárias.

Quando não há solução com furações localizadas, outra opção para a passagem das tubulações é o uso de vigas alveolares (vigas que possuem aberturas nas almas), como as casteladas ou vierendeel.

As vigas casteladas são obtidas a partir do corte de perfis I, em sentido longitudinal, com posterior soldagem, conformando aberturas em forma de hexágonos, por onde passam as tubulações (Figura 2.24B). A viga fica com altura maior e, também, com maior momento de inércia.

A viga vierendeel é um sistema formado por barras que se encontram em pontos denominados nós (Figura 2.25). Esse sistema permite vencer grandes vãos e também possibilita a passagem de tubulações nos grandes vazios de sua alma.

FIGURA 2.25: Exemplo de viga vierendeel.

Quando do emprego do sistema construtivo em aço, é possível fazer uso de estruturas mistas, como pilares mistos e/ou vigas mistas. Além disso, podem-se usar, conforme mencionado, lajes moldadas *in loco*, lajes mistas ou pré-moldadas. Destaca-se aqui o emprego das lajes tipo *steel deck*, nas quais chapas metálicas conformadas a frio servem como formas para o concreto armado (Figura 2.26).

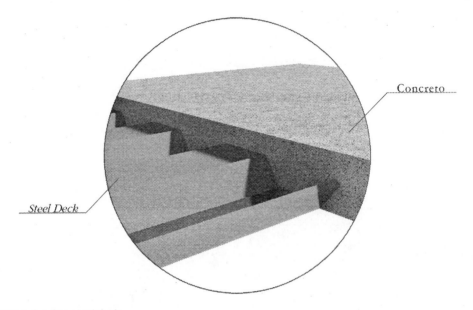

FIGURA 2.26: Lajes tipo *steel deck*.

A interação entre aço e concreto é favorável para resistir aos esforços, considerando a boa resistência à compressão do concreto e à tração do aço. Nesse sistema, a chapa metálica ainda serve como armadura positiva para o concreto. Além disso, há a vantagem de se eliminar a necessidade de escoramento e a liberação do pavimento inferior para outras atividades. Esse tipo de laje foi mencionado porque as tubulações podem passar por baixo dela, nos vazios deixados (Figura 2.27).

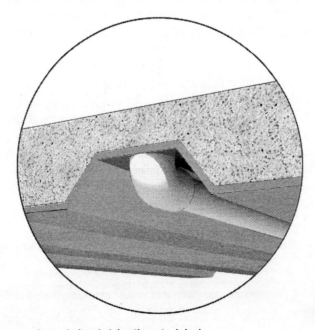

FIGURA 2.27: Tubulações passando por baixo de lajes tipo *steel deck*.

No que tange aos sistemas prediais, tanto para o projeto de sistemas elétricos quanto para o dos sistemas hidráulicos e sanitários, os materiais tradicionais encontrados no mercado podem ser utilizados comumente em projetos de concreto armado (que serão apresentados na Seção 2.3), sem que haja qualquer perda. Cabe ressaltar que, apesar disso, existe no mercado o sistema PEX, que também será detalhado adiante (Seção 2.3.7).

Em relação ao fechamento empregado em sistemas construtivos em aço, um tipo bastante empregado é gesso acartonado (*drywall*), principalmente quando se requer rapidez na execução das obras e facilidade em caso de manutenção. Esse é um tipo de vedação bastante indicado, inclusive, para construção em *light steel framing*, um tipo de construção com concepção racionalizada e a seco, que vem sendo bastante discutida no meio técnico.

Light Steel Framing – LSF: Sistemas construtivos leves em aço

A estrutura em LSF tem como principal característica ser constituída por perfis de aço galvanizado formados a frio, utilizados para a composição de painéis estruturais e não estruturais, vigas secundárias, vigas de piso, tesouras de telhado e demais componentes. Por ser um sistema industrializado, possibilita uma construção a seco com grande rapidez e volume de resíduo gerado quase zero. Podem utilizar tubulações semelhantes às empregadas em edificações convencionais de alvenaria sem alteração no seu desempenho. A execução das instalações é feita após a montagem de toda a estrutura em LSF.

Quando se emprega o fechamento com *drywall*, a passagem das tubulações é bastante facilitada, como demonstra a Figura 2.28. As placas de gesso são montadas sobre perfis metálicos. Desse modo, a estrutura da parede por si só funciona como um *shaft* visível. Esta é uma grande vantagem, pois é possível perceber todas as interferências entre tubos. As tubulações podem passar através de furos nos batentes dos perfis. É indicado que se use uma proteção, principalmente se estiver sendo empregado o sistema PEX, que é maleável, para que os tubos não sejam cortados ou não fiquem soltos no perfil, podendo sofrer com as vibrações. Essa proteção é indicada quando da passagem das tubulações pelos orifícios dos perfis metálicos.

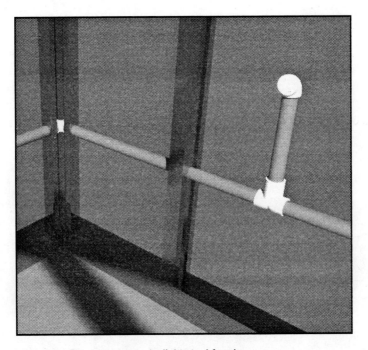

FIGURA 2.28: Passagem da tubulação em estrutura de *light steel framing*.

Outro cuidado que se deve tomar é para que as tubulações verticais sejam fixadas aos perfis pela parte externa dos mesmos, de modo a evitar perfuração por parafusos de fixação. Antes de se realizar o fechamento do *drywall*, deve-se fazer o teste de estanqueidade das tubulações. Caso o sistema seja aprovado nesse teste, procede-se com o fechamento da parede.

É importante que o projeto do sistema construtivo em aço esteja totalmente compatibilizado com o de sistemas prediais. Como mencionado, este é um projeto racionalizado, industrializado e que não admite adaptações de última hora, no momento da construção. Uma vez decidida a solução que será empregada para a passagem dos eletrodutos e das tubulações hidráulicas e sanitárias, o projeto é enviado para empresa especializada na produção de perfis em aço, que fará as peças exatamente nas medidas previstas em projeto. A precisão neste tipo de sistema construtivo é milimétrica.

Banheiros prontos ou pré-fabricados

Uma inovação nos sistemas prediais foi a introdução no mercado da construção civil da tecnologia de "banheiro pronto".

Banheiro pronto é nome comercial dado a um sistema tecnológico de solução para construção civil no qual os banheiros são construídos em linhas de produção industrial. O banheiro é totalmente revestido e pronto para ser utilizado, sendo entregue na obra no local definitivo, bastando apenas executar a conexão com as prumadas de água, esgoto e rede elétrica. As tubulações hidráulicas, sanitárias e elétricas são embutidas nas paredes do banheiro e direcionadas ao *shaft*, mantendo as características do sistema convencional, com liberdade de dimensões e acabamentos.

Geralmente são empregados perfis de aço galvanizado, com fechamento em *drywall* — placas de gesso acartonado hidrofugado (resistentes à umidade), que servem de base para os revestimentos especificados.

A entrada de água fria e água quente é feita com sistema de tubulações flexíveis de polietileno reticulado (PEX), tecnologia em que a água corre por um sistema de tubos extremamente flexíveis e resistentes, sem conexões intermediárias, denominado sistema ponto a ponto, o que permite inspeção, troca e manutenção sem quebra de revestimentos e paredes. Este sistema será detalhado na Seção 2.3.

2.3 MATERIAIS

Existe uma variedade muito grande de materiais utilizados para a fabricação de tubos e seus acessórios. A American Society for Testing and Materials (ASTM) especifica, ao todo, mais de 500 tipos. Como tubulação, estes materiais têm como destino a distribuição de gases ou líquidos, água potável ou processos industriais, e ar comprimido, dentre outros. Por esse motivo, devem-se ter alguns cuidados na escolha do material, a fim de analisar qual é o tipo apropriado para cada caso específico.

Para nortear a escolha do material a ser empregado, o projetista deve considerar fatores como: o fluido a ser transportado; o nível de tensões a que o mesmo será submetido (pressão do fluido, pesos, ação do vento, reações de dilatações térmicas, sobrecargas, esforços de montagem etc.); os esforços mecânicos; as condições locais; o sistema de ligações (condições de impermeabilidade e juntas adequadas); a facilidade de fabricação, transporte e montagem; a disponibilidade de estoque no mercado; o tempo de vida útil e os custos (diretos e indiretos).

Os materiais empregados nas tubulações prediais de água fria devem atender a tais exigências e recomendações previstas na norma NBR 5626:2020 (ABNT, 2020), tais como: garantia de potabilidade da água; manutenção do desempenho dos componentes, mesmo que as características particulares da água imponham consequências a eles, bem como pela ação do ambiente onde se acham inseridos; e desempenho adequado face às solicitações a que são submetidos quando em uso.

Os materiais a serem empregados nas tubulações dos sistemas prediais de esgoto sanitário devem, segundo a NBR 8160:1999 (ABNT, 1999), ser especificados em função do tipo de esgoto a ser conduzido, da sua temperatura, dos efeitos químicos e físicos, e de esforços ou solicitações mecânicas a que possam ser submetidos. De forma análoga, nas tubulações empregadas como condutos verticais ou horizontais em sistemas de águas pluviais também devem-se considerar os efeitos químicos e físicos e esforços ou solicitações mecânicas a que possam ser submetidas. Nesse projeto, também devem ser observadas as indicações sobre os materiais mais indicados segundo a NBR 10844:1989 (ABNT, 1989b).

Dentre os materiais mais utilizados tradicionalmente para sistemas prediais hidráulicos e sanitários (esgoto e águas pluviais), na construção civil, estão o aço galvanizado (aço-carbono), o cobre, o ferro fundido e o PVC (policloreto de vinila). Recentemente, passou-se a empregar outros materiais, com vantagens econômicas e técnicas, como o CPVC (policloreto de vinila clorado), o PPR (polipropileno random) e o PEX (polietileno reticulado). A seguir, são apresentadas, de forma resumida, as características principais de cada um deles e as normas técnicas pertinentes. Cabe ressaltar que existem outros materiais, além dos apresentados neste livro. Aqueles que não foram mencionados podem ser empregados, desde que atendam aos requisitos das normas técnicas pertinentes, para uma utilização segura.

2.3.1 Aço-carbono

Tradicionalmente, o aço-carbono era o material mais empregado em tubulações utilizadas nos sistemas prediais hidráulicos, uma vez que os tubos metálicos foram os primeiros produzidos em escala industrial. Mais recentemente, em especial devido ao seu alto custo, à dificuldade de manuseio dos tubos, decorrente do peso do material, e à maior dificuldade e menor segurança na execução das juntas, outros materiais, com melhor custo-benefício e características técnicas mais modernas, passaram a ser adotados.

As instalações de aço-carbono empregam conexões rosqueadas de ferro fundido maleável, geralmente zincadas por imersão a quente (galvanizadas). Além disso, há maior probabilidade de que a tubulação se deteriore quando conduz água com teores de cloro e flúor mais altos.

De forma geral, destacam-se as principais características positivas dos tubos de aço-carbono: elevada resistência à pressão interna; reduzida dilatação térmica característica; estabilidade dimensional; elevada resistência ao calor; elevada resistência mecânica; elevada resistência aos efeitos de fadiga mecânica e térmica; resistentes à exposição à radiação ultravioleta e à ação do tempo; incombustíveis em temperaturas geralmente alcançadas em incêndios em edifícios. Além do mais, há a confiabilidade de desempenho sob uso prolongado, considerando o seu histórico de uso nas edificações brasileiras.

Por outro lado, essas tubulações apresentam alguns inconvenientes, tais como: elevada condutividade térmica; maior peso comparativo; menor facilidade de manuseio, maior dificuldade de execução das juntas rosqueadas ou soldadas; maior resistência hidráulica ao escoamento; baixas flexibilidade e elasticidade; menor segurança na execução das juntas; elevada transmissão de ruídos; maior custo e também maior suscetibilidade à corrosão.

Apesar de seu uso já não ser mais tão comum nos sistemas prediais hidráulicos, em tubulações da rede de hidrantes de incêndio, em que os fluidos são submetidos a elevadas pressões, esse tipo de material ainda é bastante indicado.

Em sistemas prediais de esgoto sanitário, embora permitido, é pouco usado. É exigida proteção interna e externa com tintas epóxicas ou de borracha clorada. Entretanto, a falta de conexões adequadas a esgotos restringe seu emprego nesse sistema predial. Também pode ser usado em tubulações de águas pluviais.

Para execução adequada dos projetos de sistemas prediais que empreguem tubulações de aço-carbono, devem ser respeitadas as seguintes normas técnicas:

- NBR 5580:2015 – *Tubos de aço-carbono para usos comuns na condução de fluidos – Especificação.*
- NBR 5590:2015 – *Tubos de aço-carbono com ou sem solda longitudinal, pretos ou galvanizados — Requisitos.*

2.3.2 Cobre

O cobre, como material de aplicação geral, apresenta uma longa história, tendo sido descoberto por volta do ano 6.000 a.C. Ao longo dos anos, sua produção se expandiu, ampliando permanentemente seus usos, ligas e aplicações. Na construção civil, pode ser usado nas tubulações das redes hidráulica e de gás, e nos sistemas de aquecimento solar, dentre outros.

Em aplicações de aquecimento solar de água, o cobre oferece vantagens em relação a outros metais, devido a sua condutibilidade térmica. Em tubulações em que a temperatura pode ultrapassar 100°C, também encontra aplicação, porém nesse tipo de tubulação é necessário um revestimento externo, de modo a evitar a passagem de calorias para a parede, podendo causar rachaduras.

As tubulações de cobre têm elevada vida útil, porém alto custo (quase o dobro do custo do aço e até quatro vezes mais que o custo de tubos plásticos). Suas propriedades são adequadas para a condução de água quente — principalmente se considerada a estabilidade química e dimensional. Também podem ser utilizadas para a condução de água fria e gás.

As conexões são realizadas por meio de soldas, o que, por um lado, confere elevada estanqueidade, evitando vazamentos, mas, por outro, exige mão de obra especializada.

De forma geral, pode-se dizer que, atualmente, as tubulações de cobre são mais empregadas nos sistemas prediais de gás combustível e medicinal e sistemas industriais, por garantirem estanqueidade do sistema, conferindo maior segurança aos usuários. Seu uso nos demais sistemas prediais, como nas redes de água quente, já não é mais tão comum, dada a disponibilidade de outros materiais no mercado, com melhor relação custo-benefício.

Os tubos de cobre empregados em projetos de sistemas prediais hidráulicos devem estar de acordo com as exigências das normas em vigor específicas para este material, conforme descrito a seguir:

- NBR 15704-1:2011 – *Registro – Requisitos e métodos de ensaio – Parte 1: Registros de pressão.*
- NBR 15704-2:2015 – *Registro – Requisitos e métodos de ensaio – Parte 2: Registros com mecanismos de vedação não compressíveis.*
- NBR 15705:2009 – *Instalações hidráulicas prediais – Registro de gaveta – Requisitos e métodos de ensaio.*
- NBR 14788:2001 – *Válvulas de esfera – Requisitos.*
- NBR 11720:2010 – *Conexões para união de tubos de cobre por soldagem ou brasagem capilar – Requisitos.*
- NBR 13206:2010 – *Tubo de cobre leve, médio e pesado, sem costura, para condução de fluidos – Requisitos.*

2.3.3 Ferro Fundido

O ferro fundido é uma liga metálica, composta de ferro e baixos teores de carbono. Na construção civil, podem ser utilizados dois tipos distintos de ferro fundido: os destinados a condutos livres (como ocorre nas tubulações de esgoto sanitário e de águas pluviais), produzidos com ponta e bolsa, e os destinados a suportar pressão interna (como ocorre nos sistemas prediais de água), produzidos com ponta e bolsa (rede de abastecimento de água, adutoras, linhas de recalque etc.), com flanges (casas de bombas, reservatórios, estações de tratamento etc.) e com juntas especiais (casos especiais como trechos sujeitos a forte trepidação, pontes etc.).

Dentre suas principais características, cabe mencionar: resistência à corrosão; resistência ao golpe de aríete e possível aumento de pressão (no futuro, se necessário); isolamento acústico; durabilidade; resistência ao fogo; resistência mecânica; resistência a acidentes de manuseio e estocagem etc. Além disso, também apresenta simplicidade no projeto de juntas, possibilitando a geração de juntas estanques e resistentes à pressão. Por outro lado, é difícil trabalhar com tubulações de ferro fundido, pois além de pesadas, apresentam alto custo. A partir da década de 1960, as tubulações de ferro deixaram de ser empregadas, dando lugar às tubulações de PVC (policloreto de vinila), material que será apresentado na seção a seguir.

Os sistemas prediais que utilizam ferro fundido devem seguir as exigências das normas pertinentes ao próprio sistema, bem como atender às normas em vigor específicas para este material, conforme descrito a seguir:

- NBR 15579:2008 – *Sistemas prediais – Tubos e conexões de ferro fundido com pontas e acessórios para instalações prediais de esgotos sanitários ou águas pluviais – Requisitos.*
- NBR 6943:2016 – *Conexões de ferro fundido maleável, com rosca – ABNT NBR NM ISO 7-1, para tubulações.*

2.3.4 Policloreto de Vinila (PVC)

O policloreto de vinila (PVC) é um dos plásticos mais versáteis existentes e, por esse motivo, um dos materiais mais utilizados na construção civil. Em sistemas prediais, especificamente, é bastante empregado em tubos, conexões, e mangueiras de jardim, entre outros. É usado em tubulações hidráulicas, de esgoto sanitário e de águas pluviais, com muita frequência.

De forma geral, pode-se dizer que as tubulações feitas com PVC têm baixo custo de manutenção e longa vida útil — os aparelhos para sistemas prediais hidráulicos têm estimativa de vida útil variando de 20 a 100 anos.

Dentre suas principais vantagens para uso em projetos de sistemas prediais hidráulicos destacam-se: o fato de ser seguro no contato com a água para consumo humano, mantendo sua potabilidade; ser de fácil instalação; e proporcionar estanqueidade, evitando perdas de água. Apresenta, ainda, outras propriedades interessantes — resistência mecânica, estabilidade dimensional, isolamento térmico e acústico, resistência à corrosão, resistência química e ao intemperismo, e leveza, o que facilita seu transporte. Como uma limitação, estas tubulações em PVC não suportam pressões muito elevadas.

Os tubos de PVC para esgotos são fabricados segundo duas séries de tubos: série normal (tubos com parede de menor espessura) e série reforçada (tubos com parede de espessura maior). Estes tubos devem ser protegidos contra choques e esforços de compressão e não ser expostos a temperaturas acima das recomendadas pelos fabricantes.

Tecnicamente, a diferença entre os tipos de tubos está na resistência à pressão hidrostática: enquanto o sistema predial hidráulico trabalha sob pressão, o esgoto é conduzido por gravidade. Dessa forma, os tubos de PVC para os sistemas prediais hidráulicos têm espessura maior que os tubos de PVC para sistemas prediais de esgoto sanitário. Assim, não se devem misturar tubos diferentes na mesma instalação predial.

Limitações deste material são sua fragilidade e possibilidade de fissura. Estas tubulações também não resistem a temperaturas baixas e altas, necessitando de isolamento.

A especificação não se dá apenas pelo uso que terá a tubulação. É preciso que o projetista considere todas as particularidades do projeto, além de verificar o dimensionamento das tubulações e o atendimento dos parâmetros exigidos pelas normas técnicas.

Os sistemas que utilizam PVC devem seguir as exigências das normas pertinentes aos próprios sistemas, bem como atender às normas em vigor específicas para este material, conforme descrito a seguir:

- NBR 5648:2010 – *Tubos e conexões de PVC-U com junta soldável para sistemas prediais de água fria — Requisitos.*
- NBR 5683:1999 – *Tubos de PVC – Verificação da resistência à pressão hidrostática interna.*
- NBR 5687:1999 – *Tubos de PVC – Verificação da estabilidade dimensional.*
- NBR 6483: 1999 – *Conexões de PVC – Verificação do comportamento ao achatamento.*
- NBR 7231:1999 – *Conexões de PVC – Verificação do comportamento ao calor.*
- NBR 7371:1999 – *Tubos de PVC – Verificação do desempenho da junta soldável.*
- NBR 5688:2010 – *Tubos e conexões de PVC-U para sistemas prediais de água pluvial, esgoto sanitário e ventilação – Requisitos.*

2.3.5 Policloreto de Vinila Clorado (CPVC)

Com características similares ao PVC, o policroreto de vinila clorado (CPVC) possui, ainda, em sua composição, aumento do percentual de cloro no composto das matérias-primas. Com isso, permite a condução de líquidos sob pressão a altas temperaturas. Em projetos de sistemas prediais, é empregado, principalmente, em tubos e conexões utilizados para condução de água quente, de até 70 °C, como previsto pela NBR 7198 (*Projeto e execução de instalações prediais de água quente*).

Dentre as suas principais vantagens podem ser citadas: a fácil execução de suas instalações; a manutenção da potabilidade da água; a durabilidade e resistência à corrosão (melhor fluidez, menor custo de manutenção e maior vida útil do sistema), e a baixa condutividade térmica (sua baixa perda de calor mantém a temperatura da água por mais tempo).

Apresenta o menor custo, dentre os materiais disponíveis para o sistema predial de água quente, no ato da compra, na instalação propriamente dita e, também, em caso de manutenção. No entanto, é um material mais frágil e com coeficiente de expansão térmica elevado. Além disso, devem ser observadas as necessidades específicas dos projetos em relação à temperatura da água, para verificar a viabilidade técnica deste material, tendo em vista que ele não suporta temperaturas elevadas.

Os sistemas que utilizam CPVC devem seguir as exigências da NBR7198:1993, *Projeto e execução de instalações prediais de água quente* (ABNT, 1993), bem como atender às normas em vigor específicas para este material, conforme descrito a seguir:

- NBR 15884/2010 – *Sistemas de tubulações plásticas para instalações prediais de água quente e fria – Policloreto de vinila clorado (CPVC).*
- NBR 8219:2016 – *Tubos e conexões de PVC e CPVC – Verificação do efeito sobre a água – Requisitos e método de ensaio.*

2.3.6 Polipropileno Copolímero Random (PPR)

Com origem na Europa, o PPR (polipropileno copolímero random) foi desenvolvido para atender à demanda por tubulações que suportassem temperaturas e pressões altas e, ao mesmo tempo, garantissem a estanqueidade das junções. O sistema é limpo, rápido e simples, tendo, assim, menor tempo e custo de instalação, além de maior precisão e segurança.

As tubulações em PPR são confeccionadas a partir de resina plástica atóxica e de baixa condutividade térmica, o que dispensa a necessidade de isolamento térmico. Produzidas no Brasil já há alguns anos, as tubulações em PPR têm instalação simples, embora demandem mão de obra especializada. As junções fogem ao tradicional emprego de roscas, soldas ou colas, uma vez que são realizadas por meio do processo de termofusão — fusão do material a uma temperatura de 260 °C — em que se obtém, ao final, uma espécie de tubulação contínua. Os principais cuidados na instalação se referem ao tempo necessário para a termofusão, indicado pelos fabricantes, a marcação da profundidade da bolsa de conexão, e a necessidade de manter a limpeza da obra, principalmente no momento da execução das junções, a fim de não comprometer o desempenho da fusão. Por conta da técnica de termofusão, que gera uma tubulação praticamente contínua, há menor probabilidade de vazamentos nas tubulações.

Destacam-se como vantagens deste tipo de material: a alta resistência química, levando à ausência de corrosão ao longo de sua vida útil, mesmo quando em condições extremas; a resistência a picos de temperatura; grande resistência a impactos; a ausência de toxicidade, oferecendo segurança aos usuários; bom isolamento acústico e térmico; maior segurança nas uniões; instalações mais silenciosas; maior flexibilidade, permitindo, por exemplo, curvas longas de até oito vezes o diâmetro da tubulação; fabricação com material reciclável. Como desvantagens destacam-se a necessidade de mão de obra especializada e um alto custo do equipamento de termofusão.

Embora o PPR possa ser utilizado tanto em água quente quanto fria, há maior indicação para condução de água quente. Essa indicação se baseia na relação de custo, tendo em vista que comparativamente com o material de PVC, o PPR tem um valor econômico superior. Sua temperatura de trabalho é de 70 °C, suportando picos de até 95 °C. A versão mais resistente é denominada *polipropileno copolímero random tipo 3*, tendo como principais características maior resistência a alta temperatura e a alta pressão e maior durabilidade.

Os sistemas que utilizam PPR devem atender às normas em vigor específicas para este material, conforme descrito a seguir:

- NBR 15813-1:2010 – *Sistemas de tubulações plásticas para instalações prediais de água quente e fria – Parte 1: Tubos de polipropileno copolímero random (PPR) tipo 3 – Requisitos.*
- NBR 15813-2:2010 – *Sistemas de tubulações plásticas para instalações prediais de água quente e fria – Parte 2: Conexões de polipropileno copolímero random (PPR) tipo 3 – Requisitos.*
- NBR 15813-3:2010 – *Sistemas de tubulações plásticas para instalações prediais de água quente e fria – Parte 3: Tubos e conexões de polipropileno copolímero random (PPR) tipo 3 - Montagem, instalação, armazenamento e manuseio.*

2.3.7 Polietileno Reticulado (PEX)

O sistema PEX (polietileno reticulado) é um sistema maleável, originado do polietileno (PE), que pode ser usado para água fria ou água quente, no qual não existem conexões rígidas. A alimentação é feita para um distribuidor (*manifold*) e, dali, para os pontos a serem abastecidos. As tubulações são cortadas com tesoura e as conexões, realizadas por crimpagem. Por sua maleabilidade é considerado adequado para o uso com o sistema construtivo em aço, principalmente quando o fechamento das paredes utilizar gesso acartonado (*drywall*). A Figura 2.29 apresenta um banheiro com o emprego do sistema PEX para água fria e quente.

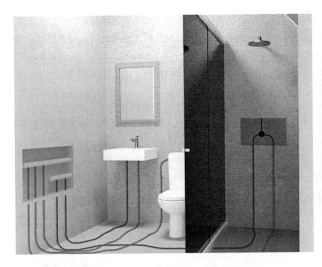

FIGURA 2.29: Uso de sistema PEX em banheiros.

O sistema PEX encontra aplicação em sistemas prediais hidráulicos (água fria e quente) e sanitários, instalações de aquecimento central e instalações de gás, dentre outros.

É possível que o sistema PEX seja instalado de duas formas distintas: por derivação ou por *manifold*.

O sistema por derivação emprega o PEX de forma semelhante ao sistema tradicional, com uso de ramais, sub-ramais e conexões como joelhos e tês, tendo como principal vantagem o emprego de menor quantidade de tubos, se comparado com o sistema por *manifold*.

O sistema PEX por *manifold*, forma tradicional de utilização do PEX, introduz o tubo de polietileno reticulado dentro de um tubo condutor que o guia desde o *manifold* até os pontos de consumo. A água escoa por tubos flexíveis que não empregam conexões intermediárias, gerando, portanto, menor perda de carga. Além disso, esta forma de utilizar o material reduz a possibilidade de vazamentos, uma vez que as emendas foram eliminadas.

Como principais pontos positivos do sistema PEX, podem se destacar alguns:

- É um material muito flexível, permitindo diversos trajetos para as tubulações, sem o uso de conexões ou acessórios.
- Possui interior liso, permitindo a redução das perdas de carga.
- É possível fazer curvas a frio com raio de seis a oito vezes o diâmetro do tubo e, a quente, por volta de duas vezes e meia.
- Possui memória térmica: quando aquecido à temperatura de amolecimento, retorna à forma original.
- Execução rápida e fácil do sistema (poucos acessórios e tubos leves).
- Capaz de absorver oscilações sem apresentar ruptura — ficam soltos dentro de *shafts*.
- Facilidade de remoção e manutenção do material, quando a instalação está protegida por *shafts* ou forros de gesso.

No entanto, os tubos PEX ainda não são disponibilizados para grandes diâmetros (maiores que 32 mm), o que impossibilita a sua utilização em locais como reservatórios e colunas principais. Também exige uma mão de obra mais especializada e não podem ser utilizados em ambientes externos, por não resistirem aos raios UV.

Os sistemas que utilizam PEX devem atender às normas em vigor específicas para este material, conforme descrito a seguir:

- NBR 15.939-1:2009 – *Sistemas de tubulações plásticas para instalações prediais de água quente e fria – Polietileno reticulado (PEX) – Parte 1: Requisitos e métodos de ensaio.*
- NBR 15.939-2:2009 – *Sistemas de tubulações plásticas para instalações prediais de água quente e fria – Polietileno reticulado (PEX) – Parte 2: Procedimentos para projeto.*
- NBR 15.939-3:2009 – *Sistemas de tubulações plásticas para instalações prediais de água quente e fria — Polietileno reticulado (PEX) –Parte 3: Procedimentos para instalação.*

REFERÊNCIAS BIBLIOGRÁFICAS

ASSOCIAÇÃO BRASILEIRA DE NORMAS TÉCNICAS. NBR 8798: *Execução e controle de obras em alvenaria estrutural de blocos vazados de concreto,* 1985.

ASSOCIAÇÃO BRASILEIRA DE NORMAS TÉCNICAS. NBR 10837: *Cálculo de alvenaria estrutural de blocos vazados de concreto,* 1989a.

ASSOCIAÇÃO BRASILEIRA DE NORMAS TÉCNICAS. NBR 10844: *Instalações prediais de águas pluviais.* Rio de Janeiro, 1989b.

ASSOCIAÇÃO BRASILEIRA DE NORMAS TÉCNICAS. NBR 6136: *Bloco vazado de concreto simples para alvenaria estrutural.* Rio de Janeiro, 1994.

ASSOCIAÇÃO BRASILEIRA DE NORMAS TÉCNICAS. NBR 5626: *Sistemas prediais de água fria e água quente - Projeto, execução, operação e manutenção.* Rio de Janeiro, 2020. 55 p.

ASSOCIAÇÃO BRASILEIRA DE NORMAS TÉCNICAS. NBR 8160: *Sistemas prediais de esgoto sanitário - Projeto e execução.* Rio de Janeiro, 1999.

ASSOCIAÇÃO BRASILEIRA DE NORMAS TÉCNICAS. NBR 6136: Blocos vazados de concreto simples para alvenaria - requisitos. Rio de Janeiro, 2007; 9 p;

ASSOCIAÇÃO BRASILEIRA DE NORMAS TÉCNICAS. NBR 15961-1: *Alvenaria Estrutural - Blocos de concreto,* 2011.

ASSOCIAÇÃO BRASILEIRA DE NORMAS TÉCNICAS. NBR 15.575-6: *Edificações habitacionais — Desempenho. Parte 6: Requisitos para os sistemas hidrossanitários.* Rio de Janeiro, 2013.

ASSOCIAÇÃO BRASILEIRA DE NORMAS TÉCNICAS. NBR 9050: *Acessibilidade a edificações, mobiliário, espaços e equipamentos urbanos.* Rio de Janeiro, 2015; 148p.

ASSOCIAÇÃO BRASILEIRA DE NORMAS TÉCNICAS. NBR 6118: *Projeto de estruturas de concreto - Procedimento.* Rio de Janeiro, 2003; 221p.

ASSOCIAÇÃO BRASILEIRA DE NORMAS TÉCNICAS. NBR 15253: *Perfis de aço formados a frio, com revestimento metálico, para painéis estruturais reticulados em edificações - Requisitos gerais.* Rio de Janeiro, 2014; 24p.

ASSOCIAÇÃO BRASILEIRA DE NORMAS TÉCNICAS. NBR 5580: *Tubos de aço-carbono para usos comuns na condução de fluidos - Especificação.* Rio de Janeiro, 2015

ASSOCIAÇÃO BRASILEIRA DE NORMAS TÉCNICAS. NBR 5590: *Tubos de aço-carbono com ou sem solda longitudinal, pretos ou galvanizados - Requisitos.* Rio de Janeiro, 2015.

ASSOCIAÇÃO BRASILEIRA DE NORMAS TÉCNICAS. NBR 15704-1: *Registro - Requisitos e métodos de ensaio - Parte 1: Registros de pressão.* Rio de Janeiro, 2011.

ASSOCIAÇÃO BRASILEIRA DE NORMAS TÉCNICAS. NBR 15704-2: *Registro - Requisitos e métodos de ensaio - Parte 2: Registros com mecanismos de vedação não compressíveis.* Rio de Janeiro, 2015.

ASSOCIAÇÃO BRASILEIRA DE NORMAS TÉCNICAS. NBR15705: *Instalações hidráulicas prediais - Registro de gaveta - Requisitos e métodos de ensaio.* Rio de Janeiro, 2009.

ASSOCIAÇÃO BRASILEIRA DE NORMAS TÉCNICAS. NBR 14788: *Válvulas de esfera - Requisitos.* Rio de Janeiro, 2001.

ASSOCIAÇÃO BRASILEIRA DE NORMAS TÉCNICAS. NBR 11720: *Conexões para união de tubos de cobre por soldagem ou brasagem capilar - Requisitos.* Rio de Janeiro, 2010.

ASSOCIAÇÃO BRASILEIRA DE NORMAS TÉCNICAS. NBR 13206: *Tubos de cobre leve, médio e pesado, sem costura, para condução de fluidos - Requisitos.* Rio de Janeiro, 2010.

ASSOCIAÇÃO BRASILEIRA DE NORMAS TÉCNICAS. NBR 15579: *Sistemas Prediais - Tubos e conexões de ferro fundido com pontas e acessórios para instalações prediais de esgtos sanitários ou águas pluviais - Requisitos.* Rio de Janeiro, 2008.

ASSOCIAÇÃO BRASILEIRA DE NORMAS TÉCNICAS. NBR 6943: *Conexões de ferro fundido maleável, com rosca - ABNT NBR NM ISO 7-1, para tubulações.* Rio de Janeiro, 2016.

ASSOCIAÇÃO BRASILEIRA DE NORMAS TÉCNICAS. NBR 5648: *Tubos e conexões de PVC-U com junta soldável para sistemas prediais de água fria — Requisitos.* Rio de Janeiro, 2010.

ASSOCIAÇÃO BRASILEIRA DE NORMAS TÉCNICAS. NBR 5683: *Tubos de PVC – Verificação da resistência à pressão hidrostática interna.* Rio de Janeiro, 1999.

ASSOCIAÇÃO BRASILEIRA DE NORMAS TÉCNICAS. NBR 5687: *Tubos de PVC – Verificação da estabilidade dimensional.* Rio de Janeiro, 1999.

ASSOCIAÇÃO BRASILEIRA DE NORMAS TÉCNICAS. NBR 6483: *Conexões de PVC – Verificação do comportamento ao achatamento.* Rio de Janeiro: 1999.

ASSOCIAÇÃO BRASILEIRA DE NORMAS TÉCNICAS. NBR 7231: *Conexões de PVC – Verificação do comportamento ao calor.* Rio de Janeiro, 1999.

ASSOCIAÇÃO BRASILEIRA DE NORMAS TÉCNICAS. NBR 7371: *Tubos de PVC – Verificação do desempenho da junta soldável.* Rio de Janeiro, 1999.

ASSOCIAÇÃO BRASILEIRA DE NORMAS TÉCNICAS. NBR 5688: *Tubos e conexões de PVC-U para sistemas prediais de água pluvial, esgoto sanitário e ventilação – Requisitos.* Rio de Janeiro, 2010.

ASSOCIAÇÃO BRASILEIRA DE NORMAS TÉCNICAS. NBR 15884: *Sistemas de tubulações plásticas para instalações prediais de água quente e fria – Policloreto de vinila clorado (CPVC).* Rio de Janeiro, 2010.

ASSOCIAÇÃO BRASILEIRA DE NORMAS TÉCNICAS. NBR 8219: *Tubos e conexões de PVC e CPVC – Verificação do efeito sobre a água – Requisitos e método de ensaio.* Rio de Janeiro, 2016.

ASSOCIAÇÃO BRASILEIRA DE NORMAS TÉCNICAS. NBR 15813-1: *Sistemas de tubulações plásticas para instalações prediais de água quente e fria – Parte 1: Tubos de polipropileno copolímero random (PP-R) tipo 3 – Requisitos.* Rio de Janeiro, 2010.

ASSOCIAÇÃO BRASILEIRA DE NORMAS TÉCNICAS. NBR 15813-2: *Sistemas de tubulações plásticas para instalações prediais de água quente e fria – Parte 2: Conexões de polipropileno copolímero random (PP-R) tipo 3 – Requisitos.* Rio de Janeiro, 2010.

ASSOCIAÇÃO BRASILEIRA DE NORMAS TÉCNICAS. NBR 15813-3: *Sistemas de tubulações plásticas para instalações prediais de água quente e fria – Parte 3: Tubos e conexões de polipropileno copolímero random (PP-R) tipo 3 - Montagem, instalação, armazenamento e manuseio.* Rio de Janeiro 2010.

ASSOCIAÇÃO BRASILEIRA DE NORMAS TÉCNICAS. NBR 15.939-1: *Sistemas de tubulações plásticas para instalações prediais de água quente e fria – Polietileno reticulado (PE-X) – Parte 1: Requisitos e métodos de ensaio.* Rio de Janeiro, 2009.

ASSOCIAÇÃO BRASILEIRA DE NORMAS TÉCNICAS. NBR 15.939-2: *Sistemas de tubulações plásticas para instalações prediais de água quente e fria – Polietileno reticulado (PE-X) – Parte 2: Procedimentos para projeto.* Rio de Janeiro: 2009.

ASSOCIAÇÃO BRASILEIRA DE NORMAS TÉCNICAS. NBR 15.939-3: *Sistemas de tubulações plásticas para instalações prediais de água quente e fria — Polietileno reticulado (PE-X) –Parte 3: Procedimentos para instalação.* Rio de J

ANJOS, L. R. *Instalações prediais em alvenaria estrutural.* Uberlândia, 2014.

BARROS, M. M. S. B. e MELHADO, S. B. *Recomendacoes para a produção de estruturas de concreto armado em edifícios.* Projeto EPUSP/SENAI. São Paulo: 1998.

CREDER, H. *Instalações Hidráulicas e Sanitárias.* 6. Ed. Rio de Janeiro: LTC, 2006.

FARIA, R. *Alvenaria Estrutural.* Disponível em: <http://equipedeobra.pini.com.br/construcao-reforma/42/alvenaria-estrutural-projetos-de-edificios-com-paredes-estruturais-exigem-242140-1.aspx>. Acesso em 25 abril 2017.

MACINTYRE, A. J. (2010). Instalações Hidráulicas: Prediais e Industriais. 6. Ed. Rio de Janeiro: LTC Grupo Gen, 2010.

SALGADO, M. S. Metodologia para Seleção de Sistema Construtivo destinado à Produção de Habitações Populares. Tese de Doutorado em Engenharia de Produção. COPPE/UFRJ, 1996.

TACLA, Z. O livro da arte de construir. São Paulo: Unipress, 1984. 448p.

UNIFORM PLUMBING CODE (2015). Disponível em <http://epubs.iapmo.org/UPC/>. Acesso em 26 de março de 2017.

VIOLANI, M.A.F. As instalações prediais no processo construtivo de alvenaria estrutural. Semin a Ci. Exatas/Tecnol,, Londrina, v. 13, n. 4, p. 242-255, dez. 1992.

YAZIGI, W. *A técnica de edificar.* 13 ed. Ver. E atual. São Paulo: Pini: SINDUSCON, 2013.

CAPÍTULO 3

Sistemas Prediais de Água Fria e Água Quente

Conceitos apresentados neste capítulo

Este capítulo introduz o projeto do sistema predial de água fria e água quente, partindo de suas relações com os sistemas urbanos e, sem sequência, detalhando o projeto em si, englobando traçado e dimensionamento, com experiências práticas para orientar o projetista a tomar as melhores decisões.

O sistema de medição consiste em medir a quantidade de água consumida, contando para tal com medidor (hidrômetro) e complementos (cavalete, válvula, abrigo etc.). Serão apresentados os dois tipos de medição: coletiva e individualizada, dando ênfase à última, uma vez que se tornará obrigatória a partir de 2021, por força de legislação (Lei nº 13.312/2016, que altera a Lei nº 11.445/2007, para tornar obrigatória a medição individualizada do consumo hídrico nas novas edificações condominiais). No município do Rio de Janeiro, essa solução já é praticada desde 2011, quando foi publicada a Lei Complementar nº 112. A partir de então, tornaram-se obrigatórias a instalação e a utilização de medidores de consumo de água individuais, por unidade, nas edificações multifamiliares, comerciais e mistas licenciadas no município, sendo a concessão do habite-se vinculada a essa obrigatoriedade. Assim como o Rio de Janeiro, muitos outros municípios já faziam a mesma exigência antes da obrigatoriedade por parte da lei federal.

Os autores optaram por abordar os temas "Água Fria" e "Água Quente" no mesmo capítulo, diferentemente do que se costuma fazer, porque levaram em conta que os alunos têm muita dificuldade de compreender esses sistemas quando são apresentados em capítulos separados. Ressalta-se que, de fato, o sistema de água quente é uma derivação do de água fria.

3.1 INTRODUÇÃO

O sistema predial de água fria constitui-se no conjunto de tubulações, equipamentos, reservatórios e dispositivos destinados ao abastecimento dos aparelhos e pontos de utilização de água da edificação, em quantidade suficiente, mantendo a qualidade da água fornecida pelo sistema de abastecimento.

O sistema predial de água fria é regulamentado pela norma NBR 5626:2020, *Sistemas Prediais de Água Fria e Água Quente - Projeto, Execução, Operação e Manutenção* (ABNT, 2020), que fixa as condições exigíveis, a forma e os critérios pelos quais o mesmo deve ser projetado, para atender às exigências técnicas mínimas de higiene, segurança, economia e conforto dos usuários.

De acordo com essa norma, o sistema predial de água fria deve ser projetado de modo que, durante a vida útil do edifício que o contém, atenda aos seguintes requisitos:

- Preservar a potabilidade da água.
- Garantir o fornecimento de água de forma contínua, em quantidade adequada e com pressões e velocidades compatíveis com o perfeito funcionamento dos aparelhos sanitários, peças de utilização e demais componentes.
- Promover economia de água e de energia.
- Possibilitar manutenção fácil e econômica.

- Evitar níveis de ruído inadequados à ocupação do ambiente.
- Proporcionar conforto aos usuários, prevendo peças de utilização adequadamente localizadas, de fácil operação, com vazões satisfatórias e atendendo às demais exigências do usuário.

O sistema predial de água quente também é regido pela NBR 5626:2020, *Sistemas Prediais de Água Fria e Água Quente - Projeto, Execução, Operação e Manutenção* (ABNT, 2020), que estabelece as exigências técnicas mínimas quanto à higiene, à segurança, à economia e ao conforto dos usuários, pelas quais deve ser projetado e executado o sistema predial de água quente para uso humano, cuja temperatura seja, no máximo, de 70 °C.

De acordo com essa norma, o sistema predial de água quente deve ser projetado de modo que, durante a vida útil do edifício que o contém, atenda aos seguintes requisitos:

- Garantir o fornecimento de água de forma contínua, em quantidade suficiente e temperatura controlável, com segurança, aos usuários, com as pressões e velocidades compatíveis com o perfeito funcionamento das peças de utilização e das tubulações.
- Preservar rigorosamente a qualidade da água.
- Proporcionar o nível de conforto adequado aos usuários.
- Racionalizar o consumo de energia.

O sistema predial de água fria é constituído, de forma geral, por: ramal predial; hidrômetro; alimentador predial; reservatórios; instalação elevatória; barrilete; coluna de distribuição; ramal; sub-ramal e pontos de utilização. Pode haver variações dessa composição, dependendo da existência ou não de reservatórios, instalação elevatória e hidrômetros individuais, por exemplo.

De maneira geral, pode-se dizer que, quando a medição é coletiva, há somente um hidrômetro, e o sistema de distribuição tem a configuração apresentada anteriormente (barrilete, colunas, ramais e sub-ramais), com colunas normalmente posicionadas em diversos pontos da edificação (banheiros, cozinhas e áreas de serviço), abastecendo pontos de água em unidades imobiliárias distintas. Já quando se trata de medição individualizada, existem tantos hidrômetros quantas forem as unidades imobiliárias, e o sistema de distribuição tem a mesma configuração, mas com significativa alteração no traçado da mesma. Nesse caso, as colunas geralmente se posicionam em áreas mais centrais da edificação, de onde se derivam os ramais para cada unidade imobiliária. Para ilustrar, a Figura 3.1 apresenta as partes constituintes de um sistema predial hidráulico, em caso de medição coletiva, e a Figura 3.2 apresenta a configuração alternativa, em caso de medição individualizada, com a indicação, neste último caso, dos hidrômetros individuais por pavimento.

Elementos do sistema predial de água fria segundo a NBR 5626:2020

Ramal Predial: Tubulação compreendida entre a rede pública de abastecimento de água e a extremidade a montante do alimentador predial ou da rede predial de distribuição. O ponto onde termina o ramal predial deve ser definido pela concessionária.

Hidrômetro: Aparelho que efetua a medição de consumo de água potável.

Alimentador predial: Tubulação que liga a fonte de abastecimento a um reservatório de água de uso doméstico, ou seja, é o trecho a partir do final do ramal predial até a saída de água, próximo ao reservatório inferior ou superior. Trecho compreendido entre o hidrômetro e a primeira derivação.

Reservatórios: São dispositivos de reservação de água utilizados para garantir a regularidade do abastecimento. O reservatório inferior deve ser posicionado entre o alimentador predial e a instalação elevatória. Já o reservatório superior pode estar conectado ao alimentador predial ou à canalização de recalque e destinado a alimentar a rede de distribuição. Devem ter dispositivos de limpeza (tubulação destinada ao esvaziamento do reservatório para permitir sua limpeza e manutenção) e extravasão (tubulação destinada a escoar o eventual excesso de água de um reservatório). Devem também conter válvula com boia destinada a interromper a entrada de água nos reservatórios quando se atinge o nível operacional máximo previsto.

Instalação elevatória: Sistema destinado a elevar a pressão da água em um sistema predial de água fria. Composto pela tubulação de sucção (canalização compreendida entre o ponto de tomada

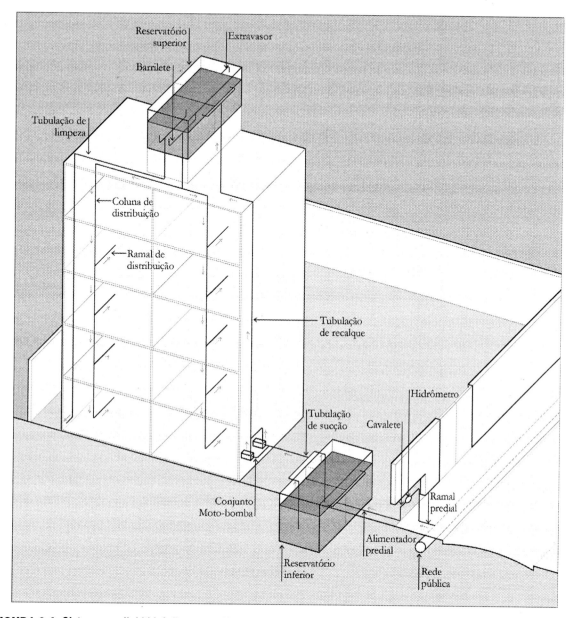

FIGURA 3.1: Sistema predial hidráulico —medição coletiva.

no reservatório inferior e o orifício de entrada da bomba), pela tubulação de recalque (canalização compreendida entre o orifício de saída da bomba e o ponto de descarga no reservatório superior) e por dois conjuntos moto-bomba.

Barrilete: Tubulação que se origina no reservatório superior e da qual derivam as colunas de distribuição ou ramais, quando o tipo de abastecimento é indireto. No caso de tipo de abastecimento direto, pode ser considerado como a tubulação diretamente ligada ao ramal predial ou diretamente ligada à fonte de abastecimento particular.

Coluna de distribuição: Tubulação derivada do barrilete e destinada a alimentar ramais.

Ramal: Tubulação derivada da coluna de distribuição e destinada a alimentar os sub-ramais.

Sub-ramal: Tubulação que liga o ramal ao ponto de utilização.

Ponto de utilização: Componente na posição a jusante do sub-ramal que, através de sua operação (abrir e fechar), permite a utilização da água e, em certos casos, também o ajuste da sua vazão.

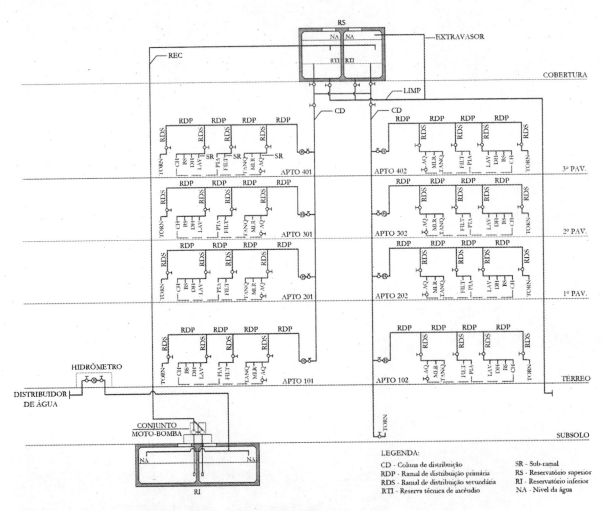

FIGURA 3.2: Sistema predial hidráulico —medição individualizada.

3.2 PRINCÍPIOS BÁSICOS DO SISTEMA PREDIAL DE ÁGUA FRIA E A INTERAÇÃO COM A REDE URBANA

Considerando-se a captação a partir da rede pública, os sistemas prediais de água fria podem ser divididos em: sistemas de abastecimento, de medição e de distribuição, conforme representado pela Figura 3.3. Cada um desses sistemas será detalhado nas seções a seguir.

FIGURA 3.3: Envoltória do sistema predial de água.

3.2.1 Sistema de Abastecimento de Água

Segundo a NBR 5626:2020 (ABNT, 2020), quando o abastecimento do sistema predial de água for proveniente da rede pública de distribuição, as exigências da concessionária devem ser obedecidas (Figura 3.4). Tal situação é mais comum, principalmente, nos grandes centros urbanos. Há casos, entretanto, em que o abastecimento pode ser proveniente, parcial ou totalmente, de outras fontes, por exemplo, de poços artesianos.

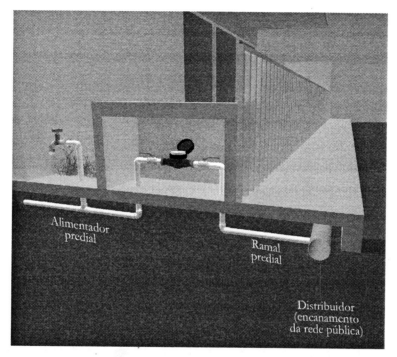

FIGURA 3.4: Abastecimento de água pela rede pública.

A concessionária é responsável pelo sistema de abastecimento de água como um todo, seja no seu planejamento, na sua construção e, até mesmo, na sua operação. Também compete à concessionária a publicação no Diário Oficial da União, e em jornal de grande circulação, o resumo das análises de qualidade realizadas na água da rede de abastecimento, garantindo ao consumidor informações sobre a qualidade da água disponível para consumo.

A utilização da rede pública é sempre preferencial, em função da garantia de potabilidade da água oferecida pelo sistema. Deve ser realizada uma consulta à concessionária local para obter informações sobre as características da oferta de água no local da instalação a ser implantada, tais como eventuais limitações nas vazões disponíveis, regime de variação de pressões, características da água e constância de abastecimento.

O abastecimento de água é feito por meio do ramal predial (ou ramal externo), que se conecta à rede pública de abastecimento, de responsabilidade da concessionária local, e ao hidrômetro, cuja responsabilidade é do proprietário.

Não havendo condições de atendimento pela rede pública, o abastecimento pode ser parcial ou totalmente proveniente de fonte particular, pela captação em nascentes ou no lençol subterrâneo. Se a captação de água for feita a partir de uma fonte particular, deve ser previsto um sistema de tratamento, a fim de garantir a qualidade da água para uso humano. Neste caso, existe a necessidade de verificação periódica da potabilidade da água e consulta prévia ao órgão público responsável pelo gerenciamento dos recursos hídricos.

O abastecimento de um sistema de água fria pode, ainda, ser realizado parcialmente por água não potável, proveniente, por exemplo, de um sistema de aproveitamento de água de chuva. Nesse caso, é necessário evitar *conexão cruzada* e identificar esse sistema, de maneira a alertar contra eventual uso potável. A água não potável poderá ser utilizada onde não for necessário o requisito de potabilidade, como lavagem de piso, paisagismo e reserva para combate a incêndios. Esse tema será aprofundado no Capítulo 6.

Na concepção do projeto do sistema predial de água fria, devem ser consultadas as condições de abastecimento fornecidas pela concessionária local, para que se opte pelo melhor sistema de abastecimento: *direto, indireto, indireto hidropneumático* ou *misto*.

3.2.1.1 Sistema direto

O *sistema direto* é aquele realizado diretamente da rede pública até os pontos de utilização, sem a existência de reservatório. Conforme as condições de pressão e a vazão da rede pública de abastecimento, tendo em vista as solicitações do sistema predial, o sistema direto pode ser *sem bombeamento* ou *com bombeamento*, conforme ilustrado pela Figura 3.5A e B, respectivamente.

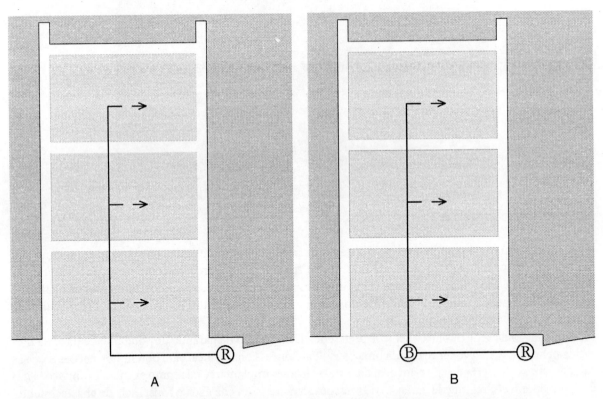

A   B

FIGURA 3.5: Esquema do sistema direto de água. A, Sistema direto sem bombeamento. B, Sistema direto com bombeamento.

O *sistema direto sem bombeamento* só deve ser proposto quando houver garantia da regularidade e atendimento de vazão e pressão mínima pela rede pública de abastecimento. Já no *sistema direto com bombeamento*, à rede de distribuição é acoplado um sistema de bombas e a água é recalcada diretamente do sistema até as peças de utilização. Essa tipologia é empregada quando a rede pública não oferece água com pressão suficiente, para que a mesma seja elevada aos pavimentos superiores do edifício. Devido à grande dificuldade de atendimento dessa garantia, no Brasil é pouco comum a utilização deste sistema de distribuição, sendo mais observado em cidades europeias.

É um sistema mais econômico, uma vez que, devido à inexistência de reservatórios, há economia pela não construção dos mesmos, e, também, pelo alívio estrutural. Por outro lado, a população da edificação fica exposta às eventuais falhas da rede pública de abastecimento, que comprometerão diretamente o sistema predial, principalmente numa eventual falta de água. Embora se faça referência a esse sistema na NBR-5626:2020 (ABNT, 2020), seu uso não é adotado em cidades brasileiras, em virtude da falta generalizada de requisitos que viabilizem seu emprego, como regularidade e pressão mínima, costumeiramente não atendidos pela rede pública de abastecimento.

Uma particularidade do sistema direto é a obrigatoriedade de utilização de dispositivo de proteção da rede pública, tipo válvula de retenção, contra eventuais refluxos, precavendo-se contra contaminação da mesma.

3.2.1.2 Sistema indireto

O *sistema indireto* é aquele em que o sistema de abastecimento alimenta a rede de distribuição por meio de reservatórios superior (RS) e/ou inferior (RI). No sistema indireto, cabe a um reservatório elevado, o RS, a função de alimentar a rede de distribuição por gravidade. Esse reservatório é alimentado pelo sistema de abastecimento, com ou sem bombeamento, ou por um reservatório inferior, o RI, com bombeamento. Dessa forma, configuram-se três tipos de sistemas de abastecimento indiretos: *sistema indireto RS sem bombeamento*, *sistema indireto RS com bombeamento* e *sistema indireto RI-RS com bombeamento*, apresentados, de forma esquemática, na Figura 3.6A a C, respectivamente.

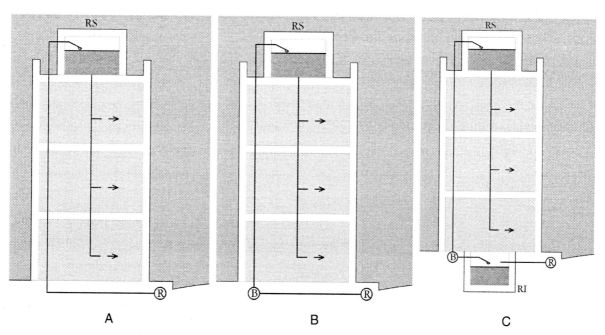

FIGURA 3.6: Esquema do sistema de distribuição indireto de água. A, Sistema indireto RS sem bombeamento. B, Sistema indireto RS com bombeamento. C, Sistema indireto RI-RS com bombeamento.

O *sistema indireto RS sem bombeamento* é composto pelo alimentador predial, equipado com válvula de boia, pelo RS e pela rede de distribuição. Quando há consumo na rede de distribuição, ocorre uma diminuição no nível do reservatório, causando uma abertura total ou parcial da válvula de boia. Tal abertura implica um reabastecimento do reservatório superior, proporcionada pela rede de abastecimento, através do alimentador predial. A instalação de reservatório superior sem bombeamento pode ser adotada quando existir pressão suficiente na rede pública de abastecimento, independente da continuidade de fornecimento. Em geral, a pressão existente na rede pública permite a alimentação de reservatórios elevados até uma altura de 7,0 m.c.a., variável conforme o local.

No caso do *sistema indireto RS com bombeamento*, tem-se um sistema composto por alimentador predial, equipado com válvula de boia, instalação elevatória, reservatório superior e rede de distribuição. Essa solução é adotada quando não forem oferecidas, pelo sistema de abastecimento público, condições hidráulicas suficientes para elevação da água ao reservatório superior. Dessa forma, tem-se o sistema de recalque para elevar a água diretamente do sistema de abastecimento ao reservatório superior, sendo o suprimento feito conforme o controle imposto pela válvula de boia.

O *sistema RI-RS com bombeamento* é composto por alimentador predial com válvula de boia, reservatório inferior, instalação elevatória, reservatório superior e rede de distribuição. O início do ciclo de funcionamento deste sistema ocorre quando o reservatório superior estiver no nível máximo e a instalação elevatória, desligada. O reservatório superior possui uma chave elétrica de nível, a qual aciona a instalação elevatória no nível mínimo e a desliga no nível máximo. Dessa maneira, havendo consumo na rede de distribuição, o nível da água no reservatório superior desce, até atingir o nível de ligação, acionando a instalação elevatória, que será novamente desligada quando a água voltar a atingir o nível máximo, encerrando assim o ciclo. Paralelamente, quando do acionamento da instalação elevatória, a válvula de boia do alimentador predial se abre parcial ou totalmente, e o reservatório inferior passa a ser alimentado pela rede de abastecimento. Vale salientar que o reservatório inferior também é equipado com uma chave elétrica de nível, que impossibilita o acionamento da instalação elevatória quando o referido reservatório estiver vazio. Essa instalação deve ser utilizada quando não houver garantia da continuidade de fornecimento e tampouco pressão suficiente na rede pública de abastecimento. Este é o sistema mais utilizado em edifícios no Brasil.

3.2.1.3 Sistema indireto hidropneumático

No *sistema indireto hidropneumático*, o escoamento na rede de distribuição é pressurizado através de um tanque de pressão contendo ar e água (Figura 3.7A a C). Ele pode ser com ou sem bombeamento, ou, ainda, com bombeamento e reservatório inferior (RI). É utilizado quando há necessidade de pressão em determinado ponto da rede, que não possa ser obtida pelo sistema convencional, ou seja, por gravidade. Também pode ser utilizado quando não houver viabilidade técnica ou econômica de se construir um reservatório superior.

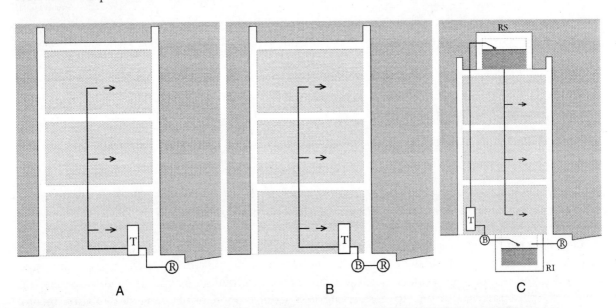

A   B   C

FIGURA 3.7: Esquema do sistema indireto hidropneumático de água. A, Sistema indireto hidropneumático sem bombeamento. B, Sistema indireto hidropneumático com bombeamento.C, Sistema indireto hidropneumático com bombeamento e RI.

Esse sistema tem custo elevado, exige manutenção frequente e pode ficar inoperante em caso de falta de energia elétrica, necessitando de gerador alternativo para que não haja falta de água. Assim, só é recomendado em casos especiais, por exemplo, quando a edificação possui gabarito crítico ou quando há necessidade de aliviar o peso da estrutura.

O *sistema indireto hidropneumático sem bombeamento* compõe-se de alimentador predial, tanque de pressão e rede de distribuição. A pressurização do tanque deve, nesse caso, ser garantida por meio do sistema público de abastecimento.

O *sistema indireto hidropneumático com bombeamento* compõe-se de alimentador predial, instalação elevatória, tanque de pressão e rede de distribuição. Aqui, o tanque é pressurizado por meio de instalação elevatória.

O *sistema indireto hidropneumático com bombeamento e RI* é composto pelo alimentador predial com válvula de boia, reservatório inferior, instalação elevatória, tanque de pressão e rede de distribuição. Quando o tanque de pressão estiver submetido à pressão máxima e o sistema de recalque, desligado, a água no reservatório estará num nível máximo, e o sistema apresentará condições de iniciar seu ciclo de funcionamento. Assim, quando há consumo na rede de distribuição, o nível de água no reservatório começa a diminuir progressivamente, o colchão de ar expande-se e a pressão no interior do tanque diminui até atingir a pressão mínima. Nessa situação, o pressostato aciona o sistema de recalque, elevando, simultaneamente, o nível de água e a pressão no interior do tanque aos respectivos valores máximos. Em situação de pressão máxima, o pressostato desliga o sistema de recalque, propiciando o início de um novo ciclo. Quanto ao reservatório inferior, comporta-se identicamente ao do *sistema indireto RI-RS com bombeamento*.

3.2.1.4 Sistema misto

O *sistema misto* utiliza mais de um dos sistemas existentes, geralmente *o indireto por gravidade* em conjunto com o *direto*. Pode ser utilizado em situações nas quais se podem abastecer pontos no pavimento térreo sem o uso da reservação de água e, tampouco, da pressão proporcionada pela queda d'água a partir do RS. É o caso, por exemplo, de uma edificação que possua torneiras de jardim no pavimento térreo, como apresentado pela Figura 3.8. Nessa situação, pode-se fazer uma derivação da tubulação, após o hidrômetro, em que parte da vazão de abastecimento segue para o RI (e dali para o RS e para a edificação, por gravidade), e parte se dirige para os pontos que abastecem o térreo. Em caso de abastecimento de torneiras de jardim, por exemplo, a vazão de água não precisa ser armazenada no RS, gerando economia no volume do reservatório. Além disso, há também o ganho de energia elétrica, uma vez que não há necessidade de recalque da água, pela instalação elevatória, para o RS.

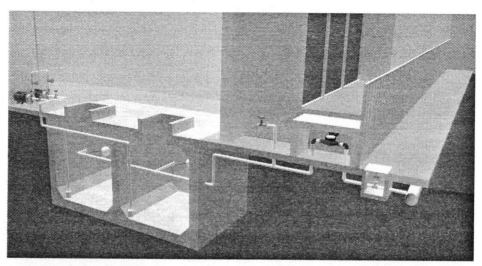

FIGURA 3.8: Esquema do sistema misto.

A norma NBR 5626:2020 (ABNT, 2020) indica que para a definição do tipo de abastecimento a ser adotado, devem ser utilizadas as informações preliminares para o projeto e que o abastecimento pode ser do tipo direto ou indireto, neste caso atendendo o requisito da concessionária e da legislação aplicável.

A Tabela 3.1 apresenta, de forma comparativa e resumida, as vantagens e as desvantagens de cada sistema apresentado nesta seção.

Tabela 3.1 – Comparação entre os sistemas direto e indireto de abastecimento de água em edificações

Sistema	Vantagens	Desvantagens
Sistema direto SEM bombeamento	• Dispensa reservatórios. • Menor custo da estrutura: com a dispensa de reservatórios, há menor carga depositada sobre a edificação. • Disposição de maior área útil, já que o espaço destinado aos reservatórios pode ser utilizado para outros fins. • Garante melhor qualidade de água, tendo em vista que o reservatório pode se constituir em fonte de contaminação (limpeza inadequada, possibilidade de entrada de elementos estranhos etc.).	• Fica inoperante quando falta água na rede de abastecimento pública. • Necessita de dispositivos para impedir o retorno da água e evitar a contaminação da rede pública. • Solicita continuamente a rede pública, com pressões e vazões adequadas ao sistema predial. • Pode ocorrer contaminação da rede pública, em caso de funcionamento inadequado do dispositivo antirretorno (componente mecânico).
Sistema direto COM bombeamento		• Inoperância quando da falta de energia elétrica, o que levaria à adoção de um sistema gerador de energia elétrica de emergência ou a óleo diesel, onerando ainda mais o sistema. • Manutenção periódica, exigindo mão de obra especializada, uma vez que se trata de um sistema com características e equipamentos diferenciados. • Maior gasto de energia elétrica: pelo menos um conjunto motobomba opera continuamente.
Sistema indireto RS SEM bombeamento	• Rede predial menos exposta às falhas da rede pública de abastecimento, uma vez que com o reservatório se garante, dentro do possível, a continuidade da vazão e pressão necessárias para o sistema predial. • Economia de energia elétrica (sistema alimentado diretamente pela rede pública sem conjunto moto-bomba).	• Possibilidade de contaminação da água no reservatório. • Maior custo, devido ao acréscimo de carga na estrutura, decorrente da existência de um reservatório superior. • Maior tempo de execução da obra, pois a existência de reservatório implica uma estrutura mais complexa. • Maior área de construção, com o acréscimo das áreas dos reservatórios (menor área útil).
Sistema indireto RS COM bombeamento	• Rede predial menos exposta às falhas da rede pública de abastecimento, uma vez que com o reservatório se garante, dentro do possível, a continuidade da vazão e pressão necessárias para o sistema predial.	
Sistema indireto RI-RS COM bombeamento	• Rede predial menos exposta às falhas da rede pública de abastecimento, uma vez que com o(s) reservatório(s) se garante, dentro do possível, a continuidade da vazão e pressão necessárias para o sistema predial.	• Possibilidade de contaminação da água nos reservatórios. • Maior custo, devido ao acréscimo de carga na estrutura, decorrente da existência de um reservatório superior. • Maior tempo de execução da obra, pois a existência de reservatório implica uma estrutura mais complexa. • Maior área de construção, com o acréscimo das áreas dos reservatórios (menor área útil).

3.2.2 Sistema de Medição

O sistema de medição consiste em medir a quantidade de água consumida por uma dada edificação, contando, para tanto, de medidor (hidrômetro) e complementos (cavalete, válvula, abrigo etc.), conforme esquematizado na Figura 3.9.

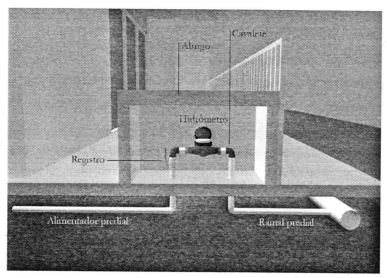

FIGURA 3.9: Esquema de instalação do medidor de água (hidrômetro) em abrigo apropriado.

A medição do volume de água consumido é realizada por meio de hidrômetros, de forma periódica (mensal), no ponto de abastecimento do usuário, seja qual for sua categoria ou faixa de consumo. A esse tipo de medição dá-se o nome de micromedição.

A instalação do hidrômetro é requisito para uma cobrança de valor justo da água consumida, além de ser fator importante ao orientar um consumo mais econômico por parte dos usuários. Os sistemas de medição do consumo de água em edifícios podem ser classificados de acordo com o tipo de medição, podendo ser coletiva ou individualizada, por unidade imobiliária.

No sistema de medição coletiva, o volume de água medido engloba todos os tipos de consumo, sendo o medidor (hidrômetro geral) instalado na entrada do edifício. Os sistemas prediais de água em edifícios multifamiliares brasileiros, em sua maioria, apresentam esse sistema de medição. Nessa situação, a edificação recebe uma única conta para o pagamento da água consumida, correspondente ao consumo geral (unidades imobiliárias e áreas comuns). Com isso, faz-se necessário o rateio, entre os consumidores, do valor a ser pago. As formas mais usuais de rateio para o pagamento da conta de água envolvem a distribuição do consumo de água:

- de forma igual entre todas as unidades imobiliárias;
- de forma proporcional à área de cada unidade imobiliária; e
- de forma proporcional ao número de moradores de cada unidade imobiliária.

No rateio em partes iguais, o valor da conta de água de cada unidade imobiliária é obtido a partir da divisão equânime do valor da conta total do condomínio, incluindo as áreas comuns. Essa forma acaba sendo injusta, já que considera o consumo como sendo igual para todas as unidades, o que não é verdade.

Ao dividir a conta do condomínio entre as unidades imobiliárias, em parcelas individuais, proporcionais à sua área, está sendo considerada uma característica física da unidade. Esse critério, a princípio, parece ser mais justo que o anterior, mas, em se tratando de edificações que possuem apartamentos-tipo, os dois critérios se igualam. Além disso, deve-se observar, também, que a distribuição do consumo proporcional à área do apartamento não leva em conta fatores sociais e culturais que determinam os hábitos dos usuários e, em última análise, o consumo de água.

Por último, no rateio proporcional ao número de ocupantes de cada unidade imobiliária, a conta de água do condomínio é distribuída proporcionalmente ao número de ocupantes de cada unidade. Como esse critério leva em consideração o número de ocupantes fixos em cada unidade, a estimativa de consumo pode ser razoável, ou seja, quanto maior o número de pessoas, maior deve ser o consumo de água. No entanto, esse critério não leva em consideração o tempo de permanência de cada integrante nas unidades, os hábitos dos moradores e nem a população flutuante, fatores essenciais e que estão diretamente associados à variação do consumo de água de cada unidade imobiliária.

A medição individualizada, por unidade imobiliária, também conhecida no meio técnico como medição setorizada, ou simplesmente setorização, consiste na instalação de um hidrômetro em cada unidade imobiliária, compondo um conjunto maior, dotado ou não de um hidrômetro principal, para que se possa medir o consumo individualmente, e não apenas do conjunto. Esse tipo de medição torna mais justo o valor cobrado mensalmente, já que o consumidor passa a pagar apenas pelo que realmente consome. Além disso, estudos mostram que, quando a medição passa a ser por unidade imobiliária, os usuários têm maior preocupação em reduzir o desperdício de água, resultando em uma diminuição expressiva do consumo de água.

A implantação da medição individualizada em uma edificação deve estar direta ou indiretamente relacionada aos objetivos a serem alcançados com a sua utilização, dentre os quais destacam-se:

- redução do consumo de água;
- redução do consumo de energia elétrica;
- diminuição no valor da taxa de condomínio;
- redução do nível de inadimplência;
- satisfação do usuário ao fim do mês;
- redução do volume efluente de esgoto;
- rápida identificação de vazamentos praticamente imperceptíveis;
- manutenção preditiva e preventiva;
- instrumento de gestão da demanda de água em sistemas prediais;
- responsabilidade social com o uso racional da água.

A medição individualizada de água existe na Europa desde o século passado, tendo surgido na década de 1950 na Alemanha, com a preocupação em se controlar o consumo de água. No Brasil, a preocupação com o uso racional da água, por meio da utilização de sistemas de medição individualizada, iniciou-se na década de 1970. Desde então, uma série de iniciativas ocorreu, ao longo de várias décadas, levando, após muitas discussões (e muitos anos), à sanção da Lei 13.312/2016 (Brasil, 2016), que altera a Lei de Saneamento, 11.445/2007 (Brasil, 2007). Essa alteração, enfim, torna obrigatória a medição individualizada do consumo hídrico nas novas edificações condominiais construídas a partir de 5 anos de sua publicação, ou seja, a partir de 2021.

Medição individual: iniciativas no Brasil	
1976-1977	A Sabesp (Companhia de Saneamento Básico do Estado de São Paulo) desenvolveu, em parceria com o IPT (Instituto de Pesquisas Tecnológicas), e apoio da Poli-USP (Escola Politécnica – Universidade de São Paulo), um estudo para dotar um condomínio existente de medição individualizada de água. Outros estudos semelhantes foram realizados da década de 1980 e no início da década de 1990.
1980	Implantação do sistema de medição individualizada em 60% de um total de 2.880 apartamentos padronizados e idênticos entre si na Cecap (Companhia Estadual de Casas Populares), em Guarulhos – SP.
1998	Início da implantação do Pura (Programa de Uso Racional da Água) na USP (Universidade de São Paulo). Lei Municipal n° 12638, dispondo sobre a previsão de medição individualizada nos edifícios em São Paulo.
2003	Criação do projeto de Lei Federal n° 787, estabelecendo que "a tarifa pela prestação dos serviços será cobrada de forma individualizada, por unidade usuária, não podendo ser rateada quando o consumo se der em forma de condomínio ou coletivamente".
2004	Encontro promovido na sede da ANA (Agência Nacional de Águas) com apresentações e debates sobre o tema de medição individualizada.
2005	Lei n° 14018 de 28 de junho de 2005, que instituiu o Programa Municipal de Conservação e Uso Racional da Água em Edificações – Purae em São Paulo.
2016	Aprovação da Lei 13.312/2016 (Brasil, 2016), que altera a Lei de Saneamento, 11.445/2007 (Brasil, 2007), tornando obrigatória a medição individualizada do consumo hídrico nas novas edificações condominiais a partir de 2021.

Em alguns estados e cidades brasileiras, já existem decretos, leis e projetos de leis específicos, desde a década de 1990, que determinam o uso de sistema de medição individualizada, conforme apresentado na Tabela 3.2. Em grandes capitais, como São Paulo, por exemplo, essa obrigatoriedade já existe desde 1993. Em outras, como o Rio de Janeiro, esse tipo de medição só se tornou obrigatório em 2011, a partir da sanção da Lei Municipal n° 112. Percebe-se, por parte da população, já há algum tempo, interesse em praticar a medição individualizada em suas residências, nos casos de edifícios com medição coletiva. Entretanto, nem sempre o projeto de adaptação de um edifício que foi projetado e construído com apenas um hidrômetro (geral) é simples — o projeto de medição individualizada, com vários hidrômetros, adota outro tipo de traçado hidráulico. O projeto do sistema predial de água fria com medição individualizada possui algumas particularidades quando comparado ao de medição coletiva, especificadas a seguir:

- Cada unidade habitacional deve ser abastecida por um único ramal de alimentação, no qual será instalado o aparelho de medição individual;

Tabela 3.2 – Legislação sobre medição individualizada em alguns diferentes locais do Brasil

Estado	Legislação	
Paraná	Lei Estadual 10.895 de 25/04/1994	Dispõe sobre a adoção de sistema de medição individual de consumo de água em edifícios e condomínios, com mais de uma unidade de consumo, conforme especificação
São Paulo	Lei Municipal 12.638 de 06/05/1998	Institui a obrigatoriedade da instalação de hidrômetros em cada uma das unidades habitacionais dos prédios de apartamentos.
Teresina	Lei municipal 3.033 de 17/09/2001	Dispõe sobre a obrigatoriedade de implantação do sistema de medição individualizada de água em edificações com duas ou mais unidades residenciais autônomas.
Recife	Lei Municipal 16.759 de 17/04/2002	Institui a obrigatoriedade da instalação de hidrômetros individuais nos edifícios.
Pernambuco	Lei 12.609 de 22/06/2004	Institui a obrigatoriedade da instalação de hidrômetros individuais nos edifícios no estado de Pernambuco.
Distrito Federal	Lei 3557 de 18/01/2005	Dispõe sobre a individualização de instalação de hidrômetro nas edificações verticais residenciais e nas de uso misto e nos condomínios residenciais do Distrito Federal, e dá outras providências
Niterói	Lei Municipal 2340 de 06/06/2006	Estabelece, para projetos de edificações coletivas, a exigência de localização de hidrômetro para medição do consumo de água de cada unidade autônoma.
Porto Alegre	Lei 10.506 de 5 de agosto de 2008	Institui o programa de conservação, uso racional e reaproveitamento das águas.
Porto Alegre	Lei Complementar 622/09 de 23/06/2009	Altera o Art. 12 da Lei Complementar n° 170, de 31 de dezembro de 1987, que revoga a Lei Complementar n° 32, de 7 de janeiro de 1977, estabelecendo normas para instalações hidrossanitárias e serviços públicos de abastecimento de água e esgotamento sanitário prestados pelo DMAE e dá outras providências e alterações posteriores, dispondo sobre ligações de água e individualização da medição.
Rio de Janeiro	Lei Complementar n° 112 de 17/03/2011	Dispõe sobre a obrigatoriedade de individualização do medidor de consumo de água em edificações multifamiliares e dá outras providências
São Paulo	Projeto de Lei 865/2013	Dispõe sobre a obrigatoriedade de a Sabesp realizar, no município de São Paulo, contrato direto com o consumidor por serviços de abastecimento de água e coleta de esgoto residencial gerado pelo consumo e utilização dos seus serviços por locatário ou ocupante do imóvel a qualquer título, excluindo-se a obrigação solidária, haja vista, o valor mensal cobrado pela Sabesp utilizar o regime tarifário configurando obrigação consumerista com suporte em legislação específica e dá outras providências.
Belo Horizonte	Lei n° 10.838, de 28 de agosto de 2015	Dispõe sobre a instalação de hidrômetros individuais.

- O aparelho de medição individual (hidrômetro) deve ser instalado em local de fácil acesso, de forma a facilitar sua leitura.
- As caixas de proteção do hidrômetro devem ser padronizadas.
- Deve ser previsto, antes do aparelho de medição individual, localizado na caixa de proteção, um registro de esfera ou gaveta.
- Não é permitida a utilização de válvulas de descarga em unidades habitacionais projetadas para medição individual, pois estas necessitam de vazão superior às compatíveis com os aparelhos de medição individual que farão parte do sistema.
- Deve ser instalado um aparelho de medição coletiva (hidrômetro geral), também chamado de medidor principal, uma vez que deverá ser acrescido à conta de cada usuário o rateio do consumo das áreas comuns, sendo calculado pela diferença entre o volume registrado no medidor coletivo e o somatório dos volumes de cada apartamento.
- Deve-se considerar a perda de carga dos hidrômetros individuais no dimensionamento do sistema predial de água.

No caso de edifícios com unidade central de aquecimento de água, para cada unidade habitacional devem ser instalados dois aparelhos de medição individual, sendo um para o sistema predial de água fria e um para o sistema predial de água quente (Figura 3.10). Esse tema será aprofundado mais adiante, na Seção 3.4.

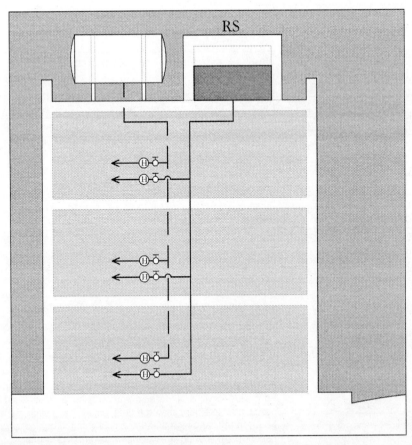

FIGURA 3.10: Sistema de aquecimento central no telhado —medição individual também para a tubulação de água quente (dois hidrômetros para cada unidade habitacional).

A medição individual pode ser classificada em *concentrada* ou *distribuída*. Na *medição concentrada*, os medidores são posicionados próximos uns aos outros, facilitando sua instalação, manutenção e leitura, caso seja manual. Por sua vez, a *medição distribuída* contempla medidores posicionados ao longo de todo o edifício, o mais próximo possível dos apartamentos que deles farão uso. Assim, em função do local de instalação dos aparelhos de medição, o traçado do sistema predial de água fria pode apresentar diversas configurações, com variação da posição dos medidores individuais conforme apresentado na Figura 3.11.

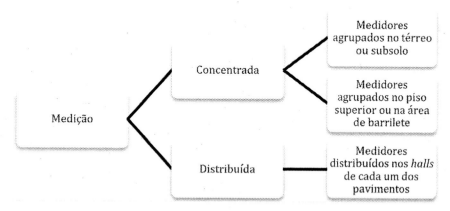

FIGURA 3.11: Possíveis configurações do sistema predial de água fria, com variação da posição dos medidores individuais.

Dentre as opções apresentadas, a locação dos medidores nos *halls* dos pavimentos é a mais recomendável, pois uma única coluna de distribuição pode alimentar todos estes, o que minimiza os custos tanto das tubulações quanto da mão de obra. Além disso, a instalação de hidrômetros nos pavimentos intermediários possibilita uma melhor distribuição das pressões atuantes sobre os hidrômetros. Por outro lado, cabe salientar que, nessa configuração, a leitura dos medidores fica facilitada para os usuários, porém dificultada para a concessionária que realizará a leitura. Uma alternativa para evitar essa dificuldade é a adoção de leitura remota. Outro ponto a ser levantado é que deve ser reservado um local para a instalação dos medidores, o que reduz um pouco a área útil dos pavimentos. Em obras recentes, realizadas no município do Rio de Janeiro, tem sido comum alocar os hidrômetros individuais em compartimentos de coleta de lixo nos pavimentos. Uma alternativa seria a colocação dos mesmos em armários, posicionados ao longo da área de circulação de cada pavimento. A Figura 3.12 apresenta imagens de medidores individuais no pavimento de um edifício e a Figura 3.13 apresenta um esquema vertical simplificado de como poderia ser feita a distribuição das colunas e ramais nesse sistema (medição individualizada).

O posicionamento dos medidores na mesma área do barrilete ou, então, no térreo do edifício conduz ao emprego de uma coluna para cada um dos apartamentos. Nos dois casos, em edifícios com um número grande de pavimentos essa prática pode tornar-se antieconômica, em função da elevada quantidade de tubulações. Para o caso dos medidores posicionados na mesma área do barrilete, conforme esquematizado na Figura 3.14, tem-se como ponto negativo a dificuldade de atendimento da pressão mínima de 5 kPa, recomendada pela NBR 5626:2020 (ABNT, 2020), em qualquer ponto do sistema, principalmente nos pavimentos mais elevados (próximos ao RS). Em relação ao posicionamento dos hidrômetros no pavimento térreo, esquematizado na Figura 3.15, destaca-se como vantagem a maior acessibilidade ao procedimento de leitura dos mesmos, em caso de coleta de dados no local. Como principais desvantagens, nesse caso, tem-se o emprego de maior extensão de tubulações e possíveis problemas com falta de pressão.

FIGURA 3.12: Medidores individuais nos pavimentos.

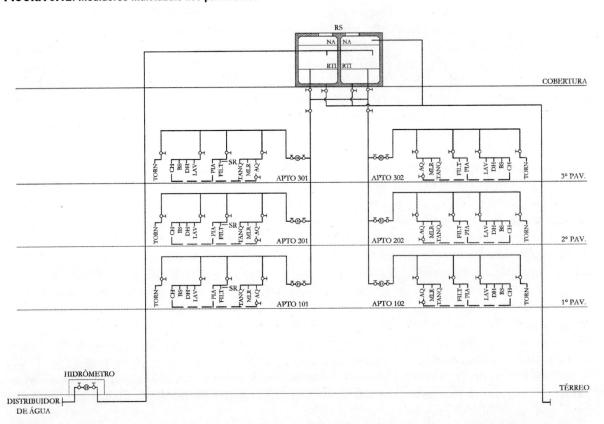

FIGURA 3.13: Esquema de uma edificação com medidores individuais distribuídos nos halls de cada um dos pavimentos.

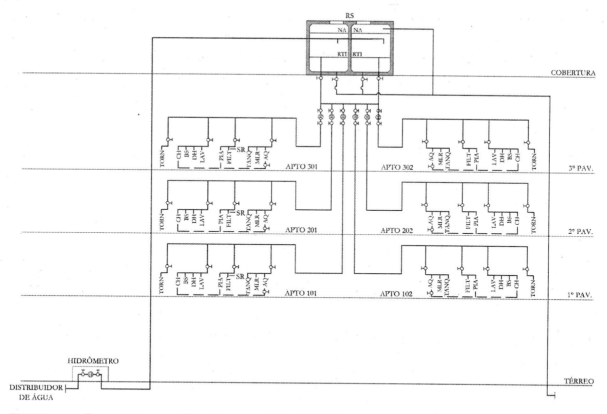

FIGURA 3.14: Esquema de uma edificação com medidores individuais agrupados na área de barrilete.

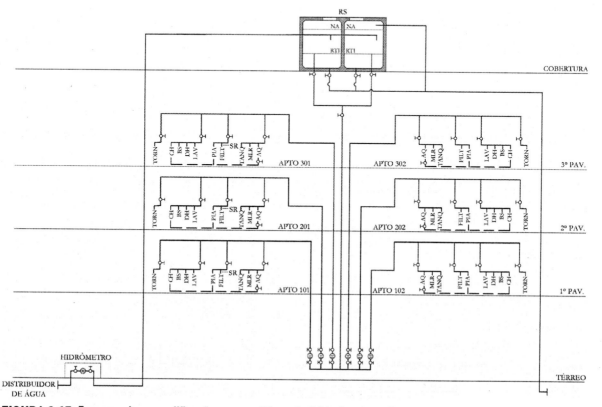

FIGURA 3.15: Esquema de uma edificação com medidores individuais agrupados no pavimento térreo.

3.2.3 Sistema de Distribuição

O sistema de distribuição compreende os elementos que levam a água desde a instalação elevatória (em caso de não haver RS) ou desde o RS até os pontos de consumo (aparelhos sanitários). Esses elementos são: *barrilete, colunas, ramais* e o próprio *sub-ramal*, que é o ponto terminal do sistema predial hidráulico, conectado às peças de utilização, sendo, portanto, o ponto que o usuário irá utilizar para ter acesso ao sistema.

Cada tubulação deve ser dimensionada de modo a garantir o abastecimento de água com pressão e vazão adequadas, sem incorrer no superdimensionamento. A vazão de projeto estabelecida deve estar disponível no respectivo ponto de utilização no momento de uso. Em caso de provável uso simultâneo de dois ou mais pontos de utilização, a vazão de projeto deve estar plenamente disponível para atender a ambos os pontos com qualidade. Se, porventura, o funcionamento simultâneo não for previsto no dimensionamento da tubulação, é importante que a redução temporária da vazão, em qualquer um dos pontos de utilização, não comprometa significativamente a satisfação do usuário.

Além dos elementos principais mencionados, também podem ser citados outros dispositivos que são integrados ao sistema de distribuição, como é o caso dos registros e dos aquecedores. O registro de gaveta é um dispositivo de fechamento, componente instalado na tubulação e destinado a interromper o fluxo de água. É comumente instalado no barrilete, no topo das colunas e no início de cada ramal. Já o registro de pressão, por sua vez, é um componente instalado na tubulação com o objetivo de controlar a vazão da água utilizada, como no caso do chuveiro, por exemplo. O aquecedor é o dispositivo responsável por aquecer a água, podendo ser de acumulação (aparelho que se compõe de um reservatório, dentro do qual a água acumulada é aquecida) ou de passagem (aparelho que não exige reservatório, aquecendo a água quando de sua passagem por ele). O sistema de distribuição será mais bem detalhado a seguir, na Seção 3.3.8.

3.3 PROJETO DO SISTEMA PREDIAL DE ÁGUA FRIA: CONCEPÇÃO E DIMENSIONAMENTO

O projeto do sistema predial de água fria e água quente deve ser elaborado por projetista com formação profissional de nível superior em Engenharia Civil ou Arquitetura e Urbanismo, legalmente habilitado e qualificado. Para tanto, tem-se como premissa inicial obedecer à norma correlata, NBR 5626:2020, *Sistemas Prediais de Água Fria e Água Quente - Projeto, Execução, Operação e Manutenção* (ABNT, 2020), e NBR 7198:1993, *Projeto e Execução de Instalações Prediais de Água Quente* (ABNT, 1993), bem como obedecer a leis, decretos e regulamentos das concessionárias.

No dimensionamento das canalizações, devem sempre ser consideradas as pressões mínimas e máximas admitidas nas peças de utilização, bem como as pressões recomendadas pelos catálogos dos fabricantes, referentes aos equipamentos. Há limitação das pressões e velocidades de escoamento máximas nas redes de distribuição para evitar problemas de ruído, corrosão e golpe de aríete.

O golpe de aríete é um fenômeno que se observa quando o escoamento de qualquer fluido em conduto forçado é bruscamente interrompido. No período de tempo entre a interrupção e o retorno do fluido, pode ocorrer a entrada de ar na tubulação, acarretando em uma rápida elevação de pressão, por vezes atingindo níveis indesejáveis, que poderão causar sérios danos ao conduto (ruptura de tubulações) ou avarias nos dispositivos nele instalados (bombas e válvulas), dentre outros. Cuidados especiais devem ser observados com as válvulas de descarga, quando elas ainda existirem (atualmente há preferência pelo uso de caixa de descarga, que consome menos água e exige menor pressão para funcionar), pois existem registros de casos de barulho excessivo e, até mesmo, rompimento de tubulações ocasionadas pelo golpe de aríete.

O que é um aríete?

Um aríete é uma antiga máquina de guerra, muito utilizada nas Idades Antiga e Média, utilizada para romper portas e muralhas de castelos ou fortalezas. Os aríetes eram constituídos por um tronco de árvore, de madeira resistente, com uma testa de ferro ou de bronze, em geral com a forma da cabeça de carneiro. Existiam diversas formas de aríetes, dependendo do local e do povo que o construía. Pode-se dizer que eles foram os percursores dos tanques de guerra.

Ambas as normas, de água fria e água quente, recomendam valores mínimos e máximos para as pressões dinâmicas e estáticas. De forma geral, pode-se dizer que todos os pontos abastecidos por água devem atender a uma pressão dinâmica mínima de 5 kPa, que equivale a 0,5 m.c.a., e máxima de 400 kPa (40 m.c.a.), salvo em algumas exceções, conforme será detalhado mais adiante. Em edifícios muito altos, a pressão estática máxima pode ser limitada pelo uso de válvulas redutoras de pressão ou pela utilização de um reservatório intermediário, também conhecido como caixa de quebra de pressão. O objetivo da válvula redutora é introduzir uma grande perda de carga localizada, reduzindo, assim, a pressão dinâmica a jusante, sendo totalmente ineficiente na condição estática. Ela pode ser instalada em posição intermediária ou no subsolo, situação mais comum.

Outro ponto importante a ressaltar diz respeito à velocidade da água, que, em qualquer trecho de tubulação, não pode atingir valores superiores a 3m/s, o que poderia causar danos à mesma ou ocasionar ruídos desagradáveis. Nos locais onde o nível de ruído possa incomodar, a velocidade da água deve ser limitada a valores compatíveis com o isolamento acústico do local.

Pressão estática *versus* pressão dinâmica

Para que os aparelhos funcionem adequadamente, é preciso verificar as pressões estática e dinâmica estabelecidas para cada um. Entende-se como *pressão estática* aquela quando não há escoamento de água; é designada pelo desnível da água entre o reservatório superior e a peça em questão. Já a *pressão dinâmica* se dá quando há escoamento, ou seja, quando as peças estão em funcionamento. A partir do nível superior da água no reservatório superior, obtém-se o desnível topográfico em relação ao ponto do aparelho.

Segundo a NBR 5626:2020 (ABNT, 2020), em qualquer ponto da rede predial de distribuição, a pressão da água em **condições dinâmicas (com escoamento) não deve ser inferior a 5 kPa**. Em **condições estáticas (sem escoamento)**, a pressão da água em qualquer ponto de utilização da rede predial de distribuição **não deve ser superior a 400 kPa**.

Em relação aos materiais adequados e mais indicados para cada tipo de sistema hidráulico (água fria e água quente), a Tabela 3.3 apresenta, em formato resumido, a indicação dos materiais e sua pertinência a cada um dos projetos. A discussão em torno dos materiais utilizados em projetos de sistemas prediais de água fria e água quente encontra-se no Capítulo 2.

Tabela 3.3 – Materiais utilizados em sistemas prediais de água fria e de água quente

Material	Água Fria	Água Quente
Aço-carbono	Sim	–
Cobre	Sim	Sim
Ferro fundido	Sim	–
PVC	Sim	–
CPVC	–	Sim
Polipropileno	Sim	Sim
PEX	Sim	Sim

Já em relação à especificação do diâmetro das tubulações utilizadas nos sistemas prediais de água fria, é preciso esclarecer bem a questão da conversão de unidades, entre milímetros e polegadas. Tradicionalmente, os projetos eram desenvolvidos seguindo o padrão inglês, que utiliza as medidas em polegadas. Entretanto, o Brasil adota o Sistema Internacional de Unidades (SI), que usa como medida de comprimento o metro e seus derivados (no caso específico das tubulações prediais hidráulicas, o milímetro). Uma polegada equivale a 2,54 cm ou 25,4 mm. Mesmo de posse dessas informações, a conversão de unidades tende a gerar muitas dúvidas. Assim, para melhor compreensão, é importante resgatar algumas definições da norma NBR 5648:1999 (ABNT, 1999):

- *Diâmetro nominal (DN):* Simples número que serve como designação para projeto e para classificar, em dimensões, os elementos de tubulação (tubos, conexões, dispositivos e acessórios) e que corresponde aproximadamente ao diâmetro interno dos tubos, em milímetros. O diâmetro nominal (DN) não deve ser objeto de medição nem deve ser utilizado para fins de cálculos.
- *Diâmetro nominal de rosca (DNR):* Simples número que serve como designação da rosca (compatível com a NBR 6414:1983 –*Rosca para tubos onde a vedação é feita pela rosca – Designação, dimensões e tolerâncias*) das peças de transição do sistema da junta soldável para roscável.
- *Diâmetro externo (DE):* Simples número que serve para classificar, em dimensões, os elementos de tubulação (tubos, conexões, dispositivos e acessórios) e que corresponde ao diâmetro externo médio (d_{em}) dos tubos em milímetros.

Entende-se que o fluido é conduzido pela tubulação considerando sua seção interna; assim, esse é o diâmetro que deve ser considerado para dimensionamento. O diâmetro nominal (DN) é uma aproximação desse valor e é aquele utilizado para apresentação em projetos. Já o diâmetro externo (DE) é o utilizado como referência comercial das tubulações. Como forma de consolidar a discussão, apresenta-se a Tabela 3.4 com as equivalências entre os diâmetros externo, interno e a referência em polegadas para tubos soldáveis com comprimento de 6 metros, conforme estabelecido pela norma NBR 5648:1999 (ABNT, 1999). Adicionalmente ressalta-se que, neste livro, está sendo considerado, para o desenvolvimento do projeto apresentado como exemplo, a utilização de tubos em PVC soldáveis.

Tabela 3.4 – Correspondência entre diâmetros de referência (polegadas), nominal, externo e interno (mm) para tubos soldáveis com comprimento 6 m (NBR 5648:1999)

$D_{referência}$ (pol)	DN (mm)	DE (mm)	DI (mm)	Espessura da parede (e) (mm)
½"	15	20	17,0	1,5
¾"	20	25	21,6	1,7
1"	25	32	27,8	2,1
1 ¼"	32	40	35,2	2,4
1 ½"	40	50	44,0	3,0
2"	50	60	53,4	3,3
2 ½"	65	75	66,6	4,2
3"	75	85	75,6	4,7
4"	100	110	97,8	6,1

Na elaboração do projeto, devem ser analisados os possíveis caminhos da tubulação, visando sempre à economia de materiais, à garantia de pressão e às vazões mínimas necessárias para o funcionamento dos aparelhos instalados, além da perfeita execução através dos compartimentos. O dimensionamento dos componentes do sistema predial deverá ser realizado conforme sequência apresentada na Figura 3.16. Em função das condições de abastecimentos nas cidades brasileiras, de maneira geral, é comum que seja adotado o *sistema indireto RI-RS*.

3.3.1 Estimativa do Consumo Diário de Água

A demanda de água de uma edificação é calculada para o consumo de um dia, segundo taxas *per capita* sugeridas pela bibliografia técnica, que variam conforme o tipo de ocupação (unidade residencial, hotéis, estabelecimentos comerciais, escolas etc.). A partir da estimativa da demanda de água diária, é possível calcular o volume dos reservatórios que armazenarão água para consumo na edificação, bem como o ramal predial, o hidrômetro e o alimentador predial.

Os métodos de estimativa são classificados, na literatura de referência da área (Jones et al., *op. cit.*; Herrington & Gardiner, 1986; U.S. Ofice of Water Research and Technology, s./d.), segundo seis grandes categorias, de acordo com as formas de contabilizar as correlações que estabelecem entre parâmetros e consumo de água na previsão de demanda, quais sejam: contabilização *per capita*; contabilização por ligação; coeficientes de uso unitário; modelos de múltiplas variáveis explicativas; modelos econométricos; e modelos de contingência. Tradicionalmente, utiliza-se a projeção de consumo de água *per capita*, que se mostra suficientemente precisa para a previsão de grandes agregados em médias diárias por ano. Cabe

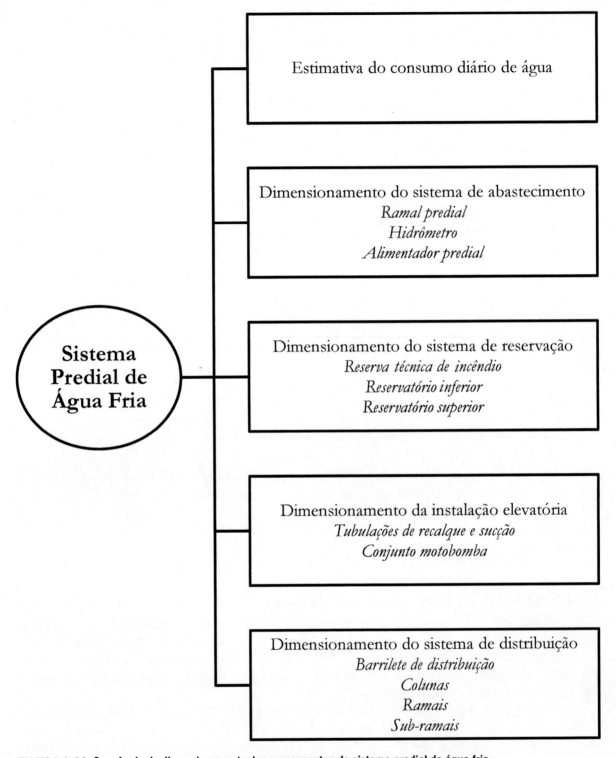

FIGURA 3.16: Sequência de dimensionamento dos componentes do sistema predial de água fria.

ressaltar, porém, que esse tipo de projeção não considera fatores como tipologia habitacional, área construída, clima, atividades econômicas, renda dos usuários e preço do serviço, entre outros. Além disso, está sujeita a variações no tempo que nem sempre são consideradas no projeto, como as variações das taxas de expansão e adensamento em áreas específicas da cidade. Para mais informações sobre a discussão acerca dos métodos de estimativa da demanda, os autores recomendam a leitura do DTA A3, publicado pelo Ministério das Cidades (MC, 1999).

Com o aumento da preocupação relacionada ao desperdício de água no país, tem-se que uma adequada previsão de consumo se torna condição essencial de projeto. Cabe ao projetista, portanto, analisar a demanda da edificação e fazer previsões realistas, porém sem desperdícios. De forma simples, tem-se que o consumo diário de água de uma edificação (CD) corresponde ao volume máximo previsto para utilização durante 24h, e pode ser dado pela Equação 3.1.

$$CD = C \times P \qquad \text{(Equação 3.1)}$$

Em que:

CD: Consumo diário de água em litros/dia;
C: Consumo diário *per capita* em litros/dia;
P: População do edifício.

Na estimativa do cálculo da população para edificações residenciais, as referências bibliográficas tradicionais (Sabesp, 2012; Macintyre, 2010; Creder, 2006) recomendam que se considere cada quarto social ocupado por duas pessoas e o quarto de serviço ocupado por uma pessoa. Já para as edificações comerciais, deve-se identificar a parcela da população fixa (composta do número médio de pessoas que permanecem no edifício por 8 ou mais horas por dia) e a parcela da população flutuante (número de visitantes que passam um curto período do dia no edifício). Para outras tipologias de edifício, são sugeridos os agentes consumidores de água apresentados na Tabela 3.5.

Tabela 3.5 – Agentes consumidores de água segundo diferentes tipologias de edifício

Tipologias de edifício	Agentes consumidores de água
Restaurantes	Número de refeições
Escolas	Número de alunos matriculados
Hotéis	Número de hóspedes
Lavanderia	Kg de roupa seca
Laboratório	Número de procedimentos

A seguir apresenta-se a Tabela 3.6, da Norma Técnica Sabesp NTS 181 – *Dimensionamento do ramal predial de água, cavalete e hidrômetro – Primeira ligação* – (Sabesp, 2012), publicada em 2012. Uma questão importante é que ela se baseia nos hábitos do usuário, que podem variar muito de uma região para outra, em função, principalmente, do clima, da cultura e da tarifa.

Para a cidade do Rio de Janeiro, a concessionária responsável indica a consulta do "Código de Obras da Cidade do Rio de Janeiro" que sugere que os reservatórios de água sejam dimensionados pela estimativa de consumo mínimo de água por edificação, conforme sua utilização, atendendo aos índices apresentados na Tabela 3.7. Nesta tabela consta o termo "compartimento habitável", que se refere aos cômodos com maior tempo de permanência dos ocupantes da edificação, como dormitórios, salas, lojas e sobrelojas, salas destinadas a comércio e locais de reunião, por exemplo. Por outro lado, como compartimento "não

Tabela 3.6 – Estimativa de consumo predial médio diário (Sabesp, 2012)

Edificação	Consumo (L/dia)
Alojamento provisórios	80 *per capita*
Ambulatórios	25 *per capita*
Apartamentos	200 *per capita*
Casas populares ou rurais	120 *per capita*
Residências	150 *per capita*
Residências de luxo	300 *per capita*
Cavalariças	100 por cavalo
Cinemas e teatros	2 por lugar
Edifícios públicos ou comerciais	50 *per capita*
Escolas – com período integral	100 *per capita*
Escolas – Internatos	150 *per capita*
Escolas – por período (até 3)	50 *per capita*
Escritórios	50 *per capita*
Estações ferroviárias, rodoviárias e metroviárias.	25 por passageiro
Garagens	50 por automóvel
Hotéis c/cozinha e lavanderias	300 por hóspede
Hotéis s/ cozinha e lavanderias	120 por hóspede
Jardins	1,5 por m²
Lava-rápidos automáticos de veículos	250 por veículo
Lavanderias	30 por kg de roupa
Matadouros – Animais de grande porte	300 por cabeça abatida
Matadouros – Animais de pequeno porte	150 por cabeça abatida
Mercados	5 por m² de área
Oficinas de costura	50 *per capita*
Oficinas de reparo de automóveis	300 *per capita*
Orfanatos – Asilos – Berçários	150 *per capita*
Creches	50 *per capita*
Postos de atendimento e serviço automotivos	150 por veículo
Presídios	300 por preso
Quartéis	150 *per capita*
Restaurantes e similares	25 por refeição
Templos	2 por lugar

compartimento "não habitável", podem ser citados os cômodos em que a população do edifício passe menos tempo, como salas de espera, cozinhas, copas, áreas de serviço, banheiros, lavabos, instalações sanitárias, circulações em geral, garagens, frigoríficos, vestiários coletivos, casas de máquina e locais para depósito de lixo. Recomenda-se, de maneira geral, fazer uma consulta prévia à concessionária local, que poderá fornecer dados mais precisos sobre os valores de consumo *per capita* para a localidade onde será executado o projeto.

Tabela 3.7 – Consumo diário relacionado à tipologia de utilização da edificação (Código de Obras/RJ)

Uso da edificação	Consumo (L/dia)
Unidades residenciais	300 por compartimento habitável
Hotéis	150 por hóspede
Estabelecimento hospitalar	250 por leito
Unidade de comércio	6 por metro quadrado de área útil
Cinemas, teatros e auditórios	2 por lugar
Garagem	50 por veículo
Unidade industrial	300 por compartimento habitável

No decorrer deste livro, serão apresentados vários exemplos, como forma de fixar os conceitos apresentados. Os autores optaram por trabalhar, sempre que possível, com a mesma edificação. A edificação proposta possui três pavimentos-tipo, com quatro apartamentos por pavimento. Cada apartamento é composto de sala, cozinha, dois quartos sociais, e não possui quarto de empregada. O apartamento do zelador se localiza no pavimento térreo, e no subsolo há um estacionamento para veículos, com 13 vagas. Possui padrão médio e localiza-se no município do Rio de Janeiro. As plantas são apresentadas ao final de cada capítulo, com a solução de projeto.

Estimativa do consumo diário (CD)
– Considerando a Sabesp (2012)

Para a edificação multifamiliar apresentada anteriormente, tem-se o cálculo da estimativa do consumo diário conforme o passo a passo a seguir:

1. Contabilizar a população habitante da edificação:
   Nos apartamentos:
   3 andares com 4 apartamentos/andar = 12 apartamentos
   2 quartos $\times$ 2 pessoas/quarto social = 4 pessoas
   12 $\times$ 4 = 48 pessoas
   No apartamento do zelador:
   1 quarto apartamento do zelador $\times$ 2 pessoas/quarto social = 2 pessoas
   48 + 2 = 50 habitantes na edificação

2. Contabilizar a quantidade de vagas disponíveis na garagem: 13 vagas.

3. Atribuir os valores de consumo aos diferentes usos da edificação:
   O projeto se localiza na cidade do Rio de Janeiro, correspondendo a um edifício de padrão médio. Dessa forma, será utilizado o valor de consumo *per capita* de 200 litros/hab/dia (apartamentos) e de 50 litros/vaga de garagem, conforme apresentado pela Tabela 3.6.

4. Calcular o consumo diário: CD = C $\times$ P

   CD = (200 $\times$ 50) + (50 $\times$ 13) = 10.650 L/dia ou 10,65 m³/dia

– Considerando o Código de Obras/RJ

Neste caso, o consumo diário depende do tipo de utilização ("unidades residenciais" e "garagem"). Assim, tem-se o cálculo da estimativa de consumo diário conforme o passo a passo a seguir:

1. Contabilizar a quantidade de compartimentos habitáveis da edificação:
   3 andares com 4 apartamentos/andar = 12 apartamentos

3 compartimentos habitáveis/apartamento (1 sala, 2 quartos)

$3 \times 12 = 36$ compartimentos habitáveis (apartamentos)

2 compartimentos habitáveis apartamento do zelador (1 sala, 1 quarto)

$36 + 2 = 38$ compartimentos habitáveis em toda edificação

2. Contabilizar a quantidade de vagas disponíveis na garagem: 13 vagas

3. Atribuir os valores de consumo aos diferentes usos da edificação:

O Código de Obras na cidade do Rio de Janeiro prevê que o consumo de cada compartimento habitável seja de 300 litros/dia e que, para garagens, seja previsto um consumo de 50 litros/dia por veículo (Tabela 3.7).

4. Calcular o consumo diário:

$CD = (300 \times 38) + (50 \times 13) = 12.050$ L/dia, ou 12,05 m³/dia

3.3.2 Ramal Predial

O ramal predial compreende a tubulação entre a rede pública de abastecimento de água (ou privada, nos casos excepcionais) e a extremidade a montante do hidrômetro da edificação, conforme apresentado pela Figura 3.17. Tanto seu dimensionamento quanto sua construção devem ser conduzidos a partir dos parâmetros estabelecidos pelas concessionárias.

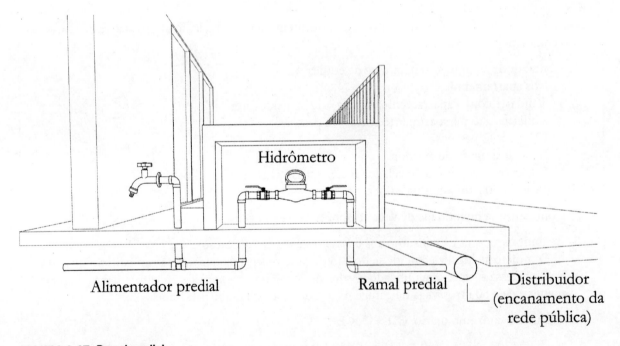

FIGURA 3.17: Ramal predial.

Para o estado do Rio de Janeiro, é possível obter o diâmetro do ramal predial, considerando:

- Pressão em m.c.a. (altura total até a entrada do reservatório superior).
- Tipo de economia (ou unidade imobiliária).
  - Economia P: unidade imobiliária com até dois quartos.
  - Economia G: unidade imobiliária com mais de dois quartos.
- Número de economias *ou* consumo diário estimado.

No Rio de Janeiro, são utilizadas, para este dimensionamento, as tabelas fornecidas pela concessionária e apresentadas a seguir (Tabelas 3.8 e 3.9), que se diferem pela pressão limite considerada (menor ou maior do que 13 m.c.a). Ambas consideram 24h de abastecimento diário.

Tabela 3.8 – Ramal de abastecimento – Pressão ≤ 13 m.c.a. (Cedae, 2015)

DN (mm)	Caixa de proteção	Consumo (m³/dia)	Economia P	Economia G	Hidrômetro
15	A	3	Até 3	Até 2	3 m³/h
20	A	6	4 a 6	3 a 4	3 m³/h
25	B	14	7 a 14	5 a 10	7 m³/h
40	C	40	15 a 40	11 a 28	20 m³/h
50	D	80	41 a 90	29 a 65	W-50
75	E	200	91 a 250	66 a 170	W-80

Tabela 3.9 – Ramal de abastecimento – Pressão > 13 m.c.a. (Cedae, 2015)

Diâmetro	Caixa de proteção	Consumo (m³/dia)	Economia P	Economia G	Hidrômetro
15	A	5	Até 5	Até 3	3 m³/h
20	A	10	6 a 10	4 a 7	5 m³/h
25	B	22	11 a 23	8 a 16	10 m³/h
40	C	60	24 a 60	17 a 42	20 m³/h
50	D	140	61 a 180	43 a 130	W-50
75	E	300	181 a 360	131 a 260	W-80

Em São Paulo, a norma técnica NTS 181:2012 (Sabesp, 2012) estabelece que o dimensionamento do ramal predial de água apropriado pode ser realizado com base na estimativa de consumo mensal. Para tanto, é utilizada a Tabela 3.10.

Tabela 3.10 – Dimensionamento do ramal predial de água e do cavalete (Sabesp, 2012)

Consumo provável (m³/mês)	Ramal predial		Cavalete	
	DN (mm)	Material	DN (mm)	Material
0 – 240	20	Polietileno	20	PVC, Polipropileno ou Ferro Galvanizado
241 – 400	20	Polietileno	20	PVC, Polipropileno ou Ferro Galvanizado
401 – 800	32	Polietileno	25	Ferro Galvanizado
801 – 1.600	32	Polietileno	40	Ferro Galvanizado
1.601 – 2.400	50	Polietileno ou PVC	50	Ferro Galvanizado
2.401 – 3.600	50	Polietileno ou PVC	50	Ferro Galvanizado

(Continua)

Tabela 3.10 – Dimensionamento do ramal predial de água e do cavalete (Sabesp, 2012) *(Cont.)*

	Ramal predial		Cavalete	
3.601 – 7.200	80	Ferro Fundido	80	Ferro Galvanizado
	75	PVC		
7.201 – 12.000	100	Ferro Fundido ou PVC	100	Ferro Galvanizado
12.001 – 36.000	150	Ferro Fundido ou PVC	150	Ferro Galvanizado
36.001 – 90.000	200	Ferro Fundido ou PVC	200	Ferro Galvanizado

Dimensionamento do ramal predial
– Considerando concessionária no RJ

O dimensionamento do ramal predial deve ser feito a partir de parâmetros estabelecidos pelas concessionárias, tais como pressão (em m.c.a.), tipo de economia e consumo diário, no caso do Rio de Janeiro.

1. Estabelecer a pressão disponível para a edificação pela diferença de cota entre os pavimentos de subsolo e cobertura.

   Neste projeto, a cota vertical até a entrada do reservatório superior é de **23,65 m**, que corresponde à altura entre as cotas de entrada da tubulação de sucção do reservatório inferior e da entrada da tubulação de recalque do reservatório superior.

2. Contabilizar o total de economias, observando o tipo (P ou G)

   A edificação tem um total de **13 economias**, sendo 12 unidades de 2 quartos e 1 apartamento do zelador de 1 quarto. Isto também representa que todas **as economias são do tipo P**.

3. Resgatar a estimativa do consumo diário

   Como a edificação está localizada no Rio de Janeiro, será considerado o valor de Consumo Diário calculado, com CD = 12,05 m³/dia, conforme método apresentado pelo Código de Obras do município.

4. Consultar a tabela da concessionária para obtenção do diâmetro do ramal predial: será utilizada a Tabela 3.9 (Pressão > 13 m.c.a.), podendo usar como dado de entrada o valor do consumo diário (12,05 m³/dia) ou da quantidade e tipo de economias (13 economias tipo P). Com base nessas informações, conclui-se que o ramal predial desta edificação possui diâmetro nominal (DN) de 25 mm e diâmetro externo (DE) de 32 mm, conforme a Tabela 3.4.

– Considerando concessionária em SP

Caso esta edificação fosse localizada em São Paulo, teriam-se os passos a seguir.

1. Resgatar a estimativa do consumo, mas considerando o período de 1 mês. Assim, dado o consumo diário igual a 15,45 m³, sabe-se que esse valor equivaleria a 463,50 m³ em 1 mês.

2. Consultar a Tabela 3.10 para obtenção do diâmetro do ramal predial, tendo como dado de entrada o consumo provável em m³/mês.

Considerando o consumo igual a 463,50 m³/mês, conclui-se que o ramal predial desta edificação, se localizada em São Paulo, deveria ter diâmetro nominal (DN) de 32 mm, que corresponde a um diâmetro externo (DE) de 40 mm (para equivalência de diâmetros nominal e externo, ver Tabela 3.4).

3.3.3 Hidrômetro e Caixa de Proteção

O emprego de medidores de água representa, sem dúvida, uma das melhores formas de reduzir o desperdício de água em um sistema de abastecimento, permitindo a distribuição justa e equitativa do serviço. No entanto, para que se tenham benefícios com o emprego de medidores, é necessário que esses aparelhos sejam selecionados corretamente, a fim de que registrem, com o grau de exatidão necessário, os volumes de água que os atravessam. Devem ser levados em conta, principalmente, fatores como qualidade da água, temperatura e pressão.

O dimensionamento de um hidrômetro consiste em se determinar a vazão nominal do aparelho. Isso é necessário quando se deseja instalar um medidor em uma nova ligação, ou quando se deseja verificar, em uma ligação existente, se houve um dimensionamento inadequado ou se ocorreram mudanças no perfil de consumo originalmente estimado. Para proceder com o dimensionamento, devem ser considerados os seguintes parâmetros (vazões características): vazão máxima (de pico) do sistema, vazão nominal de operação do medidor e vazão mínima de operação do medidor, todas regulamentadas pela Portaria 246 do Inmetro (Inmetro, 2000) e pela norma NBR NM 212/99 (ABNT/Mercosul, 1999), específicas para micromedidores de até 15 m^3/h de vazão nominal. Ressalta-se que, apesar de a designação dos micromedidores ser baseada em sua vazão nominal (Q_n), que corresponde a 50% de sua vazão máxima ($Q_{máx}$), em geral empregam-se, para identificação dos hidrômetros, simplesmente suas vazões máximas.

Os hidrômetros são, ainda, classificados pela sua classe metrológica. A NBR NM 212/99 (ABNT, 1999) estabelece três classes: A, B e C. A Tabela 3.11 apresenta os valores característicos para os hidrômetros de classes A, B e C, segundo sua vazão nominal.

Tabela 3.11 – Vazões características de hidrômetros (NBR NM 212/99)

Classe	Vazão	0,60	0,75	1,0	1,5	2,5	3,5	5,0	10,0	15,0
					Vazão nominal					
A	Q_{min} (L/h)	24	30	40	40	100	140	200	400	600
	Q_t (L/h)	60	75	100	150	250	350	500	1000	1500
B	Q_{min} (L/h)	12	15	20	30	50	70	100	200	300
	Q_t (L/h)	48	60	80	120	200	280	400	800	1200
C	Q_{min} (L/h)	6	7,5	10	15	25	35	50	100	150
	Q_t (L/h)	9	11	15	22,5	37,5	52,5	75	150	225

Para cada vazão nominal, as NBR NM 212/1999 (ABNT,1999) e NBR 8194/2013 (ABNT, 2013) especificam, ainda, dimensões e diâmetros nominais padronizados, como forma de facilitar a seleção e a substituição do instrumento, de acordo com as tubulações existentes no sistema de distribuição. Essas informações estão apresentadas na Tabela 3.12.

Para o dimensionamento dos hidrômetros, podem ser consideradas diversas metodologias, tais como: *método da vazão estimada*; *método da categoria de consumo*, em função das tipologias ocupacional e construtiva; *levantamento direto do perfil de consumo*; e *redimensionamento*. O *dimensionamento por vazão estimada* é recomendado para estimar vazões em instalações residenciais unifamiliares, multifamiliares coletivas (prédios e conjuntos residenciais) e comerciais simples, com o cuidado de avaliar as condições de consumo, pois muitas vezes podem ocorrer acúmulos de demanda elevada em algumas horas do dia, interferindo nos resultados do método. Para instalações industriais, o método não é recomendado, devendo ser utilizada, então, a demanda total estimada, ou seja, somar a vazão de todos os equipamentos que podem vir a estar ligados simultaneamente. A metodologia de dimensionamento por vazão estimada para a operação de um único medidor pode ser avaliada utilizando-se os procedimentos tradicionais de dimensionamento de sistemas prediais de água fria.

Tabela 3.12 – Dimensões normalizadas para micromedidores de vazão nominal até 15 m³/h (ABNT/Mercosul, 1999)

Vazão nominal (m³/h)	0,6/0,75		1,5		2,5	3,5	5	10	15
Diâmetro nominal (DN)	15	20	15	20	20	25	25	40	50
Entre extremos (mm)	115		165/115	190/115	190	220	220	300	270
Roscas dos extremos	G ¾ B	G1B	G ¾ B	G1B	G1B	G1 ¼ B	G1 ¼ B	G 2 B	Flanges
Roscas das conexões	R ½	R ¾	R ½	R ¾	R ¾	R 1	R 1	R 1 ½	G2B (contraflange)

Existem vários métodos para se estimar a vazão de um sistema predial, sendo o principal deles o que estima o grau de simultaneidade de utilização dos aparelhos de uma instalação. Segundo a NBR 5626:2020 (ABNT, 2020), a Equação 3.2 deve ser utilizada para realizar essa estimativa.

$$Q = K \times \sqrt{P}$$ (Equação 3.2)

Em que:

Q = vazão de projeto da peça de utilização ou aparelho sanitário, expressa em litros por segundo (L/s);

K = fator de vazão do aparelho sanitário, expresso em $(L \cdot s^{-1} \cdot kPa^{-0,5})$ = 0,30 L/s;

√P = soma dos pesos relativos das peças de utilização que contribuem na tubulação considerada, dados pela Tabela 3.13.

Tabela 3.13 – Pesos relativos nos pontos de utilização, identificados em função do aparelho sanitário e da peça de utilização

Aparelho sanitário		Peça de utilização	Vazão de Projeto		Peso relativo
			(L/s)	(L/h)	
Bacia sanitária		Caixa de descarga	0,15	540	0,3
		Válvula de descarga	1,70	6.120	32
Banheira		Misturador (água fria)	0,30	1.080	1,0
Bebedouro		Registro de pressão	0,10	360	0,1
Bidê		Misturador (água fria)	0,10	360	0,1
Chuveiro		Misturador (água fria)	0,20	720	0,4
Chuveiro elétrico		Registro de pressão	0,10	360	0,1
Máquina de lavar roupas (MLR)/ Máquina de lavar louças (MLL)		Registro de pressão	0,30	1.080	1,0
Lavatório		Torneira ou misturador (água fria)	0,15	540	0,3
Mictório	com sifão integrado	Válvula de descarga	0,50	1.800	2,8
	sem sifão integrado	Caixa de descarga, registro de pressão ou válvula de descarga para mictório	0,15	540	0,3
Mictório tipo calha		Caixa de descarga ou registro de pressão	0,15 por metro de calha	540 por metro de calha	0,3
Pia		Torneira ou misturador	0,25	900	0,7
		Torneira elétrica	0,10	360	0,1
Tanque		Torneira	0,25	900	0,7
Torneira de jardim ou lavagem em geral		Torneira	0,20	720	0,4

Informações e indicações presentes na literatura especializada, assim como em catálogos de fabricantes, permitem associar os valores das vazões de projeto da Tabela 3.12 a uma pressão de referência de cerca de 15 m.c.a. Caso a pressão de alimentação estimada seja maior, a vazão dos diversos aparelhos também aumentará. Nesses casos, deve-se multiplicar a vazão estimada por fatores de correção, apresentados na Tabela 3.14, que são determinados em função da pressão estimada na linha.

Tabela 3.14 – Fator multiplicativo de ajuste da demanda prevista em função da pressão da rede

Pressão da rede (m.c.a.)	Fatores de correção
15	0,75
20	0,9
25	1,0
30	1,1
40	1,3
50	1,45
60	1,55
70	1,75

O *dimensionamento por vazão estimada* é o método mais próximo do verdadeiro funcionamento do medidor, que, em princípio, mede vazão, e não volume. Apesar disso, por causa da dificuldade em se determinar a vazão de operação de um sistema, e da relativa facilidade em se manipularem dados de volume consumido, generalizou-se no país o dimensionamento de hidrômetros a partir do consumo.

A metodologia de *dimensionamento por categoria de consumo* varia em função das tipologias ocupacional e construtiva. Para tanto, é necessária a caracterização do usuário em função destes parâmetros de tipologias ocupacional (tipo de ocupação do imóvel) e construtiva (características do imóvel). Para aplicar o método, deve-se prever o consumo diário e, a partir dessa informação, utilizar a Tabela 3.15, sugerida por Berenhauser e Pulici (1983), que especifica o tamanho do medidor em função do consumo estimado.

Tabela 3.15 – Tamanho do medidor em função do consumo estimado (Berenhauser e Pulici, 1983)

Tamanho do medidor em função do consumo estimado		
Consumo estimado		Hidrômetro adequado (1) (Qmax - m³/h)
(m³/mês)	(m³/dia)	
0 – 90	0 – 3	1,5
0 – 180	0 – 6	3,0 (2)
120 – 250	4 – 8	5,0
210 – 350	6 – 12	7,0
300 – 540	9 – 18	10,0
430 – 900	14 – 30	20,0
750 – 1.500	25 – 50	30,0
1.200 – 4.500 (2.100 – 6.000)	40 – 120 (70 – 210)	30,0 (50,0) – Woltmann 2" (3)
1.800 – 7.500 (4.500 – 13.000)	90 – 250 (150 – 450)	50,0 (80,0) – Woltmann 2 ½" (4)
4.500 – 13.000 (7.500 – 21.000)	180 – 500 (250 – 700)	80,0 (100,00) – Woltmann 3"

Notas:
1. Foram considerados hidrômetros multijatos e monojatos até 2" e Woltmann verticais/horizontais acima de 2" classe B, exceto o medidor de 1,5 m³/h, que é classe A.
2. Foi considerado consumo 0 para início de faixa dos medidores de 3 e 1,5 m³/h porque ambos têm a mesma vazão mínima.
3. Valores entre parênteses referem-se a medidores Woltmann de "vazão estendida".
4. Medidores Woltmann de 2 ½" não são comumente utilizados no Brasil.

O *dimensionamento por categoria de consumo* apresenta grande imprecisão, podendo levar a graves erros, principalmente porque as tipificações ocupacional e construtiva não consideram o tipo de instalação do usuário. É fundamental a análise das instalações reais, verificando efetivamente, a partir do projeto, quais as vazões a que o medidor será submetido. Esse método deve ser usado com muito cuidado, limitando-se, principalmente, a substituições em instalações existentes e em locais com ocupação muito homogênea, com tipificação dos equipamentos e parâmetros de consumo bem definidos, ou em locais de difícil determinação da vazão de operação das instalações. Os demais métodos não serão detalhados aqui, mas são encontrados em referências bibliográficas especializadas.

Normas brasileiras para medidores de água até 15 m³/h

A utilização no Brasil de hidrômetros até 15 m³/h de vazão nominal para cobrança da água consumida é regulamentada pela Portaria n° 29, de 7 de fevereiro de 1994, do Instituto Nacional de Metrologia, Normalização e Qualidade Industrial (Inmetro).

Além da regulamentação do Inmetro, existem quatro normas ABNT para medidores de água:

- NBR 8009 – Hidrômetro taquimétrico para água fria até 15,0 m³/h de vazão nominal – Terminologia – ABNT, 1997
- NBR 8193 – Hidrômetro taquimétrico para água fria até 15,0 m³/h de vazão nominal – Especificação – ABNT, 1997
- NBR 8194 – Hidrômetro taquimétrico para água fria até 15,0 m³/h de vazão nominal – Padronização – ABNT 1997
- NBR 8195 – Hidrômetro taquimétrico para água fria até 15,0 m³/h de vazão nominal – Método de ensaio – ABNT, 1997

O hidrômetro deve ser instalado em uma caixa de alvenaria ou de concreto, que pode eventualmente ser enterrada, desde que dotada de tampa hermética ou localizada onde não ocorra entrada de água pluvial. Para que a instalação seja adequada, devem ser atendidos requisitos que facilitem os serviços de leitura, substituição e manutenção com facilidade, tais como: instalação em local de fácil acesso, bem iluminado e seco; estabelecimento de distâncias adequadas entre o medidor e as paredes, o piso, a cobertura e as portas ou as tampas, de tal forma que sejam suficientes para o manuseio das ferramentas a serem utilizadas e para que a leitura possa ser feita diretamente, sem auxílio de outros equipamentos.

Em geral, o órgão público responsável pelo fornecimento de água estabelece as medidas mínimas para as caixas de hidrômetros, em função de tipo, marca e capacidade dos mesmos e acessórios (filtros, registros etc.). A seguir são apresentados dois tipos de instalação, obtidas de Ministério das Cidades (1999), assim como os materiais utilizados para as várias capacidades normalmente empregadas pelos serviços de saneamento, considerando o abrigo em concreto ou alvenaria e o cavalete com dois tipos de material, PVC rígido (Figura 3.18) ou ferro galvanizado (Figura 3.19).

A concessionária do Rio de Janeiro indica que o hidrômetro pode ser dimensionado a partir do diâmetro definido para o ramal predial, como pode ser observado nas Tabelas 3.8 e 3.9, apresentadas anteriormente. A concessionária apresenta, ainda, a Tabela 3.16, com o diâmetro do hidrômetro (em polegadas) e as dimensões mínimas de sua caixa de proteção, que deve ser instalada a, no máximo, 1,50 m da testada do imóvel, conforme representado de forma esquemática pela Figura 3.20.

A concessionária de São Paulo indica que o hidrômetro pode ser dimensionado a partir do consumo mensal provável, como pode ser observado na Tabela 3.17.

A seguir serão apresentados exemplos de dimensionamento de hidrômetros, segundo os diferentes métodos, para o mesmo edifício utilizado nos exemplos anteriores.

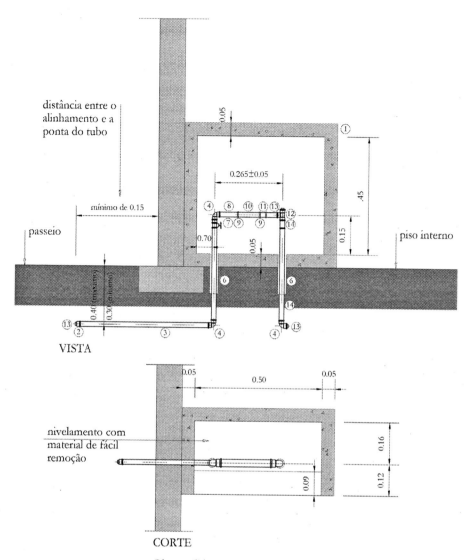

VISTA

CORTE

Obs: medidas em metro (m)

RELAÇÃO DOS MATERIAIS		
item	discriminação	quantidade
01	Abrigo de concreto ou alvenaria	01
02	Luva com rosca	01
03	Tubo com roscas - L= 450mm	01
04	Joelho com reforço blindado - 90°	03
05	Joelho com reforço blindado 90°	01
06	Tubo aletado com reforço blindado	02
07	Registro de esfera com borboleta	01
08	Tubete prolongado	01
09	Porca de tubete com inserção metálica	02
10	Tubo espaço hidrômetro majorado 0,75m³/h	01
11	Tubete	01
12	Tê com reforço blindado - 90°	01
13	Plug com rosca	03
14	Tubo com roscas - L=70mm	02

FIGURA 3.18: Instalação com abrigo e cavalete de PVC rígido – desenho esquemático e relação de materiais. (Adaptada de Ministério das Cidades, 1999).

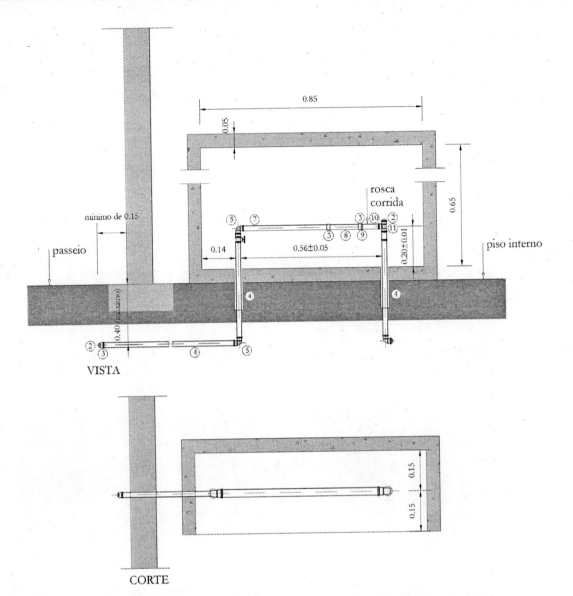

Obs: medidas em metro (m)

	RELAÇÃO DOS MATERIAIS	diâmetro (mm)	quantidade	norma técnica
item	discriminação			
01	Abrigo de concreto ou alvenaria	20	01	
02	Bujão de ferro galvanizado	20	02	NBR 6943
03	Luva de Ferro Galvanizado	20	03	NBR 6943
04	Tubo de gerro galvanizado (classe média)	20	variável	NBR 5500
05	Cotovelo de ferro galvanizado	20	01	NBR 6943
06	Registro de pressão - ABNT 1400	20	01	EB 649; PB 135
07	Tubo de ferro gavanizado com roscas - L=248mm	20	01	NBR 5580
08	Tubo de ferro gavanizado com roscas - L=148mm	20	01	NBR 5580
09	Contra porca em ferro galvanizado	20	01	NBR 6943
10	Tubo de ferro galvanizado com rosca corrida - L=140	20	01	NBR 5500
11	Tê de ferro galvanizado	20x20	01	NBR 6943

FIGURA 3.19: Instalação com abrigo e cavalete de ferro galvanizado DN20 – desenho esquemático e relação de materiais. (Adaptada de Ministério das Cidades, 1999).

Tabela 3.16 – Dimensões mínimas da caixa de proteção do hidrômetro (Cedae, 2015)

Dimensões internas da caixa (m)				Dimensões da porta (m)		Posição do alimentador e do ramal predial (m)			
Hidrômetro DN (mm)	Comp. C	Larg. L	Alt. M	Comp.	Alt.	B	P	E	X
15 a 20	0,80	0,40	0,50	0,70	0,40	0,30	0,10	0,10	0,10
25	0,90	0,50	0,60	0,80	0,50	0,30	0,15	0,10	0,30
40	1,00	0,60	0,70	1,00	0,60	0,50	0,20	0,20	0,50
50	1,50	0,70	0,80	1,40	0,70	0,50	0,30	0,20	0,50
75	2,00	0,90	1,00	1,80	0,90	0,60	0,40	0,25	0,60
100	2,20	1,10	1,20	2,00	1,10	0,60	0,40	0,25	0,70
125	2,50	1,30	1,40	2,30	1,20	0,70	0,40	0,30	0,90

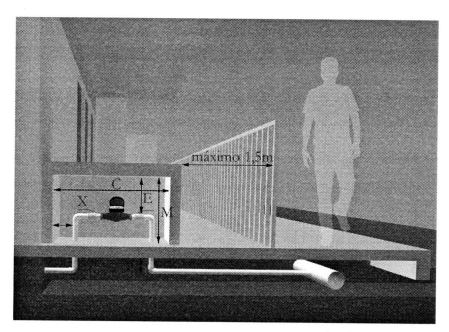

FIGURA 3.20: Posicionamento da caixa de proteção do hidrômetro no Rio de Janeiro. (Adaptado de Cedae, 2015).

Tabela 3.17 – Dimensionamento do hidrômetro (Sabesp, 2012)

Consumo provável (m³/mês)	Hidrômetro vazão máxima designação usual	Unidade de medida	Diâmetro do hidrômetro (mm)
2,9 – 180	1,5	m³/h	20
3,6 – 360	3,0		20
9,0 – 9,00	5		20
12,6 – 1.260	7		25
18,0 – 1.800	10		25
36,0 – 3.600	20		40
54,0 – 5.400	30		50
32,4 – 5.400	300	m³/dia	50
86,4 – 10.800	1.100		80
129,6 – 18.000	1.800		100
324,0 – 54.000	4.000		150
540,0 – 90.000	6.500		200

Obs: Com base na faixa de consumo provável (1ª coluna) que compreende o consumo estimado, define-se o hidrômetro (2ª coluna) a ser instalado na primeira ligação. Caso, em função da superposição das faixas, haja mais de um hidrômetro indicado, deve-se escolher sempre o hidrômetro de menor vazão máxima entre os selecionados.

Dimensionamento de hidrômetro
– Método de vazão estimada

1. Fazer o quantitativo de peças hidráulicas de cada unidade habitacional e apartamento do zelador com os respectivos valores de pesos pela Tabela 3.13.

Pavimento	Local	Aparelho		Peso	Quant.	Soma	Total
Apartamento	Cozinha	Pia		0,7	1	0,8	5,1
		Filtro		0,1	1		
	Área de serviço	Tanque		0,7	1	2,8	
		MLR		1,0	1		
		Aquecedor	Pia	0,7	1		
			Chuveiro	0,4	1		
	Varanda	Torneira		0,4	1	0,4	
	Banheiro	Chuveiro		0,4	1	1,1	
		Bacia sanitária		0,3	1		
		Ducha higiênica		0,1	1		
		Lavatório		0,3	1		

Pavimento	Local	Aparelho		Peso	Quant.	Soma	Total
Térreo + apartamento do zelador	Cozinha zelador	Pia		0,7	1	0,8	5,5
		Filtro		0,1	1		
	Área de serviço zelador	Tanque		0,7	1	2,8	
		MLR		1,0	1		
		Aquecedor	Pia	0,7	1		
			Chuveiro	0,4			
	Banheiro zelador	Chuveiro		0,4	1	1,1	
		Bacia sanitária		0,3	1		
		Ducha higiênica		0,1	1		
		Lavatório		0,3	1		
	Térreo	Torneira		0,4	2	0,8	
Subsolo	Garagem	Torneira		0,4	2	0,8	0,8

2. Fazer o somatório de todos os pesos referentes à edificação considerando 12 apartamentos-tipo + térreo (zelador e torneiras) + subsolo (torneiras):

$$\sum P = 5,1 \times 12 + 5,5 + 0,8 = 67,5$$

3. Estimar a vazão do sistema predial, segundo a NBR 5626:2020, pela Equação 3.2:

$$Q = 0,3 \times \sqrt{67,5} = 2,5 \, L/s, \text{ o que equivale a 9 m}^3/\text{h}$$

4. Aplicar o valor calculado, referente à vazão do hidrômetro, na Tabela 3.12, obtendo, assim, o diâmetro nominal (DN) de 40 mm, que corresponde a um diâmetro externo (DE) de 50 mm (Tabela 3.4).

– Método por categoria de consumo

1. Resgatar as informações sobre a estimativa do consumo diário: 12,05 m³/dia.
2. Com o valor de consumo diário aplicado na tabela do tamanho do medidor em função do consumo estimado (Tabela 3.15), tem-se: $Q_{máx} = 10$ m³/h (hidrômetro).
3. Como a vazão nominal (Q_n) de um hidrômetro corresponde a 50% de sua vazão máxima ($Q_{máx}$), tem-se que $Q_n = 5,0$ m³/h (o que possibilita a escolha de hidrômetros tipo classe A, B ou C), conforme a Tabela 3.11.
4. Também em função da vazão nominal, determina-se o diâmetro nominal do hidrômetro.

Neste caso, tendo $Q_n = 5,0$ m³/h, ao consultar a Tabela 3.12 obtém-se o diâmetro nominal (DN) de 25 mm para o hidrômetro do edifício em referência. Esse DN corresponde, segundo a Tabela 3.4, a um diâmetro externo (DE) de 32 mm.

– Método da concessionária/Rio de Janeiro

1. Resgatar as informações sobre o dimensionamento do ramal predial.
2. Segundo a Tabela 3.9, de ramal de abastecimento para pressão > 13 m.c.a., tem-se o diâmetro do ramal igual a 25 mm conforme calculado em exemplo da seção anterior. O diâmetro do hidrômetro, portanto, também é de 25 mm.

3. Nesta mesma tabela (Tabela 3.9) obtém-se a informação da vazão do hidrômetro: 10 m³/h.

4. A caixa do hidrômetro tem seus valores predefinidos pela concessionária apresentados na Tabela 3.16, em função do diâmetro do hidrômetro.

Nesse caso, as dimensões serão iguais a: comprimento 0,90 m; largura 0,50 m; altura 0,60 m. As dimensões da porta serão: comprimento 0,80 m e altura 0,50 m. Essas informações estão resumidas no desenho esquemático a seguir.

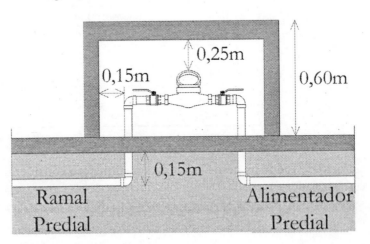

– Método da concessionária/São Paulo

1. Resgatar as informações sobre a estimativa do consumo diário: 12,05 m³/dia.

2. Transformar este valor para a unidade de m³/mês:
   (12,05 × 365)/12 = 366,5 m³/mês

3. Com esse valor de consumo mensal aplicado na Tabela 3.17, determina-se o valor do diâmetro do hidrômetro: DN 20 mm. Este DN corresponde, segundo a Tabela 3.4, a um diâmetro externo (DE) de 25 mm.

3.3.4 Alimentador Predial

O alimentador predial é o trecho de tubulação compreendido entre o hidrômetro e o reservatório inferior, ou reservatório superior, caso não exista reservatório inferior (Figura 3.21). É importante lembrar que a concessionária do Rio de Janeiro indica o diâmetro mínimo de DN 20 mm e DE 25 mm (segundo a Tabela 3.4).

Para o dimensionamento do diâmetro do alimentador predial, é necessário, antes, que se obtenha a vazão que passa pelo mesmo. A vazão a ser considerada para o dimensionamento é obtida a partir do consumo diário, como apresentado pela Equação 3.3.

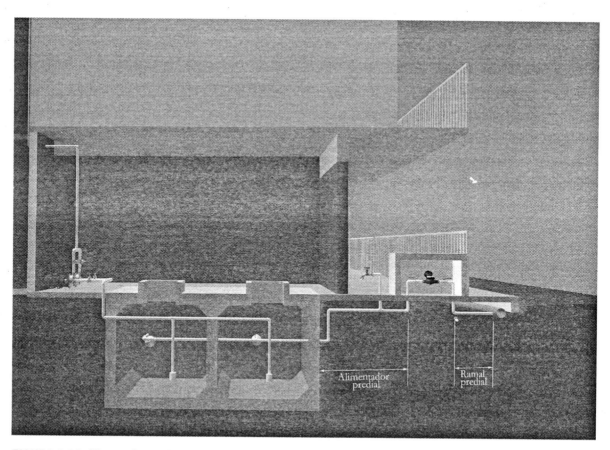

FIGURA 3.21: Alimentador predial.

$$Q \geq \frac{CD}{24 \times 60 \times 60}$$

(Equação 3.3)

Onde:

Q: Vazão mínima a ser considerada no alimentador predial em m³/s;
CD: Consumo diário em m³/dia.

De posse do valor da vazão, é possível, então, obter o diâmetro do alimentador predial, calculado por meio da Equação 3.4.

$$D \geq \sqrt{\frac{4 \times Q}{\pi \times v}}$$

(Equação 3.4)

Onde:

D: Diâmetro do alimentador predial em m;
Q: Vazão no alimentador predial em m³/s;
v: Velocidade no alimentador predial variando entre 0,6 m/s e 1,0 m/s.

Alternativamente, o diâmetro do alimentador predial também pode ser verificado na Tabela 3.18: utilizar como dado de entrada o consumo diário (em m³), verificar os valores para as velocidades limites: inferior de 0,6 m/s e superior de 1,0 m/s, e escolher, ao final, o maior diâmetro nominal dentre os dois valores obtidos.

Tabela 3.18 – Diâmetro do alimentador predial

Velocidade (m/s)	Diâmetro nominal (mm)							
	20	25	32	40	50	65	75	100
	Consumo diário (m³)							
0,6	19,0	31,5	50,4	78,8	116,1	180,6	232,7	389,4
1,0	31,7	52,4	84,1	131,4	193,5	301,0	387,8	649,1

A seguir será apresentado exemplo de dimensionamento do alimentador predial para o mesmo edifício utilizado nos exemplos anteriores.

Dimensionamento do alimentador predial

1. A vazão a ser considerada no dimensionamento do alimentador predial é obtida a partir do consumo diário: 12,05 m³/dia.

2. Cálculo da vazão pela Equação 3.3: $Q_{AP} \geq \dfrac{12,05}{24 \times 60 \times 60}(m^3/s)$

   Desse modo, $Q_{AP} = 0{,}0001395$ m³/s

3. Cálculo do diâmetro pela Equação 3.4 (a velocidade do alimentador predial deve estar entre 0,6 m/s e 1,0 m/s).

   ■ Considerando $V_{AP} = 0{,}6$ m/s:

   $$D \geq \sqrt{\frac{4 \times 0{,}0001395}{\pi \times 0{,}6}} = 17\,mm$$

   ■ Considerando $V_{AP} = 1{,}0$ m/s:

   $$D \geq \sqrt{\frac{4 \times 0{,}0001395}{\pi \times 1{,}0}} = 13\,mm$$

Considerando os limites de velocidade estabelecidos, chega-se a um diâmetro de DN 15 mm, que é inferior ao diâmetro mínimo exigido pela concessionária do Rio de Janeiro. Neste caso, deveria ser adotado o diâmetro mínimo, DN 20 mm, com diâmetro externo correspondente DE de 25 mm (penalizando a velocidade mínima, que ficaria abaixo de 0,6 m/s).

Se o edifício tivesse outro valor de consumo diário, por exemplo, 25 m³, o diâmetro adotado, após consultar a Tabela 3.18, seria DN 20 mm. Em outra situação, se o consumo diário fosse igual a 53 m³, então o diâmetro do alimentador predial seria DN 32 mm.

3.3.5 Reserva Técnica de Incêndio (RTI)

Chama-se *reserva técnica de incêndio* (RTI) o volume de água que deve ser armazenado no reservatório e ficar disponível para uso em caso de incêndio na edificação. Esse volume permite o primeiro combate ao fogo, durante determinado tempo, até a chegada do Corpo de Bombeiros mais próximo, que passará a atuar no combate, utilizando como fonte de água a rede pública de abastecimento, caminhões-tanque ou fontes naturais próximas. A RTI é função da tipologia, das características e do número de pavimentos do prédio e deve ser armazenada, preferencialmente, no reservatório superior.

A NBR 13714:2000, *Sistemas de hidrantes e de mangotinhos para combate a incêndio* (ABNT, 2000), estabelece a necessidade de se dispor desse volume para combate a incêndio em edificações com área construídas superior a 750 m² e/ou altura superior a 12 m. Entretanto, a Norma não se aplica a locais onde exista legislação específica, como é o caso do estado do Rio de Janeiro.

Em muitos locais, costuma-se adotar, para a RTI, o equivalente 20% do volume do consumo diário (CD), porém o mais recomendável é seguir as prescrições da norma NBR 13714:2000 (ABNT, 2000) ou das normas técnicas vigentes do Corpo de Bombeiros do estado em questão. A NBR 13714:2000 (ABNT, 2000) estabelece a Equação 3.5 para o cálculo do volume destinado ao combate ao incêndio.

$$V = Q \times t$$ (Equação 3.5)

Em que:

V: Volume da reserva técnica de incêndio em L;
Q: Vazão de dois jatos de água do hidrante mais desfavorável hidraulicamente, conforme dados da NBR 13714:2000 (ABNT, 2000) em L/min;
t: 60 minutos para sistemas tipos 1 e 2, e 30 minutos para sistema tipo 3.

Os três tipos de sistemas são classificados em função da tipologia arquitetônica, como descrito a seguir:

- *Tipo 1:* Habitações multifamiliares; hotéis, hotéis residenciais e assemelhados; locais para prestação de serviços; escolas em geral; locais onde há objetos de valor inestimável, templos e auditórios, centros esportivos, clubes sociais; locais para refeições; hospitais em geral.
- *Tipo 2:* Centros comerciais e comércio em geral de pequeno, médio e grande porte; estações e terminais de passageiros; locais para produção e apresentação de artes cênicas; locais para pesquisa e consulta; garagens com ou sem acesso de público; abastecimento de combustível; serviços de manutenção e reparo; locais onde as atividades exercidas e os materiais utilizados e/ou depositados apresentam baixo potencial de incêndio; locais onde as atividades exercidas e os materiais utilizados e/ou depositados apresentam médio potencial de incêndio; depósitos sem conteúdo específico.
- *Tipo 3:* Locais onde há alto risco de incêndio pela existência de quantidade suficiente de materiais perigosos.

A vazão em L/min também depende do tipo de sistema, sendo:

- *Tipo 1:* 80 L/min para habitações mutifamiliares ou 100 L/min para os demais casos.
- *Tipo 2:* 300 L/min.
- *Tipo 3:* 900 L/min.

No estado do Rio de Janeiro, por exemplo, o Corpo de Bombeiros, no Decreto n° 897 de 21 de setembro de 1976 (Coscip, 1976), fixava os requisitos exigíveis nas edificações e no exercício de atividades, estabelecendo normas de Segurança Contra Incêndio e Pânico, que levam em consideração a proteção das pessoas e dos seus bens. Assim, no estado do Rio de Janeiro, a RTI deveria ser calculada conforme a quantidade de hidrantes (e respectivas caixas de incêndio) existente na edificação. O número de hidrantes em cada pavimento é calculado de tal forma que a distância, sem obstáculos, entre cada caixa de incêndio e os respectivos pontos mais distantes a proteger seja de, no máximo, 30 metros. Para a verificação dessa distância, é preciso fazer uma análise da planta do pavimento traçando um raio de proteção de 30 m, a partir do hidrante, e verificar o nível de proteção do edifício dentro deste raio. Caso exista algum ponto fora desse raio de 30 m, um novo hidrante deve ser posicionado no pavimento.

O cálculo da RTI, então, poderia ser feito levando em conta as informações descritas a seguir:

- Edificação com até quatro hidrantes → 6.000 litros.
- Edificação com mais de quatro hidrantes → 6.000 litros, acrescido de 500 litros por hidrante extra.

Hidrante e caixa de incêndio

Hidrante é o ponto de tomada de água provido de registro de manobra e união do tipo engate rápido. Dentro das edificações, é posicionado dentro da caixa de incêndio, contando com: registro de gaveta de 2 ½" (63 mm); junta de 2 ½" (63 mm) para poder ser adaptada à mangueira dos bombeiros; redução de 2 ½" (63 mm) para 1 ½" para ser adaptada à mangueira de 1 ½" (38 mm) a ser manejada pelos moradores; e mangueira de 1 ½" (38 mm), com juntas e esguicho.

A caixa de incêndio deve ser prevista no projeto de arquitetura da edificação e executada durante a construção do prédio. Deve possuir porta de vidro fosco, com a palavra "INCÊNDIO" escrita em cor vermelha. A porta deve ser mantida sempre fechada, sendo o vidro quebrado, para acesso ao hidrante, em caso de incêndio. Suas dimensões são apresentadas no desenho esquemático a seguir, adaptador de Coscip (1976).

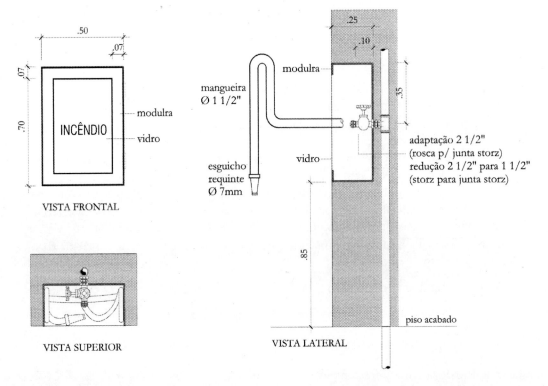

É importante que se faça a manutenção periódica de todos os equipamentos e peças existentes dentro da caixa de incêndio, para que estejam em perfeitas condições de uso no momento de uma eventual necessidade.

Os hidrantes e suas respectivas caixas de incêndio devem ser posicionados em todos os pavimentos-tipo, no pavimento térreo e no subsolo, quando existir. Não é necessária a colocação de hidrante no pavimento da cobertura. O melhor local para o posicionamento dos hidrantes é sempre na região central do pavimento, pois permite fácil acesso aos habitantes de ambos os lados da edificação, respeitando, sempre, o raio de ação de 30 m. Uma sugestão é encaixá-lo em compartimento de coleta de lixo do pavimento ou próximo ao núcleo central da edificação, que abriga caixa de escadas e elevadores, com a ressalva de que não pode estar dentro de escada enclausurada.

Dando prosseguimento aos exemplos dados anteriormente, será apresentado a seguir o dimensionamento da RTI, segundo a NBR 13714:2000 (ABNT, 2000) e, também, segundo prescrições do Coscip/RJ (Coscip, 1976).

Dimensionamento da RTI:

– Segundo a NBR 13714:2000

Definição de tipologia arquitetônica: Multifamiliar (Tipo 1)

O volume da RTI, em litros, é definido pela Equação 3.5: $V = Q \times t$

Para a tipologia Multifamiliar (Tipo 1): $t = 60$ min e $Q = 80$ L/min.

Cálculo da RTI, com base nas informações anteriores:

$$V = 80 \times 60 = 4.800 \text{ litros}$$

– Segundo o Coscip/RJ (1976)

Traçando um raio de 30 m, conforme estabelecido pelo Coscip, verifica-se que todo o edifício se encontra dentro da área de proteção. Assim, só se faz necessário o uso de um hidrante por pavimento. Considerando os três pavimentos-tipo, o térreo e o subsolo, totalizam-se cinco pavimentos e, portanto, cinco hidrantes.

Cálculo da RTI:

Até quatro hidrantes → 6.000 litros

Um hidrante excedente → 500 litros

Portanto, a reserva técnica de incêndio (RTI) na edificação em estudo é igual a 6.500 litros.

3.3.6 Reservatórios

A maioria dos edifícios brasileiros emprega o *sistema de abastecimento indireto RI-RS*, tendo em vista a recomendação da NBR5626:2020 (ABNT, 2020) e das concessionárias locais. Nesse sistema é previsto o uso de reservatórios, um inferior e outro superior, que abastecem a edificação, como mencionado no início do capítulo.

O reservatório para água potável não deve ser apoiado no solo, ou ser enterrado total ou parcialmente, tendo em vista o risco de contaminação, face à permeabilidade de suas paredes, ou qualquer falha que implique a perda da estanqueidade. Caso essas exigências não possam ser atendidas, deve ser executado, segundo a NBR 5626:2020 (ABNT, 2020), dentro de compartimento próprio, que permita inspeção e manutenção, considerando afastamento mínimo de 0,60 m entre as faces externas do reservatório (laterais, fundo e cobertura) e as faces internas do compartimento que o contém. Adicionalmente, cabe ressaltar que o mesmo deve ser instalado em local de fácil acesso à inspeção, não podendo ser colocado no interior de cozinhas ou compartimentos destinados às tubulações de esgotos. Quando enterrados, não podem ser colocados abaixo de ambientes que tenham instalações de esgoto (como banheiros, por exemplo), tampouco podem ser instalados abaixo de depósitos temporários de lixo, por conta do risco de percolação de chorume.

Os reservatórios superiores devem ficar com o fundo no mínimo a 0,80 m acima do piso do compartimento em que estiver instalado (Figura 3.22), para facilitar o acesso aos barriletes. Além disso, é necessário que disponham de encanamentos de extravasão e limpeza. As tubulações de extravasão devem ter diâmetro superior ao de entrada de água (e não menor que DN 25 mm), para escoar o excesso de água do interior do reservatório e impedir a ocorrência de transbordamento. As tubulações de limpeza devem ter diâmetro igual ao da entrada da água, de modo a permitir o esvaziamento completo do reservatório, sempre que necessário. A NBR 5626:2020 (ABNT, 2020) também indica que toda a tubulação que abastece os reservatórios deve ser equipada com torneira de boia, ou qualquer outro dispositivo com o mesmo efeito, para o controle da entrada da água e manutenção do nível desejado. Para facilitar as operações de manutenção, que exigem a interrupção da entrada de água no reservatório, recomenda-se que seja instalado na tubulação de alimentação, externamente ao reservatório, um registro de fechamento (registro de gaveta). Em relação à operação dos reservatórios, devem ser tomadas medidas no sentido de evitar os efeitos da formação do vórtice na entrada das tubulações, ou seja, deve ser instalado um dispositivo de proteção contra ingresso de eventuais objetos, chamado válvula de pé com crivo na entrada da tubulação de sucção.

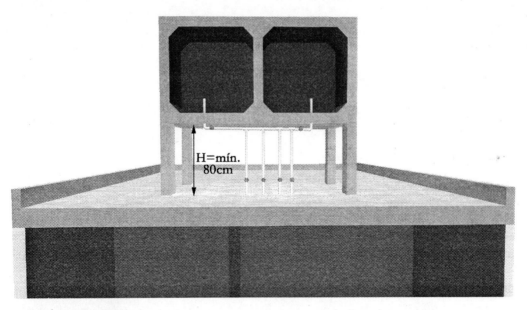

FIGURA 3.22: Área de barrilete.

A capacidade dos reservatórios de um sistema predial de água fria deve ser estabelecida levando-se em conta o padrão de consumo de água e a frequência de abastecimento. Segundo a NBR 5626:2020 (ABNT, 2020), o volume de água reservado para o uso doméstico deve ser, no mínimo, o necessário para atender a 24h de consumo normal do edifício, sem considerar o volume de água para combate de incêndio (RTI) que, segundo a norma, deve ser no mínimo 500 L. A norma exige, também, que se garanta a preservação do padrão de potabilidade. Em relação ao volume máximo de reservação, é recomendado o atendimento a disposição legal ou regulamento que estabeleça o mesmo; o projetista deve buscar essa informação na concessionária local. O dimensionamento dos reservatórios é realizado considerando-se o tempo de detenção da água nos mesmos. Os reservatórios, quando tiverem grande capacidade, devem ser divididos em dois ou mais compartimentos, para permitir a operação de manutenção sem que haja interrupção na distribuição de água (ABNT, 2020).

Existe, no meio técnico, mais de uma forma de calcular o volume dos reservatórios inferior (RI) e superior (RS) de uma edificação. Os autores deste livro adotarão as Equações 3.6 e 3.7, apresentadas a seguir, como forma de cálculo para RI e RS, respectivamente. No cálculo do RI, considera-se que será armazenado um volume correspondente a uma vez e meia o consumo diário. Já no cálculo do RS, considera-se o armazenamento de uma vez o consumo diário, acrescido da RTI.

$$V_{RI} = 1,5 \times CD \qquad \text{(Equação 3.6)}$$

A altura do reservatório inferior deve ser entre 1,60 e 1,80 m, de modo a permitir que uma pessoa consiga entrar e fazer a limpeza de maneira adequada. Além disso, cabe ressaltar que, em muitos casos, o RI é projetado para ser enterrado. Assim, um reservatório muito profundo exigiria uma escavação grande, onerando o custo total da obra. Para calcular sua altura total, devem ser consideradas as seguintes distâncias: 0,10 m entre o nível da água e o extravasor; 0,10 m entre o extravasor e o alimentador; 0,10 m entre o alimentador e a visita; 0,60 a 0,80 m para a visita, em caso de a mesma ser lateral. Nos casos em que a visita é superior, não há necessidade de contabilizar suas dimensões na altura máxima do RI. O reservatório inferior deve ser dividido em dois compartimentos, de forma que cada um contenha canalização de sucção para a água limpa. A válvula de pé com crivo deve ficar a pelo menos 10 cm do fundo, evitando, assim, que a sucção revolva o lodo eventualmente depositado. O alimentador deve sempre ficar abaixo do extravasor. Os extravasores devem escoar livremente em lugar visível, de modo a poder servir de advertência, e nunca em caixas de areia, ralos, calhas ou condutores de água pluviais. A Figura 3.23

apresenta, como exemplo, de forma simplificada, a vista superior e o corte de um reservatório inferior, com todas as informações mencionadas, onde "E" representa a espessura da laje.

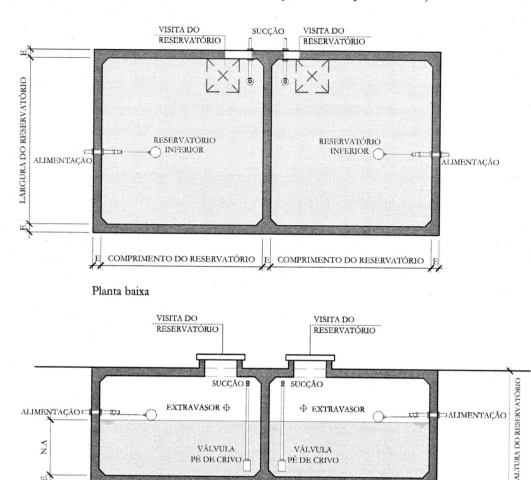

Planta baixa

Corte longitudinal

FIGURA 3.23: Desenhos esquemáticos de um RI – planta baixa e corte.

Como mencionado anteriormente, o volume de água no reservatório superior é dado pela Equação 3.7, que considera uma vez o consumo diário acrescido da RTI.

$$V_{RS} = CD + RTI$$

(Equação 3.7)

Assim como proposto para o reservatório inferior, a altura mínima do reservatório superior também deve ser entre 1,60 e 1,80 m, pelo mesmo motivo mencionado anteriormente: permitir que uma pessoa consiga entrar e fazer a limpeza. Além disso, vale ressaltar que, em muitos casos, a altura do reservatório superior pode interferir no projeto arquitetônico, visto que deve ser considerada no gabarito total da edificação. Outro fator que interfere na altura do RS é a altura mínima em relação ao piso em que o mesmo deve ser projetado. Todo RS deve ficar com o fundo no mínimo a 0,80 m acima do piso do compartimento (podendo se estender até 1,50 m), para que haja facilidade de acesso aos barriletes e, também, para permitir que se tenham encanamentos de extravasão e limpeza. Assim, o cálculo da altura total do reservatório superior considera, além dos 0,80 m acima do piso do compartimento, 0,30 m entre o nível da água e a visita, que tem entre 0,60 e 0,80 m, conforme esquematizado na Figura 3.24, em que são apresentados a vista superior e o corte, onde "E" representa a espessura da laje. Nos casos em que a visita é superior, suas dimensões não são consideradas na altura total do RS.

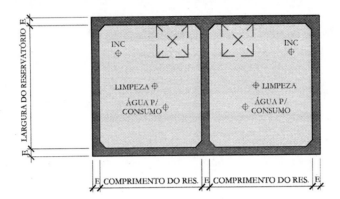

Planta baixa

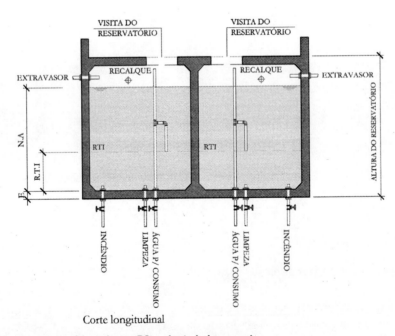

Corte longitudinal

FIGURA 3.24: Desenhos esquemáticos de um RS – planta baixa e corte.

Dimensionamento do RI

Propõe-se, aqui, que seja feito o dimensionamento do RI do mesmo prédio com o qual se vem trabalhando nos demais exemplos.

1. Resgatar informações sobre a estimativa de consumo diário: CD = 12,05 m³.
2. Calcular o volume ideal de água (Equação 3.6): $V_{RI} = 1,5 \times 12,05 \text{ m}^3 = 18,08 \text{ m}^3$
3. Para melhor manutenção do RI, devem ser adotadas dimensões que facilitem o acesso e a limpeza. Assim, sugere-se arbitrar uma largura fixa e, posteriormente, um comprimento de duas vezes o

tamanho da largura, obtendo uma base em um formato retangular. Nesse caso, se for arbitrada uma largura de 3,0 m, o comprimento será igual a 6,0 m.

4. Com a área da base definida, calcular a altura a partir do volume de água do reservatório.

$V_{RI} = L \times P \times h$, com $V_{RI} = 18,08$ m³, L = 3,0 m e P = 6,0 m. Logo, h = 1,0 m

5. Definir a altura total final do RI, considerando todos os itens a seguir:

- Margem de altura de segurança de 0,60 m
- Altura do extravasor: 0,10 m
- Altura da alimentação: 0,10m

Dimensões finais: 1,80 m (altura) × 3,0 m (largura) × 6,0 m (profundidade)

Em detalhes, pode-se dizer que as alturas de cada um dos elementos compreendem:

- Nível d'água (NA): 1,00 m
- Nível do extravasor: 1,20 m
- Nível do alimentador: 1,10 m

Adicionalmente, deve-se considerar válvula de pé com crivo posicionada a 0,10 m da laje inferior.

Desenho esquemático com as dimensões finais do reservatório inferior (RI):

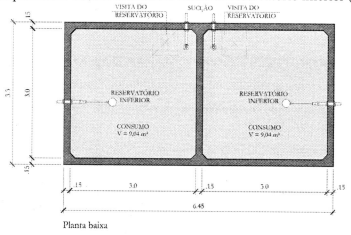

Planta baixa

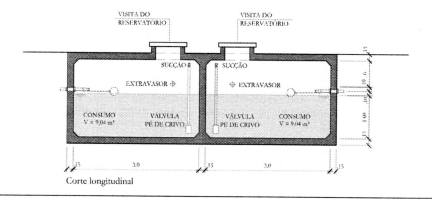

Corte longitudinal

Dimensionamento do RS

1. Resgatar informações sobre a estimativa de consumo diário: CD = 12,05 m³.

2. Calcular o volume ideal de água com a fórmula $V_{RS} = CD + RTI$.

A RTI já foi determinada com o valor de 6.500 L ou 6,50 m³. Logo, o volume total do reservatório superior será: $V_{RS} = 12,05$ m³ + 6,50 m³ = 18,55 m³

3. Definir a área da base do RS, considerando que a laje onde será construído o reservatório superior tem largura de 2,30 m e comprimento de 3,95 m. Nesse caso, serão propostas como dimensões da base do RS as mesmas da laje sobre a qual ele será construído.

4. Com a área da base definida, calcular a altura a partir do volume de água do reservatório: $V_{RS} = L \times P \times h$, sendo $V_{RS} = 18{,}55$ m^3, $L = 2{,}3$ m e $P = 3{,}95$ m.
   Logo, $h = 2{,}04$ m.

5. Definir a altura total final do RS, considerando uma margem de altura de segurança de 0,3 m.
   Dimensões finais: 2,34 m (altura) $\times$ 2,30 m (largura) $\times$ 3,95 m (profundidade)

6. Apresenta-se, também, o cálculo da altura (h) da RTI de 6.500 litros:

Dadas as dimensões da base, de 2,30 m (largura) e 3,95 m (profundidade), obtém-se uma altura de $h = 0{,}72$ m, sendo:

■ Altura do nível d'água (NA): 2,04 m.
■ Altura do nível do RTI: 0,72 m.

Desenho esquemático com as dimensões finais do reservatório superior (RS):

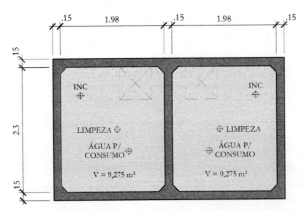

Planta baixa

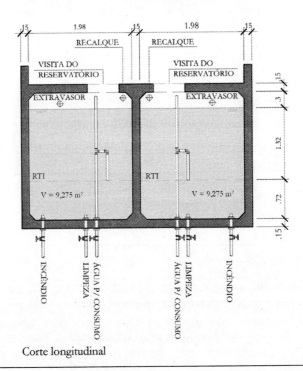

Corte longitudinal

As medidas do reservatório superior devem estar de acordo com a disponibilidade de espaço no pavimento de telhado. Geralmente sua base corresponde à laje superior, que abriga o acesso ao telhado, a casa de máquina de incêndio e a casa de máquina do elevador.

3.3.7 Instalação Elevatória

A instalação elevatória, em um sistema predial, consiste na instalação que eleva a pressão da água de um nível inferior, normalmente, a partir do reservatório inferior, para um reservatório superior. Ela é composta por tubulação de sucção, conjunto motobomba e tubulação de recalque, como esquematizado na Figura 3.25. Segundo a NBR5626:2020 (ABNT, 2020), as instalações elevatórias devem possuir, no mínimo, dois conjuntos motobombas independentes, como forma de garantir o abastecimento de água, em caso de falha de uma das unidades.

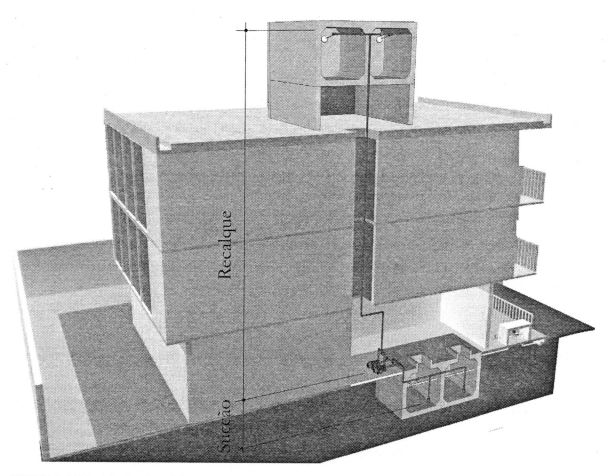

FIGURA 3.25: Instalação elevatória, com indicação dos trechos de sucção e recalque.

Nos pontos de suprimento dos reservatórios, a vazão de projeto pode ser determinada dividindo-se a capacidade do reservatório pelo tempo de enchimento. No caso de edifícios com pequenos reservatórios individualizados, como nas residências unifamiliares, o tempo de enchimento deve ser menor que 1 h. No caso de grandes reservatórios, o tempo de enchimento pode ser de até 6 h, dependendo do tipo de edifício. O tempo de enchimento é levado em consideração no dimensionamento do diâmetro da tubulação de recalque, que é dado pela fórmula de Forchheimer (Equação 3.8).

$$D_{rec} = 1,3 \sqrt{Q_{rec}} \sqrt[4]{X}$$

(Equação 3.8)

Em que:

D_{rec}: Diâmetro interno da tubulação de recalque em m;
Q_{rec}: Vazão de recalque em m^3/s;
X: Relação entre o número de horas de funcionamento da bomba e o número de horas do dia.

Para que se possa proceder com o cálculo, é necessário determinar a vazão de recalque (Q_{rec}) e a relação denominada, aqui, "X". A vazão de recalque é a relação entre o consumo diário e o número de horas de funcionamento da bomba (Equação 3.9).

$$Q_{rec} = \frac{CD}{N_F}$$

(Equação 3.9)

Em que:

CD: Consumo diário em m^3/dia;
N_F: Número de horas de funcionamento da bomba no período de 24 horas;

À relação entre o número de horas de funcionamento da bomba e o número de horas de 1 dia, denominou-se "X" (Equação 3.10). Como, em uma edificação, a bomba funciona por cerca de 6 horas para proceder com o enchimento do reservatório por completo, tem-se que essa relação pode ser, nesse caso, igual a 0,25.

$$X = \frac{N_F}{24}$$

(Equação 3.10)

A tubulação de sucção que antecede o conjunto motobomba é dimensionada a partir do diâmetro calculado para a tubulação de recalque: adota-se um diâmetro igual ou imediatamente superior ao da tubulação de recalque (Equação 3.11), de acordo com as diretrizes da NBR 5626,2020 (ABNT, 2020).

$$D_{suc} \geq D_{rec}$$

(Equação 3.11)

Entretanto, para definir o diâmetro de ambas as tubulações, de sucção e recalque, é necessário considerar a velocidade máxima em qualquer trecho de tubulação. Velocidades altas podem provocar ruídos, gerados quando as paredes da tubulação sofrem vibração, pela ação do escoamento da água. Nesse sentido, as tubulações devem ser dimensionadas de modo que a velocidade da água, em qualquer trecho, não atinja valores superiores a 3 m/s. Caso a velocidade seja maior do que 3 m/s, o projetista tem como opção aumentar o diâmetro.

Para verificar a velocidade, basta utilizar a Equação da Continuidade (Equação 3.12). Assim, com as informações de vazão (em m^3/s) e de área (em m^2), é possível obter a velocidade (em m/s). A área da tubulação será dada pela área de sua seção transversal (que é igual à área do círculo). Para relembrar a associação entre o diâmetro interno e o externo verifica-se a Tabela 3.4.

$$Q = A.v$$

(Equação 3.12)

Área do círculo

A área do círculo é dada pela equação a seguir.

$$A = \pi r^2$$

Em sistemas prediais, é muito utilizado o diâmetro da tubulação. Dessa forma, a área do círculo será dada por:

$$A = \frac{\pi D^2}{4}$$

Em termos práticos, a velocidade pode ser verificada por meio da leitura do ábaco de Fair-Whiple-Hsiao, que traz valores de vazão (Q), diâmetro (D), velocidade (v) e perda de carga (J). Existem dois ábacos possíveis de serem consultados, dependendo do material empregado nas tubulações: de cobre e plástico ou de ferro fundido e aço galvanizado. O uso dos ábacos é simples: uma vez determinado o material das tubulações, o projetista deve estar munido das informações de vazão (Q) e do diâmetro (D) da tubulação que se está dimensionando e do ábaco correspondente. De posse dessas duas informações, devem-se marcar dois pontos no ábaco, referentes a cada dado de entrada disponível. Com os dois pontos marcados, o projetista pode traçar uma reta, que ligue ambos, e que cruze o valor da velocidade (v). Assim, basta realizar a leitura da velocidade obtida e verificar se a mesma é inferior ao máximo estabelecido, de 3 m/s. Neste livro, os autores optaram por trabalhar exclusivamente com as equações, uma vez que trazem resultados mais precisos.

Dimensionamento das tubulações de sucção e recalque

1. Resgatar as informações sobre a estimativa de consumo diário (CD = 12,05 m^3) e estabelecer o número de horas de funcionamento da bomba. Nesse caso, será adotado N$_F$ = 6 horas de funcionamento da bomba, que equivale a 21.600 segundos.

2. Determinar o diâmetro nominal de recalque pelas Equações 3.8, 3.9 e 3.10.

$$Q_{rec} = \frac{CD}{N_F} = \frac{12,05 \; m^3}{21.600s} = 0,00056 \; m^3 / s$$

$$X = \frac{6}{24} = 0,25$$

$$D_{rec} = 1,3 \sqrt{Q_{rec}} \sqrt[4]{X} = 1,3 \sqrt{0,00056} \sqrt[4]{0,25} = 0,02175 \; m = 21,75 \; mm$$

O diâmetro calculado é equivalente ao diâmetro interno (DI) da tubulação. Para determinar o diâmetro nominal (DN) de recalque, é preciso recorrer à Tabela 3.4, que apresenta a correspondência entre os diâmetros interno e externo. Assim, para este caso, o diâmetro nominal de recalque será, então: D$_{rec}$ = 25 mm (diâmetro interno de 27,8 mm).

3. Verificar as velocidades na tubulação utilizando como informações Q$_{rec}$ = 0,00056 m^3/s e D$_{rec}$ = 25 mm (diâmetro interno de 27,8 mm).

$$v = \frac{Q}{A} = \frac{Q}{\frac{\pi.D^2}{4}} = \frac{0,00056}{\frac{\pi.0,0278^2}{4}} = 0,92 \; m / s$$

$$v_{rec} = 0,92 \, m / s < 3 \, m / s \rightarrow OK$$

4. Estabelecer o diâmetro da tubulação de sucção.

Para a tubulação de sucção deve ser adotado um valor igual ou imediatamente superior à tubulação de recalque.

Assim, tem-se que: D$_{suc}$ = 32 mm (diâmetro interno de 35,2 mm).

5. Verificar as velocidades na tubulação utilizando como informações $Q_{rec} = 0,00056$ m³/s e $D_{suc} = 32$ mm (diâmetro interno de 35,2 mm).

$$v = \frac{Q}{A} = \frac{Q}{\frac{\pi \times D^2}{4}} = \frac{0,00056}{\frac{\pi \times 0,0352^2}{4}} = 0,58 \text{ m/s}$$

$$v_{rec} = 0,58 \text{ m/s} < 3 \text{ m/s} \rightarrow \text{OK}$$

O recalque da água em edifícios é normalmente feito por bombas centrífugas acionadas por motores elétricos. Para o dimensionamento do conjunto motobomba, é preciso calcular sua potência. Denomina-se *potência motriz* (também chamada de *potência do conjunto motobomba*) a potência fornecida pelo motor para que a bomba eleve uma vazão Q a uma altura H. Assim, a potência do conjunto motobomba é definida pela Equação 3.13.

$$P = \frac{\gamma \times Q_{rec} \times H_{man}}{\eta} \qquad \text{(Equação 3.13)}$$

Em que:

P: Potência em kg.m/s;
γ: Peso específico do líquido;
Q: Vazão em m³/s;
H: Altura manométrica em m;
η: Rendimento total (relação entre a potência útil, que é aquela fornecida pela bomba ao líquido, e a potência cedida à bomba pelo eixo girante do motor).

É usual que o valor da potência seja expresso em unidades de cavalo vapor (CV) ou *horse-power* (HP), sendo 1 CV ≈ 0,986 HP. Para tanto, basta realizar a conversão de unidades, apresentada pela Equação 3.14.

$$P = \frac{\gamma \times Q_{rec} \times H_{man}}{75 \times \eta} \qquad \text{(Equação 3.14)}$$

Sabendo-se que o peso específico da água (γ) é aproximadamente igual a 1.000 kg/m³, então, com a vazão de recalque sendo considerada em litros/s, é possível realizar a simplificação da Equação 3.14 para a forma apresentada a seguir, pela Equação 3.15.

$$P = \frac{Q_{rec} \times H_{man}}{75 \times \eta} \qquad \text{(Equação 3.15)}$$

Em que:

P: Potência em CV;
Q_{rec}: Vazão de recalque em L/s;
H_{man}: Altura manométrica dinâmica total da instalação em m;
η: Rendimento total (relação entre a potência útil, que é aquela fornecida pela bomba ao líquido, e a potência cedida à bomba pelo eixo girante do motor).

Para o correto dimensionamento do sistema de bombeamento, deve-se considerar, ainda, o acréscimo percentual sobre o valor de potência calculado, conforme a Tabela 3.19.

Tabela 3.19 – Acréscimo de potência sobre o valor calculado

Potência calculada (CV)	Acréscimo (%)
Até 2	50
2-5	30
5-10	20
10-20	15
20	10

Denomina-se altura manométrica de uma bomba à carga total de elevação para a qual a bomba trabalha. Na instalação elevatória de uma edificação multifamiliar, a bomba permite que a água seja elevada do reservatório inferior, geralmente localizado no térreo ou no subsolo, para o reservatório superior, em geral localizado na cobertura. A Figura 3.26 apresenta um desenho esquemático que representa essa situação,

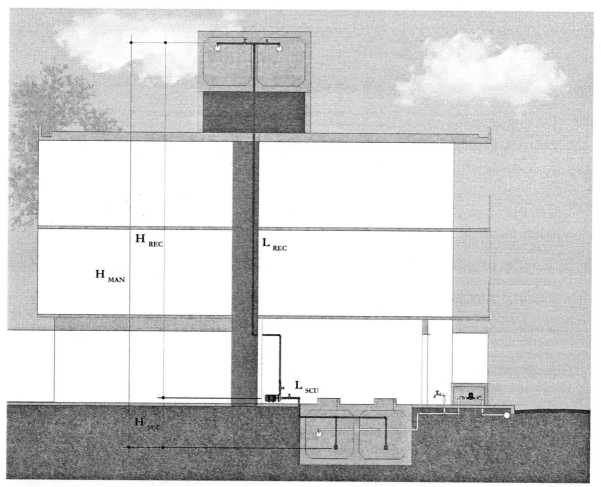

FIGURA 3.26: Instalação elevatória com indicação dos trechos correspondentes às alturas manométricas de sucção e de recalque.

indicando as alturas manométricas de sucção (H_{suc}) e de recalque (H_{rec}) e também dos comprimentos de sucção (L_{suc}) e de recalque (L_{rec}).

A altura manométrica total é, portanto, calculada pelo somatório entre a altura manométrica de sucção (H_{suc}) e de recalque (H_{rec}), em metros de coluna d'água, conforme a Equação 3.16.

$$H_{man} = H_{man}^{suc} + H_{man}^{rec}$$

(Equação 3.16)

Em que:

H_{man}^{suc} :Altura manométrica da sucção em m.c.a.;

H_{man}^{rec}: Altura manométrica do recalque em m.c.a.

Para calcular a altura manométrica de sucção, é preciso compreender que, devem ser levadas em consideração a altura estática e a altura dinâmica para o trecho de sucção. A altura estática corresponde à diferença de cota entre o nível médio da bomba e a tomada de sucção, ou seja, à altura, tomada na vertical, para a qual a bomba trabalha. Já a altura dinâmica corresponde à perda de carga no trecho que, por sua vez, é fruto da consideração do comprimento real da tubulação, no pior caminho, acrescido dos comprimentos equivalentes das conexões, para uma dada perda de carga unitária (função da vazão e do material em uso — aço galvanizado; cobre ou PVC). As Equações 3.17 e 3.18 apresentam, respectivamente, o cálculo da altura manométrica de sucção e o cálculo da altura dinâmica de sucção.

$$H_{man}^{suc} = H_{suc} + \Delta H_{suc}$$

(Equação 3.17)

Em que:

H_{suc}: Altura estática (vertical) em m.c.a.;

ΔH_{suc}: Altura dinâmica (perda de carga) em m.c.a.

$$\Delta H_{suc} = H_{perdas} = L_v \times J$$

(Equação 3.18)

Em que:

ΔH_{suc}: Altura dinâmica de sucção (perda de carga) em m.c.a.;

L_v: Comprimento real da tubulação no pior caminho mais os comprimentos equivalentes das conexões em m;

J: Perda de carga em m/m.

Para a determinação da perda de carga em tubos, a NBR 5626:2020 (ABNT, 2020) estabelece que podem ser utilizadas as expressões de Fair-Whipple-Hsiao, aqui representadas pelas Equações 3.19 e 3.20. Tais equações variam em função do material que estiver sendo utilizado, a saber: tubos lisos, como tubos de plástico, cobre ou liga de cobre e tubos rugosos, como tubos de aço carbono, galvanizado ou não. Adicionalmente, apresenta-se a Equação 3.21, para tubos de CPVC, água quente, obtida de Tigre (2016).

- Cálculo da perda de carga para **tubos lisos** (tubos de plástico, cobre ou liga de cobre):

$$J = 8,69 \times 10^6 \times \frac{Q^{1,75}}{DI^{4,75}}$$

(Equação 3.19)

- Cálculo da perda de carga para **tubos rugosos** (tubos de aço-carbono, galvanizado ou não):

$$J = 20,2 \times 10^6 \times \frac{Q^{1,88}}{DI^{4,88}}$$

(Equação 3.20)

Em que:

J: Perda de carga unitária, em kPa/m;
Q: Vazão em L/s;
DI: Diâmetro interno de sucção em mm.
1 m.c.a. = 10 kPa.

- Cálculo da perda de carga para tubos de **CPVC, água quente** (Tigre, 2016).

$$J = 10,643 \times Q^{1,85} \times C^{-1,85} \times DI^{-4,87}$$

(Equação 3.21)

Em que:

J: Perda de carga em m/m;
Q: Vazão em m^3/s;
C = 150;
DI: Diâmetro interno do tubo em m.

Para a determinação do comprimento equivalente que corresponde a cada conexão que liga os tubos, a NBR5626:2020 (ABNT, 2020) apresenta duas tabelas — uma para tubos de aço-carbono, galvanizado ou não, e outra para tubos de plástico, cobre ou liga de cobre — aqui apresentadas de forma ampliada, com base, também, em *Crane Corporation*, como Tabelas 3.20 e 3.21, respectivamente. Nestas tabelas, os valores estão em metros.

Tabela 3.20 – Comprimento equivalente para tubos rugosos (tubos de aço galvanizado ou ferro fundido)

Diâmetro nominal DN (mm)	Cotovelo 90° Raio Longo	Cotovelo 90° Raio Médio	Cotovelo 90° Raio Curto	Cotovelo 45°	Curva 90° R/d - 1/2	Curva 90° R/d - 1	Curva 45°	Entrada Normal	Entrada de borda	Entrada de gaveta aberto	Entrada de globo aberto	Entrada de ângulo aberto	Tê de passagem direta	Tê de passagem de lado	Tê de saída bilateral	Válvula de pé de crivo	Saída da canaliz.	Válvula de retenção Leve	Válvula de retenção Pesado
13	0,3	0,4	0,5	0,2	0,2	0,3	0,2	0,2	0,4	0,1	4,9	2,6	0,3	1,0	1,0	3,6	0,4	1,1	1,6
19	0,4	0,6	0,7	0,3	0,3	0,4	0,2	0,2	0,5	0,1	6,7	3,6	0,4	1,4	1,4	5,6	0,5	1,6	2,4
25	0,5	0,7	0,8	0,4	0,3	0,5	0,3	0,3	0,7	0,2	8,2	4,6	0,5	1,7	1,7	7,3	0,7	2,1	3,2
32	0,7	0,9	1,1	0,5	0,4	0,6	0,3	0,4	0,9	0,2	11,3	5,6	0,7	2,3	2,3	10,0	0,9	2,7	4,0
38	0,9	1,1	1,3	0,6	0,5	0,7	0,3	0,5	1,0	0,3	13,4	6,7	0,9	2,8	2,8	11,6	1,0	3,2	4,8
50	1,1	1,4	1,7	0,8	0,6	0,9	0,4	0,7	1,5	0,3	17,4	8,5	1,1	3,5	3,5	14,0	1,5	4,2	6,4
63	1,3	1,7	2,0	0,9	0,8	1,0	0,5	0,9	1,9	0,4	21,0	10,0	1,3	4,3	4,3	17,0	1,9	5,2	8,1
75	1,6	2,1	2,5	1,2	1,0	1,3	0,6	1,4	2,2	0,5	26,0	13,0	1,6	5,2	5,2	20,0	2,2	6,3	9,7
100	2,1	2,8	3,4	1,5	1,3	1,6	0,7	1,6	3,2	0,7	34,0	17,0	2,1	6,7	6,7	23,0	3,2	8,4	12,9
125	2,7	3,7	4,2	1,9	1,6	2,1	0,9	2,0	4,0	0,9	43,0	21,0	2,7	8,4	8,4	30,0	4,0	10,4	16,1
150	3,4	4,3	4,9	2,3	1,9	2,5	1,1	2,5	5,0	1,1	51,0	26,0	3,4	10,0	10,0	39,0	5,0	12,5	19,3
200	4,3	5,5	6,4	3,0	2,4	3,3	1,5	3,5	6,0	1,4	67,0	34,0	4,3	13,0	13,0	52,0	6,0	16,0	25,0
250	5,5	6,7	7,9	3,8	3,0	4,1	1,8	4,5	7,5	1,7	85,0	43,0	5,5	16,0	16,0	65,0	7,5	20,0	32,0
300	6,1	7,9	9,5	4,6	3,6	4,8	2,2	5,5	9,0	2,1	102,0	51,0	6,1	19,0	19,0	78,0	9,0	24,0	38,0
350	7,3	9,5	10,5	5,3	4,4	5,4	2,5	6,2	11,0	2,4	120,0	60,0	7,3	22,0	22,0	90,0	11,0	28,0	45,0

Tabela 3.21 – Comprimento equivalente para tubos lisos (tubos de cobre ou PVC rígido)

Diâmetro nominal DN (mm)	Joelho 90°	Joelho 45°	Curva 90°	Curva 45°	Tê de passagem direto	Tê de saída de lado	Tê de saída bilateral	Entrada normal	Entrada de borda	Saída de canalização	Válvula de pé e crivo	Válvula de retenção Leve	Válvula de retenção Pesado	Registro globo aberto	Registro gaveta aberto	Registro ângulo aberto
15	1,1	0,4	0,4	0,2	0,7	2,3	2,3	0,3	0,9	0,8	8,1	2,5	3,6	11,1	0,1	5,9
20	1,2	0,5	0,5	0,3	0,8	2,4	2,4	0,4	1,0	0,9	9,5	2,7	4,1	11,4	0,2	6,1
25	1,5	0,7	0,6	0,4	0,9	3,1	3,1	0,5	1,2	1,3	13,3	3,8	5,8	15,0	0,3	8,4
32	2,0	1,0	0,4	0,5	1,5	4,6	4,6	0,6	1,8	1,4	15,5	4,9	7,4	22,0	0,4	10,5
40	3,2	1,3	1,2	0,6	2,2	7,3	7,3	1,0	2,3	3,2	18,3	6,8	9,1	35,8	0,7	17,0
50	3,4	1,5	1,3	0,7	2,3	7,6	7,6	1,5	2,8	3,3	23,7	7,1	10,8	37,9	0,8	18,5
65	3,7	1,7	1,4	0,8	2,4	7,8	7,8	1,6	3,3	3,5	25,0	8,2	12,5	38,0	0,9	19,0
75	3,9	1,8	1,5	0,9	2,5	8,0	8,0	2,0	3,7	3,7	26,8	9,3	14,2	40,0	0,9	20,0
100	4,3	1,9	1,6	1,0	2,6	8,3	8,3	2,2	4,0	3,9	28,6	10,4	16,0	42,3	1,0	22,1
125	4,9	2,4	1,9	1,1	3,3	10,0	10,0	2,5	5,0	4,9	37,4	12,5	19,2	50,9	1,1	26,2
150	5,4	2,6	2,1	1,2	3,8	11,1	11,1	2,8	5,6	5,5	43,4	13,9	21,4	56,7	1,2	28,9

Uma dúvida comum é sobre quais peças e conexões devem ser empregadas em determinadas situações. Na Tabela 3.22 são apresentadas algumas das principais peças e conexões empregadas em projetos de água fria e água quente, para que o leitor se familiarize.

Tabela 3.22 – Peças e conexões em sistemas prediais de água fria

Peça/conexão			Símbolo	Função
Registro de gaveta				Utilizado como registro geral em tubulações principais que levam água para vários equipamentos.
Registro de pressão				Utilizado para controlar a passagem de água em equipamentos como chuveiros e torneiras.
Misturador para box			Não há	Base utilizada para mistura de água quente e fria no abastecimento de chuveiros É composta por dois registros de pressão: um para água quente e outro para água fria.
Válvula de retenção				Bastante comum nas tubulações que alimentam os reservatórios superiores, para onde a água é bombeada. Impede o retorno da água, evitando danos à bomba.
Linha Marrom (Soldável)	Joelho 90°			Ideal para cantos de paredes e pisos
	Joelho 45°			Ideal para cantos de paredes e pisos

(Continua)

Tabela 3.22 – Peças e conexões em sistemas prediais de água fria *(Cont.)*

Peça/conexão		Símbolo	Função
	Curva 90°		Ideal para cantos de paredes e pisos quando há espaço. Quando não há espaço, usar o joelho de 90°.
	Curva 45°		Ideal para cantos de paredes e pisos quando há espaço. Quando não há espaço, usar o joelho de 45°.
	Tê		Ideal para conectar três tubulações, podendo ter o escoamento interpretado como "passagem direta", "saída de lado", ou "saída bilateral".

Para o cálculo da altura manométrica de recalque, procede-se de modo similar ao já descrito para a tubulação de sucção. Neste caso, porém, a altura estática corresponde à diferença de cota entre o nível médio da bomba e o ponto mais alto a ser atingido. Assim, tem-se a altura manométrica de recalque dada pela Equação 3.22. A Equação 3.23 apresenta o cálculo da altura dinâmica de recalque. O cálculo da perda de carga é dado pelas Equações 3.19 e 3.20, já apresentadas.

$$H_{man}^{rec} = H_{rec} + \Delta H_{rec}$$
(Equação 3.22)

Onde:

H_{rec}: Altura estática (vertical) em m.c.a.;
ΔH_{rec}: Altura dinâmica (perda de carga) em m.c.a.

$$\Delta H_{rec} = H_{perdas} = L_v \times J$$
(Equação 3.23)

Onde:

ΔH_{rec}: Altura dinâmica de recalque (perda de carga) em m.c.a.;
L_v: Comprimento real da tubulação no pior caminho mais os comprimentos equivalentes das conexões em m;
J: Perda de carga em m/m.

Conexão "Y" (*Junction* ou Junção)

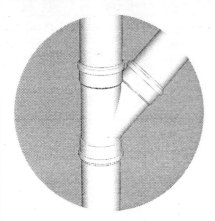

A conexão em forma de "Y", encontrada no mercado, também conhecida por junção ou *junction* aumenta a possibilidade de conexões entre as tubulações, facilitando o trabalho do projetista e a execução da instalação, em alguns casos.

Entretanto, o valor de sua perda de carga equivalente não está contemplado nas Tabelas 3.20 e 3.21 apresentadas, por se tratar de uma conexão mais moderna. O projetista pode considerar, então, o valor de 1,5 vez a perda de carga do Tê de passagem lateral, observando o material que está sendo utilizado.

A seguir, será apresentado um exemplo de como determinar a potência da bomba da instalação elevatória do projeto que está sendo desenvolvido ao longo deste livro, cuja tubulação é em PVC.

Determinação da potência da bomba

1. Resgatar as informações de vazão (Q) e os diâmetros de sucção (D_{suc}) e recalque (D_{rec}), já calculados.
    - Q = 0,00056 m³/s = 0,56 litros/s
    - D_{suc} = 32 mm (DI = 35,2 mm)
    - D_{rec} = 25 mm (DI = 27,8 mm)
2. De posse da perspectiva isométrica da instalação elevatória (do RI até o RS), determinar a altura manométrica da instalação de recalque.

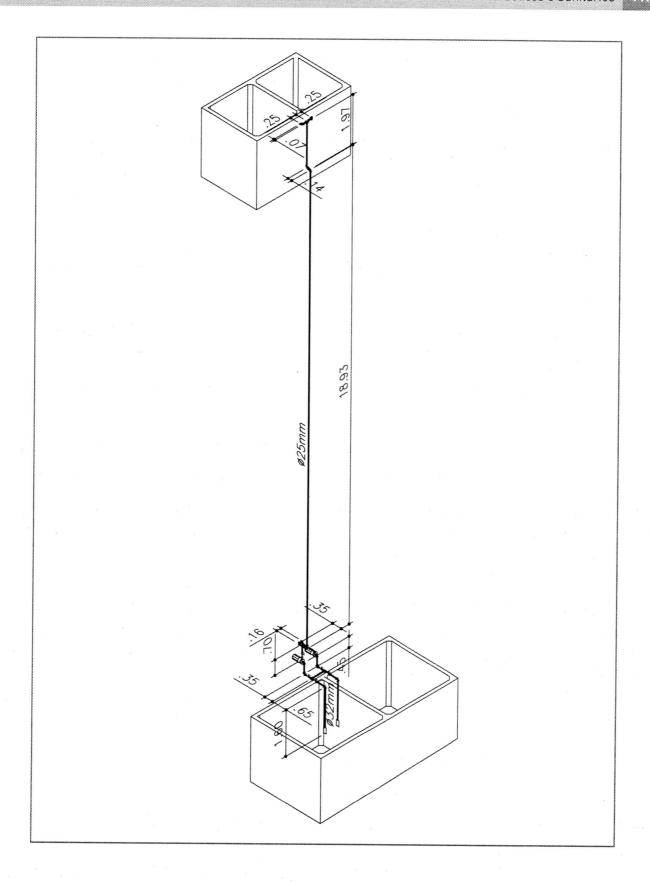

Listar todas as conexões utilizadas no trecho que compreende o sistema de recalque e calcular o comprimento equivalente, com base nos valores apresentados pela Tabela 3.21.

Trecho	Diâmetro (mm)	Peça	Quantidade	Perda de carga
Recalque	25	Curva 45°	2	0,4 × 2 = 0,8
		Registro de gaveta	1	0,3 × 1 = 0,3
		Válvula de retenção pesada	1	5,8 × 1 = 5,8
		Junction*	1	0,9 × 1,5 = 1,35
		Curva de 90°	5	0,6 × 5 = 3,0
		Entrada de borda normal	1	0,5 × 1 = 0,5
Total (comprimento equivalente de recalque)				11,75 m

*Perda de carga equivalente a 1,5 × a do Tê de passagem lateral.

Calcular o comprimento da tubulação, no trecho que compreende o sistema de recalque, considerando o pior caminho (situação em que o fluido percorre o trajeto mais longo, ou seja, com maior perda de carga): $0,1 + \sqrt{(0,7^2 + 0,6^2)} + 0,1 + 1,0 + 18,85 + 2,03 + 0,18 + 2,64 + 0,07 = 25,89$ m.

Calcular o comprimento total correspondente às perdas (comprimento real da tubulação no pior caminho mais os comprimentos equivalentes das conexões (L_v em metros).

$$L_v = 11,75 + 25,89 = 37,64 \text{ m}$$

Calcular a perda de carga (J), dada pela Equação 3.19.

$$J = 8,69 \times 10^6 \times \frac{Q^{1,75}}{Di^{4,75}}$$

$$J = 8,69 \times 10^6 \times \frac{0,56^{1,75}}{27,8^{4,75}} = 0,44 \text{ kPa/m} = 0,044 \text{ m/m}$$

Calcular a altura dinâmica de recalque (perda de carga), dada pela Equação 3.23.

$$\Delta H_{rec} = H_{perdas} = L_v \times J$$

$$H_{perdas} = 37,64 \times 0,044 = 1,66 \text{ m} = \Delta H_{rec}$$

Determinar a altura estática (H_{rec}), medida no corte.

$$H_{rec} = 0,7 + 0,1 + 18,85 + 2,64 = 22,29 \text{ m}$$

A altura manométrica de recalque é dada pela soma da altura estática de recalque e pela altura dinâmica de recalque (perda de carga), conforme a Equação 3.22.

$$H_{man}^{rec} = H_{rec} + \Delta H_{rec}$$

$$H_{man}^{rec} = 22,29 + 1,66 = 23,95 \text{ m}$$

De posse da perspectiva isométrica da instalação elevatória (do RI até o RS), determinar a altura manométrica da instalação de sucção.

Listar todas as conexões utilizadas no trecho que compreende o sistema de sucção e calcular o comprimento equivalente:

Trecho	Diâmetro (mm)	Peça	Quantidade	Perda de carga
Sucção	32	Válvula de pé e crivo	1	$15,5 \times 1 = 15,5$
		Joelho de 90°	2	$2,0 \times 2 = 4,0$
		Tê de saída de lado	2	$4,6 \times 2 = 9,2$
		Registro de gaveta	2	$0,4 \times 2 = 0,8$
Total (comprimento equivalente de sucção)				29,50 m

Calcular o comprimento da tubulação, no trecho que compreende o sistema de sucção, considerando o pior caminho (situação em que o fluido percorre o trajeto mais longo, ou seja, com maior perda de carga): $1,60 + 0,65 + 0,60 + 0,35 + 0,45 = 3,65$ m

Calcular o comprimento total correspondente às perdas (comprimento real da tubulação no pior caminho mais os comprimentos equivalentes das conexões (L_v em metros).

$$L_v = 29,50 + 3,65 = 33,15 \text{ m}$$

Calcular a perda de carga (J) dada pela Equação 3.19.

$$J = 8,69 \times 10^6 \times \frac{Q^{1,75}}{Di^{4,75}}$$

$$J = 8,69 \times 10^6 \times \frac{0,56^{1,75}}{35,2^{4,75}} = 0,14 \text{ kPa/m} = 0,014 \text{ m/m}$$

Calcular a altura dinâmica de sucção (perda de carga), dada pela Equação 3.18.

$$\Delta H_{suc} = H_{perdas} = L_v \times J$$

$$H_{perdas} = 33,15 \times 0,014 = 0,46 \text{ m} = \Delta H_{suc}$$

Determinar a altura estática (H_{suc}), medida no corte.

$$H_{suc} = 1,60 + 0,45 = 2,05\,\text{m}$$

A altura manométrica de sucção é dada pela soma da altura estática de sucção e pela altura dinâmica de sucção (perda de carga), conforme a Equação 3.17.

$$H_{man}^{suc} = H_{suc} + \Delta H_{suc}$$

$$H_{man}^{suc} = 2,05 + 0,46 = 2,51 \text{ m}$$

3. Calcular a altura manométrica.

$$H_{man} = H_{man}^{suc} + H_{man}^{rec} = 2,51 + 23,95$$

$$H_{man} = 26,46 \text{ m}$$

4. Calcular a potência da bomba (considerando rendimento de 60%) usando a Equação 3.15.

$$P = \frac{Q_{rec} \times H_{man}}{75} = \frac{0,56 \times 26,46}{75 \times 0,6} = 0,33\,\text{CV} \cong 0,33\,\text{HP}\,(1\,\text{CV} \cong 1\,\text{HP})$$

Com acréscimo de 50%, o projeto exigirá duas bombas com $P > 0,50$ HP
Serão adotadas, portanto, duas bombas com potência $P = \frac{1}{2}$ HP.

3.3.8 Sistema de Distribuição

Recentemente, como já mencionado, as edificações multifamiliares vêm sendo projetadas e construídas, no Brasil, com hidrômetros individuais, por unidade imobiliária, seja para cumprir legislações locais, seja porque há maior interesse, por parte dos compradores, por edifícios que praticam a individualização, uma vez que o consumidor passa a pagar apenas pelo que realmente consome. A realidade do país tende a mudar mais ainda, de forma significativa, com a entrada em vigor da Lei 13.312/2016 (Brasil, 2016), que altera a Lei de Saneamento, 11.445/2007 (Brasil, 2007), tornando obrigatória a medição individualizada do consumo hídrico nas novas edificações condominiais construídas a partir de 2021. O projeto de sistemas prediais considerando a medição individualizada, por unidade imobiliária, é traçado e executado de modo um pouco distinto do tradicional, que considera a medição coletiva. Apesar da obrigatoriedade de medição individualizada do consumo hídrico para novas edificações condominiais, ainda existem edificações em que a medição coletiva é a mais adequada, tais como hotéis, alojamentos estudantis, lar de idosos e hospitais, dentre outros.

Cabe ressaltar que, em toda a parte do sistema que já foi apresentada até o momento, nos itens anteriores (ramal predial, hidrômetro e caixa de proteção, alimentador predial e instalação elevatória), o projeto é realizado da mesma forma para ambas as situações — *medição coletiva* ou *medição individualizada*. As diferenças passam a existir a partir do sistema de distribuição, item que será abordado nesta seção.

3.3.8.1 Medição coletiva

A distribuição de água para um prédio, partindo de um reservatório superior de acumulação, em termos de medição coletiva, é feita por meio de um sistema de encanamentos, conforme esquematizado na Figura 3.27. Os elementos que compõem este sistema são o barrilete, as colunas de distribuição, ramais e os sub-ramais. As colunas de distribuição, neste tipo de sistema, atravessam a edificação abastecendo ramais de áreas molhadas de diferentes unidades. Já os ramais são previstos por área molhada; assim, uma mesma unidade, geralmente, tem um ramal para cada banheiro, um para a cozinha e um para a área de serviço (outras configurações são possíveis, dependendo do projeto). Estas são as principais diferenças entre a medição coletiva e a medição individual, em termos de utilização das tubulações do sistema de abastecimento.

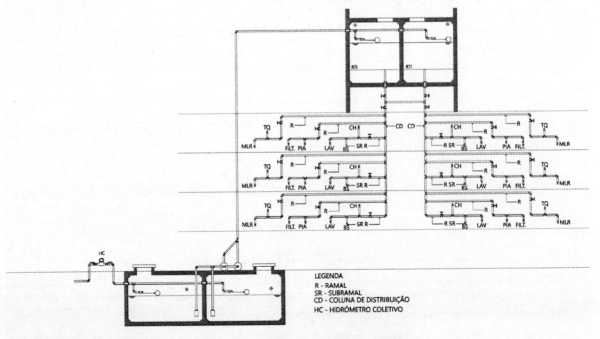

FIGURA 3.27: Esquema de distribuição de água em edifício com medição coletiva.

Para possibilitar a manutenção de qualquer parte da rede predial de distribuição, deve ser prevista a instalação de registros de fechamento (registros de gaveta) no barrilete, posicionado no trecho entre a saída do reservatório e o que alimenta o próprio; na coluna de distribuição, posicionado a montante do primeiro ramal (preferencialmente em área reservada, para acesso apenas pela equipe de manutenção do edifício, localizado no pavimento de cobertura); no ramal de água fria, na primeira derivação de cada cômodo; e no ramal de água quente, na primeira derivação de cada cômodo (ou, em apartamentos mais simples, é possível a instalação de um único registro, próximo ao próprio aquecedor).

3.3.8.2 Medição individualizada

A medição individualizada pode ser definida, segundo a Sabesp (2008), como o sistema de medição de água em condomínios residenciais e/ou comerciais, que consiste na instalação de hidrômetro em cada unidade autônoma, de modo a possibilitar a medição de seu consumo, com a finalidade de emitir contas/faturas individuais. O sistema de medição individual, segundo a concessionária, é composto por equipamentos individuais de leitura, que correspondem a hidrômetros individuais, válvulas de bloqueio remotas e manuais, módulos de controle e telemedição, concentradores (dispositivos responsáveis pelo processamento e transmissão de dados), além de cabos e sistemas prediais elétricos.

De acordo com a própria Sabesp (2008), a implantação da medição individualizada engloba, além dos hidrômetros individuais por unidade autônoma, um hidrômetro principal. Geralmente, o hidrômetro principal é fornecido e instalado pela própria concessionária, mas os de medição individualizada, embora tenham de atender às especificações da mesma, devem ser comprados e instalados pelo empreendedor ou condomínio.

O emprego do hidrômetro principal se mantém, uma vez que há consumo de água de uso comum, empregado nas áreas comuns do edifício e/ou condomínio, por exemplo, nos corredores, jardins, churrasqueiras e salões de festas, dentre outros. A diferença entre o volume registrado no hidrômetro principal e a soma dos volumes registrados nos hidrômetros individuais corresponde ao volume da água de uso comum. Cabe ressaltar que o sistema de medição deve garantir a consistência entre os volumes registrados tanto no hidrômetro principal quanto nos individuais e os respectivos volumes indicados no concentrador geral, quando existente, do qual serão extraídos os dados para a emissão da conta de água de forma remota.

Os sistemas de abastecimento que empregam a medição individualizada de água são compostos pelas mesmas tubulações empregadas no sistema coletivo, porém com variações em sua disposição. Para melhor compreensão, apresenta-se a Figura 3.28, com o esquema de distribuição desta configuração e a nomenclatura proposta por Ilha et al. (2010) e adaptada pelos autores:

- **Barrilete:** Com origem no reservatório superior, conecta os dois compartimentos do mesmo e abastece as colunas de distribuição.
- **Coluna de distribuição (CD):** Trecho entre o barrilete e o hidrômetro individual.
- **Ramal de alimentação (RA):** Trecho entre a coluna de distribuição e a montante do(s) hidrômetro(s).
- **Ramal de distribuição principal (RDP):** Trecho a jusante do hidrômetro sem ramificação e antes do registro de gaveta da área molhada (é o ramal que se desenvolve pela unidade habitacional).
- **Ramal de distribuição secundário (RDS):** Trecho que alimenta dois ou mais pontos de utilização, considerado a partir do registro de gaveta da área molhada (é o ramal que se desenvolve dentro de cada área molhada).
- **Sub-ramal (SR):** Trecho que alimenta um único ponto de utilização.

A Sabesp (2008) considera toda a tubulação destinada à condução de água, desde o cavalete do hidrômetro principal até a unidade de medição do hidrômetro individual das unidades autônomas, como *rede interna de medição de água*. Já o conjunto das tubulações aqui definidas como RDP, RDS e SR é considerado

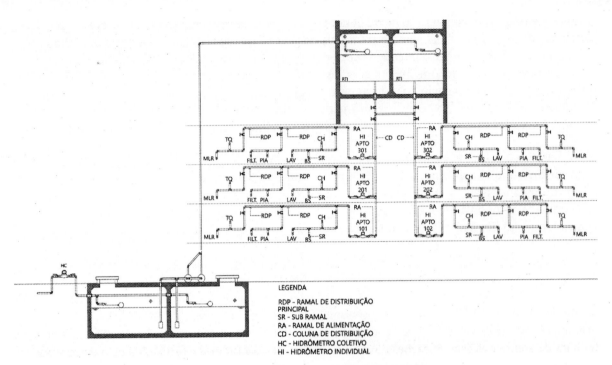

FIGURA 3.28: Esquema de distribuição de água em edifício com medição individual.

ramal interno de distribuição de água — tubulação destinada à condução de água da unidade de medição do hidrômetro individual aos pontos de utilização das unidades autônomas.

O sistema de medição individualizada em edificações, como mencionado anteriormente, difere do sistema de medição coletiva, basicamente, pela existência de hidrômetros individuais (um para cada unidade residencial) e pelo traçado das colunas e dos ramais. Na medição individual é possível que haja uma coluna para alimentar cada apartamento, com os medidores instalados no barrilete. Outra configuração possível é a instalação dos medidores no *hall* dos pavimentos, com uma coluna para alimentar cada grupo de apartamentos. Nessa configuração, é necessário que as colunas atravessem o edifício por *shafts* centralizados nas áreas comuns dos pavimentos, com a previsão de caixas para os medidores, como já discutido na Seção 3.2.2 e ilustrado pelas Figuras 3.12 a 3.15. A Sabesp (2008) apresenta um modelo de caixa protetora para um a seis hidrômetros, conforme demonstrado na Figura 3.29.

De acordo com a concessionária Embasa (Empresa Baiana de Águas e Saneamento), os quadros de medição e proteção dos hidrômetros individuais devem ser confeccionados com materiais não corrosíveis e resistentes, como metal, fibra de vidro, plástico de engenharia, fibras de madeira ou madeira de lei, que possam ser embutidos ou sobrepostos na parede. Também é possível a moldagem da caixa na própria parede, configurando um nicho de concreto ou alvenaria. Devem possuir fechamento com moldura, portas ou tampas que permitam, sem sua abertura, o acesso visual necessário à leitura dos medidores individuais e ser instalados em local com boa iluminação. Os medidores devem ser claramente identificados, mostrando a unidade consumidora correspondente.

A Sabesp (2008) sugere que, em caso de instalação de medidores individuais em *shafts* ou no barrilete, sejam respeitados os mesmos espaçamentos apresentados na Figura 3.29, porém sem a obrigatoriedade da caixa de proteção. Deve ser previsto, apenas, acesso com chave por pessoa autorizada pelo condomínio.

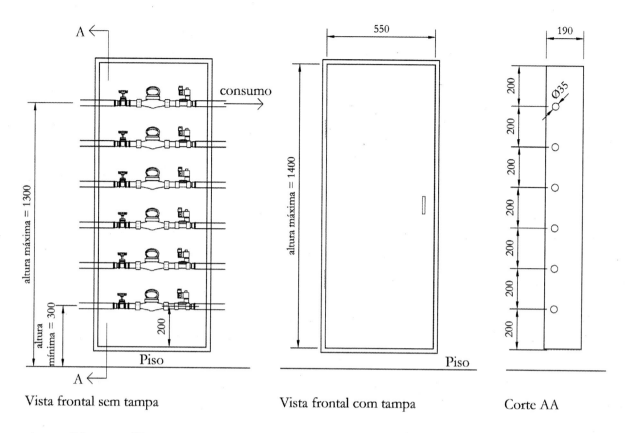

Vista frontal sem tampa   Vista frontal com tampa   Corte AA

obs.:medidas em milímetros

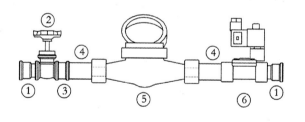

Para tubos soldados ou colados

1- Adaptador
2- Registro de esfera
3- Luva
4- Tubete
5- Hidrômetro
6- Válvula de bloqueio

FIGURA 3.29: Modelo de caixa para hidrômetros (Adaptado de Sabesp, 2008).

Os componentes do sistema de medição devem estar localizados em área comum de fácil acesso para manutenção e, também, eventuais leituras. Além disso, deve ser previsto sistema de drenagem nos locais em que forem instalados os medidores individuais, para eventuais vazamentos ou descargas de água que porventura ocorram durante alguma manutenção. Os medidores individuais podem ser intalados no barrilete do edifício, no *hall* de cada um dos pavimentos ou no térreo da edificação, como esquematizado na Figura 3.30A a C.

Naturalmente, essas soluções conduzem a diferentes percursos, diâmetros e, consequentemente, comprimentos das tubulações hidráulicas. Em Pereira e Ilha (2009) foi analisado o sistema predial de água fria de uma edificação residencial multifamiliar de interesse social com 20 apartamentos dispostos em cinco

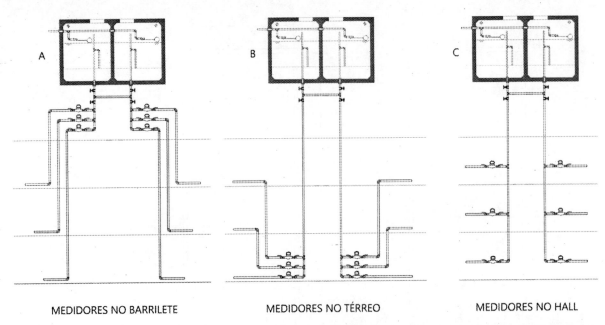

MEDIDORES NO BARRILETE   MEDIDORES NO TÉRREO   MEDIDORES NO HALL

FIGURA 3.30: Diferentes posições dos medidores individuais na edificação. A, Medidores no barrilete. B, Medidores no pavimento térreo. C, Medidores no *hall* dos pavimentos.

pavimentos, considerando o posicionamento dos hidrômetros individuais nestes três locais distintos. Os autores concluíram que os três modelos são favoráveis quanto ao acesso para a leitura e manutenção, desde que haja acesso garantido aos medidores quando estes forem locados sob o barrilete. Entretanto, quando os medidores são instalados no térreo, há uma configuração mais favorável. Por outro lado, do ponto de vista da análise de questões como perda de carga e incremento de materiais, essa configuração (medidores agrupados no térreo) é a mais desfavorável, uma vez que há maior trajeto das tubulações hidráulicas. De modo geral, é possível dizer que a posição que tem sido mais empregada no mercado da construção é a que aloca os medidores no *hall* dos pavimentos. Nesse caso, o mais apropriado é que seja empregada a medição remota. Cabe ao projetista consultar a concessionária local para verificar as normas vigentes e se há alguma indicação sobre a questão. A Tabela 3.23, compilada por Pereira e Ilha (2009), traz a comparação entre as exigências de três concessionárias: Sabesp, Sanasa (Sociedade de Abastecimento de Água e Saneamento S.A.) e Caesb (Companhia de Saneamento Ambiental do Distrito Federal).

3.3.8.3 Elementos do sistema de distribuição
Barrilete

Barrilete é a canalização que interliga as duas câmaras do reservatório superior e de onde partem as colunas de distribuição de água. Geralmente, são previstos três barriletes: o de água de abastecimento, o de incêndio e o de limpeza.

Do barrilete que liga as duas seções do reservatório partem todas as ramificações, correspondendo cada qual a uma coluna de distribuição. Colocam-se dois registros de gaveta, que permitem isolar uma ou outra seção do reservatório, em eventos de limpeza ou manutenção, evitando que o abastecimento seja interrompido. Além disso, cada ramificação para a coluna correspondente tem seu registro de gaveta próprio, permitindo o controle e a manobra de abastecimento, bem como o isolamento das diversas colunas. A Figura 3.31 apresenta um exemplo de barrilete, em um sistema com quatro colunas de distribuição.

Tabela 3.23 – Comparação entre as exigências de algumas concessionárias para o sistema de medição individual – (Pereira e Ilha, 2009)

Item	Sabesp	Sanasa	Caesb
Posicionamento dos medidores	Permite a instalação em *shaft*, em locais com circulação de pessoas (*hall*) e no barrilete.	Permite a instalação somente no *hall* ou no térreo. Para edificações de até 5 pavimentos, somente no térreo.	Não determina o posicionamento desde que o medidor seja instalado em área comum da edificação e com acesso facilitado para a leitura.
Instalação de válvulas de bloqueadoras de fluxo	Exige.	Não exige.	Não exige.
Caixa de proteção para os medidores	Caixas coletivas para até 6 medidores.	Caixas individuais.	Abrigos coletivos com até 7 medidores
Capacidade dos medidores	Limitado a medidores de diâmetro DN 20 mm e de vazões máximas de 1,5 e 3,0 m³/h.	Não limita o diâmetro ou a capacidade dos medidores.	Vazão máxima de 3,0 m³/h
Manutenção dos medidores individuais	A manutenção será executada pelo condomínio.	A manutenção será executada pela concessionária	A manutenção será executada pela concessionária
Realização de leituras internas no condomínio	Não realiza. Exige a instalação de um concentrador no pavimento térreo.	Realiza leituras internas nos condomínios.	Realiza leituras internas nos condomínios.

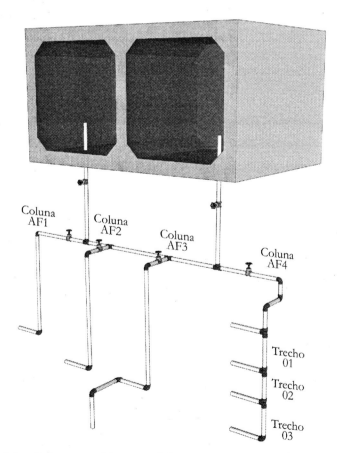

FIGURA 3.31: Esquema de barrilete em um sistema predial com quatro colunas de distribuição.

O barrilete pode ser do tipo concentrado ou ramificado, conforme esquematizado na Figura 3.32A e B. O barrilete concentrado, como o próprio nome diz, tem como principal vantagem concentrar o registro de todas as colunas num único local, em geral, na cobertura, porém, com a necessidade de dispor de espaço amplo. Normalmente esses locais são fechados por porta com fechadura para acesso somente da pessoa credenciada pela edificação, como o zelador, por exemplo. Se o número de colunas for muito grande, prolonga-se o barrilete para além dos pontos de inserção no reservatório. O barrilete ramificado, ao contrário do concentrado, não utiliza uma área única para o posicionamento dos registros de gaveta, espalhando-os pelo pavimento em que o reservatório estiver localizado. Tal fato é um inconveniente em eventos de manutenção, pois a pessoa responsável deve circular por mais áreas, se houver necessidade de fechar os registros de gaveta das colunas, por exemplo. Apesar disso, é uma solução mais econômica.

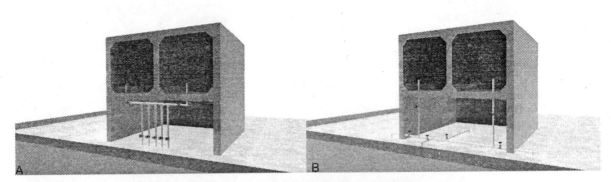

FIGURA 3.32: Tipos de barrilete. A, Barrilete concentrado. B, Barrilete ramificado.

Colunas de distribuição

As colunas de distribuição são as tubulações derivadas do barrilete destinadas a alimentar os ramais, na medição coletiva, ou ramais de distribuição principal (RDP), na medição individualizada. O traçado das colunas de distribuição deve ser realizado em planta, a partir do pavimento em que estiver o barrilete, seguindo de cima para baixo, para os pavimentos inferiores, até onde houver pontos de água a serem abastecidos. É possível, dependendo da arquitetura da edificação, que o projetista precise propor desvios para as colunas. Deve-se apenas observar que quanto mais desvios houver, maiores serão as perdas de carga na tubulação, o que, consequentemente, influenciará na pressão disponível para os aparelhos sanitários.

As colunas de distribuição podem ser propostas dentro de paredes, com largura mínima de 25 cm, ou em *shafts*, facilitando o acesso e a manutenção do sistema, em caso de necessidade. A Figura 3.33 apresenta um sistema de distribuição englobando o reservatório superior e as colunas de distribuição previstas.

Uma mesma coluna pode ter dois ou mais trechos com diâmetros diferentes, pois a vazão de distribuição diminui à medida que se atingem os pavimentos inferiores, uma vez que a quantidade de aparelhos a abastecer também diminui. Além disso, deve-se também levar em conta o critério de economia, ao se subdividir a coluna em vários diâmetros.

Segundo a NBR 5626:2020 (ABNT, 2020), o dimensionamento deve ser realizado de modo que, no uso simultâneo provável de dois ou mais pontos de utilização, a vazão de projeto seja plenamente disponível. Nesse sentido, é recomendado projetar e executar sistemas independentes de distribuição para

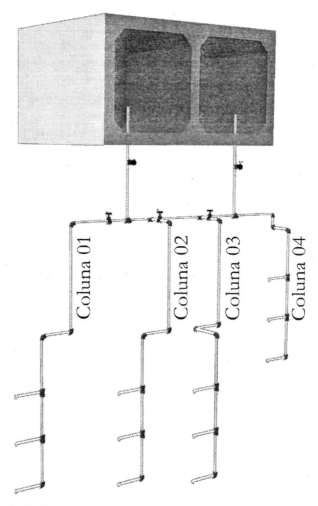

FIGURA 3.33: Colunas de distribuição.

sistemas prediais que utilizam componentes de alta vazão. Assim, é importante ressaltar que, apesar de haver uma mudança no perfil de utilização de bacias sanitárias com válvula de descarga para bacias com caixa acoplada, mais econômicas, em caso de uso da primeira, única e exclusivamente quando se emprega a medição coletiva, a norma NBR 5626:2020 (ABNT, 2020) exige uma coluna de distribuição exclusiva para as mesmas. Nas edificações que empregam a medição individualizada, o uso de bacias sanitárias com válvula de descarga é vetado.

Ramais

Os ramais correspondem à tubulação derivada da coluna de distribuição e se destinam a alimentar os sub-ramais. Na medição individual, há uma pequena variação na nomenclatura, com a classificação dos ramais em ramal de distribuição principal (RDP) e ramal de distribuição secundário (RDS), como mencionado anteriormente. Nessa situação, o ramal de distribuição principal também corresponde à tubulação derivada da coluna de distribuição, mas que tem seu traçado horizontal previsto ao longo da unidade habitacional, com o objetivo de abastecer o ramal de distribuição secundário. Este último, por sua vez, se desenvolve dentro de cada área molhada, a partir do registro de gaveta.

A Figura 3.34 apresenta como exemplo o traçado do RDP em um apartamento. Já a Figura 3.35 apresenta o traçado do RDS em um banheiro da mesma unidade habitacional da figura anterior. Ressalta-se, aqui, a posição do registro de gaveta, no início de cada RDS. Assim, se ocorrer algum vazamento, é possível isolar somente a área molhada com problema, sem prejudicar o abastecimento das demais.

Em residências mais simples, pode ocorrer de um mesmo ramal, com um único registro de gaveta, atender a mais de uma área, por exemplo, dois banheiros ou cozinha + área de serviço. Essa solução é plenamente possível e de menor custo (dado que o projetista consegue economizar na quantidade de registros de gaveta previstos em projeto), mas apresenta o inconveniente de, em caso de manutenção, isolar dois ambientes ao mesmo tempo. Assim, recomenda-se que, sempre que possível, seja definido um ramal para cada área molhada, cada qual com possibilidade de isolamento (fechamento do registro de gaveta).

O registro de gaveta deve ser instalado no início de cada ramal, sempre em posição de fácil alcance dos usuários. É comum estar posicionado em alturas que não conflitem com os aparelhos sanitários, podendo estar a cerca de 0,30 m (mais baixo) ou, alternativamente, a 1,80 m do piso (mais alto). Não é recomendada sua instalação nem mais baixo e nem mais alto do que essas alturas, pois causaria desconforto aos usuários. É possível, ainda, sua instalação dentro do forro de gesso da área molhada. Entretanto, essa solução só é viável se houver uma abertura do forro de gesso que permita o fácil acesso a esse dispositivo.

Outra recomendação é que o projetista evite ramais longos, gerando maiores perdas de carga e problemas de interferência com os elementos estruturais, como vigas e pilares.

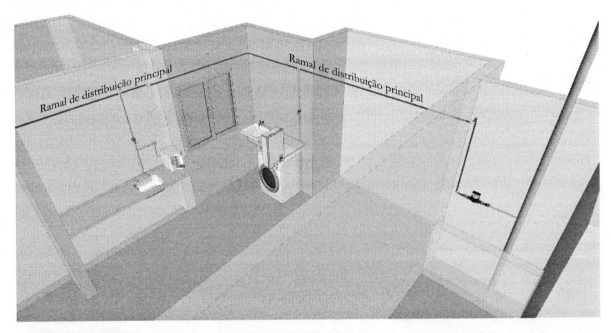

FIGURA 3.34: Exemplo de apartamento com o traçado do RDP.

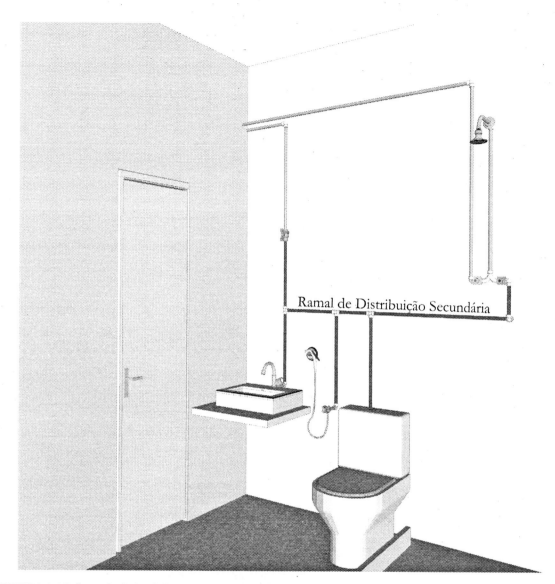

FIGURA 3.35: Exemplo de banheiro com o traçado do RDS.

Sub-ramais

O sub-ramal é a tubulação que liga o ramal (ou o ramal de distribuição secundário) ao ponto de utilização ou aparelhos sanitários, conforme ilustrado pela Figura 3.36. A altura de cada ponto de utilização varia conforme o aparelho sanitário e, também, o fabricante. Mais adiante, na Seção 3.6, serão apresentadas algumas informações para posicionamento destes pontos, como sugestão dos autores.

3.3.8.4 Dimensionamento

A norma de desempenho NBR 15575:2013 (ABNT, 2013) estabelece que o funcionamento do sistema predial de água deve satisfazer às necessidades de abastecimento de água fria e quente. Assim, o

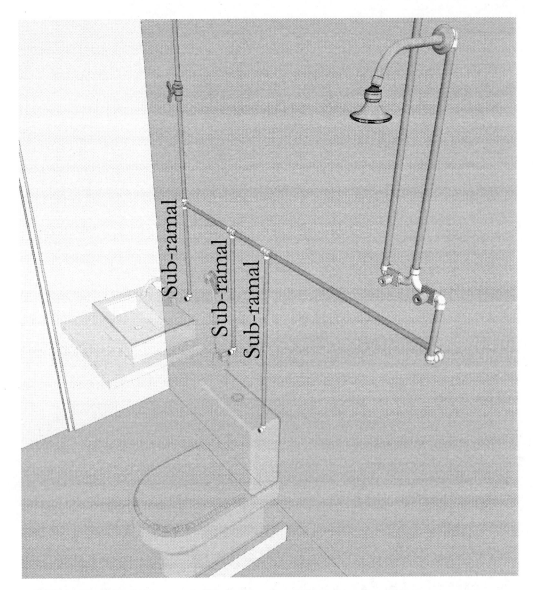

FIGURA 3.36: Exemplo de banheiro com a indicação dos sub-ramais.

sistema predial de água fria e água quente deve ser dimensionado de forma que garanta pressão, vazão e volume compatíveis com o uso, associado a cada ponto de utilização, considerando a possibilidade de uso simultâneo.

Para dimensionar essas tubulações, deve-se considerar o princípio da conservação de energia. Assim, dado o escoamento em conduto forçado, faz-se um balanço entre vazão, diâmetro das tubulações e pressão requerida nos pontos de abastecimento, considerando a carga disponível.

Vazão:

No dimensionamento de tubulações, para garantir a suficiência do abastecimento de água, e também por razões econômicas, deve-se determinar a vazão em cada trecho da tubulação. Assim, naturalmente, os diâmetros serão especificados, também, trecho a trecho. Existem dois métodos possíveis de serem empregados:

- *Consumo máximo possível:* Este método se baseia na hipótese de que todos os aparelhos sanitários servidos pelo trecho considerado podem ser usados simultaneamente em algum momento, em ambientes onde o regime de uso determina essa ocorrência, como ocorre em banheiros de estádios de futebol, *shoppings centers*, quartéis militares, fábricas, escolas e universidades, dentre outros, em que há picos de uso das instalações sanitárias (intervalo de jogos de futebol, saída de sessão de cinema etc.). Com isso, a vazão no início do trecho corresponde ao somatório das vazões de todos os aparelhos.

- *Consumo máximo provável:* Neste método, considera-se que há menor probabilidade de todos os aparelhos sanitários serem utilizados simultaneamente, como ocorre nos banheiros domésticos. Nesse caso, a vazão obtida e os respectivos diâmetros serão, naturalmente, sempre menores que no método anterior. A vazão, pode ser calculada pela teoria das probalidades ou a partir da experiência acumulada pela observação de instalações similares, por meio de pesos relativos, estabelecidos empiricamente em função da vazão de projeto. Este livro adotará apenas essa última forma de cálculo.

Os valores de vazão de projeto quanto os seus respectivos pesos relativos, por aparelho sanitário, estão reproduzidos na Tabela 3.24. Ressalta-se que os pesos atribuídos aos aparelhos sanitários são

Tabela 3.24 – Pesos relativos nos pontos de utilização identificados em função do aparelho sanitário e da peça de utilização

Aparelho sanitário		Peça de utilização	Vazão de projeto L/s	Peso Relativo
Bacia sanitária		Caixa de descarga	0,15	0,3
		Válvula de descarga	1,70	32
Banheira		Misturador (água fria)	0,30	1,0
Bebedouro		Registro de pressão	0,10	0,1
Bidê		Misturador (água fria)	0,10	0,1
Chuveiro		Misturador (água fria)	0,20	0,4
Chuveiro elétrico		Registro de pressão	0,10	0,1
Lavadora de pratos ou de roupas		Registro de pressão	0,30	1,0
Lavatório		Torneira ou misturador (água fria)	0,15	0,3
Mictório tipo calha	com sifão integrada	Válvula de descarga	0,50	2,8
	sem sifão integrado	Caixa de descarga, registro de pressão ou válvula de descarga para mictório	0,15	0,3
Mictório tipo calha		Caixa de descarga ou registro de pressão	0,15 por metro de calha	0,3
Pia		Torneira ou misturador (água fria)	0,25	0,7
		Torneira elétrica	0,10	0,1
Tanque		Torneira	0,25	0,7
Torneira de jardim ou lavagem em geral		Torneira	0,20	0,4

função apenas da demanda, não tendo sido considerados nem o tempo e nem o intervalo de funcionamento dos mesmos.

O cálculo pelo método do consumo máximo possível pode ser realizado por meio do somatório das vazões de projeto de cada aparelho sanitário (Tabela 3.24), considerando trecho a trecho da tubulação em análise.

Para o cálculo da vazão pelo método do consumo máximo provável, utiliza-se a Equação 3.24. A quantidade de cada tipo de peça de utilização alimentada pela tubulação deve ser multiplicada pelos correspondentes pesos relativos; a soma dos valores obtidos nas multiplicações de todos os tipos de peças de utilização constitui a somatória total dos pesos ($\sum$P).

$$Q = 0,30 \times \sqrt{\sum P}$$ (Equação 3.24)

Em que:

Q: Vazão estimada na seção em L/s;
$\sum P$: Soma dos pesos relativos de todas as peças de utilização alimentadas pela tubulação considerada.

Velocidade máxima da água

As tubulações devem ser dimensionadas considerando uma velocidade máxima igual a 3,0 m/s em qualquer trecho. A limitação do valor de velocidade se dá para evitar ruídos, corrosão nas tubulações e, também, como forma de controlar o golpe de aríete.

Diâmetros

Sabendo-se que a velocidade da água nas tubulações deve atender ao limite de 3 m/s, definido pela NBR 5626:2020 (ABNT, 2020), podem-se estabelecer critérios de pré-dimensionamento para as tubulações, conforme apresentado pela Tabela 3.25, que relaciona a vazão calculada com o diâmetro mínimo para velocidade máxima de 3m/s, conforme definido pela norma. Ressalta-se que esta tabela eliminou os limites de velocidade que eram praticados para tubulações de pequenas dimensões até a versão anterior da norma, uma vez que a norma vigente, publicada em 2020, só faz referência à velocidade de 3 m/s como velocidade máxima na tubulação.

Tabela 3.25 – Critérios de dimensionamento para tubulações

Diâmetro (mm)		Seção	Velocidade	Vazão máxima
DN	DI	(m²)	(m/s)	(L/s)
15	17,0	0,00023	3,0	0,68
20	21,6	0,00037	3,0	1,10
25	27,8	0,00061	3,0	1,82
32	35,2	0,00097	3,0	2,92
40	44,0	0,00152	3,0	4,56
50	53,4	0,00224	3,0	6,72
65	66,6	0,00348	3,0	10,45
75	75,6	0,00449	3,0	13,47
100	97,8	0,00751	3,0	22,54

Pressão

A norma NBR 5626:2020 (ABNT, 2020) recomenda que a pressão estática máxima para as peças de utilização e para os aquecedores (de passagem ou acumulação) não deve ultrapassar 400 kPa, que equivale a 40 m.c.a. A norma também estabelece que a pressão dinâmica nos pontos de utilização não deve ser inferior a **5 kPa (0,5 m.c.a.)**. Há, porém, duas exceções:

- Ponto que abastece o **chuveiro**, em que a pressão mínima é igual a **10 kPa (1 m.c.a.)**.
- Ponto que abastece a válvula de descarga para bacia sanitária, em que a pressão mínima é igual a **15 kPa (1,5 m.c.a.)** — uso proibido quando for proposto projeto com medição individual.

Ainda, as pressões devidas a transientes hidráulicos, como o provocado pelo fechamento de válvula de descarga, são admitidas, desde que não superem o valor de 200 kPa (20 m.c.a.).

Os pavimentos que mais sofrem com a falta de pressão mínima disponível são aqueles mais próximos do RS, ou seja, com menor queda d'água. Em muitos prédios, moradores de pavimentos de cobertura acabam optando pela instalação de sistema de bombeamento, para pressurizar os pontos de alimentação de água potável em suas residências. Essa solução, além de antieconômica (custo de compra e manutenção do equipamento, aumento da conta de luz do morador), vai na contramão das chamadas "soluções sustentáveis", visto que possui um custo ambiental (uso desnecessário de energia elétrica). Essa situação pode ser facilmente evitada quando da realização de projetos de sistemas prediais hidráulicos com o devido cuidado e atenção às pressões mínimas necessárias para o bom funcionamento dos aparelhos.

Quando o projetista realiza o dimensionamento de uma coluna e se depara com pressões inferiores às mínimas estabelecidas pode lançar mão de algumas alternativas projetuais para tentar reverter essa situação, que podem ser empregadas individualmente ou combinadas entre si:

- Criar novas colunas, em vez de propor traçados com tubulações longas.
- Criar novas colunas em situações que haja muitos aparelhos sanitários sendo alimentados por uma só coluna.
- Incorporar outros pontos de utilização à coluna, aumentando o peso e, consequentemente, a vazão.
- Aumentar a cota do RS (proporcionando, portanto, maior queda d'água, que equivale à maior pressão disponível).
- Alterar o traçado proposto para a coluna, procurando diminuir a perda de carga.
- Pressurizar o sistema.

Perda de carga:

No dimensionamento das tubulações, a perda de carga ocorre no trajeto percorrido (comprimento real da tubulação), nas peças e conexões comuns (perda de carga equivalente ou comprimento virtual), e nos hidrômetros e registros de pressão (perda de carga especial).

A perda de carga ao longo de uma tubulação será dada em função do seu comprimento e diâmetro interno, da rugosidade da sua superfície interna e da vazão. O comprimento real deve considerar o pior caminho, ou seja, aquele mais longo e com mais peças e conexões; portanto, o que gerará maior perda de carga ao sistema. Em caso de o dimensionamento ser bem-sucedido para esta situação, certamente o será para a situação mais favorável. Devem-se consultar as plantas baixas e perspectivas isométricas e contabilizar os comprimentos reais da tubulação, que correspondem ao traçado horizontal e, também, vertical, de cada trecho.

A perda de carga nas conexões é expressa em termos de comprimento equivalente das tubulações e varia, também, em função do seu diâmetro interno, da rugosidade da sua superfície interna e da vazão. As Tabelas 3.20 e 3.21, apresentadas anteriormente, demonstram os valores desses comprimentos equivalentes, para algumas peças e conexões mais comuns.

Já a perda de carga especial corresponde à perda de carga dos registros de pressão (registros de utilização, empregados, por exemplo, como registros de chuveiro) e dos hidrômetros individuais.

A perda de carga nos hidrômetros, pode ser estimada por meio da Equação 3.25.

$$\Delta h = (36 \times Q)^2 \times (Q_{m\acute{a}x})^{-2}$$

(Equação 3.25)

Em que:

Δh: Perda de carga no hidrômetro em kPa;

Q: Vazão no trecho considerado em L/s;

$Q_{m\acute{a}x}$: Vazão máxima para o hidrômetro, em m³/h, atribuída a cada diâmetro nominal (DN), apresentado na Tabela 3.26.

1 m.c.a. = 10 kPa

Tabela 3.26 – Valor da vazão máxima ($Q_{m\acute{a}x}$)

$Q_{m\acute{a}x}$ (m³/h)	DN (mm)
1,5	15 e 20
3,0	15 e 20
5,0	20
7,0	25
10,0	25
20,0	40
30,0	50

A perda de carga em registros de pressão pode ser obtida pela Equação 3.26.

$$\Delta h = 8 \times 10^6 \times K \times Q^2 \times \pi^{-2} \times DI^{-4}$$

(Equação 3.26)

Em que:

Δh: Perda de carga no registro em kPa;

K: Coeficiente de perda de carga, atribuído a cada diâmetro nominal (DN), apresentado na Tabela 3.27.

Q: Vazão no trecho considerado em L/S;

DI: Diâmetro interno da tubulação em mm.

1 m.c.a. = 10 kPa

Tabela 3.27 – Valor do coeficiente K

Diâmetro nominal DN (mm)	Diâmetro externo DE (mm)	Valores de K	Faixa de vazão para determinação de K (L/s)
15	20	45	0,25 ± 0,05
20	25	40	0,50 ± 0,10
25	32	32	0,85 ± 0,25

Verificação das pressões:

No projeto do sistema de distribuição, devem ser verificadas as pressões mínimas e máximas disponíveis ao final dos trechos.

A pressão dinâmica disponível residual é dada pela soma da pressão disponível com o desnível geométrico e subtração da perda de carga total, como apresentado pela Equação 3.27.

$$P_{residual}^{dinâmica} = P_{disponível} + Desnível - Perda\ de\ carga \qquad \text{(Equação 3.27)}$$

Por sua vez, a pressão estática residual é dada pela soma da pressão disponível com o desnível geométrico (Equação 3.28).

$$P_{residual}^{estática} = P_{disponível} + Desnível \qquad \text{(Equação 3.28)}$$

Vale lembrar que o desnível geométrico corresponde à diferença de cotas geométricas dos pontos que definem o trecho.

De posse de todas as informações mencionadas anteriormente, é possível, então, realizar o dimensionamento das tubulações do sistema de abastecimento de água. Sugere-se um procedimento de cálculo, que será apresentado a seguir. Na sequência, é apresentada uma planilha modelo, que deve ser preenchida pelo projetista, aqui representada pela Tabela 3.29.

Após o preenchimento de toda a planilha, o projetista deve verificar as pressões dinâmicas e estáticas residuais em cada trecho, compará-las com aquelas descritas anteriormente, e observar as seguintes orientações, em caso de necessidade:

- Nenhum trecho ou ponto de utilização deve ter pressão dinâmica inferior a 0,5 m.c.a., exceto o ponto do chuveiro, que não deve ter pressão dinâmica inferior a 1.0 m.c.a. Caso isso ocorra, deve-se fazer o ajuste dos diâmetros ou tentar aumentar a cota de posicionamento do reservatório superior.
- Nenhum trecho deve ter pressão estática superior a 40 m.c.a. Caso isso ocorra, deve ser inserida uma válvula redutora de pressão (VRP) com regulagem para 10 m.c.a. Ao inserir uma VRP regulada para 10 m.c.a., ter-se-á uma pressão estática de 0 m.c.a. e uma pressão dinâmica de 10 m.c.a. no trecho.
- Se a pressão residual for menor do que a pressão requerida no ponto de utilização, ou se a pressão for negativa, repetir os passos 5° ao 15°, selecionando um diâmetro interno maior para a tubulação de cada trecho.
- Caso o valor calculado ainda seja inferior ao da pressão requerida, será necessário propor modificações no projeto, como relatado anteriormente, e recalcular a tubulação.

É importante, também, fazer uma tabela final com a correlação entre os diâmetros nominais (DN), apresentados nas plantas, e os diâmetros externos (DE), uma vez que são estes últimos os que deverão ser informados ao setor de compras, dado que as tubulações soldáveis são comercializadas pelo seu diâmetro externo (usar Tabela 3.4 para esta correlação).

Para facilitar o cálculo do comprimento equivalente, propõe-se o uso da Tabela 3.30, apresentada a seguir, em que devem ser listadas todas as peças e conexões envolvidas nos trechos.

Em relação ao diâmetro a ser especificado para os pontos de utilização, tem-se a Tabela 3.31, apresentada nas principais referências bibliográficas da área. Geralmente, estes diâmetros são informados pelos fabricantes dos aparelhos sanitários, em seus respectivos catálogos. Cabe ao projetista consultar esses catálogos e verificar os diâmetros exatos quando estiver desenvolvendo seu projeto.

Tabela 3.28 – Rotina para o dimensionamento das tubulações do sistema de distribuição (orientação de preenchimento das colunas da planilha modelo).

Passo	Atividade	Coluna a preencher na Tabela 3.29
1°	Preparar o esquema isométrico da rede e numerar sequencialmente cada nó ou ponto de utilização desde o reservatório ou desde a entrada do cavalete. *Obs.: Sempre que houver mudança de peso ou de vazão, deve ser criado um novo nó.*	–
2°	Introduzir a identificação de cada pavimento e de cada trecho da rede na planilha.	1 e 2
3°	Somar os pesos relativos de todas as peças de utilização, por cada trecho, de jusante para montante, usando a Tabela 3.24.	3
4°	De posse do somatório dos pesos, calcular a vazão para cada trecho analisado, usando a Equação 3.24 ($Q = 0,3 \times \sqrt{\Sigma P}$), que relaciona a vazão aos pesos.	4 e 5
5°	Arbitrar o diâmetro de cada trecho considerando que a velocidade da água não pode ser superior a 3 m/s (conforme estabelecido pela NBR 5626:2020).	6 e 7
6°	Calcular a área da seção circular, com base no valor do diâmetro interno arbitrado no passo anterior ($A = \pi.D_i^2/4$).	8
7°	De posse do valor da área da seção circular e da vazão no trecho, calcular a velocidade pela equação da continuidade, representada pela Equação 3.12 ($Q = A.v$).	9
8°	Medir o comprimento real (pior caminho) da tubulação que compõe cada trecho, em metros.	10
9°	Calcular o comprimento equivalente (função das peças) em cada trecho da tubulação, por meio das Tabelas 3.20 ou 3.21. Cabe ressaltar que a última conexão de cada trecho só deve ser considerada no trecho seguinte (não esquecer que o diâmetro desta peça é o do trecho anterior). A conexão final, do último trecho da coluna, não deve ser contabilizada, uma vez que já faz parte do ramal. *Obs.: Para facilitar o cálculo do comprimento virtual, utilizar a Tabela 3.30.*	11
10°	Calcular o comprimento total do trecho, somando os comprimentos real e equivalente (colunas 10 e 11).	12
11°	Calcular a perda de carga unitária, em m, pela equação de *Fair-Whipple-Hsiao* correspondente (em função do material), utilizando as Equações 3.19 e 3.20.	13
12°	Calcular a perda de carga especial, provocada pelas singularidades dos trechos, como os hidrômetros individuais ou registros de pressão, em m, utilizando as Equações 3.25 e 3.26, respectivamente.	14
13°	Calcular a perda de carga total, definida por: [(*perda de carga unitária* × *comprimento total*) + *perda de carga especial*].	15
14°	Determinar, a partir dos cortes, o desnível geométrico entre o nó a montante e a jusante do trecho. Observar que quando o ponto de jusante estiver mais elevado que o de montante, o valor será negativo.	16
15°	Definir a pressão dinâmica disponível (*ou pressão dinâmica a montante*), utilizando, para isso, as informações existentes na perspectiva isométrica desde o RS.	17
16°	Calcular a pressão dinâmica residual (*ou pressão dinâmica a jusante*), somando a pressão dinâmica disponível (Col. 17) com o desnível (Col. 16) e subtraindo a perda de carga total calculada para o trecho (Col. 15).	18
17°	Definir a pressão estática disponível (*ou pressão estática a montante*) utilizando, para isso, as informações existentes na perspectiva isométrica desde o RS.	19
18°	Calcular a pressão estática residual (*ou pressão estática a jusante*), somando a pressão estática disponível (Col. 19) com o desnível (Col. 16).	20

Tabela 3.29 – Planilha modelo para cálculo de barrilete, coluna de distribuição, ramais e sub-ramais no sistema predial hidráulico.

Pavimento	Trecho	Vazão			Diâmetro			Velocidade	Comprimento			Perda de Carga			Desnível	Pressão Dinâmica		Pressão Estática	
		Peso	(L/s)	(m³/s)	DN (mm)	DI (mm)	Área (m²)	(m/s)	Real (m)	Equivalente (m)	Total (m)	Unitária (m/m)	Especial (m)	Total (m)	(m)	Disponível (m.c.a.)	Residual (m.c.a.)	Disponível (m.c.a.)	Residual (m.c.a.)
(Col. 1)	(Col. 2)	(Col. 3)	(Col.4)	(Col. 5)	(Col.6)	(Col. 7)	(Col. 8)	(Col. 9)	(Col. 10)	(Col. 11)	(Col. 12)	(Col. 13)	(Col. 14)	(Col. 15)	(Col. 16)	(Col. 17)	(Col. 18)	(Col. 19)	(Col. 20)

Tabela 3.30 – Peças e conexões – cálculo do comprimento equivalente

Trecho	DN (mm)	Peça	Quantidade	Perda de carga	
				Unitária	Total
	Total				

Tabela 3.31 – Diâmetro mínimo dos pontos de utilização

Peça de utilização	Diâmetro		
	DN (mm)	Ref. (polegadas)	DE (mm)
Aquecedor de alta pressão	15	½	20
Aquecedor de baixa pressão	20	¾	25
Bacia sanitária com caixa de descarga	15	½	20
Bacia sanitária com válvula de descarga de 1 ¼	40	1 ½	50
Bacia sanitária com válvula de descarga de 1 ½	40	1 ½	50
Banheira	15	½	20
Bebedouro (ou filtro)	15	½	20
Bidê ou ducha higiênica	15	½	20
Chuveiro	15	½	20
Filtro de pressão	15	½	20
Lavatório	15	½	20
Máquina de lavar louça (MLL)	20	¾	25
Máquina de lavar roupa (MLR)	20	¾	25
Mictório autoaspirante	20	¾	25
Mictório de descarga descontínua	15	½	20
Pia de cozinha	15	½	20
Pia de despejo	15	½	20
Tanque de lavar roupa	15	½	20
Torneira de jardim	15	½	20

Para as tubulações de água quente recomenda-se utilizar o mesmo método das soma dos pesos (considerando o consumo máximo provável), cujo desenvolvimento segue o mesmo procedimento descrito anteriormente, com pequenas modificações, uma vez que será utilizado outro material, o CPVC. Este tema será abordado mais adiante, na Seção 3.4.

Dimensionamento do Barrilete e das Colunas

Um mesmo barrilete, assim como uma mesma coluna, pode ter dois ou mais trechos com diâmetros diferentes, pois a vazão de distribuição diminui à medida em que se atingem os pavimentos inferiores (deve-se também levar em conta um critério de economia ao se subdividir a tubulação em vários diâmetros). Os diâmetros são determinados, portanto, em função das vazões nos trechos e, também, dos limites de velocidade.

O dimensionamento do barrilete e das colunas segue a marcha de cálculo apresentada na Tabela 3.28, que permite, com facilidade, o conhecimento das pressões em todas as derivações e trechos da rede de abastecimento de água. Para facilitar, deve ser preenchida a planilha de cálculo apresentada na Tabela 3.29.

Em relação ao dimensionamento do barrilete, ressaltam-se, porém, algumas especificidades a seguir:

- No **12° Passo (Coluna 14),** em que se calcula a perda de carga especial, observar que não haverá perda relativa ao registro de pressão, neste caso, e que as perdas decorrentes de hidrômetros individuais só existirão se os mesmos forem instalados na área de barrilete (ou seja, dependem do traçado adotado pelo projetista).
- No **15° Passo (Coluna 17),** em que se define a pressão dinâmica disponível (*ou pressão dinâmica a montante*): deve-se levar em conta o nível d'água dentro do reservatório. É comum considerar reservatório vazio, ou seja, nível igual a "zero" (pior condição), com o nó inicial na cota da RTI.
- No **17° Passo (Coluna 19),** em que se define a pressão estática disponível (*ou pressão estática a montante*): deve-se considerar o nível d'água em situação de reservatório cheio, desconsiderando a altura da RTI.

Dimensionamento do Barrilete e das Colunas

Dimensionar o barrilete e as colunas para a edificação multifamiliar utilizada nos exemplos anteriores. Neste projeto, tem-se duas colunas de distribuição: AF1, que abastece todos os pavimentos, incluindo o subsolo; e AF2, que abastece apenas os pavimentos com apartamentos. Nos pavimentos-tipo, cada coluna abastece duas unidades habitacionais, totalizando seis unidades sendo abastecidas por cada uma.

Em relação às peças sanitárias, cada apartamento-tipo possui: 1 bacia sanitária com caixa de descarga, 1 lavatório, 1 ducha higiênica e 1 chuveiro no banheiro; 1 pia (torneira) e 1 filtro na cozinha; 1 tanque, 1 lavadora de roupas e 1 aquecedor (para chuveiro e pia da cozinha) na área de serviço; e, por fim, 1 torneira de lavagem na varanda. O apartamento do zelador, localizado no pavimento térreo, possui: 1 bacia sanitária com caixa de descarga, 1 lavatório, 1 ducha higiênica e 1 chuveiro no banheiro; 1 pia (torneira) e 1 filtro na cozinha; 1 tanque, 1 lavadora de roupas e 1 aquecedor (para chuveiro e pia da cozinha) na área de servico. O pavimento térreo possui, ainda, 2 torneiras de jardim. O pavimento de subsolo possui 2 torneiras.

Será utilizada a rotina para o dimensionamento das tubulações do sistema de distribuição, apresentada pela Tabela 3.28, com o preenchimento, passo a passo, das Tabela 3.29.

1° PASSO: Preparar o esquema isométrico e numerar os trechos, criando um novo nó sempre que houver mudança de peso e/ou de vazão.

- Será dimensionada a coluna AF1 (mais carregada) neste exemplo. Para iniciar, foram determinados oito trechos para a tubulação barrilete + coluna AF1.

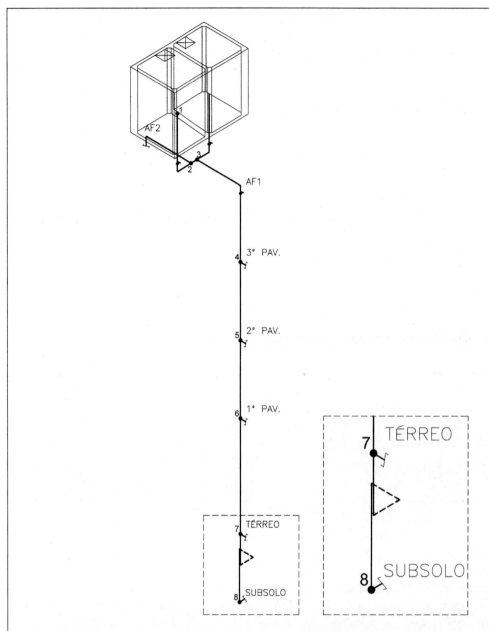

2° PASSO: Introduzir a identificação de cada pavimento e de cada trecho da rede na planilha – PREENCHER COLUNAS 1 e 2.

Pavimento	Trecho
(Col. 1)	(Col. 2)
Cobertura	1-2
Cobertura	2-3
3º	3-4
2º	4-5
1º	5-6
Térreo	6-7
Subsolo	7-8

3º PASSO: Somar os pesos relativos de todas as peças de utilização em cada trecho, do ponto mais a jusante para o mais a montante, e acumular até chegar ao reservatório. PREENCHER COLUNA 3.

O cálculo detalhado, por pavimento, considerando cada um dos aparelhos sanitários existentes, é apresentado na sequência e, posteriormente, os resultados são lançados na Coluna 3.

Pavimento	Local	Aparelho		Peso	Qtde	Soma	Total
Pavimento-tipo (2 Apartamentos)	Cozinha	Pia		0,7	1	0,8	2 × 5,1 = 10,2
		Filtro		0,1	1		
	Área de serviço	Tanque		0,7	1	2,8	
		MLR		1	1		
		Aq.	Pia	0,7	1		
			Chuveiro	0,4	1		
	Varanda	Torneira		0,4	1	0,4	
	Banheiro	Chuveiro		0,4	1	1,1	
		Bacia sanitária		0,3	1		
		Ducha higiênica		0,1	1		
		Lavatório		0,3	1		
Térreo (Jardim)+ Apartamento do zelador)	Cozinha	Pia		0,7	1	0,8	5,5
		Filtro		0,1	1		
	Área de serviço	Tanque		0,7	1	2,8	
		MLR		1	1		
		Aq.	Pia	0,7	1		
			Chuveiro	0,4	1		
	Banheiro do zelador	Chuveiro		0,4	1	1,1	
		Bacia sanitária		0,3	1		
		Ducha higiênica		0,1	1		
		Lavatório		0,3	1		
	Térreo	Torneira		0,4	2	0,8	
Subsolo	Garagem	Torneira		0,4	2	0,8	0,8

Pavimento	Trecho	Peso
(Col. 1)	(Col. 2)	(Col. 3)
Cobertura	1-2	67,5*
Cobertura	2-3	36,9**
3º	3-4	36,9 (26,7 + 10,2)
2º	4-5	26,7 (16,5 + 10,2)
1º	5-6	16,5 (6,3 + 10,2)
Térreo	6-7	6,3 (0,8 + 5,5)
Subsolo	7-8	0,8 (peso total do subsolo)

*O peso do trecho 1-2 corresponde ao peso de todos os aparelhos sanitários da edificação, tendo em vista que se trata de trecho de barrilete; assim, são considerados, aqui, os pesos das colunas AF1 (36,9) e também AF2 (10,2 × 3 pavimentos = 30,6).
**No trecho 2-3 não há acréscimo de aparelhos sanitários - vide isométrica.

4° PASSO: A partir dos pesos, definir a vazão de cada trecho, usando a Equação 3.24. PREENCHER COLUNAS 4 e 5.

Pavimento	Trecho	Peso	Vazão	
			(L/s)	m³/s
(Col. 1)	(Col. 2)	(Col. 3)	(Col. 4)	(Col. 5)
Cobertura	1-2	67,5	2,5	0,0025
Cobertura	2-3	36,9	1,8	0,0018
3°	3-4	36,9	1,8	0,0018
2°	4-5	26,7	1,6	0,0016
1°	5-6	16,5	1,2	0,0012
Térreo	6-7	6,3	0,8	0,0008
Subsolo	7-8	0,8	0,3	0,0003

5° PASSO: Arbitrar os diâmetros nominais e os correspondentes diâmetros internos. Tabela 3.25. PREENCHER COLUNAS 6 e 7.

6° PASSO: Calcular a área da seção circular. PREENCHER COLUNA 8.

7° PASSO: Calcular a velocidade, usando a Equação da Continuidade (Equação 3.12), tendo como limite máximo 3 m/s, estabelecido pela norma. PREENCHER COLUNA 9.

Pavimento	Trecho	Diâmetro		Área	Velocidade
		DN (mm)	DI (mm)	(m²)	(m/s)
(Col. 1)	(Col. 2)	(Col. 6)	(Col. 7)	(Col. 8)	(Col. 9)
Cobertura	1-2	40	44,0	0,00152	1,62
Cobertura	2-3	40	44,0	0,00152	1,20
3°	3-4	40	44,0	0,00152	1,20
2°	4-5	32	35,2	0,00097	1,59
1°	5-6	32	35,2	0,00097	1,25
Térreo	6-7	25	27,8	0,00061	1,24
Subsolo	7-8	25	27,8	0,00061	0,44

8° PASSO: Medir o comprimento real da tubulação, considerando o pior caminho (traçado horizontal e vertical) para cada trecho. PREENCHER COLUNA 10.

Pavimento	Trecho	Comprimento real (m)
(Col. 1)	(Col. 2)	(Col. 10)
Cobertura	1-2	2,69
Cobertura	2-3	0,30
3°	3-4	5,18
2°	4-5	3,15
1°	5-6	3,15
Térreo	6-7	4,65
Subsolo	7-8	5,00

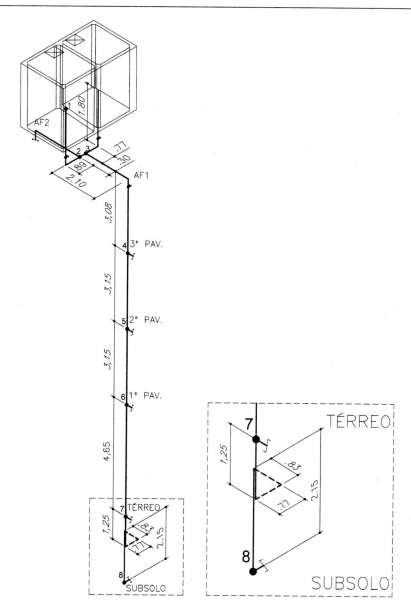

9° PASSO: Calcular o comprimento equivalente de cada conexão, em cada trecho, usando a Tabela 3.21 (*Tubos de PVC rígido*), lembrando que a última conexão de cada trecho só deve ser considerada no trecho seguinte (embora com o diâmetro do trecho anterior). A conexão final, do último trecho, não deve ser contabilizada, uma vez que já faz parte do ramal. Nesta etapa, o projetista deve consultar o isométrico, para identificar e contabilizar as conexões de cada trecho. PREENCHER COLUNA 11.

O cálculo detalhado, por pavimento, considerando cada uma das peças/conexões existentes, é apresentado na sequência, usando a Tabela 3.30 como modelo. Os valores totais de perda de carga por trecho serão lançados na Tabela 3.29, coluna 11.

Trecho	DN (mm)	Peça	Quantidade	Perda de carga Unitária	Total
Trecho 1-2	40*	Saída de canalização	1	3,2	3,2
	40	Registro de gaveta	1	0,7	0,7
	40	Curva de 90°	1	1,2	1,2
	Total				**5,1**
Trecho 2-3	40*	Tê passagem direta	1	2,2	2,2
	Total				**2,2**
Trecho 3-4	40*	Tê de saída de lado	1	7,3	7,3
	40	Joelho de 90º	1	3,2	3,2
	40	Registro de gaveta	1	0,7	0,7
	Total				**11,2**
Trecho 4-5	40*	Tê passagem direta	1	2,2	2,2
	Total				**2,2**
Trechos 5-6 e 6-7	32*	Tê passagem direta	1	1,5	1,5
	Total				**1,5**
Trecho 7-8	25*	Tê passagem direta	1	0,9	0,9
	25	Joelho de 90º	3	1,5	4,5
	Total				**5,4**

*Diâmetro refere-se ao do trecho anterior.

10º PASSO: Somar o comprimento real com o comprimento equivalente. PREENCHER COLUNA 12.

Pavimento	Trecho	Comprimento Real (m)	Equivalente (m)	Total (m)
(Col. 1)	(Col. 2)	(Col. 10)	(Col. 11)	(Col. 12)
Cobertura	1-2	2,69	5,1	7,8
Cobertura	2-3	0,30	2,2	2,5
3º	3-4	5,18	11,2	16,4
2º	4-5	3,15	2,2	5,4
1º	5-6	3,15	1,5	4,7
Térreo	6-7	4,65	1,5	6,2
Subsolo	7-8	5,00	5,4	10,4

11º PASSO: Calcular a perda de carga unitária usando a Equação de *Fair Whipple-Hsiao* para tubos de PVC (Equação 3.19). PREENCHER COLUNA 13.

12º PASSO: Calcular a perda de carga especial — não há

<u>13° PASSO</u>: Calcular a perda de carga total no trecho, multiplicando a perda de carga unitária pelo comprimento total. PREENCHER COLUNA 15.

Pavimento	Trecho	Comprimento Total (m)	Perda de carga Unitária (m/m)	Perda de carga Especial (m)	Perda de carga Total (m)
(Col. 1)	(Col. 2)	(Col.12)	(Col. 13)	(Col. 14)	(Col. 15)
Cobertura	1-2	7,8	0,0658	0	0,51
Cobertura	2-3	2,5	0,0388	0	0,10
3°	3-4	16,4	0,0388	0	0,64
2°	4-5	5,4	0,0844	0	0,45
1°	5-6	4,7	0,0554	0	0,26
Térreo	6-7	6,2	0,0731	0	0,45
Subsolo	7-8	10,4	0,0120	0	0,13

<u>14° PASSO</u>: Determinar o desnível geométrico entre o nó a montante e a jusante do trecho. PREENCHER COLUNA 16.

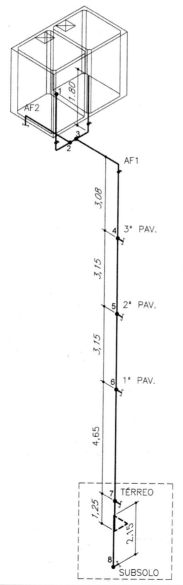

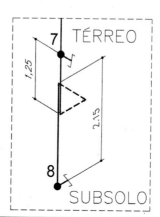

Pavimento (Col. 1)	Trecho (Col. 2)	Desnível (m) (Col. 16)
Cobertura	1-2	1,80
Cobertura	2-3	0,00
3º	3-4	3,08
2º	4-5	3,15
1º	5-6	3,15
Térreo	6-7	4,65
Subsolo	7-8	3,40

15º PASSO: Definir a pressão dinâmica disponível (Col. 17), utilizando, para isso, as informações existentes na perspectiva isométrica desde o RS.

16º PASSO: Calcular a pressão dinâmica residual, somando a pressão dinâmica disponível (Col. 17) com o desnível (Col.16) e subtraindo a perda de carga total calculada para o trecho (Col. 15). PREENCHER COLUNA 18.

Pavimento (Col. 1)	Trecho (Col. 2)	Perda de carga Total (m) (Col.15)	Desnível (m) (Col. 16)	Pressão dinâmica (m.c.a.) Disponível (Col. 17)	Residual (Col. 18)
Cobertura	1-2	0,51	1,80	0,00	1,29
Cobertura	2-3	0,10	0,00	1,29	1,19
3º	3-4	0,64	3,08	1,19	3,64
2º	4-5	0,45	3,15	3,64	6,33
1º	5-6	0,26	3,15	6,33	9,23
Térreo	6-7	0,45	4,65	9,23	13,43
Subsolo	7-8	0,13	3,40	13,43	16,70

Aqui deve ser verificada a pressão residual em cada trecho. Ela deve ser sempre superior a 0,5 m.c.a., o que ocorreu em todos os trechos considerados, e superior a 1,0 m.c.a. nos trechos com chuveiro (pavimentos 1, 2, 3 e Térreo), o que também ocorreu.

17º PASSO: Definir a pressão estática disponível. PREENCHER COLUNA 19.

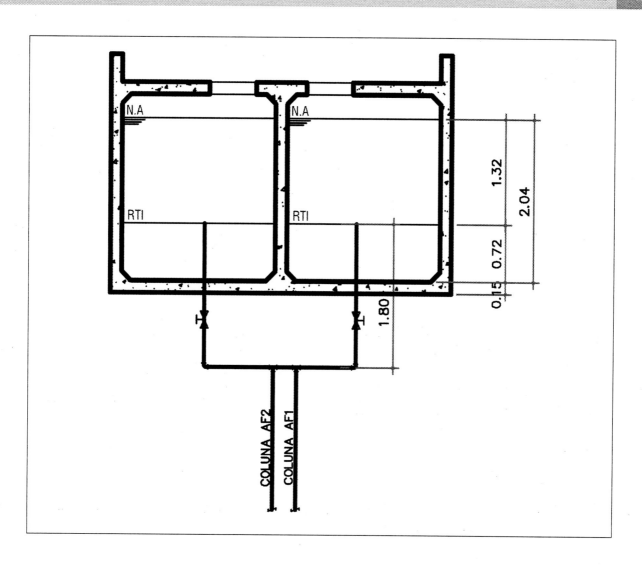

18° PASSO: Calcular a pressão estática residual, somando a pressão estática disponível (Col. 19) com o desnível (Col. 16). Será considerado o reservatório cheio, com desconto da altura da RTI: PREEN-CHER COLUNA 20.

(N.A. com o RS cheio) – (N.A. RTI) = 2,04 – 0,72 = 1,32 m

(Informações disponíveis na Seção 3.3.6 – Dimensionamento do RS)

Neste exemplo, a pressão estática atende ao limite máximo de 40 m.c.a em todos os trechos.

| Pavimento | Trecho | Desnível (m) | Pressão estática (m.c.a) | |
| | | | Disponível | Residual |
(Col. 1)	(Col. 2)	(Col. 16)	(Col. 19)	(Col. 20)
Cobertura	1-2	1,80	1,32	3,12
Cobertura	2-3	0,00	3,12	3,12
3º	3-4	3,08	3,12	6,20
2º	4-5	3,15	6,20	9,35
1º	5-6	3,15	9,35	12,50
Térreo	6-7	4,65	12,50	17,15
Subsolo	7-8	3,40	17,15	20,55

Ao final, convém ao projetista fazer uma tabela com a informação dos diâmetros nominais (DN), que deverão estar nas plantas, e os diâmetros externos (DE) correspondentes, que deverão ser informados ao setor de compras, uma vez que as tubulações soldáveis são comercializadas em função de seu diâmetro externo.

Pavimento	Trecho	DN (mm)	DE (mm)
Cobertura	1-2	40	50
Cobertura	2-3	40	50
3º	3-4	40	50
2º	4-5	32	40
1º	5-6	32	40
Térreo	6-7	25	32
Subsolo	7-8	25	32

Pavimento (col. 1)	Trecho (Col. 2)	Peso (Col. 3)	Vazão (L/s) (Col.4)	Vazão (m³/s) (Col. 5)	Diâmetro DN (mm) (Col.6)	Diâmetro DI (mm) (Col. 7)	Área (m²) (Col. 8)	Velocidade (m/s) (Col. 9)	Comprimento Real (m) (Col. 10)	Comprimento Equivalente (m) (Col. 11)	Comprimento Total (m) (Col. 12)	Perda de Carga Unitária (m/m) (Col. 13)	Perda de Carga Especial (m) (Col. 14)	Perda de Carga Total (m) (Col. 15)	Desnível (m) (Col. 16)	Pressão Dinâmica Disponível (m.c.a.) (Col. 17)	Pressão Dinâmica Residual (m.c.a.) (Col. 18)	Pressão Estática Disponível (m.c.a.) (Col. 19)	Pressão Estática Residual (m.c.a.) (Col. 20)
Cobertura	1-2	67,5	2,46	0,00246	40	44,0	0,00152	1,62	2,69	5,1	7,8	0,0658	0	0,51	1,80	0,00	1,29	1,32	3,12
Cobertura	2-3	36,9	1,82	0,00182	40	44,0	0,00152	1,20	0,30	2,2	2,5	0,0388	0	0,10	0,00	1,29	1,19	3,12	3,12
3º	3-4	36,9	1,82	0,00182	40	44,0	0,00152	1,20	5,18	11,2	16,4	0,0388	0	0,64	3,08	1,19	3,64	3,12	6,20
2º	4-5	26,7	1,55	0,00155	32	35,2	0,00097	1,59	3,15	2,2	5,4	0,0844	0	0,45	3,15	3,64	6,33	6,20	9,35
1º	5-6	16,5	1,22	0,00122	32	35,2	0,00097	1,25	3,15	1,5	4,7	0,0554	0	0,26	3,15	6,33	9,23	9,35	12,50
Térreo	6-7	6,3	0,75	0,00075	25	27,8	0,00061	1,24	4,65	1,5	6,2	0,0731	0	0,45	4,65	9,23	13,43	12,50	17,15
Subsolo	7-8	0,8	0,27	0,00027	25	27,8	0,00061	0,44	5,00	5,4	10,4	0,0120	0	0,13	3,40	13,43	16,70	17,15	20,55

Dimensionamento de ramais e sub-ramais

Da mesma forma como um mesmo barrilete ou uma mesma coluna podem ter dois ou mais trechos com diâmetros diferentes, pois a vazão de distribuição diminui à medida em que se atingem os pavimentos inferiores, também os ramais podem ter diâmetros distintos ao longo de seu traçado, pois a vazão também diminui com a quantidade de aparelhos a serem abastecidos. Além disso, é importante considerar que haverá economia ao se subdividir a tubulação do ramal em alguns diâmetros.

O dimensionamento dos ramais e sub-ramais também segue a marcha de cálculo apresentada na Tabela 3.28, que permite, com facilidade, o conhecimento das pressões em todos os seus trechos. A principal diferença reside no fato de que, no dimensionamento dos ramais, devem ser consideradas as perdas de carga especiais, referentes aos hidrômetros individuais e ao registro de pressão do chuveiro.

Para facilitar, também deve ser preenchida a planilha de cálculo apresentada na Tabela 3.29. Ao final de seu preenchimento, o leitor deve verificar os valores de pressão obtidos em todos os trechos dos ramais. Os mesmos devem ser compatíveis com a demanda de cada aparelho sanitário. Assim como realizado para o dimensionamento do barrilete e das colunas, o projetista deve, neste caso, também dispor do traçado do sistema hidráulico proposto, em planta e em perspectiva isométrica.

Algumas particularidades devem ser consideradas no dimensionamento de ramais:

- No **3° Passo (Coluna 3)**, em que se obtém o somatório de pesos em cada trecho, ressalta-se que o do aquecedor deverá conter o somatório de todas as peças que serão abastecidas por água quente (por exemplo, chuveiro, pia de cozinha etc.).

  Adicionalmente, os trechos que alimentam um único ponto de utilização e que são, portanto, sub-ramais, devem considerar diretamente a vazão de projeto apresentada pela Tabela 3.24, e não o valor dos pesos relativos.

- No **7° passo (Coluna 9)**, em que será calculada a velocidade, recomenda-se ajustá-la para um valor próximo a 1 m/s, pois velocidades muito altas geram grande perda de carga, com consequente redução de pressão.

- No **12° passo (Coluna 14)** será determinada a perda de carga especial, em m.c.a./m, referente à existência de hidrômetro ou registro de pressão no trecho. Os trechos que não possuírem nenhuma dessas peças terão a perda de carga especial igual a zero.

- No **16° passo (Coluna 17)**, a pressão dinâmica disponível no primeiro trecho será igual à pressão residual **no trecho de coluna** correspondente, o que leva, obrigatoriamente, a consultar a tabela de cálculo de barrilete e colunas (etapa anterior).

Dimensionamento de ramais

Dimensionar os ramais de distribuição principal e secundário de água fria do apartamento do 3° pavimento da mesma edificação multifamiliar que vem sendo projetada desde o início deste capítulo.

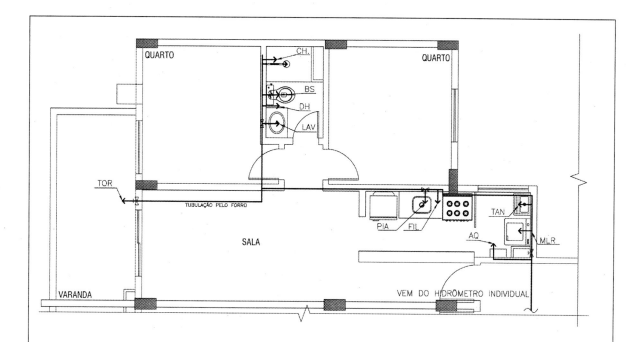

Com base na planta baixa do apartamento, o projetista deve decidir pelo melhor traçado da tubulação dos ramais dentro da unidade. Assim, apresenta-se, a seguir, a perspectiva isométrica com o traçado desta tubulação.

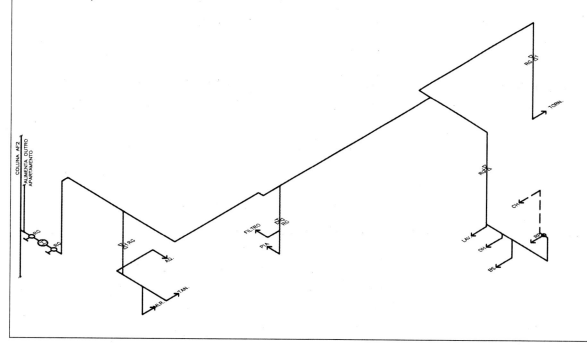

1° PASSO: Preparar o esquema isométrico e numerar os trechos, criando um novo nó sempre que houver mudança de peso e/ou de vazão.

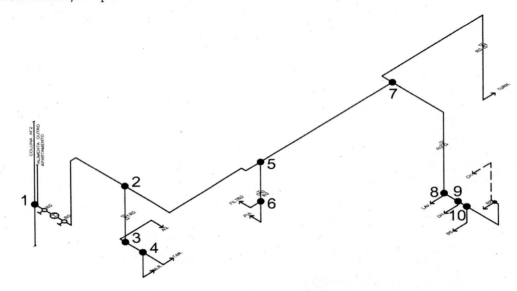

2° PASSO: Introduzir a identificação do pavimento e de cada trecho do ramal na planilha – PREEN-CHER COLUNAS 1 e 2.

Pavimento	Trecho
(Col. 1)	(Col. 2)
3°	1-2
	2-3
	3-AQ
	3-4
	4-MLR
	4-TAN
	2-5
	5-6
	6-FIL
	6-PIA
	5-7
	7-8
	8-LV
	8-9
	9-DH
	9-10
	10-BS
	10-CH
	7-TOR

3º PASSO: Somar os pesos relativos de todas as peças de utilização em cada trecho, do ponto mais a jusante para o mais a montante, acumulando-os até o último nó, na coluna de distribuição. Para calcular o trecho do aquecedor, somar todas as peças abastecidas pela água quente. Para os sub-ramais (trechos que alimentam um único ponto de utilização), utilizar o valor de vazão diretamente. PREENCHER COLUNA 3.

4º PASSO: A partir dos pesos, definir a vazão de cada trecho, usando a Equação 3.24. PREENCHER COLUNAS 4 e 5.

Pavimento	Trecho	Peso	Vazão	
			(L/s)	(m³/s)
(Col. 1)	(Col. 2)	(Col. 3)	(Col. 4)	(Col. 5)
3º	1-2	5,1	0,68	0,00068
	2-3	2,8	0,50	0,00050
	3-AQ*	1,1 (0,4+0,7)	0,31	0,00031
	3-4	1,7	0,39	0,00039
	4-MLR	–	0,30	0,00030
	4-TAN	–	0,25	0,00025
	2-5	2,3	0,45	0,00045
	5-6	0,8	0,27	0,00027
	6-FIL	–	0,10	0,00010
	6-PIA	–	0,25	0,00025
	5-7	1,5	0,37	0,00037
	7-8	1,1	0,31	0,00031
	8-LV	–	0,15	0,00015
	8-9	0,8	0,27	0,00027
	9-DH	–	0,10	0,00010
	9-10	0,7	0,25	0,00025
	10-BS	–	0,15	0,00015
	10-CH	–	0,20	0,00020
	7-TOR	–	0,20	0,00020

*Aquecedor: aparelho que abastecerá, neste caso, o chuveiro e a pia da cozinha.

5º PASSO: Arbitrar os diâmetros nominais e os correspondentes diâmetros internos. PREENCHER COLUNAS 6 e 7.

6º PASSO: Calcular a área da seção circular. PREENCHER COLUNA 8.

7º PASSO: Calcular a velocidade, usando a Equação da Continuidade (Equação 3.12), tendo como limite máximo 3 m/s, conforme estabelecido pela norma. PREENCHER COLUNA 9.

Pavimento	Trecho	Diâmetro		Área	Velocidade
		DN	DI		
		(mm)	(mm)	(m²)	(m/s)
(Col. 1)	(Col. 2)	(Col. 6)	(Col. 7)	(Col. 8)	(Col. 9)
3°	1-2	32	35,20	0,0010	0,70
	2-3	25	27,80	0,0006	0,83
	3-AQ	20	21,60	0,0004	0,86
	3-4	25	27,80	0,0006	0,64
	4-MLR	20	21,60	0,0004	0,82
	4-TAN	15	17,00	0,0002	1,10
	2-5	32	35,20	0,0010	0,47
	5-6	25	27,80	0,0006	0,44
	6-FIL	15	17,00	0,0002	0,44
	6-PIA	15	17,00	0,0002	1,10
	5-7	25	27,80	0,0006	0,61
	7-8	25	27,80	0,0006	0,52
	8-LV	15	17,00	0,0002	0,66
	8-9	25	27,80	0,0006	0,44
	9-DH	15	17,00	0,0002	0,44
	9-10	25	27,80	0,0006	0,41
	10-BS	15	17,00	0,0002	0,66
	10-CH	25	27,80	0,0006	0,33
	7-TOR	15	17,00	0,0002	0,88

8º PASSO: Medir o comprimento real da tubulação, considerando o pior caminho (traçado horizontal e vertical) para cada trecho. PREENCHER COLUNA 10.

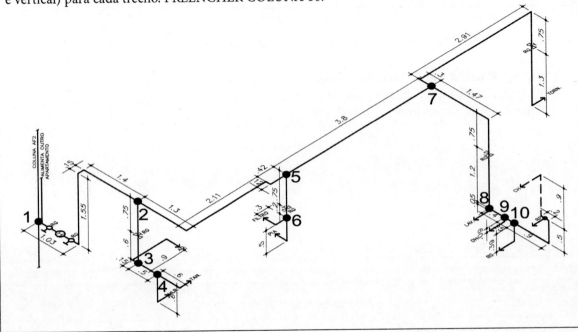

Pavimento (Col. 1)	Trecho (Col. 2)	Comprimento real (m) (Col. 10)
3°	1-2	4,13
	2-3	1,35
	3-AQ	1,05
	3-4	0,50
	4-MLR	0,60
	4-TAN	0,60
	2-5	3,95
	5-6	0,95
	6-FIL	0,30
	6-PIA	0,50
	5-7	3,80
	7-8	3,42
	8-LV	0,05
	8-9	0,40
	9-DH	0,09
	9-10	0,25
	10-BS	0,39
	10-CH	2,50
	7-TOR	5,26

9° PASSO: Calcular o comprimento equivalente de cada conexão, em cada trecho, usando a Tabela 3.21 (*Tubos de PVC rígido*), lembrando que a última conexão de cada trecho só deve ser considerada no trecho seguinte (sem esquecer que o diâmetro desta peça é o do trecho anterior). PREENCHER COLUNA 11.

O cálculo detalhado, por pavimento, considerando cada uma das peças/conexões existentes, é apresentado na sequência, usando a Tabela 3.30 como base.

Trecho	DN (mm)	Peça	Quantidade	Perda de carga Unitária	Total
1-2	40*	Tê saída lateral	1	7,3	7,3
	32	Tê passagem direta	1	1,5	1,5
	32	Registro de gaveta	2	0,4	0,8
	32	Joelho de 90°	3	2,0	6,0
	32	Hidrômetro***	1	–	–
	Total				15,6
2-3	32**	Tê saída lateral	1	4,6	4,6
	25	Registro de gaveta	1	0,3	0,3
	Total				4,9
3-AQ	25**	Tê saída lateral	1	3,1	3,1
	20	Joelho de 90°	2	1,2	2,4
	Total				5,5
3-4	25**	Tê saída lateral	1	3,1	3,1
	Total				3,1
4-MLR	25**	Tê saída lateral	1	3,1	3,1
	20	Joelho de 90°	1	1,2	1,2
	Total				4,3

Trecho	DN (mm)	Peça	Quantidade	Perda de carga	
				Unitária	Total
4-TAN	25**	Tê passagem direta	1	0,9	0,9
	15	Joelho de 90°	1	1,1	1,1
	Total				**2,0**
2-5	32**	Tê passagem direta	1	1,5	1,5
	32	Joelho de 90°	3	2,0	6,0
	Total				**7,5**
5-6	32**	Tê saída lateral	1	4,6	4,6
	25	Registro de gaveta	1	0,3	0,3
	Total				**4,9**
6-FIL	25**	Tê saída lateral	1	3,1	3,1
	15	Joelho de 90°	1	1,1	1,1
	Total				**4,2**
6-PIA	25**	Tê passagem direta	1	0,9	0,9
	15	Joelho de 90°	1	1,1	1,1
	Total				**2,0**
5-7	32**	Tê passagem direta	1	1,5	1,5
	Total				**1,5**
7-8	25**	Tê saída lateral	1	3,1	3,1
	25	Joelho de 90°	1	1,5	1,5
	25	Registro de gaveta	1	0,3	0,3
	Total				**4,9**
8-LV	25**	Tê passagem direta	1	0,9	0,9
	15	Joelho de 90°	1	1,1	1,1
	Total				**2,0**
8-9	25**	Tê saída lateral	1	3,1	3,1
	Total				**3,1**
9-DH	25**	Tê saída lateral	1	3,1	3,1
	15	Joelho de 90°	1	1,1	1,1
	Total				**4,2**
9-10	25**	Tê passagem direta	1	0,9	0,9
	Total				**0,9**
10-BS	25**	Tê saída lateral	1	3,1	3,1
	15	Joelho de 90°	1	1,1	1,1
	Total				**4,2**
10-CH	25**	Tê passagem direta	1	0,9	0,9
	25	Joelho de 90°	3	1,5	4,5
	25	Tê saída lateral***	1	3,1	3,1
	25	Registro de pressão*	1	-	-
	Total				**8,5**
7-TOR	25**	Tê saída lateral	1	3,1	3,1
	15	Joelho de 90°	2	1,1	2,2
	15	Registro de gaveta	1	0,1	0,1
	Total				**5,4**

*Diâmetro correspondente ao trecho de saída da coluna no 3° pavimento.
**Diâmetro do trecho anterior.
***Esta peça representa, neste caso, o misturador.

<u>10° PASSO</u>: Somar o comprimento real com o comprimento equivalente. PREENCHER COLUNA 12.

Pavimento (Col. 1)	Trecho (Col. 2)	Comprimento		
		Real (m) (Col. 10)	Equivalente (m) (Col. 11)	Total (m) (Col. 12)
3°	1-2	4,13	15,6	19,73
	2-3	1,35	4,9	6,25
	3-AQ	1,05	5,5	6,55
	3-4	0,50	3,1	3,60
	4-MLR	0,60	4,3	4,90
	4-TAN	0,60	2,0	2,60
	2-5	3,95	7,5	11,45
	5-6	0,95	4,9	5,85
	6-FIL	0,30	4,2	4,50
	6-PIA	0,50	2,0	2,50
	5-7	3,80	1,5	5,30
	7-8	3,42	4,9	8,32
	8-LV	0,05	2,0	2,05
	8-9	0,40	3,1	3,50
	9-DH	0,09	4,2	4,29
	9-10	0,25	0,9	1,15
	10-BS	0,39	4,2	4,59
	10-CH	2,50	8,5	11,00
	7-TOR	5,26	5,4	10,66

<u>11° PASSO</u>: Calcular a perda de carga unitária usando a Equação de *Fair Whipple-Hsiao* para tubos de PVC (Equação 3.19). PREENCHER COLUNA 13.

<u>12° PASSO</u>: Calcular a perda de carga especial, referente ao hidrômetro e ao registro de pressão, nos trechos em que a mesma existir (Equações 3.25 e 3.26). PREENCHER COLUNA 14.
<u>Hidrômetro:</u>
$Q_{máx}$: 20 m³/s, dada pela Tabela 3.26 considerando DN 32 mm.
$\Delta H = (36 \times 0,68)^2 \times 20^{-2} = 1,5$ KPa $= 0,15$ m.c.a.
<u>Registro de pressão:</u>

K: 45, dado pela Tabela 3.27.

$$\Delta H = 8 \times 10^6 \times 45 \times 0,2^2 \times \pi^{-2} \times 27,8^{-4} = 2,44 \, kPa = 0,24 \, m.c.a.$$

<u>13° PASSO</u>: Determinar a perda de carga total no trecho, multiplicando a perda de carga unitária pelo comprimento total, e somando, quando necessário, a perda de carga especial. PREENCHER COLUNA 15.

Pavimento	Trecho	Perda de carga		
		Unitária	Especial	Total
		(m)	(m)	(m)
(Col. 1)	(Col. 2)	(Col. 13)	(Col. 14)	(Col. 15)
3°	1-2	0,0198	0,15	0,54
	2-3	0,0360	-	0,22
	3-AQ	0,0527	-	0,34
	3-4	0,0232	-	0,08
	4-MLR	0,0485	-	0,24
	4-TAN	0,1098	-	0,29
	2-5	0,0099	-	0,11
	5-6	0,0120	-	0,07
	6-FIL	0,0221	-	0,10
	6-PIA	0,1098	-	0,27
	5-7	0,0208	-	0,11
	7-8	0,0159	-	0,13
	8-LV	0,0449	-	0,09
	8-9	0,0120	-	0,04
	9-DH	0,0221	-	0,09
	9-10	0,0107	-	0,01
	10-BS	0,0449	-	0,21
	10-CH	0,0072	0,24	0,32
	7-TOR	0,0743	-	0,79

14° PASSO: Determinar o desnível geométrico entre o nó a montante e a jusante do trecho. Quando o ponto a jusante está mais elevado que o ponto a montante, o valor é negativo (é o que ocorre entre os pontos 1 e 2). PREENCHER COLUNA 16.

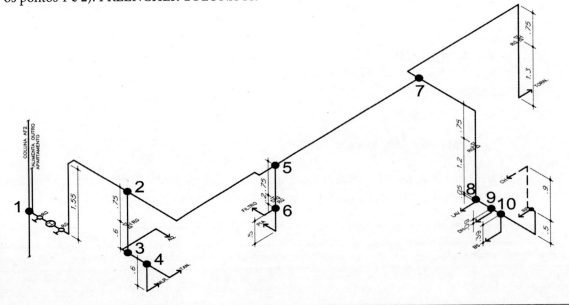

Pavimento (Col. 1)	Trecho (Col. 2)	Desnível (m) (Col. 16)
3°	1-2	-1,55
	2-3	1,35
	3-AQ	0,00
	3-4	0,00
	4-MLR	0,60
	4-TAN	0,00
	2-5	0,00
	5-6	0,95
	6-FIL	0,00
	6-PIA	0,50
	5-7	0,00
	7-8	1,95
	8-LV	0,05
	8-9	0,00
	9-DH	0,09
	9-10	0,00
	10-BS	0,39
	10-CH	-1,40
	7-TOR	2,05

15° PASSO: Definir a pressão dinâmica disponível no ramal, considerando o valor de pressão dinâmica residual do mesmo trecho, **na coluna,** calculado no exemplo anterior, no 16° passo.

Pavimento (Col. 1)	Trecho (Col. 2)	Desnível (m) (Col. 16)	Pressão dinâmica	
			Disponível (m.c.a) (Col. 17)	Residual (m.c.a) (Col. 18)
Cobertura	1-2	1,80	0,00	1,29
Cobertura	2-3	0,00	1,29	1,19
3°	3-4	3,08	1,19	**3,64**
2°	4-5	3,15	3,64	6,33
1°	5-6	3,15	6,33	9,23
Térreo	6-7	4,65	9,23	13,43
Subsolo	7-8	3,40	13,43	16,70

PREENCHER COLUNA 17 da tabela de ramais de água fria com o valor obtido: **3,64 m.c.a**.

16° PASSO: Calcular a pressão dinâmica residual, somando a pressão dinâmica disponível (Col. 17) com o desnível (Col.16) e subtraindo a perda de carga total calculada para o trecho (Col. 15). PREENCHER COLUNA 18.

Aqui deve ser verificada a pressão residual em cada trecho. Ela deve ser sempre superior a 0,5 m.c.a, o que ocorreu em todos os trechos considerados, e superior a 1,0 m.c.a no trecho com chuveiro, o que também ocorreu.

Pavimento	Trecho	Desnível (m)	Pressão dinâmica Disponível (m.c.a)	Residual (m.c.a)
(Col. 1)	(Col. 2)	(Col. 16)	(Col. 17)	(Col. 18)
3°	1-2	–1,55	3,64	1,55
	2-3	1,35	1,55	2,67
	3-AQ	0,00	2,67	2,33
	3-4	0,00	2,67	2,59
	4-MLR	0,60	2,59	2,95
	4-TAN	0,00	2,59	2,30
	2-5	0,00	1,55	1,43
	5-6	0,95	1,43	2,31
	6-FIL	0,00	2,31	2,21
	6-PIA	0,50	2,31	2,54
	5-7	0,00	1,43	1,32
	7-8	1,95	1,32	3,14
	8-LV	0,05	3,14	3,10
	8-9	0,00	3,14	3,10
	9-DH	0,09	3,10	3,10
	9-10	0,00	3,10	3,09
	10-BS	0,39	3,09	3,27
	10-CH	-1,40	3,09	1,37
	7-TOR	2,05	1,32	2,58

17° PASSO: Definir a pressão estática disponível considerando o valor de pressão estática residual no respectivo trecho da coluna calculada anteriormente, no 18° passo no exemplo anterior.

Pavimento	Trecho	Desnível (m)	Pressão estática Disponível (m.c.a)	Residual (m.c.a)
(Col. 1)	(Col. 2)	(Col. 16)	(Col. 19)	(Col. 20)
Cobertura	1-2	1,80	1,32	3,12
Cobertura	2-3	0,00	3,12	3,12
3°	3-4	3,08	3,12	**6,20**
2°	4-5	3,15	6,20	9,35
1°	5-6	3,15	9,35	12,50
Térreo	6-7	4,65	12,50	17,15
Subsolo	7-8	3,40	17,15	20,55

PREENCHER COLUNA 19 da tabela de ramais de água fria com o valor obtido: **6,20 m.c.a.**

18° PASSO: Calcular a pressão estática residual, somando a pressão estática residual a montante (Col. 18) com o desnível (Col. 15). PREENCHER COLUNA 20. Neste exemplo, a pressão estática atende ao limite máximo de 40 m.c.a em todos os trechos.

Pavimento	Trecho	Desnível	Pressão estática	
			Disponível	Residual
		(m)	(m.c.a)	(m.c.a)
(Col. 1)	(Col. 2)	(Col. 16)	(Col. 19)	(Col. 20)
3°	1-2	−1,55	6,20	4,65
	2-3	1,35	4,65	6,00
	3-AQ	0,00	6,00	6,00
	3-4	0,00	6,00	6,00
	4-MLR	0,60	6,00	6,60
	4-TAN	0,00	6,00	6,00
	2-5	0,00	4,65	4,65
	5-6	0,95	4,65	5,60
	6-FIL	0,00	5,60	5,60
	6-PIA	0,50	5,60	6,10
	5-7	0,00	4,65	4,65
	7-8	1,95	4,65	6,60
	8-LV	0,05	6,60	6,65
	8-9	0,00	6,60	6,60
	9-DH	0,09	6,60	6,69
	9-10	0,00	6,60	6,60
	10-BS	0,39	6,60	6,99
	10-CH	-,140	6,60	5,20
	7-TOR	2,05	4,65	6,70

Ao final, convém ao projetista fazer uma tabela com a informação dos diâmetros nominais (DN), que deverão estar nas plantas, e os diâmetros externos (DE) correspondentes, que deverão ser informados ao setor de compras, uma vez que as tubulações soldáveis são comercializadas em função de seu diâmetro externo.

Pavimento	Trecho	DN (mm)	DE (mm)
3°	1-2	32	40
	2-3	25	32
	3-AQ	20	25
	3-4	25	32
	4-MLR	20	25
	4-TAN	15	20
	2-5	32	40
	5-6	25	32
	6-FIL	15	20
	6-PIA	15	20
	5-7	25	32
	7-8	25	32
	8-LV	15	20
	8-9	25	32
	9-DH	15	20
	9-10	25	32
	10-BS	15	20
	10-CH	25	32
	7-TOR	15	20

Adicionalmente, é importante deixar aqui um comentário sobre a escolha dos diâmetros para os trechos de sub-ramais. Seguiu-se, neste dimensionamento, a orientação da Tabela 3.31. Entretanto, do ponto de vista executivo, ter vários pequenos trechos, correspondentes aos sub-ramais, com dos diâmetros distintos dos ramal, diminui a produtividade na obra e pode ser fruto de erros na construção (vários comprimentos pequenos de tubulação com diâmetro diferente do ramal). Uma possibilidade, costumeiramente empregada, é a de só fazer a redução na última peça, que se conecta ao aparelho sanitário.

Pavimento (Col.1)	Trecho (Col.2)	Peso (Col.3)	Vazão (L/s) (Col.4)	m³/s (Col.5)	Diâmetro DN (mm) (Col.6)	DI (mm) (Col.7)	Área (m²) (Col.8)	Velocidade (m/s) (Col.9)	Comprimento Real (m) (Col.10)	Equivalente (m) (Col.11)	Total (m) (Col.12)	Perda de carga Unitária (m/m) (Col.13)	Especial (m) (Col.14)	Total (m) (Col.15)	Desnível (m) (Col.16)	Pressão Dinâmica Disponível (m.c.a.) (Col.17)	Residual (m.c.a.) (Col.18)	Pressão Estática Disponível (m.c.a.) (Col.19)	Residual (m.c.a.) (Col.20)
3°	1-2	5,1	0,68	0,00068	32	35,20	0,0010	0,70	4,13	15,6	19,73	0,0198	0,15	0,54	-1,55	3,64	1,55	6,20	4,65
	2-3	2,8	0,50	0,00050	25	27,80	0,0006	0,83	1,35	4,9	6,25	0,0360		0,22	1,35	1,55	2,67	4,65	6,00
	3-AQ	1,1	0,31	0,00031	20	21,60	0,0004	0,86	1,05	5,5	6,55	0,0527		0,34	0,00	2,67	2,33	6,00	6,00
	3-4	1,7	0,39	0,00039	25	27,80	0,0006	0,64	0,50	3,1	3,60	0,0232		0,08	0,00	2,67	2,59	6,00	6,00
	4-MLR	-	0,30	0,00030	20	21,60	0,0004	0,82	0,60	4,3	4,90	0,0485		0,24	0,60	2,59	2,95	6,00	6,60
	4-TAN	-	0,25	0,00025	15	17,00	0,0002	1,10	0,60	2,0	2,60	0,1098		0,29	0,00	2,59	2,30	6,00	6,00
	2-5	2,3	0,45	0,00045	32	35,20	0,0010	0,47	3,95	7,5	11,45	0,0099		0,11	0,00	1,55	1,43	4,65	4,65
	5-6	0,8	0,27	0,00027	25	27,80	0,0006	0,44	0,95	4,9	5,85	0,0120		0,07	0,95	1,43	2,31	4,65	5,60
	6-FIL	-	0,10	0,00010	15	17,00	0,0002	0,44	0,30	4,2	4,50	0,0221		0,10	0,00	2,31	2,21	5,60	5,60
	6-PIA	-	0,25	0,00025	15	17,00	0,0002	1,10	0,50	2,0	2,50	0,1098		0,27	0,50	2,31	2,54	5,60	6,10
	5-7	1,5	0,37	0,00037	25	27,80	0,0006	0,61	3,80	1,5	5,30	0,0208		0,11	0,00	1,43	1,32	4,65	4,65
	7-8	1,1	0,31	0,00031	25	27,80	0,0006	0,52	3,42	4,9	8,32	0,0159		0,13	1,95	1,32	3,14	4,65	6,60
	8-LV	-	0,15	0,00015	15	17,00	0,0002	0,66	0,05	2,0	2,05	0,0449		0,09	0,05	3,14	3,10	6,60	6,65
	8-9	0,8	0,27	0,00027	25	27,80	0,0006	0,44	0,40	3,1	3,50	0,0120		0,04	0,00	3,14	3,10	6,60	6,60
	9-DH	-	0,10	0,00010	15	17,00	0,0002	0,44	0,09	4,2	4,29	0,0221		0,09	0,09	3,10	3,10	6,60	6,69
	9-10	0,7	0,25	0,00025	25	27,80	0,0006	0,41	0,25	0,9	1,15	0,0107		0,01	0,00	3,10	3,09	6,60	6,60
	10-BS	-	0,15	0,00015	15	17,00	0,0002	0,66	0,39	4,2	4,59	0,0449		0,21	0,39	3,09	3,27	6,60	6,99
	10-CH	-	0,20	0,00020	25	27,80	0,0006	0,33	2,50	8,5	11,00	0,0072	0,24	0,32	-1,40	3,09	1,37	6,60	5,20
	7-TOR	-	0,20	0,00020	15	17,00	0,0002	0,88	5,26	5,4	10,66	0,0743		0,79	2,05	1,32	2,58	4,65	6,70

MLR: Máquina de Lavar Roupa TAN: Tanque FIL: Filtro (ou bebedouro) LV: Lavatório DH: Ducha Higiênica BS: Bacia Sanitária CH: Chuveiro TOR: Torneira

3.4 PRINCIPIOS BÁSICOS DO SISTEMA PREDIAL DE ÁGUA QUENTE

O sistema predial de água quente é uma derivação do sistema predial de água fria, e tem por objetivo proporcionar maior conforto ao usuário. Há situações em que a disponibilidade de água quente não compreende apenas o conforto, mas é necessária, tais como em hospitais, laboratórios, lavanderias, restaurantes etc. O projeto e as especificações de materiais, aparelhos, equipamentos e dispositivos de qualquer uma das partes constituintes do sistema predial de água quente devem ser feitos de acordo com as normas brasileiras. A norma que estabelece as exigências técnicas mínimas quanto à higiene, à segurança, à economia e ao conforto dos usuários, pelo qual deve ser projetado o sistema predial de água quente, também é a NBR 5626:2020, aplicável às instalações para consumo humano cuja temperatura seja no máximo 70 °C.

A temperatura mínima com que a água quente deverá ser fornecida depende do uso a que se destina. Nos pontos de consumo poderá ser feita uma dosagem com água fria para obter temperaturas menores, de acordo com os níveis de conforto dos usuários. Há situações em que a temperatura indicada para o uso da água, em hospitais ou laboratórios, por exemplo, supera 100 °C. Já para uso doméstico, como banho, ela pode estar em torno de 35 °C. Recomenda-se a instalação de misturadores quando houver a possibilidade de a água fornecida para uso humano ultrapassar 40 °C, como ilustrado pela Figura 3.37. Ainda, deve ser evitada a possibilidade de inversão de água quente no sistema frio, ou vice-versa, em situações normais de utilização.

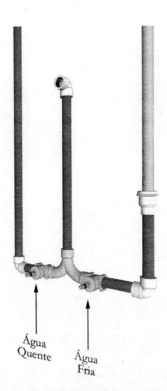

Água Quente   Água Fria

FIGURA 3.37: Uso de misturadores em chuveiros — à direita ocorre o abastecimento de água fria e à esquerda, o abastecimento de água quente. A água se mistura e é fornecida ao usuário em temperatura agradável.

3.4.1 Classificação dos Sistemas de Aquecimento de Água

Os sistemas prediais de água quente podem ser classificados em *individual, central privado* e *central coletivo.*

3.4.1.1 Sistema individual

O sistema individual consiste na alimentação de um único ponto de utilização, sem necessidade de uma rede de água quente. Como exemplos podem-se citar o chuveiro elétrico e o aquecedor individual. Os energéticos utilizados neste tipo de sistema são essencialmente o gás combustível e a eletricidade. No caso de aquecedores elétricos individuais tem-se uma resistência que é ligada automaticamente pelo próprio fluxo de água. Por sua vez, os aquecedores individuais a gás combustível possuem um queimador que é acionado por uma chama-piloto, quando da passagem do fluxo de água, e o ar ambiente é utilizado como comburente. Esses equipamentos podem ser classificados, quanto ao comburente utilizado, em aquecedores de fluxo balanceado e aquecedores com consumo de ar interno ao ambiente. Os aquecedores de fluxo balanceado utilizam como comburente o ar externo ao ambiente, e os produtos originados nessa combustão são também destinados para o exterior. Em vista disso, esses equipamentos podem ser instalados em quaisquer ambientes, inclusive naqueles onde a permanência de pessoas é prolongada.

A alimentação de água fria, tanto para o aquecedor a gás como para o que utiliza eletricidade, no caso do sistema individual, é feita juntamente com os demais aparelhos, não necessitando de uma coluna individual. No caso de aquecedores a gás com consumo de ar interno em relação ao ambiente de instalação, deve ser previsto um dispositivo para exaustão dos gases provenientes da combustão. Neste tipo de sistema de aquecimento, o equipamento gerador de calor está situado no próprio ponto de consumo, inexistindo uma rede de tubulações para a distribuição da água aquecida.

3.4.1.2 Sistema central privado

O sistema central privado consiste, basicamente, em um equipamento responsável pelo aquecimento da água e uma rede de tubulações que distribui a água aquecida a pontos de utilização que pertencem a mesma unidade. As fontes energéticas mais utilizadas neste tipo de sistema são, basicamente, gás combustível, eletricidade, óleo combustível, lenha e energia solar. Os equipamentos de aquecimento a gás combustível e eletricidade podem ser classificados, segundo o princípio de funcionamento, em aquecedores instantâneos (ou de passagem) e aquecedores de acumulação (*boiler*).

A entrada de água fria deve ser feita em cota superior ao aquecedor, o que, associado a uma ventilação permanente (respiro ou ventosa), evita o esvaziamento do mesmo em caso de falta d'água no reservatório ou no caso de manutenção dos aquecedores. Deve ser previsto um dispositivo que evite o retorno da água do interior do aquecedor em direção à coluna, evitando assim maiores perdas de energia. Atualmente, um recurso muito utilizado é o sifão térmico, o qual reduz as perdas, contudo não as eliminando de todo.

A distribuição da água quente em um sistema central privado constitui-se, basicamente, de ramais que conduzem a água desde o equipamento de aquecimento (instantâneo ou de acumulação) até os diversos pontos de utilização. Tendo em vista obter-se uma temperatura adequada no ponto de utilização, o trajeto percorrido pela água quente deve ser o mais curto possível, e as tubulações, devidamente isoladas. A Figura 3.38 apresenta duas possibilidades de distribuição de água quente em um banheiro residencial: (A) aquecedor de passagem (B) aquecedor de acumulação, ambos localizados na área de serviço. A Figura 3.39 ilustra de forma esquemática a distribuição de água fria num sistema central privado.

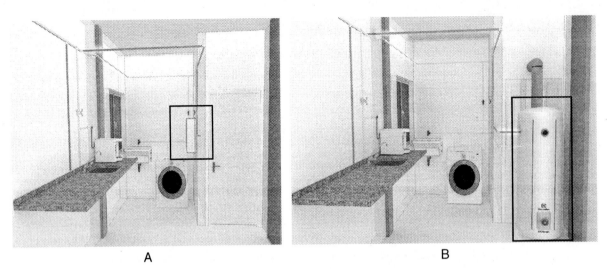

A   B

FIGURA 3.38: Instalação de água quente em sistema central privado. A, Aquecedor de passagem. B, Aquecedor de acumulação.

FIGURA 3.39: Instalação de água quente em sistema central privado.

Aquecedores

De acordo com a NBR7198:1993 (ABNT, 1993), denomina-se aquecedor todo aparelho destinado a aquecer a água. A mesma norma ainda especifica dois tipos de aquecedor: *de acumulação* e *de passagem*.

O *aquecedor de acumulação* (ou instantâneo) é o aparelho que se compõe de um reservatório dentro do qual a água acumulada é aquecida; o aquecimento é lento, porém constante. Sempre que a temperatura cai abaixo de determinado nível, o aquecedor é acionado por termostato, sendo desligado ao atingir a temperatura estabelecida.

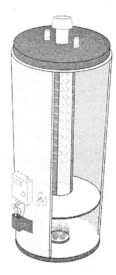

Já o *aquecedor de passagem* é o aparelho que não exige reservatório, aquecendo a água quando de sua passagem por ele, o que diminui o consumo de combustível (gás ou eletricidade). O aquecimento ocorre em uma câmara e inicia quando os sensores indicam a passagem de água.

É importante ressaltar que os aquecedores de passagem devem ser instalados em local ventilado, com chaminé para dispersão dos gases gerados pela queima.

1 Chaminé
2 Gases de combustão
3 Regulador de tiragem
4 Câmara de combustão
5 Chapa externa/carenagem
6 Serpentina
7 Queimador
8 Entrada de gás
9 Entrada de água fria
10 Saída de água quente

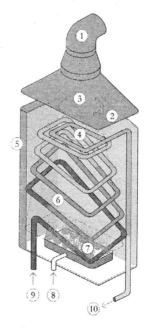

Este é o tipo de aquecedor mais empregado em uso residencial, principalmente por ser mais compacto e econômico que os sistemas por acumulação, já que só é ligado no momento do uso. São indicados para no máximo três pontos de uso simultâneo. Em caso de erro de dimensionamento, poderá não prover água quente suficiente para as necessidades da residência.

3.4.1.3 Sistema central coletivo

O sistema central coletivo utiliza um único equipamento gerador de água quente para toda a edificação. Este equipamento é conectado a uma rede de tubulações que conduz a água quente até os pontos de utilização nas diferentes unidades constituintes da edificação. Nesse sistema, comumente são empregadas caldeiras, equipamentos destinados a produzir e acumular vapor sob pressão superior à atmosférica, cuja fonte energética utilizada pode ser gás combustível e/ou eletricidade, com possibilidade de alternância entre eles.

É importante que haja a reservação de parte do volume de água a ser consumido, ficando o mesmo alocado em reservatório apropriado. O gerador e o reservatório podem estar localizados conjuntamente ou não, dependendo da flexibilidade para adequação dos ambientes, uma vez que esses equipamentos são de grande porte. Geralmente, a central de aquecimento é instalada na parte inferior do edifício; entretanto, pode-se ter o gerador na parte inferior e o reservatório na parte superior (cobertura ou outro pavimento). Ao local em que se posiciona a caldeira, dá-se o nome "casa das caldeiras". A norma NR-13 *Caldeiras e Vasos de Pressão* (MTE, 1978) especifica os requisitos para o projeto da casa das caldeiras.

A caldeira recebe água fria por meio de uma coluna exclusiva, dada a alta vazão requerida. Após o aquecimento, a distribuição da água ocorre por meio de um barrilete de distribuição, de onde saem as colunas de água quente, podendo ocorrer de forma ascendente, descendente ou mista.

Na distribuição descendente, um barrilete superior alimenta as colunas que abastecem os pontos de utilização. Já quando a distribuição é ascendente, propõe-se um barrilete inferior, de onde serão derivadas as prumadas de água quente. A modalidade de distribuição mista, por sua vez, resulta da combinação dos tipos citados anteriormente. A Figura 3.40 apresenta um exemplo de sistema central coletivo usando caldeira, com distribuição descendente.

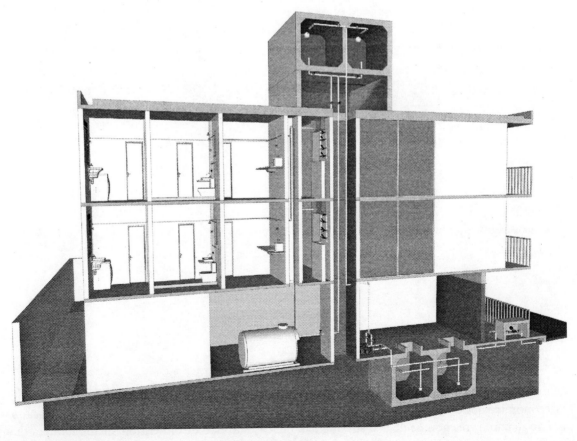

FIGURA 3.40: Sistema central coletivo em alojamento estudantil.

3.5 PROJETO DO SISTEMA PREDIAL DE ÁGUA QUENTE: CONCEPÇÃO E DIMENSIONAMENTO

O sistema predial de água quente é regido pela NBR 7198:1993 (ABNT, 1993), que estabelece condições específicas, as quais devem ser rigorosamente seguidas pelo projetista.

O tipo de aquecedor deve ser especificado — de passagem ou acumulação —, incluindo informações sobre volume, temperaturas máxima e mínima, fonte de calor e potência. Ele deve ser alimentado pelo reservatório superior de água fria ou por dispositivo de pressurização.

No dimensionamento das canalizações, devem sempre ser consideradas as pressões mínimas e máximas admitidas nas peças de utilização, bem como as pressões recomendadas pelos catálogos dos fabricantes, referentes aos aquecedores. A NBR 5626:2020 (ABNT, 2020) recomenda que a pressão estática máxima para as peças de utilização e para os aquecedores não ultrapasse 400 kPa (40 m.c.a.). As pressões dinâmicas mínimas nas torneiras e chuveiros não devem ser inferiores a 5 kPa e 10 kPa (0,50 e 1 m.c.a.), respectivamente.

Ainda de acordo com a NBR 5626:2020 (ABNT, 2020), a velocidade da água nas tubulações não deve ser superior a 3 m/s. Nos locais onde o nível de ruído possa incomodar, a velocidade da água deve ser limitada a valores compatíveis com o isolamento acústico.

É permitido o emprego de tubulação única (desde que não alimente válvulas de descarga) para alimentação de aquecedores e pontos de água fria, contanto que seja impossibilitado o retorno de água quente para a tubulação de água fria.

Neste livro será dada ênfase ao sistema central privado, com emprego de aquecedor de passagem, por ser a situação mais corriqueira em edificações multifamiliares.

No sistema central privado com uso de aquecedor de passagem, tem-se, geralmente, a instalação do aquecedor na área de serviço, de onde parte o ramal de água quente para abastecer toda a casa. Os aparelhos que mais comumente recebem água quente em uma residência são pia da cozinha, lavatório e chuveiro. Em alguns casos, quando o apartamento possui banheira, esta também deve receber água quente.

O ramal de água quente deve possuir registro de gaveta; ele pode ser único para todo o ramal, instalado na própria área de serviço, próximo ao aquecedor, ou ser previsto em cada uma das áreas molhadas, isolando apenas o trecho desejado quando houver necessidade.

O dimensionamento do sistema predial de água quente, considerando uma edificação multifamiliar que empregue medição individualizada e aquecedores de passagem, se resume ao cálculo do ramal e dos sub-ramais de água quente, bem como à especificação da capacidade do aquecedor. Neste caso, a alimentação do aquecedor será feita pelo próprio ramal de água fria (na medição individual, cada apartamento é alimentado por um ramal de distribuição principal, que se desenvolve por toda a unidade, a partir do hidrômetro individual; este ramal dá origem a ramais de distribuição secundários, um para cada área molhada; o aquecedor é alimentado, portanto, por um ramal de distribuição secundário). Também neste caso específico, a coluna de água fria deverá ser dimensionada levando em consideração todos os aparelhos que serão abastecidos com água quente pelo aquecedor, além dos pontos de água fria.

O dimensionamento do sistema predial de água quente é análogo ao do sistema predial de água fria, considerando, também, a relação existente entre vazão, pressão e diâmetro das canalizações, para uma dada carga. Mudam apenas o consumo diário, os pesos atribuídos aos pontos de utilização, o tipo de material utilizado e, consequentemente, a perda de carga correspondente. Será empregado o conceito de consumo máximo provável, já descrito anteriormente, quando se considera incorporar à vazão máxima fatores que representem a probabilidade de ocorrência de uso simultâneo de diferentes pontos do sistema.

3.5.1 Estimativa do Consumo Diário

A Tabela 3.32 apresenta a estimativa de consumo predial médio diário de água quente, que pode ser usada para cálculo de reservatórios de acumulação de água quente, como no caso de *boilers*. Em regiões de clima muito frio, estes valores podem ser revistos, podendo chegar a 150 L/*per capita*/dia em hotéis ou

Tabela 3.32 – Estimativa de consumo diário de água quente (Macintyre, 2010; Creder, 2011)

Edificação	Consumo diário
Alojamento provisório	24 L *per capita*
Apartamento	60 L *per capita*
Casa popular ou rural	36 L *per capita*
Escola (internato)	45 L *per capita*
Hospital	125 L/leito
Hotel (sem cozinha e sem lavanderia)	36 L/hóspede
Lavanderia	15 L/kg de roupa seca
Quartel	45 L *per capita*
Residência	45 L *per capita*
Restaurante e similares	12 L/refeição

apartamentos. Os valores apresentados como referência, utilizados por autores como Macintyre (2010) e Creder (2011), são oriundos da antiga norma PNB-128-ABNT.

3.5.2 Ramais e Sub-ramais

Para o dimensionamento do ramal de água quente (tubulação que sai do aquecedor de passagem), será empregado o mesmo procedimento de cálculo apresentado anteriormente, na Seção 3.3.8.4, que utiliza a rotina para dimensionamento das tubulações do sistema de distribuição apresentada na Tabela 3.28, além das Tabelas 3.29 e 3.30. Antes de iniciar o dimensionamento, devem-se identificar todos os pontos da residência que serão abastecidos com água quente, para que seja feito o traçado do ramal abastecendo-os.

Algumas particularidades devem ser consideradas no dimensionamento de ramais de água quente:

- No **3° Passo (Coluna 3)**, em que se obém o somatório de pesos em cada trecho, há, aqui, uma pequena modificação em relação ao método de cálculo apresentado na Seção 3.3.8.4. No ramal de água quente, deve ser consultada a Tabela 3.33, também oriunda da antiga norma PNB-128-ABNT.

Tabela 3.33 – Pesos atribuídos aos pontos de utilização de água quente

Aparelho sanitário	Vazão de projeto L/s	Peso relativo
Banheira	0,30	1,0
Bidê	0,06	0,1
Chuveiro	0,12	0,5
Máquina de lavar roupas	0,30	1,0
Torneira ou misturador de lavatório (AQ)	0,12	0,5
Torneira ou misturador de pia de cozinha (AQ)	0,25	0,7

- No **5° Passo (Colunas 6 e 7)**, em que deve ser arbitrado o diâmetro do trecho, deve ser considerada a Tabela 3.34, adaptada da norma pelos autores, para que apresente a correlação entre os diâmetros usados no sistema predial de água quente e de água fria, quando empregadas tubulação e conexões de PVC. Cabe ressaltar que a NBR 15884-1:2010, *Sistemas de tubulações plásticas para instalações prediais de água quente e fria — Policloreto de vinila clorado (CPVC) Parte 1: Tubos — Requisitos*, (ABNT, 2010) estabelece requisitos, inspeções e métodos de ensaio para fabricação e recebimento

Tabela 3.34 – Correlação entre diâmetros das tubulações de água fria (PVC) e água quente (CPVC)

D_referência (pol)	Água fria (PVC)			Água quente (CPVC)		
	DN (mm)	DI (mm)	DE (mm)	DN (mm)	DI (mm)	DE (mm)
½"	15	17	20	15	11,8	15,0
¾"	20	21,6	25	22	18,0	22,0
1"	25	27,8	32	28	23,1	28,1
1 ¼"	32	35,2	40	35	28,4	34,8
1 ½"	40	44	50	42	33,6	41,2
2"	50	53,4	60	54	44,1	53,9
2 ½"	65	66,6	75	73	59,9	73,1
3"	75	75,6	85	89	72,8	89,0
4"	100	97,8	110	114	93,6	114,4

de tubos de policloreto de vinila clorado (CPVC) em sistemas prediais de distribuição de água quente e fria para o consumo humano, instalados por processo de soldagem química.

- No **9° Passo (Coluna 11)**, em que são calculadas as perdas de carga equivalentes, o projetista pode consultar, em aproximação, a Tabela 3.21 (*Tubos de PVC rígido*), fazendo a equivalência entre os diâmetros de água quente e água fria (Tabela 3.34).
- No **11° Passo (Coluna 13)**, em que se calcula a perda de carga unitária, em função do material e da temperatura, sugere-se a utilização da Equação 3.21, para CPVC (Tigre, 2016).

Dimensionamento de ramal e sub-ramais de água quente

Para o dimensionamento do ramal de água quente, no apartamento usado como exemplo na seção anterior, sugere-se o preenchimento da mesma planilha adotada para o dimensionamento do ramal de água fria (Tabela 3.29).

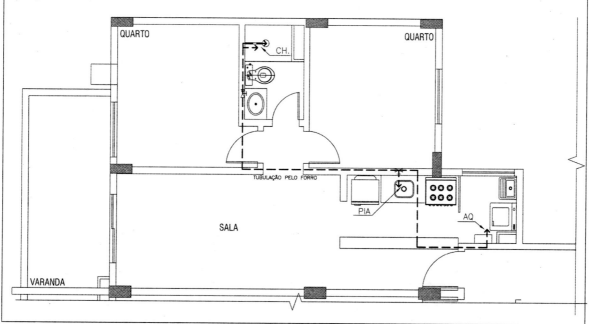

<u>1° PASSO:</u> Preparar o esquema isométrico e numerar os trechos, criando um novo nó sempre que houver mudança de peso e/ou de vazão; o nó inicial é o próprio aquecedor.

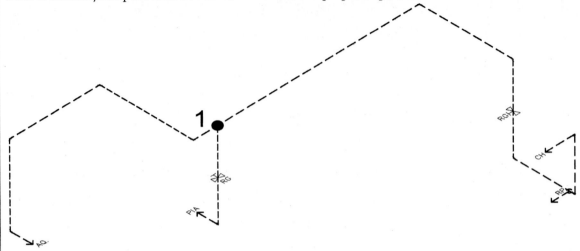

<u>2° PASSO:</u> Introduzir a identificação do pavimento e de cada trecho do ramal na planilha. PREEN-CHER COLUNAS 1 e 2.

Pavimento	Trecho
(Col .1)	(Col .2)
3°	AQ-1
	1-PIA
	1-CH

<u>3° PASSO:</u> Somar os pesos relativos de todas as peças de utilização em cada trecho, do ponto mais a jusante para o mais a montante, acumulando-os até o último nó, no aquecedor. Os sub-ramais devem ser calculados pela vazão, e não pelo peso. PREENCHER COLUNA 3.

Pavimento	Trecho	Peso
(Col. 1)	(Col. 2)	(Col. 3)
3°	AQ-1	1,2
	1-PIA	-
	1-CH	-

<u>4° PASSO:</u> A partir dos pesos, definir a vazão de cada trecho, usando a Equação 3.24. PREENCHER COLUNAS 4 e 5.

Pavimento	Trecho	Peso	Vazão	
			(l/s)	m³/s
(Col. 1)	(Col. 2)	(Col. 3)	(Col. 4)	(Col. 5)
3°	AQ-1	1,2	0,33	0,00033
	1-PIA	–	0,25	0,00025
	1-CH	–	0,12	0,00012

5° PASSO: Arbitrar os diâmetros nominais e os correspondentes diâmetros internos. Consultar a Tabela 3.34, que apresenta os diâmetros de tubulações em CPVC. PREENCHER COLUNAS 6 e 7.

Pavimento	Trecho	Diâmetro	
		DN	DI
		(mm)	(mm)
(Col. 1)	(Col. 2)	(Col. 6)	(Col. 7)
3°	AQ-1	35	28,4
	1-PIA	22	18,0
	1-CH	28	23,1

6° PASSO: Calcular a área da seção circular. PREENCHER COLUNA 8.

7° PASSO: Calcular a velocidade, usando a Equação da Continuidade (Equação 3.12), tendo como limite máximo 3 m/s, conforme estabelecido pela norma. PREENCHER COLUNA 9.

Pavimento	Trecho	Diâmetro		Área	Velocidade
		DN	DI		
		(mm)	(mm)	(m²)	(m/s)
(Col. 1)	(Col. 2)	(Col. 6)	(Col. 7)	(Col. 8)	(Col. 9)
3°	AQ-1	35	28,4	0,0006	0,52
	1-PIA	22	18,0	0,0003	0,98
	1-CH	28	23,1	0,0004	0,29

8° PASSO: Medir o comprimento real da tubulação para cada trecho. PREENCHER COLUNA 10.

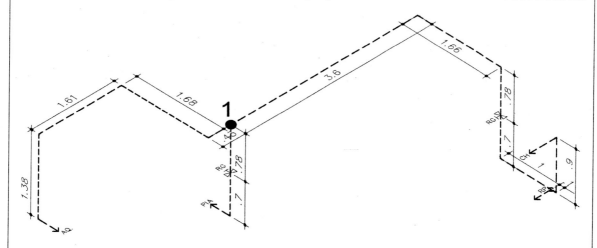

Pavimento	Trecho	Comprimento real (m)
(Col. 1)	(Col. 2)	(Col. 10)
3°	AQ-1	5,09
	1-PIA	1,48
	1-CH	8,74

9° PASSO: Calcular o comprimento equivalente de cada conexão, em cada trecho, usando a Tabela 3.21 (*Tubos de PVC rígido*), em aproximação, e estabelecendo a correlação entre diâmetros conforme a Tabela 3.33, lembrando que a última conexão de cada trecho só deve ser considerada no trecho seguinte. PREENCHER COLUNA 11.

O cálculo detalhado, considerando cada uma das peças/conexões existentes, é apresentado na sequência, usando a Tabela 3.29 como base.

Trecho	DN (mm)	Peça	Quantidade	Perda de carga Unitária	Perda de carga Total
	35	Joelho 90°	4	2,0	8,0
AQ-1	Total				**8,0**
	35*	Tê de saída de lado	1	4,6	4,6
	22	Registro de gaveta	1	0,2	0,2
	22	Joelho 90°	1	1,2	1,2
1-PIA	Total				**6,0**
	35*	Tê passagem direta	1	1,5	1,5
	28	Registro de gaveta	1	0,3	0,3
	28	Joelho 90°	4	1,5	6,0
	28	Tê de saída de lado**	1	3,1	3,1
	28	Registro de pressão***	1	–	-
1-CH	Total				**10,9**

*Diâmetro do trecho anterior
**Equivalente ao misturador
***Será calculado no 12° Passo (Perda de carga especial)

10° PASSO: Somar o comprimento real com o comprimento equivalente. PREENCHER COLUNA 12.

Pavimento	Trecho	Comprimento Real (m)	Comprimento Equivalente (m)	Comprimento Total (m)
(Col. 1)	(Col. 2)	(Col. 10)	(Col. 11)	(Col. 12)
3°	AQ-1	5,09	8,00	13,09
	1-PIA	1,48	6,00	7,48
	1-CH	8,74	10,90	19,64

11° PASSO: Calcular a perda de carga unitária usando a Equação 3.21. PREENCHER COLUNA 13.

12° PASSO: Calcular a perda de carga especial, referente ao registro de pressão, no trecho em ele existir (Trecho 1-CH), usando a Equação 3.26. PREENCHER COLUNA 14.

Registro de pressão:

K: 45, dado pela Tabela 3.27

$$\Delta H = 8 \times 10^6 \times 45 \times 0,12^2 \times \pi^{-2} \times 23,1^{-4} = 1,84 \, kPa = 0,18 \, m.c.a$$

13° PASSO: Determinar a perda de carga total no trecho, multiplicando a perda de carga unitária pelo comprimento total, e somando, quando necessário, a perda de carga especial. PREENCHER COLUNA 15.

Pavimento	Trecho	Perda de carga		
		Unitária	Especial	Total
		(m/m)	(m)	(m)
(Col. 1)	(Col. 2)	(Col. 13)	(Col. 14)	(Col. 15)
3°	AQ-1	0,0123	-	0,16
	1-PIA	0,0683	-	0,51
	1-CH	0,0052	0,18	0,29

14° PASSO: Determinar o desnível geométrico entre o nó a montante e a jusante do trecho. Quando o ponto a jusante está mais elevado que o ponto a montante, o valor é negativo (é o que ocorre entre os pontos AQ-1). PREENCHER COLUNA 16.

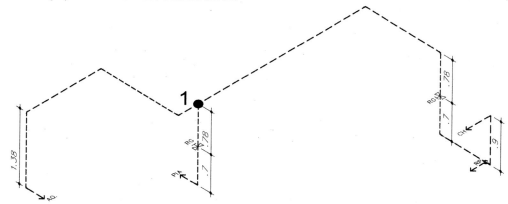

| Pavimento | Trecho | Desnível |
| | | (m) |
(Col. 1)	(Col. 2)	(Col. 16)
3°	AQ-1	−1,38
	1-PIA	1,48
	1-CH	0,58

15° PASSO: Definir a pressão dinâmica disponível no ramal de AQ. Considerar que, no primeiro trecho do ramal, seu valor *é igual à pressão dinâmica no trecho do aquecedor residual no **ramal de água fria**,* calculado no 16° Passo do exemplo anterior, cuja tabela está apresentada de forma resumida a seguir.

| Pavimento | Trecho | Desnível | Pressão dinâmica | |
| | | (m) | Disponível (m.c.a) | Residual (m.c.a) |
(Col. 1)	(Col. 2)	(Col. 16)	(Col. 17)	(Col. 18)
3°	1-2	-1,55	3,64	1,55
	2-3	1,35	1,55	2,67
	3-AQ*	0,00	2,67	**2,33**

PREENCHER COLUNA 17 da tabela de ramal de água quente com o valor de pressão residual obtido no cálculo do ramal de água fria: 2,33 m.c.a.

16º PASSO: Calcular a pressão dinâmica residual, somando a pressão dinâmica disponível (Col. 17) com o desnível (Col. 16) e subtraindo a perda de carga total calculada para o trecho (Col. 15). PREENCHER COLUNA 18.

Pavimento	Trecho	Desnível	Pressão dinâmica	
			Disponível	Residual
		(m)	(m.c.a)	(m.c.a)
(Col. 1)	(Col. 2)	(Col. 16)	(Col. 17)	(Col. 18)
3º	AQ-1	-1,38	2,33	0,78
	1-PIA	1,48	0,78	1,75
	1-CH	0,58	0,78	1,08

Aqui deve ser verificada a pressão residual em cada trecho. Ela deve ser sempre superior a 0,5 m.c.a, o que ocorreu em todos os trechos considerados, e superior a 1,0 m.c.a no trecho com chuveiro, o que também ocorreu.

17º PASSO: Definir a pressão estática disponível. No primeiro trecho do ramal, seu valor é igual à *pressão estática no trecho do aquecedor residual no **ramal de água fria***, calculado no 18º Passo do exemplo anterior, cuja tabela está apresentada de forma resumida a seguir.

Pavimento	Trecho	Desnível	Pressão estática	
			Disponível	Residual
		(m)	(m.c.a)	(m.c.a)
(Col. 1)	(Col. 2)	(Col. 16)	(Col. 19)	(Col. 20)
3º	1-2	-1,55	6,20	4,65
	2-3	1,35	4,65	6,00
	3-AQ	0,00	6,00	**6,00**

PREENCHER COLUNA 19 da tabela de ramal de água quente com o valor de pressão residual obtido no cálculo do ramal de água fria: 6,00 m.c.a.

18º PASSO: Calcular a pressão estática residual, somando a pressão estática disponível (Col. 18) com o desnível (Col. 15). PREENCHER COLUNA 20. Neste exemplo, a pressão estática atende ao limite máximo de 40 m.c.a em todos os trechos.

Pavimento	Trecho	Desnível	Pressão estática	
			Disponível	Residual
		(m)	(m.c.a)	(m.c.a)
(Col. 1)	(Col. 2)	(Col. 16)	(Col. 19)	(Col. 20)
3º	AQ-1	-1,38	6,00	4,62
	1-PIA	1,48	4,62	6,10
	1-CH	0,58	4,62	5,20

Ao final, convém ao projetista fazer uma tabela com a informação dos diâmetros nominais (DN), que deverão estar nas plantas, e os diâmetros externos (DE) correspondentes (Tabela 3.34), que deverão ser informados ao setor de compras, uma vez que as tubulações soldáveis são comercializadas em função de seu diâmetro externo.

Pavimento	Trecho	DN (mm)	DE (mm)
3º	AQ-1	35	34,8
	1-PIA	22	22,0
	1-CH	28	28,1

Pavimento	Trecho	Peso	Vazão		Diâmetro			Velocidade	Comprimento			Perda de carga				Pressão Dinâmica			Pressão Estática	
					DN	DI	Área		Real	Equivalente	Total	Unitária	Especial	Total	Desnível	Disponível	Residual	Disponível	Residual
			(L/s)	m³/s	(mm)	(mm)	(m²)	(m/s)	(m)	(m)	(m)	(m/m)	(m)	(m)	(m)	(m.c.a.)	(m.c.a.)	(m.c.a.)	(m.c.a.)
(Col.1)	(Col.2)	(Col.3)	(Col.4)	(Col.5)	(Col.6)	(Col.7)	(Col.8)	(Col.9)	(Col.10)	(Col.11)	(Col.12)	(Col.13)	(Col.14)	(Col.15)	(Col.16)	(Col.17)	(Col.18)	(Col.19)	(Col.20)
3°	AQ-1	1,2	0,33	0,00033	35	28,4	0,0006	0,52	5,09	8,00	13,09	0,0123		0,16	-1,38	2,33	0,78	6,00	4,62
	1-PIA	-	0,25	0,00025	22	18,0	0,0003	0,98	1,48	6,00	7,48	0,0683		0,51	1,48	0,78	1,75	4,62	6,10
	1-CH	-	0,12	0,00012	28	23,1	0,0004	0,29	8,74	10,90	19,64	0,0052	0,18	0,29	0,58	0,78	1,08	4,62	5,20

AQ: Aquecedor de Passagem PIA: Pia da Banheira CH: Chuveiro

Como dimensionar a capacidade de aquecedores

Muitas vezes o projetista ou até mesmo o usuário se depara com a dúvida de qual aquecedor deve instalar na residência. Há casos em que, se mal dimensionado, o aquecedor não suporta aquecer a água de dois banhos simultâneos, levando o usuário a ter de revezar o horário do banho em casa, mesmo em situações de existirem dois banheiros disponíveis.

Para garantir satisfação de todos os usuários da residência, é importante estabelecer as vazões máximas de operação e quantos pontos se deseja abastecer simultaneamente. Assim, é preciso especificar corretamente a capacidade do aparelho, medida em litros por minuto (L/min), o que equivale a dizer quantos litros de água o aquecedor é capaz de esquentar a cada minuto.

Será considerado aqui, para ilustrar o dimensionamento do aquecedor, para um banheiro simples, como o projetado no edifício apresentado nos exemplos anteriores, em que apenas o chuveiro e o lavatório recebem água quente. Considerando os consumos do chuveiro e da torneira do lavatório iguais a 7,2 L/min (Tabela 3.33), tem-se a vazão total de consumo igual a 14,4 L/min. O aquecedor deverá, portanto, possuir esta capacidade mínima, podendo ter sua vazão superior à calculada, mas nunca um valor inferior.

3.6 TRAÇADO DOS SISTEMAS PREDIAIS DE ÁGUA FRIA E ÁGUA QUENTE

Para definir o traçado do sistema predial de água fria e água quente de uma edificação, o projetista deve, antes de tudo, entender bem todo o projeto de arquitetura e de estruturas da edificação. Dessa forma, será proposto um projeto de sistemas prediais de água fria e água quente que seja compatível com os demais, evitando conflitos durante a fase de execução da obra.

As tubulações dos sistemas prediais de água fria e água quente são representadas por meio de traçado técnico, em que as tubulações em si são representadas por uma linha única (linha cheia, no caso de água fria, e linha tracejada, no caso da água quente) e símbolos gráficos indicando as válvulas e conexões. É comum utilizar os desenhos em plantas, elevações e perspectivas isométricas. A Figura 3.41 apresenta

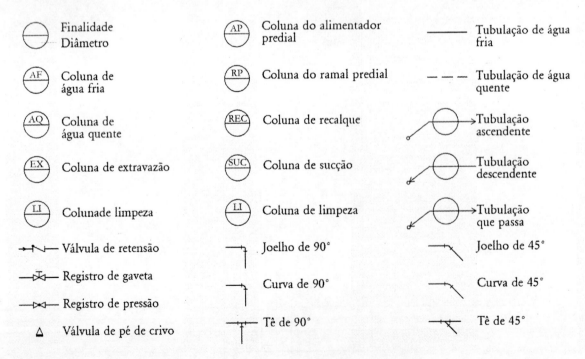

FIGURA 3.41: Simbologia adotada nos desenhos técnicos de água fria e água quente.

a simbologia das tubulações de água fria e água quente, componentes e traçado de algumas peças que compõem este sistema predial.

Um dos primeiros itens pensados pelo projetista é a posição dos reservatórios de água potável, RI e RS, não só pelas suas dimensões, mas também por todos os cuidados que se deve tomar. O RS deve compor o projeto de arquitetura de forma harmônica, mas também atender a todos os quesitos técnicos previstos na NBR 5626:2020 (ABNT, 2020).

Para que o reservatório inferior seja abastecido, inicia-se o traçado da tubulação a partir do ramal predial, elemento de conexão entre a rede de abastecimento de água da concessionária e a rede predial. Do ramal predial, a água segue para o hidrômetro geral, geralmente posicionado em local próximo ao limite do terreno, para facilitar a leitura mensal de vazão consumida na edificação. O hidrômetro, alocado em uma caixa de proteção adequada, encaminha a água, por meio do alimentador predial, para o reservatório inferior (quando se adota o sistema indireto — maioria dos casos em edificações brasileiras). Geralmente as tubulações horizontais até esse ponto são enterradas. O projetista deve indicar todo esse traçado nas plantas de pavimento térreo e subsolo, quando houver.

Do reservatório inferior (RI), a água é encaminhada, por meio da instalação elevatória, para o reservatório superior. Assim, há uma tubulação de sucção, conectada aos dois compartimentos do RI, encaminhando o escoamento a uma das bombas instaladas. Da bomba, a água é recalcada até o reservatório superior (RS), abastecendo ambos os compartimentos. Nesta etapa do projeto, a tubulação de sucção, identificada no projeto como SUC, é prevista no pavimento de subsolo, quando houver (ou no térreo, quando não há subsolo), até a chegada à casa de bombas. A partir de então, a tubulação de recalque, identificada no projeto como REC, deve ser representada nas plantas de todos os pavimentos, até sua chegada no RS. O projetista também deve, nesta etapa, produzir uma perspectiva isométrica de elevação da água, indicando o início do trajeto no RI e o final, no RS, com a marcação de todas as peças e conexões envolvidas no trajeto, como representado pela Figura 3.42. Além disso, essa perspectiva deve ser cotada e feita em escala, preferencialmente 1:100.

A etapa seguinte diz respeito à distribuição da água pela edificação propriamente dita. Seja qual for o tipo de medição adotado na edificação, a origem desta etapa se dá no RS. Quando a medição for a coletiva, o projetista deve prever o traçado do barrilete, em planta, com encaminhamento das colunas de água fria para os *shafts* devidos, muitas vezes alocados dentro das áreas molhadas de cada unidade habitacional. E, a partir destas, traçar o caminho dos ramais e sub-ramais em cada área molhada. Já quando a medição for individualizada, o projetista também deve traçar o barrilete, conectando ambos os compartimentos do RS, e dali encaminhar as colunas de água fria. Aqui pode já haver uma pequena alteração no modo tradicional de traçado: caso se decida pela colocação dos medidores individuais na cobertura, deve-se prever local adequado para armazená-los e fazer com que cada coluna se dirija a um medidor (hidrômetro individual), para só então ser encaminhada a um *shaft*, que, neste caso em particular, também pode ser previsto dentro de cada unidade habitacional, uma vez que os hidrômetros já foram alocados na área do barrilete. Em caso de posicionamento dos hidrômetros individuais no *hall* dos pavimentos ou no térreo, o projetista deve, apenas, traçar o caminho das colunas até os respectivos *shafts*, desta vez posicionados em áreas centrais da edificação, de fácil acesso à equipe de manutenção e aos profissionais da concessionária de águas. Ao atingir os pavimentos, as colunas se derivam em ramais de alimentação (RA), que se transformam em ramais de distribuição principal (RDP) após a passagem pelo medidor individual, tendo um RA para cada apartamento. De forma mais frequente, os hidrômetros individuais vêm sendo posicionados no *hall* dos pavimentos. O sistema de distribuição pode ser representado por uma perspectiva isométrica, apresentando, principalmente, RS, barrilete, colunas e ramais, em escala e com cotas, como exemplifica a Figura 3.43.

A distribuição na unidade residencial realiza-se por meio do RDP, cuja altura irá depender de haver piso rebaixado ou teto falso abaixo da laje e das razões de ordem prática que orientam o projetista. Os

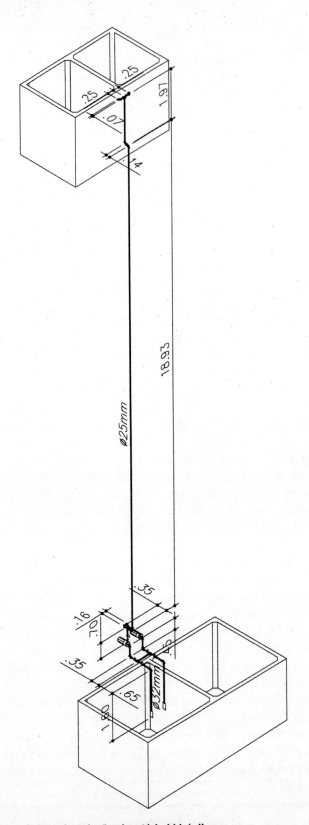

FIGURA 3.42: Perspectiva isométrica—instalação elevatória hidráulica.

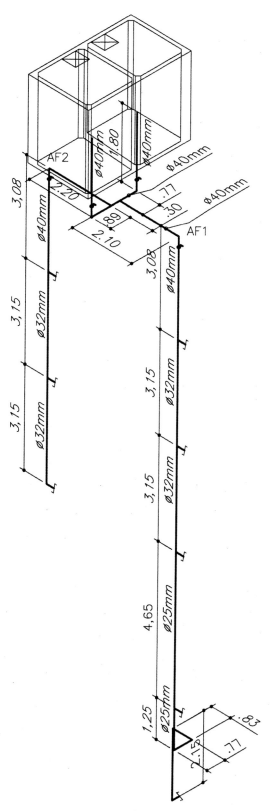

FIGURA 3.43: Perspectiva isométrica do sistema de distribuição.

RDP dão origem a ramais de distribuição secundários (RDS) em cada área molhada a abastecer, como mencionado na Seção 3.3.8. A altura dos RDS e dos pontos de utilização, acima ou abaixo do piso, depende do tipo de aparelho e também de haver piso rebaixado ou teto falso abaixo da laje. Geralmente opta-se por traçar o RDS a uma altura mediana, que facilite a manutenção, caso necessário — algo em torno de 0,80 m a 1,0 m. A Figura 3.44 apresenta a perspectiva isométrica de um apartamento, para ilustrar o traçado destas tubulações.

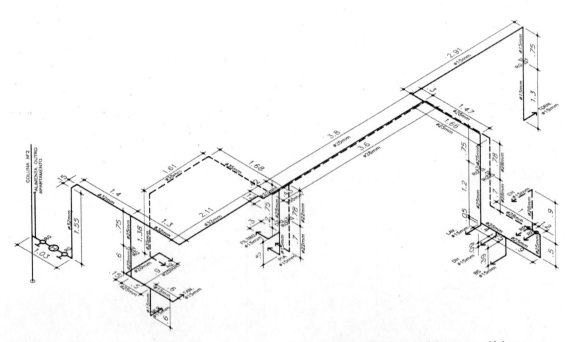

FIGURA 3.44: Perspectiva isométrica dos ramais de alimentação e de distribuição primário e secundário em um apartamento.

Para definir a altura dos pontos de utilização, o projetista deve consultar o fabricante de cada aparelho sanitário, de modo a conjugar a altura do ponto de água da tubulação com a entrada de água no aparelho, de maneira correta. Há inúmeras possibilidades, dada a gama de aparelhos distintos oferecidos pelo mercado. Considerando alguns casos de uso frequente, são apresentadas na Tabela 3.35 algumas alturas, acima do nível do piso, onde se efetua a ligação entre aparelho e seus respectivos sub-ramais, como orientação ao leitor.

Em relação à água quente, o traçado deve seguir as mesmas orientações básicas já mencionadas. Sua diferença se dá na origem do ramal, que deve ser no aparelho de aquecimento de água. No caso de edificações multifamiliares, costuma-se colocar o aquecedor na área de serviço, com o ramal de água fria chegando até ele pelo lado direito. Do lado esquerdo tem-se a saída de água quente, que é encaminhada a todos os pontos da residência que podem ser aquecidos, como chuveiro, lavatório e

Tabela 3.35 – Sugestão de altura de pontos de utilização, conforme aparelho sanitário	
Aparelho sanitário	**Altura de conexão ao sub-ramal**
Válvula de descarga	1,10 m
Ducha higiênica	0,50 m
Bacia com caixa acoplada	entre 0,15 m e 0,30 m
Banheira	0,55 m
Tanque	entre 1,10 m e 1,30 m
Pia de cozinha	0,70m (bancada); entre 1,10 e 1,30 (parede)
Bidê	0,30 m
Chuveiro	2,00 a 2,20 m
Lavatório	entre 0,50 m e 0,55 m
Máquina de lavar	entre 0,60 m e 0,90 m
Filtro	entre 1,30 m e 1,80 m

pia de cozinha, por exemplo. Cabe ao projetista decidir quais pontos deseja que sejam aquecidos. Pode ser previsto um único registro de gaveta, que feche todo o ramal de água quente da casa, geralmente posicionado na própria área de serviço, ou, então, um registro de gaveta em cada área molhada, isolando o ramal trecho a trecho, conforme necessidade. O traçado do ramal de água quente deve ser representado por linha tracejada (em plantas coloridas, pode ser da cor vermelha). A Figura 3.45 apresenta o aquecimento de lavatório e chuveiro em um banheiro, com aquecedor posicionado na área de serviço. O ramal de água quente atravessa a unidade pelo rebaixo de gesso existente nas áreas molhadas e no corredor.

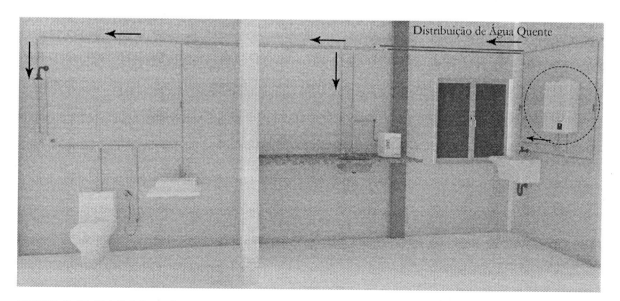

FIGURA 3.45: Distribuição de água quente em sistema central privado.

Disposição das peças de utilização em banheiro convencional

Lavatório: bancada, parede ou coluna

Pode ser abastecido por AF (torneira) ou por AF e AQ (misturador)

Altura do ponto de água fria entre 50 e 55 cm em relação ao piso e 10 cm do eixo de simetria da peça.

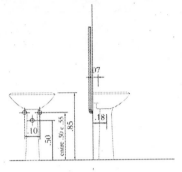

Lavatório de parede

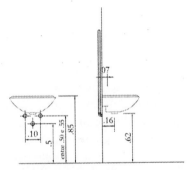

Lavatório de bancada

Bacia sanitária com válvula de descarga

Válvula posicionada a 1,10 m do piso e o ponto de água da bacia sanitária fica a 33 cm do piso acabado.

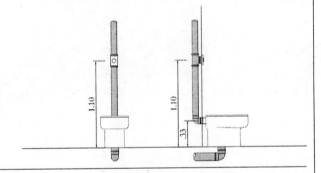

Bacia sanitária com caixa acoplada

Ponto de água da bacia sanitária fica entre 15 e 30 cm do piso acabado e a 15 cm à esquerda do eixo da bacia.

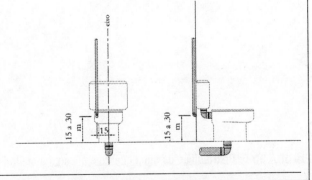

Ducha higiênica — AF ou com AF e AQ (misturador)

Posicionada do lado direito da bacia sanitária a 50 cm do piso acabado; no caso de misturador, pontos de AF e AQ simétricos com afastamento de 20 cm, sendo que AQ é o ponto da esquerda.

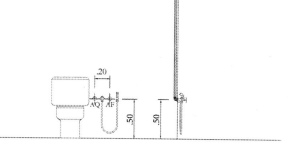

Chuveiro — AF ou com AF e AQ (misturador)

Ponto de abastecimento fica entre 2,00 m e 2,20 m de altura do piso acabado

Registro fica a 1,10 m do piso acabado, sendo que o registro à esquerda comanda a AQ e o da direita, a AF, com 20 cm de distância entre eixos de registro.

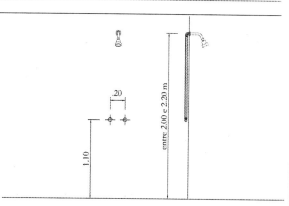

Disposição das peças de utilização em cozinha convencional

Pia — AF ou com AF e AQ (misturador) podendo ser de bancada ou de parede

Bancada — o ponto de água deve ser 0,70 cm do piso acabado e, no caso de AF e AQ, deve ser simétrico em relação ao eixo da cuba e com espaçamento de 20 cm.

Parede — o ponto de água deve ser entre 1,10 e 1,30 m do piso acabado e, no caso de AF e AQ, deve ser simétrico em relação ao eixo da cuba e com espaçamento de 20 cm

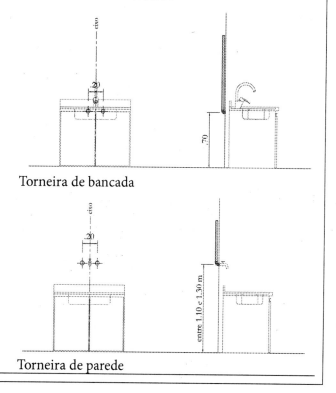

Torneira de bancada

Torneira de parede

Filtro

O ponto de água do filtro deve estar entre 1,30 e 1,80 m do piso acabado

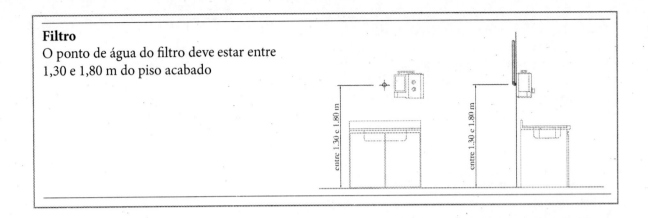

Disposição das peças de utilização em área de serviço convencional

Tanque

O ponto de água do tanque deve estar entre 1,10 e 1,30 m do piso acabado.

Máquina de lavar roupa

O ponto de água da máquina de lavar roupas deve estar entre 0,60 e 0,90 m do piso acabado.

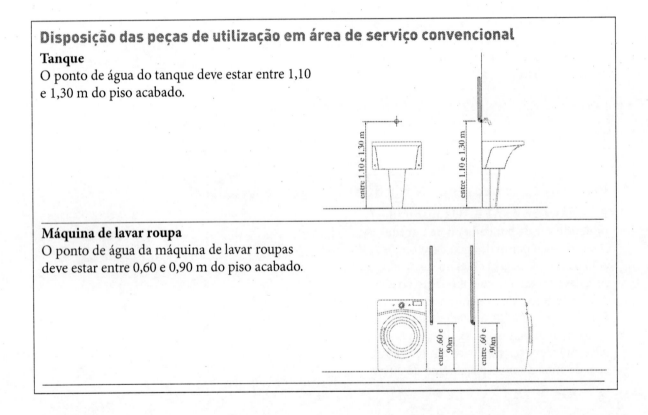

Na sequência, nas Figuras 3.46 a 3.52, são apresentadas as plantas baixas, o esquema vertical e a perspectiva isométrica de uma unidade do projeto utilizado como referência durante todo o desenvolvimento deste capítulo, para que o leitor tenha uma visão do projeto completo. As perspectivas isométricas da instalação elevatória e do sistema de distribuição, que compõem o conjunto de todo o projeto, já foram apresentadas anteriormente, ao longo desta seção.

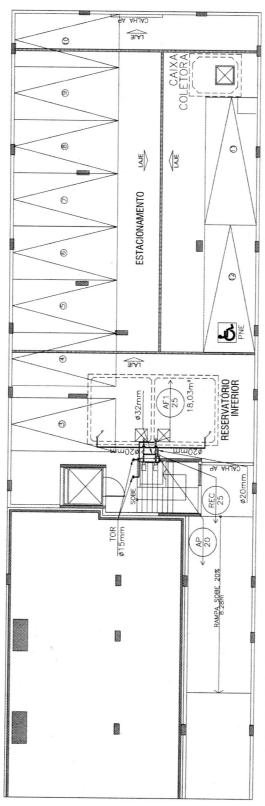

FIGURA 3.46: Projeto do sistema predial de água fria e água quente — pavimento de subsolo.

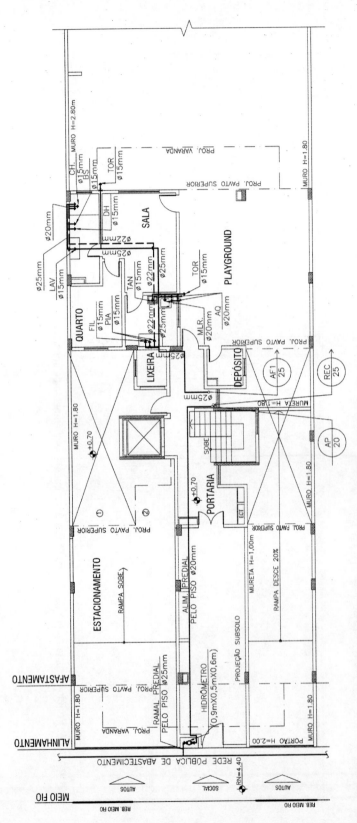

FIGURA 3.47: Projeto do sistema predial de água fria e água quente — pavimento térreo.

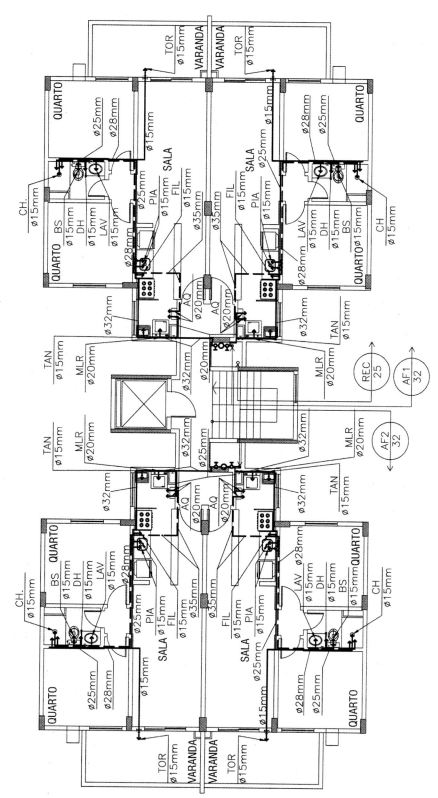

FIGURA 3.48: Projeto do sistema predial de água fria e água quente — pavimento-tipo. (esta planta refere-se aos 1º e 2º pavimentos; no 3º pavimento, a única alteração é o diâmetro de AF1 e AF2, que passa a ser DN 40mm).

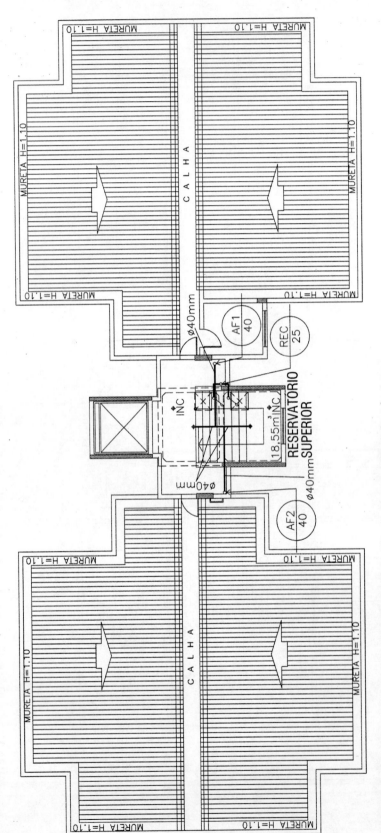

FIGURA 3.49: Projeto do sistema predial de água fria e água quente — planta de cobertura.

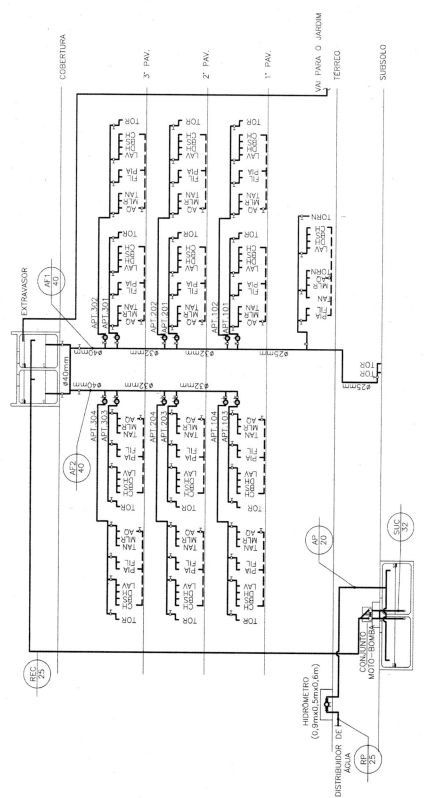

FIGURA 3.50: Projeto do sistema predial de água fria e água quente — esquema vertical.

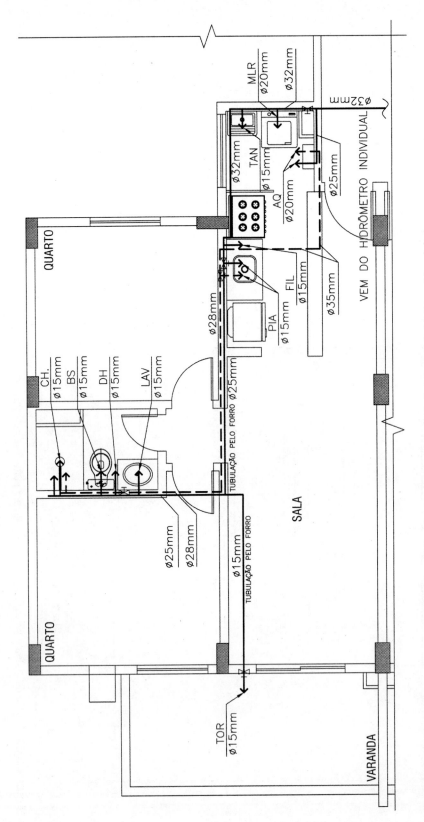

FIGURA 3.51: Projeto do sistema predial de água fria e água quente — planta baixa de uma unidade residencial

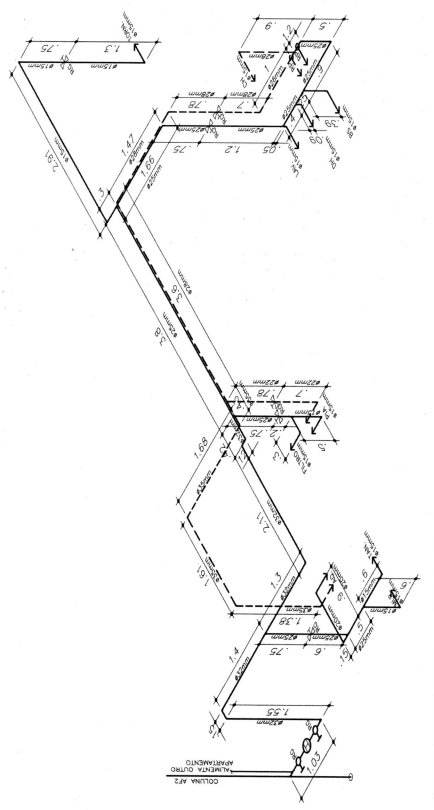

FIGURA 3.52: Projeto do sistema predial de água fria e água quente — perspectiva isométrica de uma unidade residencial

3.7 PATOLOGIAS

O sistema predial de água fria e água quente, assim como todos os demais sistemas prediais, devem ser projetados e construídos de forma a não falharem quando forem solicitados. Umas das recomendações principais nesse sentido é a de que seja feito considerando todas as inter-relações com os demais projetos — de arquitetura e de estruturas, por exemplo.

A norma NBR 15575:2013, *Edificações Habitacionais — Desempenho* (ABNT, 2013), estabelece os requisitos e critérios de desempenho que se aplicam ao sistema estrutural da edificação habitacional e tem sido utilizada como um procedimento de avaliação do desempenho de sistemas construtivos. A *Parte 6: Sistemas Hidrossanitários*, especificamente, se refere às exigências dos usuários e aos requisitos referentes aos sistemas prediais hidráulicos e sanitários, assunto tratado neste livro.

NBR 15575:2013 Edificações Habitacionais
Parte 6: Sistemas Hidrossanitários
As instalações hidrossanitárias são responsáveis diretas pelas condições de saúde e higiene requeridas para a habitação, além de apoiarem todas as funções humanas nela desenvolvidas (...). As instalações devem ser incorporadas à construção, de forma a garantir a segurança dos usuários, sem riscos de queimaduras (instalações de água quente), ou outros acidentes. Devem ainda harmonizar-se com a deformabilidade das estruturas, interações com o solo e características físico-químicas dos demais materiais de construção.

A utilização de maneira inadequada e as falhas decorrentes das atividades de manutenção, ou mesmo a sua inexistência, constituem fatores que originam patologias nos sistemas prediais hidráulicos e sanitários.

Considerando os sistemas componentes das edificações, observa-se maior ocorrência de patologias em sistemas prediais hidráulicos. Tem-se essa constatação, segundo Ilha (2009), em função da complexidade deste sistema, que envolve, em sua concepção, grande variedade de materiais, componentes e equipamentos, tais como tubos, conexões, registros, válvulas, acessórios, reservatórios, bombas, tanques, e equipamentos de controle e medição, por exemplo.

Dentre as patologias mais comuns no sistema predial de água fria e água quente, são apresentadas a seguir, de forma breve, algumas, compiladas pelos autores a partir de sua experiência profissional e de referências bibliográficas como Carvalho Júnior (2015).

3.7.1 Vazamentos

De acordo com a *NBR 15575:2013, Edificações Habitacionais — Desempenho, Parte 6: Sistemas Hidrossanitários* (ABNT, 2013), as tubulações dos sistemas prediais de água fria e água quente devem apresentar estanqueidade quando sujeitos às pressões previstas no projeto. Entretanto, é comum ocorrer vazamentos decorrentes de problemas relacionados a este sistema.

Normalmente, vazamentos causados pelo sistema predial de água fria e/ou água quente são facilmente perceptíveis, dado que é um sistema em que a tubulação funciona a plena seção, ou seja, está sempre com água. Um pequeno furo já pode levar a jorrar água suficiente para danificar móveis, pisos, paredes etc. A identificação de um vazamento é mais difícil quando a tubulação está enterrada, como pode ser o caso do alimentador predial. Nessa circunstância, identifica-se o vazamento pela observação de valores exacerbados em relação à média de consumo na conta de água. Os vazamentos que ocorrem em tubulações embutidas podem causar manchas de umidade, som de escoamento da água (mesmo sem uso dos pontos de utilização), sistema de recalque continuamente em funcionamento etc.

As principais causas podem ser: mão de obra despreparada; tubulação fora de nível; tubulação totalmente encoberta por concreto (sem espaço para dilatação ou movimentação normal da estrutura); e aquecimento de tubulação para facilitar sua instalação, causando perda de resistência, que leva a trincas e, então, origina os vazamentos.

Em relação aos vazamentos em aparelhos sanitários, os mais suscetíveis são as bacias sanitárias com caixa de descarga, válvulas de descarga e torneiras, que podem sofrer desgastes ao longo do tempo. Vazamentos em registros de pressão e de gaveta também são comuns. Em todos esses casos, recomenda-se a substituição da peça com defeito.

Os reservatórios também são itens a que se deve prestar bastante atenção em relação ao quesito vazamento. Nos reservatórios superiores moldados *in loco* podem ocorrer vazamentos decorrentes de torneira de boia desregulada ou com danos, impermeabilização inadequada ou com trincas, conexões danificadas e fechamento inadequado de registros. É urgente o reparo dessa estrutura, para evitar danos ainda maiores à edificação.

3.7.2 Problemas com a Pressão

Pode haver problemas, no sistema predial de água fria e água quente, relacionados à falta ou ao excesso de pressão. A norma NBR 5626:2020 (ABNT, 2020) estabelece limites para as pressões, que devem ser obedecidos para que haja o bom funcionamento do sistema.

- *Pressão estática*: NBR 5626:2020 (ABNT, 2020) estabelece limite máximo de 40 m.c.a (equivalente a edifícios com cerca de 13 pavimentos); acima desse valor o sistema de abastecimento pode sofrer com ruído, golpe de aríete e necessidade constante de manutenção das instalações. Para evitar ultrapassar este limite, podem ser empregadas válvulas redutoras de pressão.
- *Pressão dinâmica:* NBR 5626:2020 (ABNT, 2020) estabelece limite mínimo de 0,50 m.c.a, exceto o ponto do chuveiro, que não deve ter pressão dinâmica inferior a 1,0 m.c.a; o não cumprimento deste critério implica a vazão inadequada de água no ponto de abastecimento. Problemas como este são originados na fase de projeto. Para corrigir este problema, o projeto deve ser revisto e os diâmetros da tubulação do sistema de abastecimento devem ser alterados, ou deve-se tentar aumentar a cota de posicionamento do reservatório superior. Caso o problema ocorra em um local já construído, a solução pode ser a instalação de um sistema de pressurização (gerando gasto de energia, custo de manutenção da bomba e ruído).

3.7.3 Entupimento

O entupimento das tubulações pode ser causado por incrustações nas suas paredes, em decorrência da formação de crostas de sais (principalmente carbonato de cálcio). Este problema ocorre, em geral, em locais onde a água de abastecimento apresenta elevados teores de cálcio e magnésio dissolvidos (a conhecida "água dura"), fazendo com que a vazão seja reduzida nos pontos de consumo de água. Para evitar este tipo de problema, o proprietário precisa manter controle adequado da água de abastecimento, na tentativa de reduzir a dureza da mesma antes que ingresse no sistema predial em si.

3.7.4 Temperatura da Água

A NBR 15575:2013 (ABNT, 2013) determina que, quando houver sistema de água quente para os pontos de utilização nas unidades habitacionais, o sistema deve prever formas para que a temperatura da água na saída do ponto de utilização seja limitada.

Além disso, ainda conforme a norma (ABNT, 2013), as possibilidades de mistura de água fria, regulagem de vazão e outras técnicas existentes no sistema, no limite de sua aplicação, devem permitir que a regulagem da temperatura da água na saída do ponto de utilização atinja valores abaixo de 50 °C.

Caso a água seja conduzida nas tubulações em temperaturas superiores à prevista, podem ocorrer deformações. Recomenda-se a instalação de dispositivos de segurança, tais como controladores de temperatura e pressão, para controlar a temperatura no sistema predial de água quente e evitar, com isso, a possibilidade de rompimento da tubulação ou até mesmo de queimaduras nos usuários, por exemplo.

Outro problema que frequentemente é relatado por usuários, principalmente de residências, é a oscilação na temperatura da água nos aparelhos providos de água quente. Isso pode ocorrer quando o sub-ramal do chuveiro ou do lavatório está ligado ao mesmo ramal que o sub-ramal da válvula de descarga (ainda muito encontrada em residências mais antigas). O problema ocorre quando é acionada a válvula de descarga, pois parte da vazão é desviada para alimentá-la (maior diâmetro, maior vazão de uso), ocasionando desequilíbrio na temperatura ajustada para o banho ou para o uso da lavagem de mãos, em caso de simultaneidade com o lavatório.

O superdimensionamento das tubulações de água quente também pode ocasionar demora para o aquecimento da água no ponto de utilização.

3.7.5 Rompimento das Tubulações

O rompimento das tubulações pode ser ocasionado por diversos motivos, tais como:

- Golpe de aríete (elevação de pressão devido à interrupção brusca do escoamento da água, principalmente quando a mesma está em velocidade elevada): Pode ocasionar deformação, fadiga e até rompimento em conexões e tubulações.
- Tensionamento da tubulação decorrente de desalinhamento na instalação.
- Tensionamento da tubulação devido a um esforço mecânico externo, como recalque da parede ou acomodação do solo, que acaba forçando a conexão até levar ao seu rompimento.
- Impactos: Podem ocorrer durante transporte, manuseio ou utilização da tubulação.
- Tubulações enterradas: Impacto acidental causado por máquinas ou equipamentos quando da abertura de valas ou raízes de árvores.

Em qualquer um dos casos mencionados, o trecho de tubulação que sofreu rompimento deve ser imediatamente substituído por outro, novo.

3.7.6 Alteração da Qualidade da Água

A norma de desempenho NBR 15575:2013 (ABNT, 2013) determina que o sistema de água fria deve ser separado fisicamente de qualquer outra instalação que conduza água não potável ou fluida de qualidade insatisfatória, desconhecida ou questionável. Além disso, os componentes da instalação do sistema de água fria não devem transmitir substâncias tóxicas à água ou contaminar a água por meio de metais pesados.

É importante que o sistema projetado preserve as características de potabilidade da água distribuída pelas concessionárias. Um dos elementos que oferece maior risco neste quesito é o reservatório domiciliar. Assim, cabe ao proprietário manter o reservatório (ou reservatórios, em caso de edifícios que usem o sistema indireto RI-RS) sempre limpo e desinfectado, com limpeza periódica mínima a cada 6 meses.

3.8 QUESTÕES

Questão 1:

Faça uma pesquisa em livros, páginas da internet, dentre outros, de edifícios que possuam reservatório superior e, a partir de sua pesquisa:

1. faça uma descrição do posicionamento do reservatório superior, considerando a relação com a arquitetura da edificação e com os elementos estruturais que o sustentam;

2. apresente as plantas dos pavimentos, indicando as áreas molhadas que serão abastecidas por colunas a partir do barrilete conectado a este reservatório superior;

3. faça uma avaliação crítica sobre o posicionamento do reservatório superior, considerando elementos de arquitetura, de sistemas prediais e os elementos estruturais.

Questão 2:

Para o apartamento apresentado na planta baixa a seguir, proponha o traçado dos ramais e sub-ramais de água fria e água quente a partir de um medidor individual. Apresente a solução em planta baixa e perspectiva isométrica.

Observação 1: Posicione a coluna de AF que vai alimentar o apartamento e o hidrômetro individual.

Observação 2: A imagem a seguir é ilustrativa. Consultar o material complementar online para ter acesso aos desenhos em escala adequada.

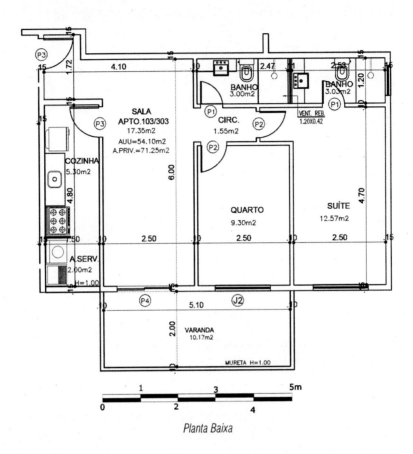

Planta Baixa

Questão 3:

Considere que o apartamento apresentado anteriormente é parte de uma edificação multifamiliar, com 18 pavimentos, sendo 15 pavimentos de apartamentos, 1 pavimento térreo, com portaria e apartamento do porteiro e 2 pavimentos de subsolo, destinados a garagem, localizada no Rio de Janeiro. Em cada pavimento-tipo há 6 unidades de apartamentos, cada um com sala, 1 suíte, 1 quarto social, 1 banheiro social, cozinha e área de serviço; cada apartamento possui 2 vagas na garagem. O comprimento longitudinal do edifício é de 62 m. Tendo em vista o projeto do sistema predial de água fria, que adotará tubulações em PVC, pede-se que determine:

1.   o consumo diário da edificação;

2.   o diâmetro do ramal predial;

3.   o hidrômetro geral mais apropriado para esta edificação, com as dimensões da respectiva caixa de proteção;

4.   o diâmetro do alimentador predial;

5.   o volume correspondente à Reserva Técnica de Incêndio (RTI);

6.   a capacidade e as dimensões dos reservatórios inferior (RI) e superior (RS).

Questão 4:

Dimensione a instalação elevatória (diâmetro das tubulações de sucção e recalque e potência da bomba), para a solução apresentada a seguir. Considere que o consumo diário (CD) da edificação igual a 20 m³/dia. Considere, também, que a válvula de pé com crivo está a 10 cm de distância do fundo do RI.

Observação: A imagem a seguir é ilustrativa. Consultar o material complementar online para ter acesso aos desenhos em escala adequada.

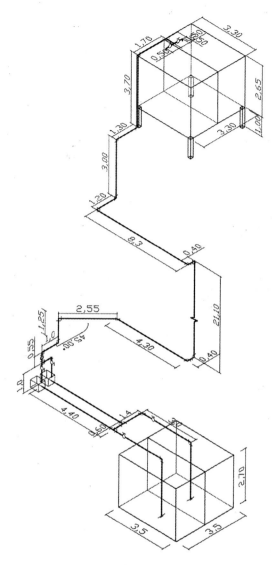

Questão 5:

Considerando uma edificação multifamiliar com pavimento de cobertura, 3 pavimentos de apartamentos mais um pavimento térreo e um subsolo, em que o abastecimento de água é feito por 3 colunas de PVC soldável denominadas AF1, AF2 e AF3, dimensione o barrilete e as três colunas de distribuição. A seguir está apresentada a perspectiva isométrica do reservatório superior, barrilete e colunas desta edificação.

Considere que:

- *Apto Tipo 1*: 2 bacias sanitárias, 2 chuveiros, 2 lavatórios, 2 duchas higiênicas, 1 pia de cozinha, 1 filtro, 1 máquina de lavar louças, 1 tanque, 1 máquina de lavar roupas e aquecedor de passagem para 2 chuveiros e 1 pia de cozinha;

- *Apto Tipo 2*: 1 bacia sanitária, 1 chuveiro, 1 lavatório, 1 ducha higiênica, 1 pia de cozinha, 1 filtro, 1 máquina de lavar louças, 1 tanque, 1 máquina de lavar roupas e aquecedor de passagem para 1 chuveiro e 1 pia de cozinha;

- *Apto Tipo 3:* 5 bacias sanitárias, 4 chuveiros, 5 lavatórios, 4 duchas higiênicas, 2 pias de cozinha, 1 filtro, 1 máquina de lavar louças, 1 tanque e 1 máquina de lavar roupas e aquecedor de passagem para 4 chuveiros, 4 lavatórios e 2 pias de cozinha.

  - *Zelador:* 1 bacia sanitária, 1 chuveiro, 1 lavatório, 1 pia de cozinha, 1 filtro, 1 tanque, 1 máquina de lavar roupas e aquecedor de passagem para 1 chuveiro;

  - *Subsolo:* 2 torneiras.

Observação 1: Seguir o procedimento de cálculo apresentado ao longo do capítulo e utilizar a planilha modelo, representada pela Tabela 3.29. Além disso, sugere-se também o preenchimento da Tabela 3.30, em que devem ser listadas todas as peças e conexões envolvidas nos trechos, para facilitar o cálculo do comprimento equivalente. Considerar 0,20 m de altura da RTI; e 1,60 m de altura da lâmina d'água.

Observação2: A imagem a seguir é ilustrativa. Consultar o material complementar online para ter acesso aos desenhos em escala adequada.

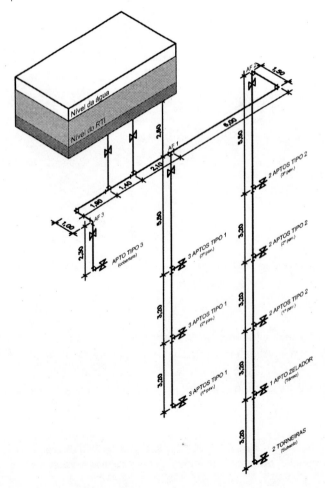

Questão 6:

Considerando o ramal de distribuição apresentado a seguir, que abastece um apartamento de uma edificação multifamiliar, dimensione o ramal único de água fria, numerando os trechos e listando as perdas de carga. Considere o diâmetro do barrilete de 50 mm, e a pressão dinâmica de saída de 6,00 m.c.a. Considere também tubulação em PVC soldável. Cabe lembrar que em um ramal único não haverá abastecimento de água quente por aquecedor de passagem. Com isso, a proposta deve, então, considerar o uso de chuveiro elétrico, e não de chuveiro com misturador.

Observação 1: Seguir o procedimento de cálculo apresentado ao longo do capítulo e utilizar a planilha modelo, representada pela Tabela 3.29. Além disso, sugere-se também o preenchimento da Tabela 3.30, em que devem ser listadas todas as peças e conexões envolvidas nos trechos, para facilitar o cálculo do comprimento equivalente.

Observação 2: A imagem a seguir é ilustrativa. Consultar o material complementar online para ter acesso aos desenhos em escala adequada.

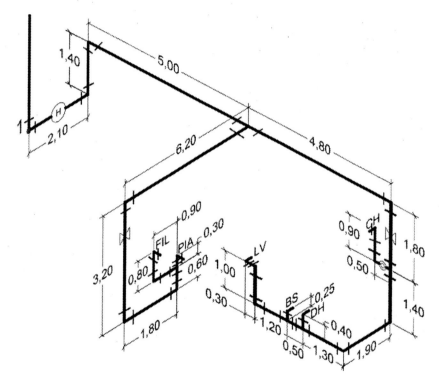

Questão 7:

Apresenta-se, a seguir, a planta baixa e o corte de uma residência acessível de um pavimento. Proponha um sistema predial de água fria e água quente para esta casa, apresentando a solução em planta, isométricos e esquema vertical. Será adotado o sistema indireto RS, que é composto pelo alimentador predial, pelo reservatório superior e pela rede de distribuição (neste caso, colunas, ramais e sub-ramais). Dimensione todos os elementos do sistema proposto. Considere que:

- deve ser proposto o melhor local para o hidrômetro;

- há pressão disponível no sistema de abastecimento de água da concessionária e, portanto, não há necessidade de instalação elevatória;

- o aquecimento da água será feito por aquecedor de passagem, a ser instalado na área de serviço sobre o tanque;

- os aparelhos com aquecimento de água serão chuveiro (misturador) e pia de cozinha.

- não tem vaga de garagem.

Observação: As imagens a seguir são ilustrativas. Consultar o material complementar online para ter acesso aos desenhos em escala adequada.

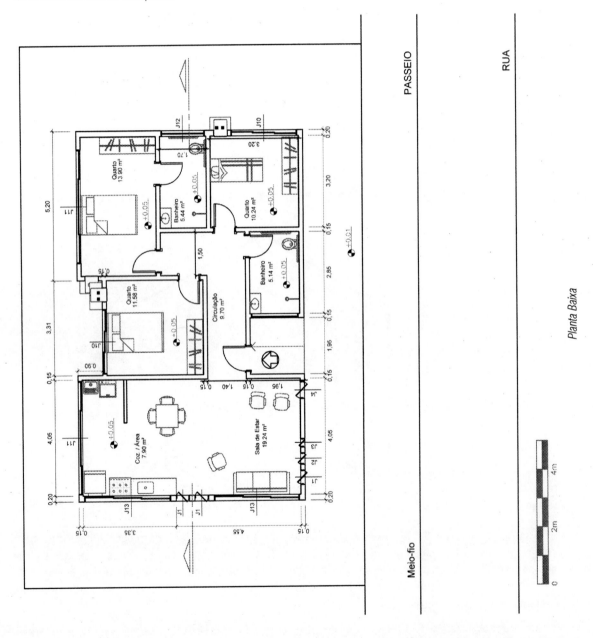

Planta Baixa

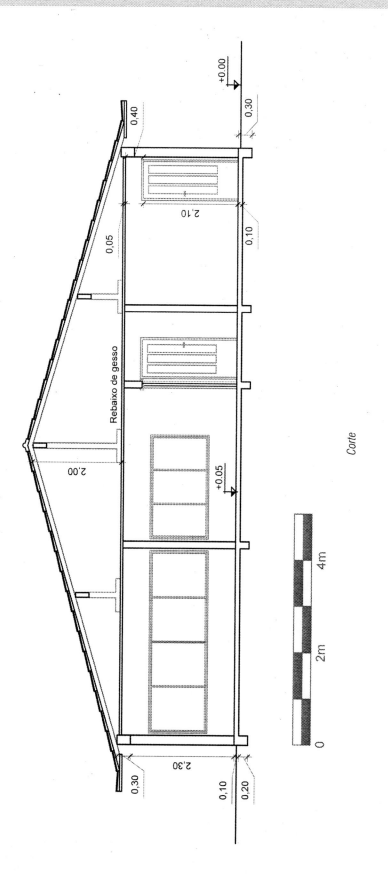

Corte

REFERÊNCIAS BIBLIOGRÁFICAS

ALVES, W. C.; PEIXOTO, J. B.; SANCHEZ, J. G.; LEITE, S. R. Micromedição. Brasília: Programa Nacional de Combate ao Desperdício de Água , 2004. 171 p. Documento Técnico de Apoio - DTA - A3.

ASSOCIAÇÃO BRASILEIRA DE NORMAS TÉCNICAS. NBR 6414: *Rosca para tubos onde a vedação e feita pela rosca — Designação, dimensões e tolerâncias.* Rio de Janeiro, 1983.

ASSOCIAÇÃO BRASILEIRA DE NORMAS TÉCNICAS. NBR 5626: *Sistemas prediais de água fria e água quente - Projeto, execução, operação e manutenção.* Rio de Janeiro, 2020. 56 p.

ASSOCIAÇÃO BRASILEIRA DE NORMAS TÉCNICAS. NBR 5648: *Sistemas prediais de água fria — Tubos e conexões de PVC 6,3, PN 750 kPa, com junta soldável — Requisitos.* Rio de Janeiro, 1999. 13 p.

ASSOCIAÇÃO BRASILEIRA DE NORMAS TÉCNICAS. NBR NM 212: *Medidores velocimétricos de água potável fria até 15m³/h.* Rio de Janeiro, 1999 19 p.

ASSOCIAÇÃO BRASILEIRA DE NORMAS TÉCNICAS. NBR 13714:2000. Sistemas de hidrantes e de mangotinhos para combate a incêndio. Rio de Janeiro, 2000. 25 p.

ASSOCIAÇÃO BRASILEIRA DE NORMAS TÉCNICAS. NBR 8194:2013 *Medidores de água potável — Padronização.* Rio de Janeiro, 2013. 11 p.

ASSOCIAÇÃO BRASILEIRA DE NORMAS TÉCNICAS. NBR 15.575-6: *Edificações habitacionais — Desempenho. Parte 6: Requisitos para os sistemas hidrossanitários.* Rio de Janeiro, 2013.

BRASIL. Lei 13.312/2016. *Altera a Lei nº 11.445, de 5 de janeiro de 2007, que estabelece diretrizes nacionais para o saneamento básico, para tornar obrigatória a medição individualizada do consumo hídrico nas novas edificações condominiais.*

BERENHAUSER, C. & PULICI, C. (1983) *Previsão de consumo de água por tipo de ocupação do imóvel.* Companhia de Saneamento Básico do Estado de São Paulo, In: XII Congresso Brasileiro de Engenharia Sanitária e Ambiental, Camboriú, 1983.

CARVALHO JUNIOR, R. *Patologias em Sistemas Prediais Hidráulico-Sanitários.* São Paulo: Blucher, 2015.

CEDAE, 2015. Guia do Usuário CEDAE.

CREDER, H. *Instalações Hidráulicas e Sanitárias.* 6. Ed. Rio de Janeiro: LTC, 2006.

DECRETO nº 897, de 21 de setembro de 1976 Regulamenta o Decreto-lei n o 247, de 21-7-75, que dispõe sobre segurança contra incêndio e pânico (Coscip – Código de Segurança Contra Incêndio e Pânico).

GARDINER, V.; HERRINGTON, P. (1986). *Water demand forecasting: proceedings of a workshop.* Geo Books. Norwich.

ILHA, M. S. O.; GONÇALVES, O. M. Sistemas prediais de água fria. São Paulo: Universidade de São Paulo, 1994. 106 p. Boletim Técnico BT/PCC/008.

ILHA, M. S. O. (2009) *A investigação patológica na melhoria dos sistemas prediais hidráulico-sanitários.* Hydro, Aranda, São Paulo, a. 30, n. 30, p. 60-65, abril de 2009.

ILHA, M.S.O., OLIVEIRA, L.H., GONÇALVES, O.M. (2010). *Sistemas de medição individualizada de água: como determinar as vazões de projeto para a especificação dos hidrômetros?* Engenharia Sanitária e Ambiental. v. 15 n. 2. pp. 177-186

INMETRO, 2000. Portaria INMETRO/MDIC número 246- de 17/10/2000. *Aprovar o regulamento técnico metrológico, que com esta baixa, estabelecendo as condições a que devem satisfazer os hidrômetros para água fria, de vazão nominal até quinze metros cúbicos por hora.*

JONES, C.V.; BOLAND, J.J.; CREWS, J.E.; et al. (1984). Municipal water demand: statistical and management issues. Westview Press. Boulder.

MACINTYRE, A. J. (2010). *Instalações Hidráulicas: Prediais e Industriais.* 6. Ed. Rio de Janeiro: LTC Grupo Gen, 2010.

MC – MINISTÉRIO DAS CIDADES (1999). Secretaria Especial de Desenvolvimento Urbano. Secretaria de Política Urbana. Programa Nacional ao Desperdício de Água. Documentos Técnicos de Apoio. *Caracteriação da Demanda Urbana de Água – A3.* Brasíia, 1999.

MTE – MINISTÉRIO DO TRABALHO E EMPREGO (1978). Norma Regulamentadora nº 13 (NR-13). *Caldeiras, vasos de pressão e tubulações.* Portaria nº 3.214 de 08 de junho de 1978.

PEREIRA, L. G.; ILHA, Marina Sangoi de Oliveira; *Medição individualizada em edificações verticais de interesse social: avaliação comparativa das soluções utilizadas,* 06/2009, Resumo Expandido, XI Simpósio Nacional de Sistemas Prediais — SISPRED, pp. 1, pp.1-1, Paraná, PR, Brasil, 2009

PREFEITURA DA CIDADE DO RIO DE JANEIRO (PCRJ). Código de Obras e Legislação Urbanística do Município do Rio de Janeiro.

SABESP, 2008. Norma Técnica SABESP NTS 277. *Critérios para implantação de medição individualizada em condomínios horizontais ou verticais.* Procedimentos. São Paulo. Novembro de 2008 - Rev. 1

SABESP, 2012. Norma Técnica SABESP NTS 181. *Dimensionamento do ramal predial de água, cavalete e hidrômetro – Primeira ligação.* Procedimento. São Paulo. Novembro de 2012 - Rev. 3.

TIGRE, 2016. Catálogo Técnico - Linha Predial - Aquatherm. Disponível em: <https://www.tigre.com.br/themes/tigre2016/downloads/catalogos-tecnicos/ct-aquaterm.pdf>. Acessado em 7 de abril de 2017.

TOMAZ, P. Previsão de consumo de água: interface das instalações prediais de água e esgoto com os serviços públicos. São Paulo: Navegar, 2000. 250 p.

U.S. Office of Water Research and Technology, (s./d.) – National Handbook of Recommended Methods for Water Data Acquisition. Chapter 11 – Water Use. Arquivo Htm.

CAPÍTULO 4

Sistemas Prediais de Esgoto Sanitário

Conceitos apresentados neste capítulo

Este capítulo introduz o projeto do sistema predial de esgoto sanitário, partindo de suas relações com os sistemas urbanos e, em sequência, detalhando o projeto em si, que aborda tanto o traçado quanto o dimensionamento dos subsistemas que o compõe, quais sejam, subsistema de coleta e transporte de esgoto sanitário e subsistema de ventilação.

O projeto do sistema predial de esgoto sanitário possui particularidades que podem levar a distintas soluções e que também serão abordadas neste capítulo, tais como o pavimento de desvios, o pavimento térreo com e sem subsolo, e a solução de coleta de esgoto sanitário no pavimento de subsolo.

4.1 INTRODUÇÃO

O sistema predial de esgoto sanitário constitui-se no conjunto de tubulações e acessórios com a finalidade de coletar e transportar o esgoto sanitário a um destino apropriado, a fim de garantir o encaminhamento dos gases para a atmosfera, evitando seu retorno para os ambientes sanitários. Por esgoto sanitário entende-se o despejo proveniente do uso da água para fins higiênicos.

O sistema predial de esgoto é regulamentado pela norma NBR 8160:1999, *Sistema Prediais de Esgotos Sanitários – Projeto e Execução* (ABNT, 1999), que fixa as condições exigíveis e as recomendações relativas a projeto, execução, ensaio e manutenção dos sistemas prediais de esgotos sanitários, para atenderem às exigências mínimas quanto a higiene, segurança e conforto dos usuários, tendo em vista a qualidade destes sistemas.

De acordo com essa norma, o sistema predial de esgoto deve ser projetado de modo que, durante a vida útil do edifício que o contém, atenda aos seguintes requisitos:

- Evitar a contaminação da água, de forma a garantir a sua qualidade de consumo, tanto no interior dos sistemas de suprimento e de equipamentos sanitários, quanto nos ambientes receptores.
- Permitir o rápido escoamento da água utilizada e dos despejos introduzidos, evitando a ocorrência de vazamentos e a formação de depósitos no interior das tubulações.
- Garantir o funcionamento dos fechos hídricos que impedem que os gases provenientes do interior do sistema predial de esgoto sanitário atinjam áreas de utilização.
- Impossibilitar o acesso de corpos estranhos ao interior do sistema.
- Permitir que os seus componentes sejam facilmente inspecionáveis.
- Impossibilitar o acesso de esgoto ao subsistema de ventilação.
- Permitir a fixação dos aparelhos sanitários somente por dispositivos que facilitem a sua remoção para eventuais manutenções.

A NBR 15575:2013, *Edificações Habitacionais — Desempenho* (ABNT, 2013), complementarmente também exige que seja feita a coleta do esgoto sanitário com garantias de que não haja transbordamento, acúmulo na instalação, contaminação do solo (ou lençol freático) ou retorno a aparelhos não utilizados.

Os tipos de esgoto gerados em uma cidade são o doméstico, o pluvial e o industrial. No esgoto doméstico têm-se os efluentes gerados em chuveiros, lavatórios, máquinas de lavar roupa, tanques, descarga das bacias sanitárias etc. Esse esgoto é também denominado de águas residuárias, sendo composto por água, em sua grande maioria, e por uma parcela de impurezas com diferentes substâncias orgânicas e minerais. Essas impurezas podem proliferar doenças, contaminar o solo e os mananciais. Por isso devem ser corretamente coletados e escoados para o sistema público de esgoto.

Os esgotos prediais devem ser lançados na rede pública de esgoto sanitário da cidade, atendendo às NBR 8160:1999 (ABNT, 1999), NBR 7229:1993 (ABNT, 1993) e NBR 13969:1997 (ABNT, 1997), sendo que a rede é representada pelo conjunto de tubulações pertencentes ao sistema urbano de esgoto sanitário, diretamente controlado pela autoridade pública. Essa rede, que toda cidade possui ou almeja possuir, pode ser instalada segundo um dos seguintes sistemas: sistema unitário, no qual as águas pluviais e as águas residuárias e de infiltração são conduzidas para uma mesma canalização ou galeria, conhecido sob a denominação francesa *"tout-à l'egout"*; sistema separador absoluto, no qual há duas redes públicas inteiramente independentes: uma para águas pluviais e outra somente para águas residuárias e de infiltração; e sistema misto ou separador combinado, no qual as águas de esgoto têm canalizações próprias, mas esses condutos estão instalados dentro das galerias pluviais. Na maioria das cidades brasileiras é adotado o sistema separador absoluto para o esgotamento sanitário.

O sistema predial de esgoto sanitário é composto por elementos que captam os efluentes, possibilitando seu escoamento por gravidade e conduzindo a um destino adequado. Neste sistema não existe medição por parte da concessionária. A tributação é feita considerando uma porcentagem do insumo de água que entra na edificação. No município do Rio de Janeiro, por exemplo, a porcentagem é de 100%, ou seja, o valor de água medido pelo hidrômetro é tributado em dobro.

Particularidades do sistema predial de esgoto sanitário — NBR 8160:1999

Instalação primária de esgoto: Conjunto de tubulações e dispositivos em que os gases provenientes do coletor público ou dos dispositivos de tratamento têm acesso.

Instalação secundária de esgoto: Conjunto de tubulações e dispositivos em que os gases provenientes do coletor público ou dos dispositivos de tratamento não têm acesso, visto que possuem proteção por desconector.

Ramal de descarga: Tubulação que recebe diretamente os efluentes de aparelhos sanitários.

Ramal de esgoto: Tubulação primária que recebe os efluentes dos ramais de descarga diretamente ou a partir de um desconector.

Ramal de ventilação: Tubo ventilador que interliga o desconector ou ramal de descarga, ou ramal de esgoto de um ou mais aparelhos sanitários a uma coluna de ventilação.

Unidade Hunter de Contribuição (UHC): Fator numérico que representa a contribuição de esgoto considerada em função da utilização habitual de cada tipo de aparelho sanitário.

Ventilação primária: Ventilação proporcionada pelo ar que escoa pelo núcleo do tubo de queda, o qual é prolongado até a atmosfera.

Ventilação secundária: Ventilação proporcionada pelo ar que escoa pelo interior de colunas e ramais.

4.2 PRINCÍPIOS BÁSICOS DE ESGOTAMENTO SANITÁRIO E A INTERAÇÃO COM A REDE URBANA

Canedo et al. (2017) afirmam que, embora o acesso regular à água de qualidade para o abastecimento humano tenha propiciado maior conforto e saúde aos cidadãos, ele também proporcionou a geração localizada de esgoto, pelo uso dessas águas. Assim, é natural relacionar o estabelecimento formal da rede de abastecimento de água ao da rede de esgotamento sanitário, como apresentado por Mascaró (2005), em que as redes são comparadas a troncos de árvores, com o ramo maior (tronco) representando, de um lado, a adutora de água tratada, e, de outro, o emissário de esgoto. As ramificações mais finas representam as tubulações principais e secundárias, até chegar ao usuário final. A Figura 4.1 traduz essa interpretação.

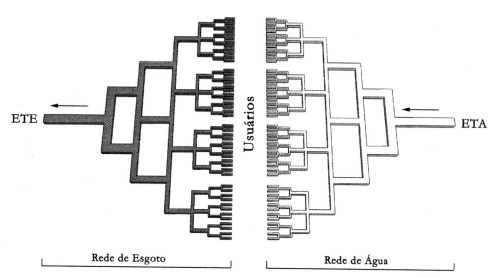

FIGURA 4.1: Esquema conceitual das redes de abastecimento de água e de esgotamento sanitário, com início na Estação de Tratamento de Água (ETA) e final na Estação de Tratamento de Esgotos (ETE). (Adaptado de Mascaró, 2005.)

No Brasil estabeleceu-se, no passado, o conceito de sistema separador absoluto, em que a coleta de esgoto sanitário ocorre de modo separado das águas pluviais. Assim, o lançamento dos efluentes domésticos, gerados nas residências, deve ser conduzido à rede pública separadamente dos efluentes de águas pluviais, coletados nas coberturas das edificações e áreas descobertas. Para que isso seja viável, é necessário realizar esta coleta já de forma separada na fonte, ou seja, na edificação. Por esse motivo, apresenta-se, neste capítulo, o projeto de sistemas prediais de esgoto sanitário e, no seguinte, o projeto de sistemas prediais de águas pluviais.

A rede pública de esgoto sanitário é composta por coletores (prediais, primários e secundários), poços de visita, interceptores, estações elevatórias e a Estação de Tratamento de Esgoto (ETE), com tratamento completo ou parcial. Após o tratamento, o efluente tratado é lançado no corpo hídrico, e o lodo deve ter disposição final adequada. A Figura 4.2 apresenta o sistema de esgotamento sanitário urbano, desde o recebimento dos efluentes lançados pelas edificações, até o lançamento do efluente final tratado em corpo hídrico.

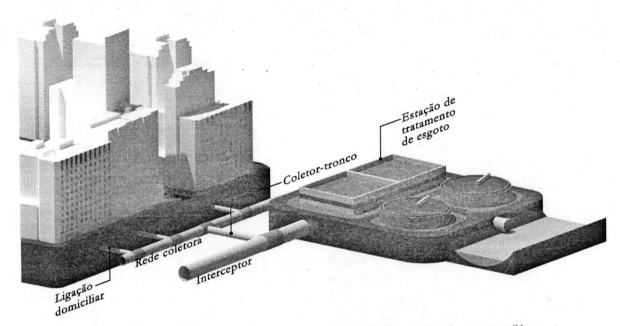

FIGURA 4.2: Sistema de esgotamento sanitário urbano, com deságue do efluente tratado em curso d'água.

Apesar dos investimentos realizados nas últimas décadas, ainda existem grandes desafios a serem enfrentados, no Brasil, no que diz respeito ao esgoto sanitário. Destacam-se, como principais, a universalização da coleta, o tratamento dos esgotos coletados, a segurança ambiental no descarte de efluentes e lodos, e o controle de qualidade do serviço prestado.

4.3 PROJETO DO SISTEMA PREDIAL DE ESGOTO SANITÁRIO: CONCEPÇÃO E DIMENSIONAMENTO

O projeto do sistema predial de esgoto sanitário deve ser elaborado por projetista, legalmente habilitado e qualificado, tendo como referência principal a norma brasileira NBR 8160:1999, *Sistema Prediais de Esgotos Sanitários – Projeto e Execução* (ABNT, 1999), além de leis, decretos e regulamentos das concessionárias locais.

O sistema predial de esgoto sanitário é definido, segundo a NBR 8160:1999 (ABNT, 1999), como o conjunto de tubulações e acessórios destinados a coletar e transportar o esgoto sanitário, para garantir o encaminhamento dos gases para a atmosfera, evitando seu retorno para os ambientes sanitários. É dividido em *subsistema de coleta e transporte* e *subsistema de ventilação*. A descarga do efluente final é feita em coletor público, quando da sua existência. A alternativa, em locais em que não há rede de coleta estabelecida, é a disposição em soluções individuais, como o sistema fossa-filtro ou sumidouro. É importante ressaltar que o projeto predial de esgoto sanitário deve ser totalmente separado do de águas pluviais, de forma a atender ao sistema separador absoluto, empregado no sistema urbano, que utiliza redes distintas para esgoto sanitário e drenagem urbana.

Diferentemente do sistema predial de água fria, que trabalha em conduto forçado, este sistema funciona por gravidade, isto é, existe pressão atmosférica no interior de todo o sistema, característica mantida pela ventilação da instalação.

Em decorrência de seu funcionamento por gravidade, o sistema predial de esgoto sanitário possui algumas características para evitar o entupimento por carga orgânica, principalmente em pontos críticos, como nas conexões entre tubulações. Assim, as tubulações horizontais devem possuir declividade compatível com o diâmetro calculado, para melhor escoar o efluente, e não devem fazer conexões de 90°, sendo admitidas as conexões de 45°. Também como forma de garantir a fácil manutenção do sistema e, em atendimento à norma NBR 15575:2013, *Edificações Habitacionais — Desempenho* (ABNT, 2013), que estabelece que nas tubulações de esgoto devam ser previstos dispositivos de inspeção para que qualquer ponto da tubulação possa ser atingido por uma haste flexível, são empregados dispositivos de acesso às tubulações verticais antes da conexão com a tubulação horizontal, denominados tubos operculados. Nos coletores horizontais, muito empregados em tetos de subsolo, são conectados dispositivos de visita denominados "bujão". No decorrer deste capítulo, mais detalhes sobre todos esses dispositivos serão apresentados.

Os aparelhos sanitários devem ser instalados de modo a impedir a contaminação da água potável (retrossifonagem e conexão cruzada) e possibilitar fácil acesso de pessoal em caso de manutenção. Todos os aparelhos sanitários devem ser protegidos por desconectores. Os desconectores são dispositivos hidráulicos responsáveis por proteger o sistema predial de esgoto sanitário, impedindo o retorno de gases oriundos das tubulações primárias para o ambiente sanitário, por meio de um fecho hídrico. Esta é uma exigência não somente da norma que rege o projeto de esgoto sanitário em si (ABNT, 1999), mas também da NBR 15575:2013 (ABNT, 2013), que menciona que "o sistema de esgotos sanitários deve ser projetado de forma a não permitir a retrossifonagem ou quebra do selo hídrico". São exemplos de desconectores: a caixa sifonada, o ralo sifonado, os sifões e a própria bacia sanitária. É possível que um desconector atenda apenas um aparelho sanitário, como o sifão de pia de cozinha, ou que atenda um conjunto de aparelhos de uma mesma unidade autônoma, como a caixa sifonada, que pode receber conexões do lavatório, do ralo seco, da banheira e do bidê no banheiro. Pode-se chegar a ter, inclusive, uma única caixa sifonada atendendo os aparelhos sanitários de dois banheiros, próximos um do outro, desde que pertençam a mesma unidade habitacional e que seja verificada a compatibilidade com o projeto de estruturas.

De acordo com a NBR 8160:1999 (ABNT, 1999), os desconectores devem ter fecho hídrico com altura mínima de 0,05 m e apresentar orifício de saída com diâmetro igual ou superior ao do ramal de descarga a ele conectado. A norma também prevê que seja assegurada a manutenção do fecho hídrico dos desconectores mediante as solicitações impostas pelo ambiente (evaporação, tiragem térmica e ação do vento, variações de pressão no ambiente) e pelo uso propriamente dito (sucção e sobrepressão).

O que é fecho hídrico?

O fecho hídrico é uma camada líquida, de nível constante, destinada a impedir a passagem de gases e, consequentemente, o mau cheiro, para o interior do ambiente doméstico.

Alguns exemplos de desconectores que impedem o retorno de gases das tubulações primárias para as áreas molhadas, por meio de fecho hídrico, são: a caixa sifonada, o sifão e a bacia sanitária, como imagens a seguir.

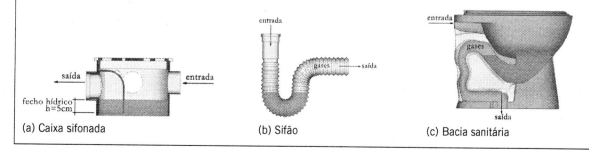

(a) Caixa sifonada   (b) Sifão   (c) Bacia sanitária

Na elaboração do projeto, devem ser analisados os possíveis caminhos para as tubulações, visando sempre segurança, economia de materiais, garantia de diâmetros mínimos e declividades mínimas necessárias para o bom funcionamento dos aparelhos instalados, das tubulações e dos dispositivos complementares. O projetista deve evitar a passagem das tubulações de esgoto sanitário em paredes e rebaixos de ambientes de permanência prolongada, por conta dos possíveis ruídos provenientes do efluente nas tubulações e também pelo incômodo gerado em caso de manutenção. Caso não consiga evitar, deve adotar medidas para atenuar a transmissão de ruídos para os referidos ambientes.

O sistema predial de esgoto sanitário é composto basicamente de tubulações (verticais e horizontais), desconectores, ralos secos, conexões, sistema elevatório (quando necessário) e dispositivos complementares, como as caixas de gordura, de inspeção e coletora (quando houver pavimento subsolo). O projeto em edificações com apenas um pavimento se diferencia das edificações com mais pavimentos basicamente pela existência, neste último, de tubulações verticais, que levam o esgoto dos pavimentos mais elevados até o nível térreo, em que está estabelecida a rede pública de esgoto. A existência ou não de pavimento de subsolo leva a soluções distintas para a coleta do esgoto dos tubos de queda (uso de subcoletores ou descarga direto nas caixas sifonadas especiais, inspeção). Mais detalhes sobre essa diferença serão discutidos mais adiante, neste mesmo capítulo (Seção 4.3.3).

Costumeiramente, as tubulações verticais passam em *shafts*, e as horizontais passam sob a laje, escondidas por forro de gesso. No passado, empregava-se o uso de lajes rebaixadas, como demonstrado pela Figura 4.3A. Esse tipo de solução não só sobrecarregava a estrutura da edificação (preenchia-se o rebaixo com entulho de obra), como dificultava a detecção de possíveis vazamentos e a consequente manutenção, que exigia a quebra do piso. A solução mais moderna, de passagem da tubulação sob a laje, como apresenta a Figura 4.3B facilita a manutenção (quebra apenas do teto de gesso), suaviza o peso estrutural, mas tem o inconveniente de ser acessível somente pelo pavimento inferior ao que gerou o vazamento. Ainda existe a opção de uso de tubulação aparente, que não atende aos requisitos de estética dos ambientes, sendo tolerada somente em ambientes de serviço, como garagens.

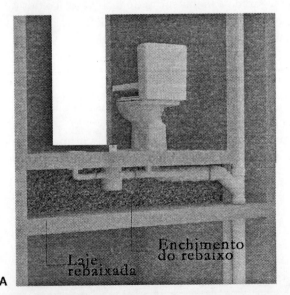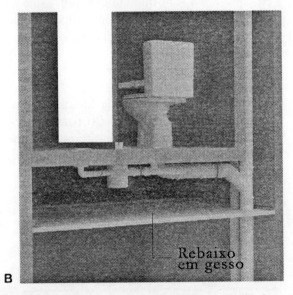

FIGURA 4.3: Exemplo de passagem da tubulação de esgoto. A, Em laje rebaixada com preenchimento por entulho de obra. B, Sob a laje, oculta por rebaixo de gesso.

O projeto se inicia com a identificação dos pontos geradores de esgoto (ramais de descarga) na planta arquitetônica, que contém a posição dos aparelhos sanitários situados nos diversos pavimentos do prédio. Logo em seguida, devem ser definidos e posicionados os desconectores (sifões, ralos e caixas sifonadas), o ramal de esgoto, os tubos de queda para esgoto primário e secundário e os sistemas de ventilação primária (prolongamento dos tubos de queda até a cobertura) e secundária (ramal de ventilação e coluna de ventilação). Para o posicionamento da caixa sifonada, ralo sifonado e dos ralos secos, devem-se levar em consideração aspectos estéticos e hidráulicos. De forma geral, quanto mais próximo a caixa sifonada estiver da ligação com o ramal de esgoto, mais simples será a instalação da ventilação. Além disso, devem ser posicionados em locais discretos, como entre o box e a bacia sanitária, por exemplo. Em relação aos ralos secos, nos banheiros e nas varandas, deve-se atentar para o caimento do piso, permitindo melhor escoamento da água. Já em relação ao ralo seco da área de serviço, deve-se observar seu posicionamento em relação ao tanque e à máquina de lavar roupas, adotando as soluções técnicas mais adequadas, como será abordado mais adiante, a fim de evitar o retorno de espuma para o ambiente sanitário. No pavimento térreo, o projetista deve posicionar as caixas sifonadas especiais e os dispositivos complementares, tais como caixa de gordura e de inspeção, e prever a conexão do sistema predial com o sistema urbano por meio de um coletor predial. Se houver pavimento de subsolo, também devem ser previstos ralos secos para lavagem de piso e os dispositivos complementares neste pavimento, incluindo a caixa coletora e a instalação elevatória. A Figura 4.4 ilustra este sistema, considerando uma edificação com subsolo.

Esgoto primário *versus* esgoto secundário

As tubulações de esgoto primário e secundário se diferenciam entre si pelo acesso ou não dos gases de decomposição do esgoto sanitário, tal como descrito na NBR 8160:1999 (ABNT, 1999) e representado pela figura a seguir.

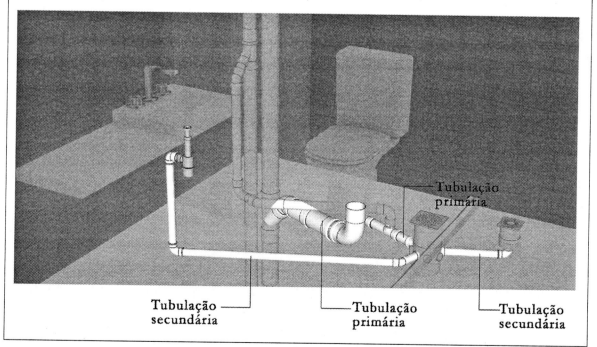

Tubulação secundária — Tubulação primária — Tubulação secundária — Tubulação primária

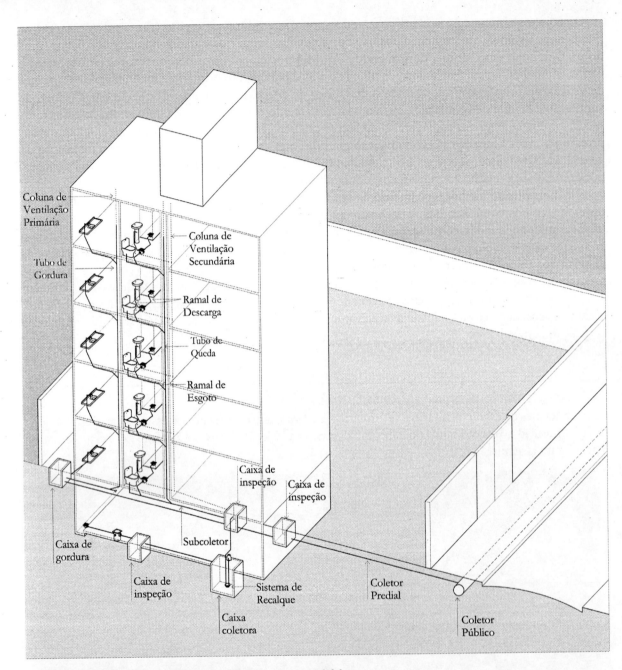

FIGURA 4.4: Componentes do sistema predial de esgoto sanitário.

De forma mais específica, pode-se detalhar o sistema predial de esgoto sanitário para cada área molhada. Em edificações com mais de um pavimento, em que as tubulações verticais se fazem necessárias, tem-se a seguinte solução:

- Os aparelhos sanitários dos banheiros descarregam seus despejos em tubos verticais chamados *tubos de queda* (TQ), cujo prolongamento superior é chamado de *ventilação primária* (VP). O despejo do TQ é encaminhado, no pavimento térreo, às *caixas de inspeção* (CI).

- Ainda nos banheiros, deve ser prevista outra tubulação vertical, chamada *coluna de ventilação* (CV), cujo prolongamento superior é denominado *ventilação secundária* (VS).

- Os despejos gordurosos provenientes das pias de cozinha e máquinas de lavar louça são lançados em *tubos de gordura* (TG), que têm sua extremidade inferior ligada a uma *caixa de gordura (CG)*, localizada no pavimento térreo, de onde são conduzidos para uma CI. O prolongamento da parte superior do TG também é chamado de *ventilação primária* (VP).

- Em áreas de serviço, onde existem aparelhos sanitários como tanques e máquinas de lavar roupas, seus efluentes são lançados em *tubos secundários* (TS), que são conectados a uma *caixa sifonada especial* (CSE), localizada no pavimento térreo, e daí são conduzidos para uma CI. Os ralos de lavagem de pisos também despejam seus efluentes em TS e se conectam à CSE. O prolongamento superior do TS é uma VP.

- Nas varandas cobertas, seus efluentes são lançados em TS, que são conectados a uma CSE, localizada no pavimento térreo, e daí são conduzidos para uma CI. O prolongamento superior do TS é uma VP.

A partir dessas informações, é possível resumir o funcionamento do sistema predial de esgoto sanitário como apresentado pela Figura 4.5, com a ressalva de que em edificações térreas, as conexões são feitas diretamente às caixas, sem a existência das tubulações verticais.

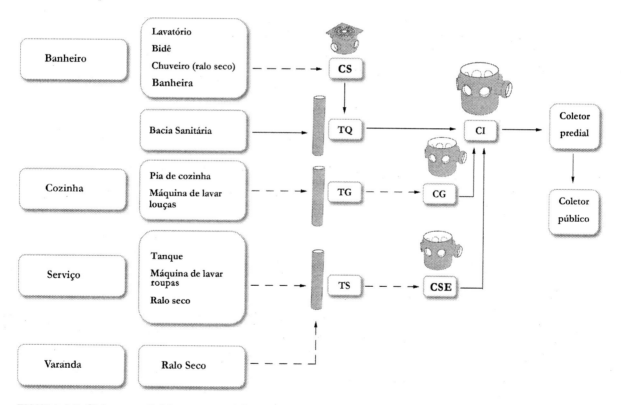

FIGURA 4.5: Sistema predial de esgoto sanitário - esquema de funcionamento.

Para melhor compreensão do leitor, apresentam-se, nas Figuras 4.6, 4.7 e 4.8, as três áreas molhadas básicas de um residência — banheiro, cozinha e área de serviço, com os aparelhos sanitários, desconectores, tubulações e conexões.

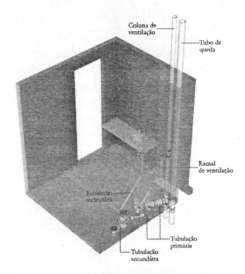

FIGURA 4.6: Sistema predial de esgoto sanitário — banheiro residencial.

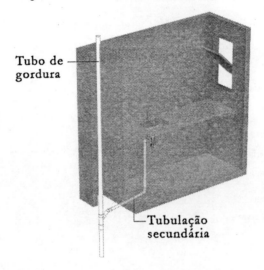

FIGURA 4.7: Sistema predial de esgoto sanitário — cozinha residencial.

FIGURA 4.8: Sistema predial de esgoto sanitário — área de serviço residencial.

Quando a edificação possui subsolo, tanto o esgoto primário quanto o secundário são coletados por subcoletores posicionados no teto do subsolo, de forma aparente e fixados por braçadeiras, e somente depois são lançados nos dispositivos complementares, posicionados no afastamento ou em áreas do terreno em que não haja subsolo. Outra diferença é que o efluente do subsolo deve ser conduzido para uma caixa coletora e, a partir desta, ser recalcado para o pavimento térreo, onde será lançado na caixa de inspeção mais próxima. Já quando se trata de uma edificação de pavimento único (térreo), não são previstas tubulações verticais. O esgoto coletado nas áreas molhadas deve ser lançado diretamente nos dispositivos complementares.

A etapa de dimensionamento consiste em se determinarem os diâmetros capazes de transportar determinada vazão de esgoto sanitário, desde os ramais de descarga, até a última caixa de inspeção, antes da conexão com o coletor público. As vazões de esgoto que escoam por este sistema predial variam em função da contribuição de cada aparelho sanitário; consequentemente, vazões maiores implicam diâmetros maiores e vice-versa.

As tubulações do projeto de coleta e transporte de esgoto sanitário podem ser dimensionadas pelo método hidráulico, que considera o escoamento em regime permanente, ou pelo método das *Unidades de Hunter de Contribuição* (UHC), devendo ser respeitados os diâmetros mínimos exigidos pela concessionária e pelas normas vigentes. Ambos os métodos são apresentados pela NBR 8160:1999 (ABNT, 1999). Aqui será apresentado apenas o segundo método (UHC) no qual as tubulações de esgoto sanitário têm diâmetro dependente do número total de UHC associadas aos aparelhos a que servirem. Em todas as etapas do dimensionamento serão utilizadas tabelas da NBR 8160:1999 (ABNT, 1999).

Unidade Hunter de Contribuição (UHC)

O dimensionamento do sistema predial de esgoto sanitário deve ser feito pelas Unidades Hunter de Contribuição (UHC).

1 UHC = vazão de 0,15 L/s
(Azevedo Netto, 1998)

A Unidade Hunter de Contribuição é um fator probabilístico numérico que representa a frequência de utilização dos aparelhos sanitários, sua vazão característica e a simultaneidade de seu funcionamento, considerando o momento mais crítico do hidrograma diário (hora de maior contribuição).

No dimensionamento das canalizações, deve sempre ser considerada a vazão total, bem como as declividades mínimas recomendadas. Não há limitação das pressões e velocidades de escoamento máximas nas tubulações.

Todos os materiais e componentes utilizados nos projetos de sistemas prediais de esgoto sanitário devem atender às exigências previstas em normas específicas. Devem ser empregados materiais adequados ao tipo de esgoto a ser conduzido, à sua temperatura, aos efeitos químicos e físicos e aos esforços ou solicitações mecânicas a que possa ser submetido o sistema predial. De maneira geral, são empregadas tubulações e conexões em PVC, atendendo aos requisitos da NBR 5688:2010, *Tubos e Conexões de PVC-U para Sistemas Prediais de Água Pluvial, Esgoto Sanitário e Ventilação — Requisitos* (ABNT, 2010). A discussão em torno dos materiais utilizados em projetos de sistemas prediais de esgoto foi apresentada no Capítulo 2. Em relação às peças e conexões mais comuns, apresenta-se a Tabela 4.1, com a imagem, simbologia e função delas.

As bitolas convencionais das tubulações de PVC para o sistema de esgoto sanitário estão apresentadas na Tabela 4.2, extraída da NBR 5688:2010 (ABNT, 2010). A tabela apresenta os diâmetros nominais praticados

Tabela 4.1 – Peças e conexões em sistemas prediais de esgoto sanitário

Peça/conexão		Símbolo	Função
Cruzeta			Permite a junção de três ramais de esgoto convergindo para um único sentido.
Curva longa			Permite a união de tubulações com alteração no sentido do escoamento.
Joelho de 90° com anel de borracha			Utilizado para conexão de saída com tubulação em junta elástica.
Junção dupla			Utilizada para a conexão de três tubulações para a conversão em um único sentido.
Junção invertida			Utilizada para a conexão de uma tubulação invertida; geralmente na ligação do ramal de ventilação à coluna de ventilação.

Tabela 4.1 – Peças e conexões em sistemas prediais de esgoto sanitário *(Cont.)*

Peça/conexão		Símbolo	Função
Terminal de ventilação		Não há	Utilizado na extremidade da ventilação primária e secundária para prevenir o acesso de corpos estranhos e água de chuva ao sistema predial.
Tê de inspeção			Permite limpeza e inspeção nos tubos de queda ou nas tubulações horizontais aparentes.
Bujão			Dispositivo de visita
Ralo seco			Recebe águas de lavagem de piso e de chuveiro; também usado em terraços, varandas e áreas de serviço. Fabricado nos diâmetros de 100 mm (cônico) ou largura de 100 mm (quadrado), com diâmetro de saída 40 mm, independente do formato.

Tabela 4.2 – Dimensões dos tubos tipo diâmetro nominal (DN) – série normal – para esgoto sanitário e ventilação e série reforçada para esgoto sanitário e ventilação e água pluvial (ABNT, 2010)

Diâmetro nominal (mm)	Diâmetro externo médio (mm)		Espessura da parede e tolerância (mm)	
DN	d_{em}	Tolerância	Série normal SN	Série reforçada SR
40	40,0	+0,2	$1,2^{+0,3}$	$1,8^{+0,3}$
50	50,7	+0,3	$1,6^{+0,3}$	$1,8^{+0,3}$
75	75,5	+0,4	$1,7^{+0,4}$	$2,0^{+0,3}$
100	101,6	+0,4	$1,8^{+0,4}$	$2,5^{+0,4}$
150	150,0	+0,4	$2,5^{+0,4}$	$3,6^{+0,5}$
200	200,0	+0,4	$3,5^{+0,5}$	$4,5^{+0,6}$

e sua relação com o diâmetro externo médio, para sistemas prediais de esgoto sanitário (interesse deste capítulo) e água pluvial, além da espessura da parede. Cabe ressaltar que o diâmetro interno, medido em mm, é aquele utilizado para todos os cálculos hidráulicos, por ser correspondente à seção real de escoamento do fluido. O diâmetro nominal, por sua vez, também medido em mm, é o simples número que serve para classificar, em dimensões, os elementos de tubulações, e que corresponde, aproximadamente, ao diâmetro interno da tubulação. Ele não deve ser utilizado para fins de cálculo. Nas tubulações e conexões de esgoto sanitário, o diâmetro comercial é equivalente ao diâmetro nominal (DN).

4.3.1 Subsistema de Coleta e Transporte de Esgoto Sanitário

O subsistema de coleta e transporte de esgoto sanitário corresponde ao conjunto de aparelhos sanitários, tubulações e acessórios destinados a captar o esgoto e conduzi-lo a um destino adequado. Assim, de forma breve, pode-se dizer que é constituído pelos aparelhos sanitários, desconectores, ramais de descarga, de esgoto, tubos de queda, subcoletores e coletor predial, dispositivos complementares e instalação de recalque.

Todos os trechos horizontais existentes neste subsistema devem apresentar declividade constante, como forma de garantir o escoamento dos efluentes por gravidade. Assim, a NBR 8160:1999 (ABNT, 1999) recomenda:

- Declividade mínima de 2% para tubulações com DN igual ou inferior a 75 mm.
- Declividade mínima de 1% para tubulações com DN igual ou superior a 100 mm.
- Declividade máxima de 5% para todas as tubulações.

Além disso, outra forma de garantir o escoamento dos efluentes de esgoto sanitário corresponde à conexão das tubulações horizontais, que podem ser feitas, quando necessário, apenas com ângulo central igual ou inferior a 45°.

Em relação às tubulações verticais, ressalta-se que devem, sempre que possível, ser projetadas em alinhamento único, evitando desvios. Em casos excepcionais, em que os desvios se façam necessários, podem ser realizados por meio de conexões com ângulo central igual ou inferior a 90°, preferencialmente com curvas de raio longo ou duas curvas de 45°. Essa mesma orientação também se aplica às demais mudanças de direção das tubulações (horizontal para vertical e vice-versa).

4.3.1.1 Desconectores

Desconectores são dispositivos providos de fecho hídrico, destinados a vedar a passagem de gases oriundos da decomposição da matéria orgânica no sentido oposto ao deslocamento do esgoto.

A *caixa sifonada* (CS), como mencionado, é uma caixa provida de desconector, que impede o retorno de gases contidos nos esgotos e que recebe efluentes de esgoto secundário (esgoto proveniente de lavatórios, bidês, banheiras, chuveiros e, também, água de lavagem de pisos). Especificamente em caso de coleta de efluentes de mictórios, a caixa sifonada não deve possuir grelha, mas tampa cega, e não poderá receber efluente de outros aparelhos sanitários.

Qual a diferença entre ralo seco, ralo sifonado e caixa sifonada?

Segundo a norma NBR 8160:1999 (ABNT, 1999):

Ralo seco: Recipiente sem proteção hídrica, dotado de grelha na parte superior, destinado a receber águas de lavagem de piso ou de chuveiro.

Ralo sifonado: Recipiente dotado de desconector, com grelha na parte superior, destinado a receber águas de lavagem de pisos ou de chuveiro.

Caixa sifonada: Caixa provida de desconector, destinada a receber efluentes da instalação secundária de esgoto.

Os corpos das caixas sifonadas são produzidos nos diâmetros de 100 mm e 150 mm, com uma, três ou sete entradas de DN de 40 mm e as saídas com diâmetros de 50 e 75 mm. A NBR 8160:1999 (ABNT, 1999) fixa o limite para os efluentes: máximo de 6 UHC para as caixas com corpos de 100 mm e de 15 UHC para as de corpo de 150 mm.

Variedade de caixas sifonadas

Há grande variedade de tamanhos de caixas sifonadas no mercado. Basicamente, elas possuem diâmetro de entrada para os ramais de descarga igual a DN 40 mm e saída do ramal de esgoto com DN 50 mm ou DN 75 mm. Há variações nas suas profundidades, para melhor adequação ao projeto e os catálogos de fornecedores devem ser consultados sempre que o projetista tiver dúvidas sobre qual dispositivo adotar. As figuras a seguir apresentam duas opções de caixas sifonadas disponíveis no mercado: uma com corpo DN 100 mm e outra com corpo DN 150 mm.

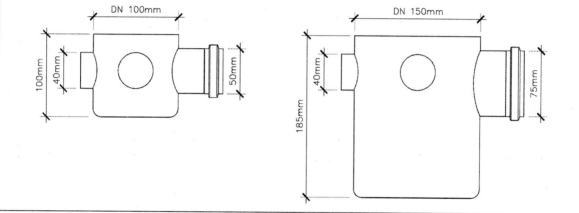

A norma prevê que os despejos provenientes de máquinas de lavar roupas ou tanques, em edificações, podem ser descarregados em tubos de queda exclusivos, com *caixa sifonada especial* (CSE) instalada no seu final. As CSE devem ter fecho hídrico com altura mínima de 0,20 m e orifício de saída com DN de 75 mm. Se forem cilíndricas, devem ter 0,30 m de diâmetro interno, e quando prismáticas de base poligonal, devem permitir na base a inscrição de um círculo de diâmetro de 0,30 m. Além isso, devem ser fechadas hermeticamente com tampa facilmente removível. A Figura 4.9A e B traz uma CS e uma CSE como exemplos.

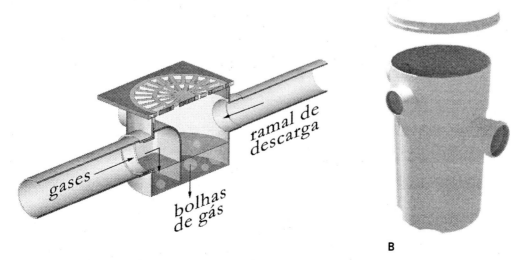

A

B

FIGURA 4.9: Desconectores. A, caixa sifonada B, caixa sifonada especial.

4.3.1.2 Ramais de descarga

O *ramal de descarga* (Rd) é o trecho de tubulação que recebe diretamente os efluentes dos aparelhos sanitários, como destacado na Figura 4.10.

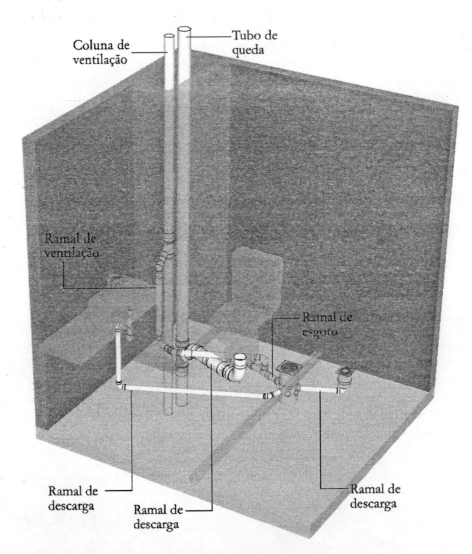

FIGURA 4.10: Ramais de descarga em um banheiro residencial.

Para determinar a bitola dos ramais de descarga, devem ser adotados, no mínimo, os diâmetros apresentados na Tabela 4.3, conforme determina a NBR 8160:1999 (ABNT, 1999). Para aparelhos não relacionados nesta tabela, apresenta-se a Tabela 4.4, também oriunda da NBR 8160:1999 (ABNT, 1999). Deve ser especificada, também, a declividade mínima destas tubulações, como apresentado anteriormente, no início desta Seção.

Tabela 4.3 – Unidade Hunter de Contribuição para aparelhos sanitários e diâmetro nominal mínimo dos ramais de descarga (ABNT, 1999)

Aparelho sanitário		Número de Unidades Hunter de Contribuição (UHC)	Diâmetro nominal mínimo do ramal de descarga DN (mm)
Bacia sanitária		6	100[1]
Banheira de residência		2	40
Bebedouro		0,5	40
Bidê		1	40
Chuveiro	De residência	2	40
	Coletivo	4	40
Lavatório	De residência	1	40
	De uso geral	2	40
Mictório	Válvula de descarga	6	75
	Caixa de descarga	5	50
	Descarga automática	2	40
	De calha	2[2]	50
Pia de cozinha residencial		3	50
Pia de cozinha industrial	Preparação	3	50
	Lavagem de panelas	4	50
Tanque de lavar roupas		3	40
Máquina de lavar louças		2	50[3]
Máquina de lavar roupas		3	50[3]

[1]O diâmetro nominal (DN) mínimo para o ramal de descarga de bacia sanitária pode ser reduzido para DN 75, caso justificado pelo cálculo de dimensionamento efetuado pelo método hidráulico apresentado no Anexo B da NBR 8160:1999, e somente depois da revisão da NBR 6452:1985 (aparelhos sanitários de material cerâmico), pela qual os fabricantes devem confeccionar variantes das bacias sanitárias com saída própria para ponto de esgoto de DN 75, sem necessidade de peça especial de adaptação.
[2]Por metro de calha – considerar como ramal de esgoto (ver tabela 4.5).
[3]Devem ser consideradas as recomendações dos fabricantes.

Tabela 4.4 – Unidade Hunter de Contribuição para aparelhos sanitários não relacionados na Tabela 4.3 (ABNT, 1999)

Diâmetro nominal mínimo do ramal de descarga DN (mm)	Número de Unidades Hunter de Contribuição (UHC)
40	2
50	3
75	5
100	6

Dimensionamento dos ramais de descarga

Para a mesma edificação multifamiliar já apresentada no capítulo anterior, determinar os diâmetros e as declividades correspondentes dos ramais de descarga das áreas molhadas.

Cada apartamento possui um banheiro, uma cozinha, uma área de serviço e uma varanda. O apartamento do zelador possui um banheiro, uma cozinha e uma área de serviço.

Em cada área molhada, serão identificados os pontos geradores de esgoto sanitário.

A partir daí, serão identificados, na Tabela 4.3, os diâmetros e o número de UHC para cada aparelho sanitário.

A declividade das tubulações deve seguir a indicação de 2% para tubulações com DN ≤ 75 mm e de 1% para tubulações com DN ≥ 100 mm.

Área molhada	Aparelho sanitário	UHC	DN (mm)	i (%)
Banheiro	Lavatório de residência	1	40	2
	Ralo seco (chuveiro)	2	40	2
	Bacia sanitária	6	100	1
Cozinha	Pia	3	50	2
Área de serviço	Tanque	3	40	2
	Máquina de lavar roupa	3	50	2
	Ralo seco	2	40	2
Varanda	Ralo seco	2	40	2

4.3.1.3 Ramais de esgoto

O *ramal de esgoto* é o trecho de tubulação primária que recebe os efluentes dos ramais de descarga diretamente ou a partir de um desconector, como a caixa sifonada, por exemplo (Figura 4.11).

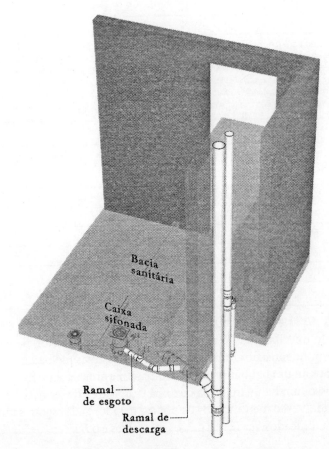

FIGURA 4.11: Ramal de esgoto em um banheiro residencial.

Nos banheiros, o ramal de esgoto liga a caixa sifonada ao ramal de descarga da bacia sanitária. O diâmetro do ramal de esgoto também é determinado em função do somatório do número de UHC, como apresenta a Tabela 4.5, obtida da NBR 8160:1999 (ABNT, 1999). Também aqui deve ser estipulada a declividade, que será 1% ou 2%, dependendo do diâmetro calculado.

Tabela 4.5 – Dimensionamento de ramais de esgoto (ABNT, 1999)

Diâmetro nominal mínimo do tubo DN (mm)	Número máximo de Unidades Hunter de Contribuição UHC
40	3
50	6
75	20
100	160

Dimensionamento dos ramais de esgoto

Seguindo com a mesma edificação multifamiliar do exemplo anterior, determinar os diâmetros dos ramais de esgoto de suas áreas molhadas.

Neste edifício, apenas os banheiros possuem ramal de esgoto (tubulação que faz a ligação entre a caixa sifonada e o ramal de descarga da bacia sanitária, que se liga no tubo de queda), como exemplifica imagem a seguir.

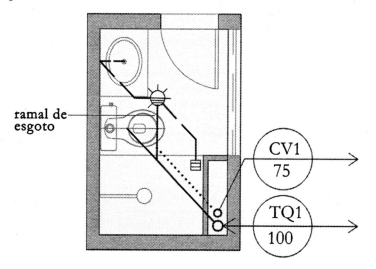

Neste caso, existem apenas dois aparelhos contribuindo para a caixa sifonada: ralo do chuveiro (2 UHC) e lavatório (1 UHC), totalizando 3 UHC.

Considerando o total de UHC que a caixa sifonada deste banheiro recebe, então, é possível, após consultar a Tabela 4.5, determinar para o ramal de esgoto o diâmetro de 40 mm. Como visto anteriormente, as saídas das caixas sifonadas possuem diâmetros de 50 e 75 mm. Nesse caso, então, **será adotado o diâmetro de 50 mm com a declividade correspondente de 2%**. A tabela a seguir apresenta um resumo desta solução.

Área molhada	Aparelho sanitário	UHC	DN (mm)	DN$_{min}$ (mm)	i (%)
Banheiro	Lavatório de residência	1	–		–
	Chuveiro	2	–		–
Ramal de esgoto		3	40	50	2

4.3.1.4 Tubos de queda

O *tubo de queda* (TQ) é a tubulação disposta verticalmente e responsável por receber a contribuição gerada pelos subcoletores, ramais de esgoto e de descarga, nos pavimentos elevados, e encaminhá-la até o pavimento térreo, no nível da rua. A norma não prevê distinção de nomenclatura para os tubos de queda (TQ) utilizados nas diferentes áreas molhadas, coletando diferentes tipos de esgoto. Para efeitos didáticos, entretanto, este livro adotará a nomenclatura mais simples, ou seja, *tubo de queda* (TQ) para a tubulação que coleta esgoto primário dos banheiros e que possui desconectores (especificamente da bacia sanitária e do ralo sifonado), *tubo de gordura* (TG) para a tubulação que coleta esgoto secundário gorduroso (pia de cozinha e máquina de lavar louça) e *tubo secundário* (TS) para a tubulação que coleta o esgoto secundário proveniente de lavagem de piso, máquinas de lavar roupa ou tanques. A Figura 4.5, apresentada anteriormente, mostrava esquematicamente essas relações, e a Figura 4.12, a seguir, ilustra estas tubulações verticais e suas conexões.

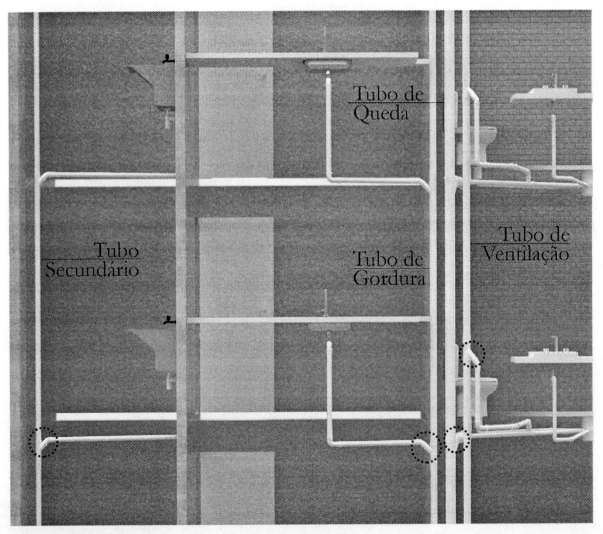

FIGURA 4.12: Tubos de queda em edifício residencial — TQ, TG e TS.

Segundo a NBR 8160:1999 (ABNT, 1999), os tubos de queda devem, sempre que possível, ser instalados em um único alinhamento. Entretanto, em muitos casos essa recomendação é difícil de ser atendida, em função da compatibilidade com o projeto de arquitetura, sendo, então, previsto um desvio. A norma recomenda que, quando existirem, os desvios devem ser feitos com peças formando ângulo central igual ou inferior a 90°, de preferência com curvas de raio longo ou duas curvas de 45°.

Todas as tubulações verticais devem permitir fácil acesso para que a equipe de manutenção realize procedimentos de desobstrução e limpeza. Assim, devem ser instalados dispositivos de inspeção junto às curvas, de preferência a montante das mesmas e com tampa hermética removível.

Tubo operculado

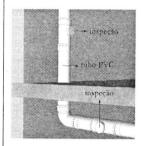

O tubo operculado (TO) permite a inspeção e a manutenção de pontos considerados críticos no sistema predial de esgoto sanitário, como as curvas de 90° entre a vertical e a horizontal, por exemplo. Instala-se uma peça, provida de janela com tampa, utilizando "tê de inspeção", em tubulações verticais ou horizontais.

É recomendado o uso do TO antes de toda curva desse tipo.

De acordo com a NBR 8160:1999 (ABNT, 1999), em edifícios de dois ou mais pavimentos, ao utilizar tubos de queda que recebem efluentes de aparelhos sanitários onde são utilizados produtos que provoquem a formação de espuma, tais como detergentes e sabão em pó, por exemplo, devem ser adotadas medidas que evitem o retorno da espuma para as áreas molhadas, como: não realizar ligação de tubulações de esgoto ou ventilação nas zonas de sobrepressão; realizar o desvio do tubo de queda para a horizontal, quando necessário, com curva de 90° de raio longo ou duas curvas de 45° (atenuam a sobrepressão), ou usar dispositivos antiespuma.

A Figura 4.13 ilustra as zonas de sobrepressão de espuma, conforme a NBR 8160:1999 (ABNT, 1999). Essas zonas basicamente estão relacionadas com trechos em que ocorre o desvio da tubulação, onde há mudança de direção do tubo, da vertical para a horizontal e vice-versa. Percebe-se que são críticos os trechos com:

- Comprimento igual a 40 vezes o diâmetro do tubo imediatamente a montante do desvio para a horizontal e vice-versa (seja nos pavimentos elevados, seja na base do tubo).
- Comprimento igual a 10 vezes o diâmetro do tubo imediatamente a jusante das mesmas possibilidades de desvios do item anterior.
- Comprimento igual a 40 vezes o diâmetro do tubo no trecho do coletor ou subcoletor imediatamente a jusante da base do tubo.
- Trechos a montante e a jusante do primeiro desvio na horizontal do coletor com comprimento igual a 40 vezes o diâmetro do tubo ou subcoletor com comprimento igual a 10 vezes o seu diâmetro.
- O trecho da coluna de ventilação, para o caso de sistemas com ventilação secundária, com comprimento igual a 40 vezes o diâmetro do tubo, a partir da ligação da base da coluna com o tubo de queda ou ramal de esgoto.

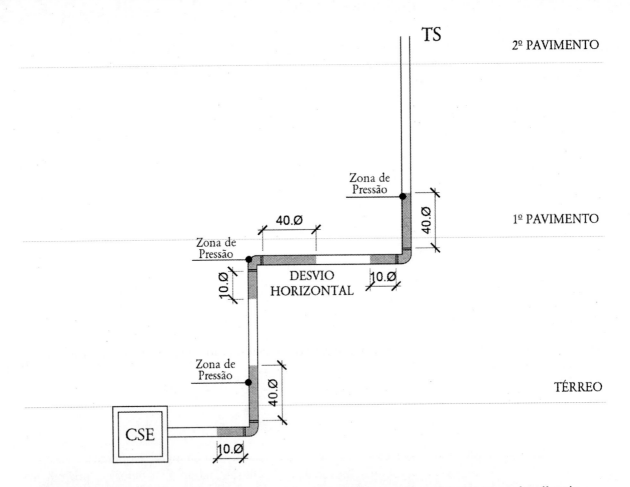

FIGURA 4.13: Zonas de pressão de espuma, em um tubo secundário que conduz o efluente a uma caixa sifonada especial.

Uma alternativa que torna a solução mais simples é a adoção, nas áreas molhadas que podem vir a sofrer com este problema (área se serviço, por exemplo), de dois tubos secundários, isolando os aparelhos que geram espuma (tanque e máquina de lavar roupa, principalmente) dos demais aparelhos (ralos simples), como apresentado pela Figura 4.14B (Situação proposta 1), tendo em vista a recomendação da própria NBR 8160:1999 (ABNT, 1999), que menciona que os despejos provenientes de máquina de lavar roupas ou tanques situados em pavimentos sobrepostos podem ser descarregados em tubos de queda exclusivos, com caixa sifonada especial instalada em seu final, no pavimento térreo. Alternativamente, também pode ser proposta a Situação 2 apresentada na Figura 4.14C, em que os pavimentos que sofrem o problema da sobrepressão descarregam seus efluentes em um tubo secundário exclusivo, sem interferência dos pavimentos superiores.

Os diâmetros dos tubos de queda (TQ, TG e TS) são determinados a partir do somatório total de UHC, de acordo com a Tabela 4.6. Assim, para cada tubo de queda, deve ser determinado o número de UHC de todos aparelhos sanitários contribuintes. O projetista deve consultar a tabela considerando o número de pavimentos da edificação — há uma coluna para prédios de até três pavimentos, e outra para prédios com mais de três pavimentos. Ainda segundo a norma, os tubos de queda que conduzem a con-

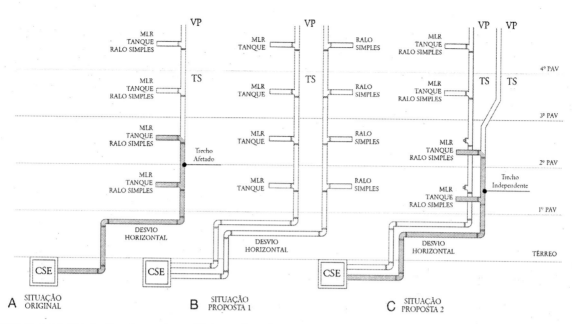

FIGURA 4.14: Tubulações de esgoto sanitário em área de serviço: A, Situação original; B, Situação proposta 1; C, Situação proposta 2.

Tabela 4.6 – Dimensionamento de tubos de queda (ABNT, 1999)

Diâmetro nominal do tubo DN (mm)	Número máximo de Unidade Hunter de Contribuição (UHC)	
	Prédio de até três pavimentos	Prédio com mais de três pavimentos
40	4	8
50	10	24
75	30	70
100	240	500
150	950	1.900
200	2.200	3.600
250	3.800	5.600
300	6.000	8.400

tribuição de bacias sanitárias devem ter o diâmetro nominal mínimo (DN) igual a 100 mm, tendo em vista que o menor diâmetro admissível para os ramais de descarga de bacias sanitárias é de DN 100 mm e que a norma não permite redução de seção. Para os demais tubos, secundário e de gordura, apesar de a norma não explicitar esse valor, admite-se como diâmetro mínimo DN de 75 mm (Azevedo Netto, 1998; Macintyre, 2014). Observe que essa preocupação com a definição de um diâmetro mínimo atende à recomendação de não redução de área da seção. Por exemplo, na possibilidade de dois tubos de DN de 50 mm serem encaminhados para o tubo de queda (o que é usual, como no caso da contribuição da pia e de uma máquina de lavar louça), o DN de 75 mm oferece uma área da seção que supera a soma das áreas resultantes de dois DN de 50 mm. Além disso, convém destacar que a recomendação de um DN mínimo de 75 mm, embora não explícita na NBR 8160:1999 (ABNT, 1999), se assemelha à preocupação explicitada na NBR 10844:1989, *Instalações Prediais de Águas Pluviais – Procedimento* (ABNT, 1989). Estes dois sistemas funcionam de forma semelhante, quanto aos princípios básicos, usando escoamento livre, por gravidade, ambos transportando, basicamente, água. Assim, por semelhança, assume-se essa recomendação de diâmetro mínimo, conforme corroborado pelas referências supracitadas.

Em caso de haver a necessidade de desvios dos tubos de queda no projeto, por questões de compatibilidade com os projetos de arquitetura e estruturas, podem ser empregadas conexões com ângulo igual, inferior ou superior a 45° (entre o trecho vertical e horizontal). Nas duas primeiras situações (ângulo igual ou inferior a 45°), o dimensionamento dos tubos não muda nos trechos horizontais. Entretanto, na última situação, em que as conexões do desvio são maiores que 45°, o trecho horizontal deve ser dimensionamento como se fosse um subcoletor, tal como é mostrado na Tabela 4.7, que será apresentada na Seção 4.3.1.5. Apesar desse detalhe, os trechos verticais continuam sendo dimensionados da mesma forma apresentada pela Tabela 4.6. Ressalta-se, entretanto, que o diâmetro final adotado para a parte abaixo do desvio do tubo de queda não pode ser inferior ao definido para o trecho horizontal.

Dimensionamento dos tubos de queda

Será feito o dimensionamento dos tubos de queda das áreas molhadas da edificação multifamiliar com a qual se está trabalhando. Nesta edificação foram previstos 4 TQ, 12 TS, 4 TG. Alguns destes possuem desvio no primeiro pavimento, em função da solução adotada no pavimento térreo, que dificulta a descida dessas tubulações em prumada única. As plantas baixas com a solução adotada podem ser consultadas ao final deste capítulo.

Aqui será calculado apenas o primeiro trecho vertical destes tubos, antes dos desvios. Os trechos horizontais, correspondentes aos desvios, serão calculados na Seção 4.3.1.5 e, somente após este cálculo, será feita a compatibilização com o último trecho de tubulação vertical.

Inicia-se identificando nas plantas baixas as áreas molhadas, seus aparelhos sanitários e posicionando os tubos de queda, conforme o tipo de esgoto gerado. Na sequência, deve-se calcular o somatório de UHC em cada ambiente sanitário. Esta contribuição já foi identificada no cálculo do ramal de descarga (Seção anterior) e está resumida na tabela a seguir.

Área molhada	Tubo	Aparelho sanitário	UHC	Total
Banheiro	TQ1 = TQ2 = TQ3 = TQ4	Lavatório de residência	1	9
		Ralo seco (chuveiro)	2	
		Bacia sanitária	6	
Cozinha	TG1 = TG2 = TG3 = TG4	Pia	3	3
Área de serviço	TS1 = TS4 = TS7 = TS10	Tanque	3	6
		Máquina de lavar roupa	3	
	TS2 = TS5 = TS8 = TS11	Ralo seco	2	2
Varanda	TS3 = TS6 = TS9 = TS12	Ralo seco	2	2

Calcula-se o somatório total de UHC em cada tubo, de acordo com o número de pavimentos.

Nesta etapa, mais uma vez, o projetista deve consultar o conjunto de plantas e, principalmente, o esquema vertical, para verificar o posicionamento dos tubos. Esta edificação apresenta três pavimentos-tipo, um pavimento térreo e um subsolo. Cada tubo de queda irá receber efluentes dos apartamentos, nos três pavimentos. Cada apartamento possui um banheiro (9 UHC), uma cozinha (3 UHC), uma área de serviço (tanque + máquina de lavar roupa, 6 UHC, ralo seco, 2 UHC), além de uma varanda (2 UHC). No pavimento térreo, o efluente do apartamento do zelador não será lançado em tubo de queda, tendo em vista que deve ser encaminhado diretamente para as caixas respectivas, por meio de subcoletores, não sendo, portanto, considerado neste cálculo.

Adicionalmente, cabe ressaltar que está calculada, aqui, a parte do tubo de queda acima do desvio como um tubo de queda independente, com base no número de UHC dos aparelhos *acima do desvio*. Com isso, nos tubos que não sofrem desvios, são considerados todos os aparelhos que descarregam em cada tubo. Já nos tubos que sofrem desvio no teto do pavimento térreo, serão contabilizados nesta etapa apenas os efluentes dos dois pavimentos superiores ao desvio (o esgoto do primeiro pavimento é lançado nos tubos de queda após o desvio). O esquema vertical, que auxiliará nos cálculos desta etapa, está apresentado na Figura 4.47, ao final do capítulo.

De acordo com o projeto traçado, tem-se, então, a organização das colunas conforme apresentado pela tabela a seguir.

Tubo	Áreas coletadas	UHC	Total
TQ1	3 banheiros (aptos)	9 × 3	27 UHC
TQ2	3 banheiros (aptos)	9 × 3	27 UHC
TQ3	3 banheiros (aptos)	9 × 3	27 UHC
TQ4	3 banheiros (aptos)	9 × 3	27 UHC
TG1*	2 cozinhas (aptos)	3 × 2	6 UHC
TG2*	2 cozinhas (aptos)	3 × 2	6 UHC
TG3	3 cozinhas (aptos)	3 × 3	9 UHC
TG4	3 cozinhas (aptos)	3 × 3	9 UHC
TS1*	2 A.S. (MLR + tanque)	6 × 2	12 UHC
TS2*	2 A.S. (ralos)	2 × 2	4 UHC
TS3*	2 varandas (aptos)	2 × 2	4 UHC
TS4*	2 A.S. (MLR + tanque)	6 × 2	12 UHC
TS5*	2 A.S. (ralos)	2 × 2	4 UHC
TS6*	2 varandas (aptos)	2 × 2	4 UHC
TS7	3 A.S. (MLR + tanque)	6 × 3	18 UHC
TS8	3 A.S. (ralos)	2 × 3	6 UHC
TS9*	2 varandas (aptos)	2 × 2	4 UHC
TS10	3 A.S. (MLR + tanque)	6 × 3	18 UHC
TS11	3 A.S. (ralos)	2 × 3	6 UHC
TS12*	2 varandas (aptos)	2 × 2	4 UHC

A.S, *Área de serviço*. MLR, *Máquina de lavar roupa*.
*Tubos que sofrem desvio no teto do pavimento térreo

De acordo com o número de UHC obtido na etapa anterior, pode-se calcular o diâmetro de cada tubo.

Apresenta-se, a seguir, um resumo do dimensionamento do TQ, TG e TS nos trechos antes do utilizando, para este dimensionamento, a Tabela 4.6. Também estão informados os diâmetros mínimos, que devem ser respeitados.

Tubo	UHC	DN (mm)	DN mínimo (mm)	DN adotado (mm)
TQ1	27	75	100	100
TQ2	27	75	100	100
TQ3	27	75	100	100
TQ4	27	75	100	100
TG1	6	50	75	75
TG2	6	50	75	75
TG3	9	50	75	75
TG4	9	50	75	75
TS1	12	75	75	75
TS2	4	50	75	75
TS3	4	50	75	75
TS4	12	75	75	75
TS5	4	50	75	75
TS6	4	50	75	75
TS7	18	75	75	75
TS8	6	50	75	75
TS9	4	50	75	75
TS10	18	75	75	75
TS11	6	50	75	75
TS12	4	50	75	75

Neste projeto, algumas tubulações terão desvio com ângulo maior do que 45°. Seu dimensionamento será apresentado posteriormente, na Seção 4.3.1.5. Após esta etapa, serão compatibilizados os trechos verticais após os trechos horizontais do desvio.

4.3.1.5 Tubulações horizontais

Em um projeto de sistemas prediais de esgoto sanitário, têm-se as tubulações verticais, como apresentado na Seção anterior, e as horizontais, que permitem o deslocamento do efluente mediante emprego de determinada declividade associada ao seu diâmetro. Essas tubulações podem ser chamadas de subcoletores ou coletor predial, dependendo de sua finalidade. A Figura 4.15 apresenta um esquema em que é possível identificar os subcoletores e o coletor predial em uma edificação sem subsolo.

Os *subcoletores* são as tubulações horizontais responsáveis por receber efluentes de um ou mais tubos de queda ou ramais de esgoto, devendo ser, de preferência, retilíneos. Quando necessário, os desvios devem ser feitos com peças com ângulo central igual ou inferior a 45°, acompanhados de elementos que permitam a inspeção (ABNT, 1999).

O *coletor predial* é o trecho de tubulação compreendido entre a última inserção de subcoletor, ramal de esgoto ou de descarga ou caixa de inspeção geral e o coletor público (tubulação pertencente ao sistema público de esgotos sanitários).

Os subcoletores podem ser enterrados no terreno, desde que não haja subsolo, coletando os tubos de queda e ramais de descarga e/ou esgoto de eventuais áreas molhadas localizadas no térreo ou, então, podem ser posicionados no teto do pavimento de subsolo, exercendo a mesma função. Neste último caso, percorrem o teto do subsolo fixados por braçadeiras e geralmente em tubulações aparentes, até descarregar os efluentes nas respectivas caixas, fora dos limites do subsolo. Deve ser instalada, na parte posterior do subcoletor, uma peça de inspeção chamada bujão (B), cuja distância até a respectiva caixa deve ser de, no máximo, 25 m. Caso esse valor seja extrapolado, deve ser instalado um Tê de inspeção ou

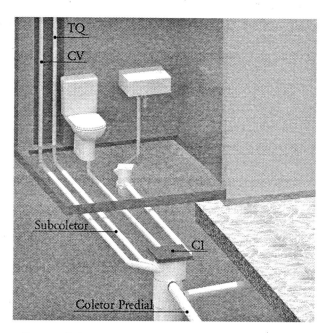

FIGURA 4.15: Subcoletor e coletor predial em pavimento térreo de uma edificação.

tubo operculado no trecho, com acesso pelo subsolo, garantindo visita a cada 25 m. É possível que um subcoletor descarregue seus efluentes em outro, caso haja necessidade de mudança de direção, desde que seja respeitado o ângulo de 45º.

Outro uso comum para os subcoletores é a conexão entre os dispositivos complementares (caixas de inspeção e gordura) e as caixas sifonadas especiais, no pavimento térreo, como exemplifica a Figura 4.16. Nessa situação, não são permitidas curvas. Adicionalmente, ressalta-se que sempre que houver a necessidade de mudança de direção, deve ser instalada uma nova caixa.

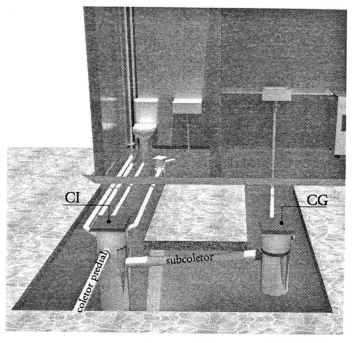

FIGURA 4.16: Subcoletor entre caixa de inspeção e caixa de gordura, no pavimento térreo.

As mudanças de direção vertical para horizontal e vice-versa podem ser executadas com peças cujo ângulo central seja igual ou inferior a 90°. Já quando as mudanças de direção forem apenas na horizontal, em pavimentos elevados, o limite permitido é de curvas de 45°. Quando as tubulações forem aparentes, as interligações de ramais de descarga, ramais de esgoto e subcoletores por junções a 45° devem vir acompanhadas de elementos que permitam a inspeção nos trechos adjacentes. Quando as tubulações forem enterradas, devem ser feitas através de caixa de inspeção. As variações de diâmetro dos subcoletores e coletor predial devem ser feitas mediante o emprego de dispositivos de inspeção ou de peças especiais de ampliação.

Profundidades dos dispositivos complementares

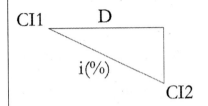

Considerar a altura da primeira caixa de inspeção (CI1), por exemplo, de 0,40 m.
Calcular a altura da segunda caixa (h), conforme declividade (i%) adotada:
$h = D \times i \pm h$ (anterior)

Todos os trechos de tubulações na horizontal previstos no sistema de coleta e transporte de esgoto sanitário devem possibilitar o escoamento dos efluentes por gravidade, devendo, para isso, apresentar uma declividade constante. Conforme mencionado anteriormente, as declividades mínimas indicadas são de 2% para tubulações com DN igual ou inferior a 75 mm e de 1% para tubulações com DN igual ou superior a 100 mm, sendo de 5% a declividade máxima a ser considerada (ABNT, 1999).

O dimensionamento dos subcoletores e do coletor predial deve ser feito em função do número de UHC que escoa no trecho entre dois dispositivos complementares, consultando a Tabela 4.7. Nessas tubulações, devem-se adotar as declividades sugeridas pela tabela, que variam de 0,5% a 4%, respeitando-se os valores mínimos previstos de 1% e 2%, variável conforme o DN adotado. O coletor predial deve ter DN mínimo de 100 mm. A partir das declividades dos subcoletores e das distâncias entre as caixas é possível determinar suas profundidades de forma algébrica e simples.

Tabela 4.7 – Dimensionamento de subcoletores e coletor predial (ABNT, 1999)

Diâmetro nominal do tubo DN (mm)	Número máximo de Unidades Hunter de Contribuição (UHC) em função das declividades mínimas			
	0,5%	1%	2%	4%
100	–	180	216	250
150	–	700	840	1.000
200	1.400	1.600	1.920	2.300
250	2.500	2.900	3.500	4.200
300	3.900	4.600	5.600	6.700
400	7.000	8.300	10.000	12.000

Dimensionamento dos subcoletores e do coletor predial

Pede-se determinar os diâmetros dos subcoletores (no pavimento térreo e no subsolo) e do coletor predial.

Neste exemplo, a edificação possui subsolo, tornando necessário, em alguns trechos, o uso de subcoletores aparentes no teto deste pavimento. Estes subcoletores encaminham o esgoto para os dispositivos complementares enterrados em locais do terreno que não há subsolo. No pavimento térreo existem, ainda, as contribuições de esgoto provenientes do apartamento do zelador, as quais são encaminhadas, diretamente, para os respectivos dispositivos complementares, por meio de subcoletores, em função do tipo de esgoto gerado. A Figura 4.43 apresenta a planta do pavimento térreo.

Além do pavimento térreo, existem subcoletores também no pavimento de subsolo, para coleta da água de lavagem de piso, como é possível ver na Figura 4.42. Esse efluente é encaminhado, por meio de caixa sifonada especial, para a caixa coletora e, desta, para o térreo, por meio de bombeamento. Assim, foram propostos, no total, 15 subcoletores, conforme esquematizado na tabela a seguir.

Localização	Subcoletor
Aparentes no teto do subsolo	Sb 1
	Sb 3
	Sb 4
	Sb 6
	Sb 7
	Sb 11
Enterrados no térreo	Sb 2
	Sb 5
	Sb 8
	Sb 9
	Sb 10
	Sb 12
	Sb 13
	CP (coletor predial)
Enterrados no subsolo	Sb 14
	Sb 15

Para calcular o aporte de efluente, em termos de UHC, em cada subcoletor, deve ser contabilizada a contribuição que cada um recebe, tanto proveniente dos tubos de queda, secundário e de gordura, quanto dos aparelhos localizados naquele pavimento (térreo ou subsolo) e que também contribuem. Esquematizam-se, então, o desenho e a tabela a seguir, que apresentam a origem da contribuição para cada subcoletor e a quantidade de UHC correspondente.

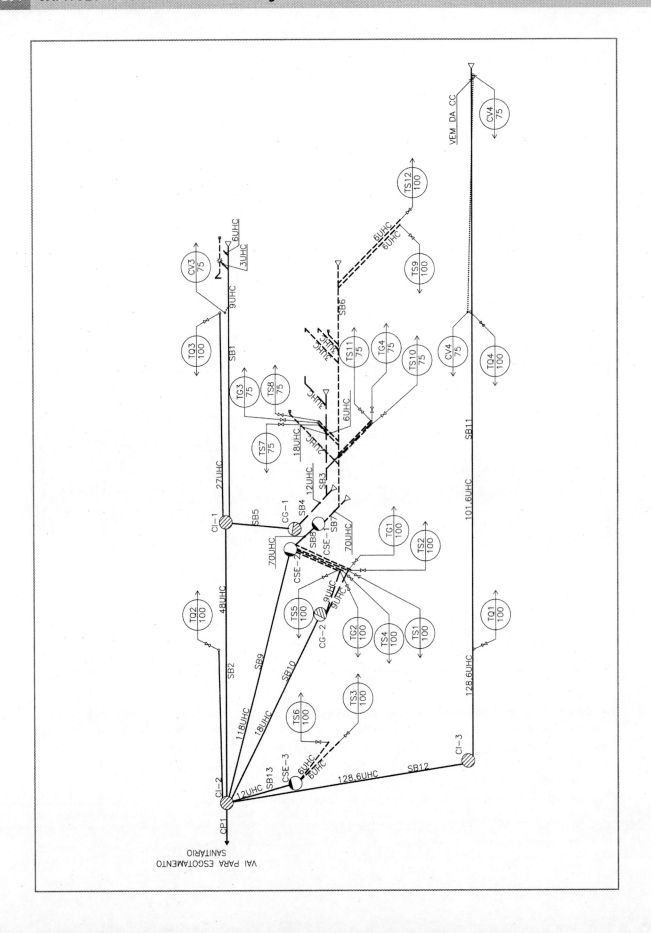

Localização	Subcoletor	Contribuição		UHC
Aparentes no teto do subsolo	Sb 1	BS + RS (lavatório + ralo chuveiro)	6 + 3	9
	Sb 3	TG 4 + pia cozinha	9 + 3	12
	Sb 4	Sb 3	12	12
	Sb 6	TS7 + TS8 + TS 9 + TS10 + TS11 + TS 12 + 2 ralos + tanque + MLR	18 + 6+ 6 + 18 + 6 +6 + 2,2 + 3 + 3	70
	Sb 7	=Sb 6	70	70
	Sb 11	TQ1 + TQ4 + CC (= Sb15)	27 + 27 + 74,6	128,6
Enterrados no térreo	Sb 2	TQ3 + Sb 1 + Sb5	27 + 9 + 12	48
	Sb 5	= Sb 4	12	12
	Sb 8	= Sb 7	70	70
	Sb 9	Sb 8 + TS1, TS2, TS4, TS5	70 + 18 + 6 + 18 + 6	118
	Sb 10	TG1, TG2	9 + 9	18
	Sb 12	Sb 11	27 + 27 + 74,6	128,6
	Sb 13	TS3 + TS6	6 + 6	12
	CP	TQ2 + Sb2 + Sb9 + Sb10 + Sb13 + Sb12	27 + 48 + 118 + 18 + 12 + 128,6	351,6
Enterrados no subsolo	Sb 14	Canaleta com grelha*	2 × 37,3	74,6
	Sb 15	Sb 14	2 × 37,3	74,6

Sb, *Subcoletor;* MLR, *máquina de lavar roupa;* CC, *caixa coletora.*

*Considerada situação análoga ao mictório de calha: 2 UHC por metro de calha.

Nesta etapa, a partir da Tabela 4.7, é calculado o diâmetro dos subcoletores, considerando a quantidade de UHC total e a declividade que se deseja para a tubulação. Ressalta-se que o diâmetro nominal mínimo para os subcoletores é de 100 mm. A tabela a seguir apresenta o diâmetro para cada subcoletor projetado, considerando declividade associada de 1%.

Localização	Subcoletor	UHC	DN (mm)	DN mínimo (mm)
Aparentes no teto do subsolo	Sb 1	9	100	100
	Sb 3	12	100	100
	Sb 4	12	100	100
	Sb 6	70	100	100
	Sb 7	70	100	100
	Sb 11	128,6	100	100
Enterrados no térreo	Sb 2	48	100	100
	Sb 5	12	100	100
	Sb 8	70	100	100
	Sb 9	118	100	100
	Sb 10	18	100	100
	Sb 12	128,6	100	100
	Sb 13	12	100	100
	CP	351,6	150	100
Enterrados no subsolo	Sb 14	74,6	100	100
	Sb 15	74,6	100	100

4.3.1.6 Dispositivos complementares

Os *dispositivos complementares* são representados pelas caixas de gordura, caixas de passagem e dispositivos de inspeção, como as caixas de inspeção, caixas coletoras etc. Segundo a NBR 8160:1999 (ABNT, 1999), todos estes dispositivos devem ser perfeitamente impermeabilizados, providos de mecanismos adequados para inspeção, possuir tampa de fecho hermético, ser devidamente ventilados e constituídos de materiais não atacáveis pelo esgoto. Para garantir a acessibilidade, manutenção e reparos aos elementos do sistema, algumas condições devem ser atendidas, conforme elenca a norma e ilustra a Figura 4.17. A Figura 4.18 apresenta a disposição dos dispositivos complementares e suas ligações através de subcoletores e, por fim, o coletor predial, que se conecta ao coletor público.

Pavimento Térreo — A distância entre dois dispositivos de inspeção não deve ser superior a 25 m

A distância entre a ligação do coletor predial com o público e o dispositivo de inspeção mais próximo não deve ser superior a 15 m

Os comprimentos dos trechos dos ramais de descarga e de esgoto de bacias sanitárias, caixas de gordura e caixas sifonadas, medidos entre os mesmos e os dispositivos de inspeção, não devem ser superiores a 10 m.

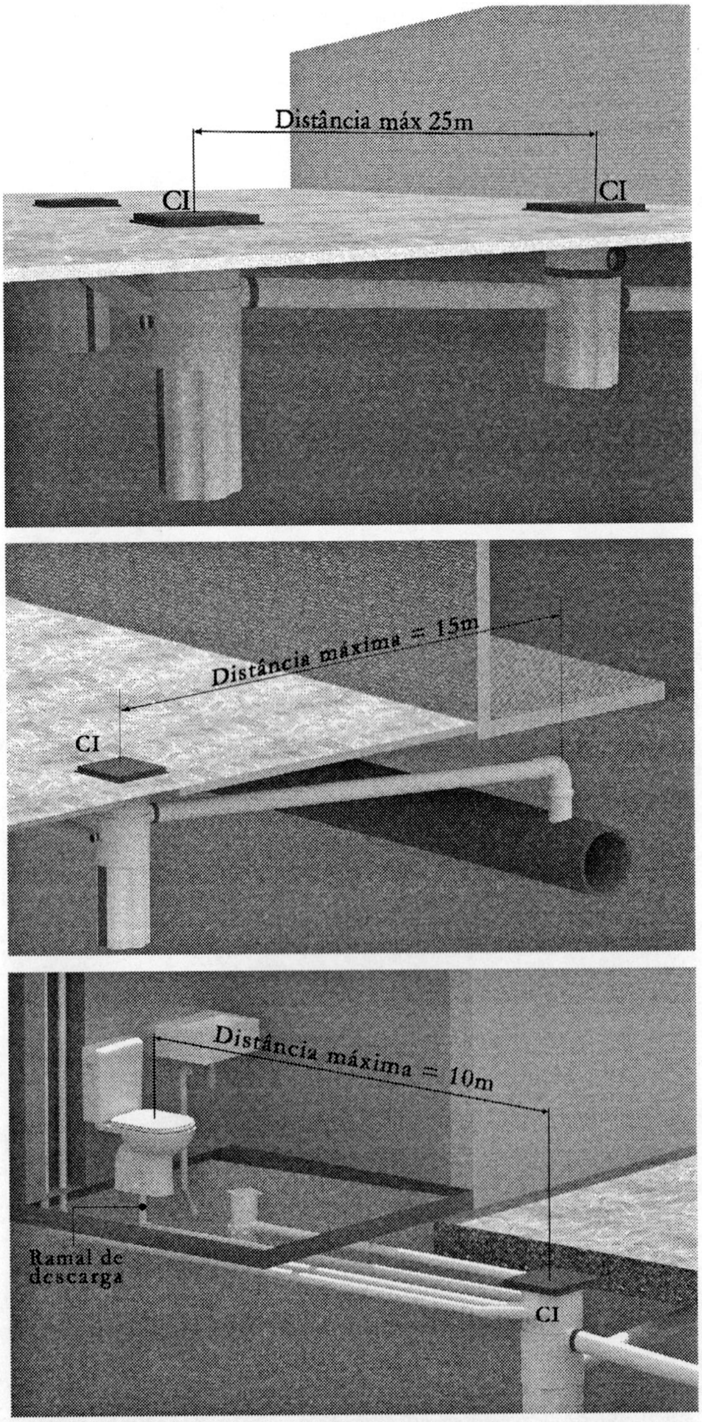

FIGURA 4.17: Condições que garantem a acessibilidade aos elementos do sistema predial de esgoto sanitário.

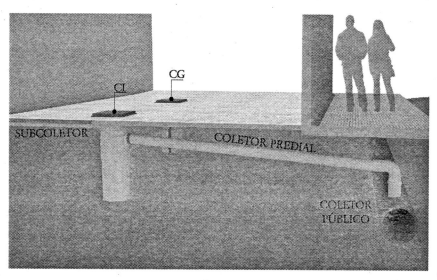

FIGURA 4.18: Conexão entre os dispositivos complementares e o coletor público, por meio de um coletor predial.

Caixa de Inspeção e Poço de Visita

A *caixa de inspeção* (CI) é responsável por reter os efluentes fecais provenientes dos tubos de queda e eventuais banheiros existentes no pavimento térreo, além de permitir inspeção, limpeza e desobstrução das tubulações do sistema predial de esgoto sanitário. Também são utilizadas para fazer a conexão entre as caixas de gordura e sifonada especial até o destino final, o coletor público de esgoto sanitário.

A caixa de inspeção pode ser circular, com diâmetro mínimo de 0,60 m, ou quadrada, com dimensões mínimas de 0,60 m × 0,60 m, e profundidade máxima de 1 m. Quando, porventura, o projeto exigir instalação em profundidades maiores, deve ser utilizado para tal função um poço de visita. A caixa de inspeção pode ser feita em concreto, alvenaria, com superfícies verticais revestidas e impermeabilizadas ou, ainda, pode ser pré-fabricada. Sua tampa deve ser facilmente removível, mas garantindo a vedação, e seu fundo deve ser inclinado, para facilitar o escoamento do efluente. A Figura 4.19 exibe uma imagem de caixa de inspeção moldada *in loco*.

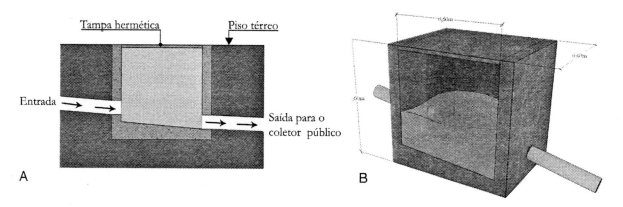

FIGURA 4.19: Caixa de inspeção: A, corte; B, perspectiva.

Segundo a NBR 8160:1999 (ABNT, 1999), em prédios com mais de dois pavimentos, as caixas de inspeção não devem ser instaladas a menos de 2 m de distância dos tubos de queda que contribuem para elas, como esquematizado pela Figura 4.20.

FIGURA 4.20: Limite mínimo para a instalação de caixas de inspeção: 2 m em edifícios com mais de dois pavimentos.

Caixas de inspeção e poços de visita: informações básicas

Características	Caixa de inspeção	Poço de visita
Profundidade	Máximo 1 m	> 1 m
Dimensões em planta	Base quadrada ou retangular: lado interno mínimo 0,60 m	Base quadrada ou retangular: lado interno mínimo 1,10 m
	Base cilíndrica: diâmetro mínimo 0,60 m	Base cilíndrica: diâmetro mínimo 1,10 m
Características construtivas	Inclinação no fundo para garantir escoamento e evitar depósitos	Inclinação no fundo para garantir escoamento e evitar depósitos
	Não é possível o acesso a seu interior	Degraus permitem acesso a seu interior
	Formado por uma única câmara	Possui duas partes quando tiver altura ≤ 1,80 m: (1) câmara de trabalho na parte inferior, com 1,50 m de altura e (2) câmara de acesso na parte superior, com 0,60 m mínimo de diâmetro interno
Vedação	Tampa removível, mas com perfeita vedação	Tampa removível, mas com perfeita vedação
Planta	min. 60cm — min. 60cm — Saída — Entrada — **Planta Baixa**	min. 110cm — min. 110cm — **Planta Baixa**
Corte	Nível do piso — Tampa Removível — variável min. 110cm — Saída — Alvenaria ou concreto — Base de apoio — Argamassa de revestimento — **Corte**	Tampão — Nível do piso — Chaminé — Peça de transição — Balão — Calha de concordância — Base de apoio — **Corte**

Caixa de Passagem

A *caixa de passagem* (CP) é uma caixa com apenas uma entrada e uma saída para o esgoto, destinada a permitir a junção de tubulações do sistema predial de esgoto sanitário. A norma NBR 8160:1999 (ABNT, 1999) especifica como características mínimas: altura 0,10 m; diâmetro 0,15 m, quando cilíndricas, ou permitir na base a inscrição de um círculo de diâmetro 0,15 m, quando prismáticas de base poligonal; uso de tampa cega quando previstas em tubulações de esgoto primário; tubulação de saída com DN mínimo de 50 mm. No Rio de Janeiro, não é muito usada, sendo seu papel desempenhado pela caixa de inspeção.

Os desvios, as mudanças de declividade e a junção de tubulações enterradas devem ser feitos mediante o emprego de *caixas de inspeção*, *caixas de passagem* ou *poços de visita*.

Caixa de Gordura

A *caixa de gordura* (CG) recebe os efluentes gordurosos, provenientes de pias de cozinha e de máquinas de lavar louça, com o objetivo de separar gorduras, óleos e graxas da água, evitando o entupimento das tubulações (Figura 4.21). Tais óleos, graxas e gorduras formam camadas, na parte superior da caixa de gordura, que devem ser removidas periodicamente, evitando que esses componentes escoem livremente pela rede de esgoto sanitário.

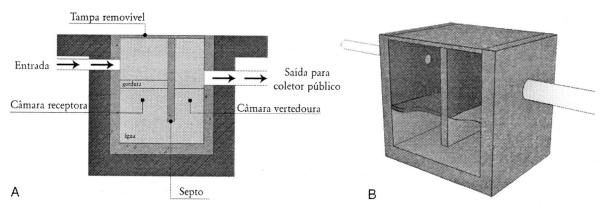

FIGURA 4.21: Caixa de gordura: A, corte; B, perspectiva.

A função da caixa de gordura é dupla, porque ao mesmo tempo que evita o acesso do efluente gorduroso no sistema público de esgoto sanitário (o que poderia causar incrustações nas tubulações, acarretando em diminuição do seu diâmetro), também veda o retorno dos gases provenientes da canalização primária.

A caixa de gordura é dividida em duas câmaras, uma receptora e outra vertedoura, separadas por um septo não removível, na parte superior, e que se comunicam na parte inferior. O efluente gorduroso penetra pela câmara receptora, onde ocorre a separação da água. Óleos, graxas e gorduras, menos densos do que a água, logo sobem à superfície, enquanto a água passa para a câmara vertedoura, de onde segue para a caixa de inspeção.

Para garantir o bom funcionamento das caixas de gordura, é importante atentar para a definição da altura entre sua entrada e saída em projeto, de forma a possibilitar que o efluente escoe facilmente, evitando-se o arraste do material juntamente com o efluente.

Existem no mercado caixas de gordura com diferentes tamanhos, em função da quantidade de esgoto gorduroso que será coletado pelas mesmas. A Tabela 4.8 apresenta as dimensões destas caixas e a nomenclatura correspondente a cada uma.

Tabela 4.8 – Características das caixas de gordura

Característica	Caixa de gordura pequena (CGP)	Caixa de gordura simples (CGS)	Caixa de gordura dupla (CGD)	Caixa de gordura especial (CGE)
Forma	Cilíndrica	Cilíndrica	Cilíndrica	Quadrada, retangular ou circular
Diâmetro interno	0,30 m	0,40 m	0,60 m	*
Parte submersa do septo	0,20 m	0,20 m	0,35 m	0,40 m
Capacidade de retenção	18 litros	31 litros	120 litros	> 120 litros
DN (mm) da tubulação de saída	DN 75	DN 75	DN 100	DN100

*A caixa de gordura especial (CGE) pode ter diferentes formatos.
- Se for quadrada: 0,60 m de lado e altura máxima de 1 m, parede em tijolo maciço com espessura de 0,20 m, fundo em concreto, revestida internamente de argamassa alisada a colher.
- Se for circular: em anéis pré-moldados, alturas de 7,5 cm, 15 cm e 30 cm, fundo de concreto diâmetro de 0,60 m, com altura máxima de 1 m.
- Se for retangular: em alvenaria em casos especiais, de 0,45 × 0,60 m e as demais características da quadrada.

Quando há necessidade de caixa de gordura com capacidade de retenção superior a 120 litros, emprega-se a caixa de gordura especial (CGE), em que o cálculo da câmara de retenção de gordura é dado pela Equação 4.1.

$$V = 2N + 20 \qquad\qquad (4.1)$$

Onde:
V: Volume em litros;
N: O número de pessoas servidas pelas cozinhas que contribuem para a caixa de gordura no turno em que existe maior afluxo (uma regra prática, muito utilizada para calcular o número de pessoas, quando não se tem uma informação mais precisa, é considerar duas pessoas por cada quarto social e uma pessoa por cada quarto de serviço).

As *caixas de gordura* podem ser dimensionadas em função do número de cozinhas por elas atendidas. A Figura 4.22 ilustra a relação entre a quantidade de cozinhas e o tipo de caixa de gordura que deve ser adotado, seguindo a orientação da NBR 8160:1999 (ABNT, 1999).

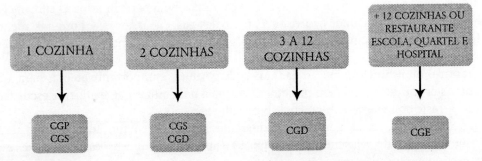

FIGURA 4.22: Relação entre a quantidade de cozinhas e as diferentes caixas de gordura.

Caixa Coletora

A *caixa coletora* (CC) é um dispositivo utilizado quando há efluentes de aparelhos sanitários gerados em nível inferior ao logradouro. Nesta situação, é necessário o projeto de um sistema de bombeamento para recalcar os efluentes até o nível da via pública. A CC deve ser impermeabilizada, estanque, hermeticamente fechada, provida de dispositivos adequados para inspeção e limpeza e possuir fundo suficientemente inclinado para facilitar a limpeza (Figura 4.23). A tubulação de recalque deve ser direcionada para o nível térreo, sendo conectada à caixa de inspeção mais próxima, a um ramal de esgoto ligado por gravidade ao coletor predial, diretamente ao coletor predial ou ao sistema de tratamento de esgoto (quando este for particular). É necessária a previsão de duas bombas, para funcionamento de modo alternado.

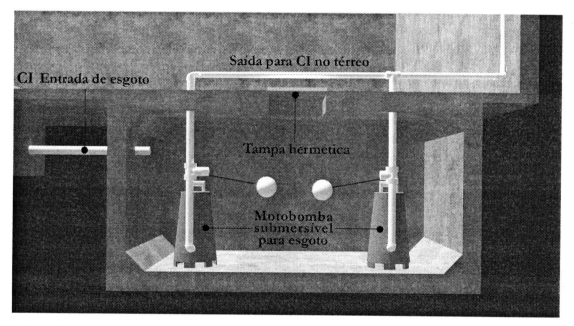

FIGURA 4.23: Caixa coletora.

A caixa coletora deve atender a alguns critérios específicos de projeto, dependendo do tipo de efluente que recebe, como apresentado pela Tabela 4.9.

Tabela 4.9 – Critérios de projeto para caixas coletoras		
	Esgoto primário	**Esgoto secundário**
Profundidade*	0,90 m	0,60 m
Ventilação	Tubulação exclusiva, independente de qualquer outra utilizada no edifício	Pode ser utilizada uma tubulação já existente na edificação
Bombeamento	Bombas devem permitir a passagem de esferas com diâmetro de 0,060 m	Bombas devem permitir a passagem de esferas com diâmetro de 0,018 m
	Tubulação de recalque mínimo DN 75 mm	Tubulação de recalque mínimo DN 40 mm

*A contar do nível da geratriz inferior da tubulação afluente mais baixa.

O volume útil da caixa coletora (V_u), compreendido entre o nível máximo e o nível mínimo de operação da caixa (faixa de operação da bomba), pode ser determinado pela Equação 4.2.

$$V_u = \frac{Q.t}{4}$$

(4.2)

Onde:
V_u: Volume útil da caixa coletora em m³;
Q: Capacidade da bomba, determinada em função da vazão afluente de esgotos à caixa coletora em m³/min;
t: Intervalo de tempo entre duas partidas consecutivas do motor em min.

É recomendável que a capacidade da bomba seja considerada igual a duas vezes a vazão afluente de esgotos sanitários e que o intervalo entre duas partidas consecutivas do motor não seja inferior a 10 minutos, no sentido de se preservarem os equipamentos eletromecânicos de frequentes esforços de partida.

Para obter o volume total da CC, segundo a NBR 8160:1999 (ABNT, 1999), deve ser considerado, também, o volume ocupado pelas bombas dentro da CC, caso as mesmas sejam submersíveis, acrescido do volume correspondente a tubulações e acessórios da instalação existentes no interior da caixa.

Também é importante definir o tempo de detenção do esgoto na caixa coletora, de modo a não haver comprometimento das condições de aerobiose do esgoto. Segundo a norma, esse tempo não deve ultrapassar 30 minutos e pode ser determinado a partir da Equação 4.3:

$$d = \frac{V_t}{q}$$

(4.3)

Onde:
d: Tempo de detenção em min;
V_t: Volume total da caixa coletora em m³;
q: Vazão média de esgoto afluente em m³/min.

Dimensionamento dos dispositivos complementares e das caixas sifonadas especiais

Neste edifício, foram empregadas três caixas de inspeção, que recebem os efluentes dos tubos de queda, duas caixas de gordura, que recebem efluentes das cozinhas, e três caixas sifonadas especiais, que recebem efluentes das áreas de serviço e varandas. A Figura 4.43 apresenta a solução adotada para o pavimento térreo, em termos de disposição destes dispositivos. A figura esquemática e a tabela em sequência traz em um resumo de cada uma das caixas e suas respectivas contribuições.

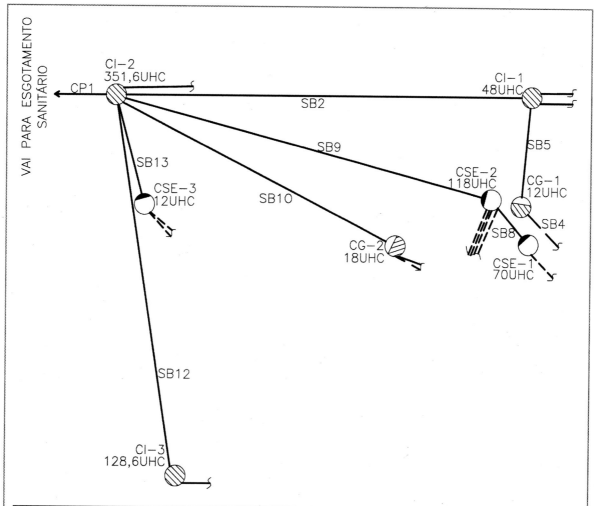

Caixa	Contribuição		UHC
CI 1	TQ3 + Sb1 + Sb5	27 + 9 + 12	48
CI 2	TQ2 + Sb2 + Sb9 + Sb10 + Sb12 + Sb13	27 + 48 + 118 + 18 + 128,6 + 12	351,6
CI 3	Sb11	128,6	128,6
CG1	Sb4	12	12
CG2	TG1 + TG2	9 + 9	18
CSE1	Sb7	70	70
CSE2	Sb8 + TS1 + TS2 + TS4 + TS5	70 + 18 + 6 + 18 + 6	118
CSE3	TS3 + TS6	6 + 6	12
CSE4	Canaleta com grelha*	2 × 37,3	74,6

*Considerada situação análoga ao mictório de calha: 2 UHC por metro de calha

De posse dessas informações, é possível definir as dimensões de cada dispositivo.

Caixas de inspeção: Foram utilizadas três caixas de inspeção, que têm as seguintes características, em atendimento à norma técnica (NBR 8160:1999):

- profundidade máxima de 1 m;
- forma cilíndrica com diâmetro mínimo de 0,60 m;
- tampa facilmente removível e com perfeita vedação;
- fundo construído de modo a assegurar rápido escoamento e evitar a formação de depósitos.

Caixas de gordura: Foram utilizadas duas caixas de gordura (cada uma coletando o efluente de seis apartamentos, sendo que uma delas ainda recebe a pia do apartamento do zelador).

Como visto anteriormente, para a coleta de três até doze cozinhas, é indicado o uso da caixa de gordura dupla (CGD). Faz-se o cálculo para verificação.

$$V = 2 \times N + 20$$

N é o total de pessoas que utilizam a cozinha. Considerando que são seis apartamentos que contribuem para cada caixa de gordura e que são contabilizadas duas pessoas por quarto, tem-se que:

$$N = 4(\text{pessoas}/\text{apto}) \times 2\,\text{aptos}/\text{pavimento} \times 3\,\text{pavimentos} = 24\,\text{pessoas}$$

$$V = 2 \times 24 + 20 = 68\,\text{litros} < 120\,\text{litros}$$

Para a caixa que tem, ainda, a contribuição do apartamento do zelador (CG1), consideram-se mais duas pessoas, e portanto:

$$V = 2 \times 26 + 20 = 72\,\text{litros} < 120\,\text{litros}$$

Assim, ficam definidas as características das duas CGDs, atendendo a NBR 8160:1999:
- cilíndrica com diâmetro interno de 0,60 m;
- parte submersa do septo de 0,35 m;
- capacidade de retenção de 120 litros;
- diâmetro nominal da tubulação de saída de 100 mm.

Caixas sifonadas especiais: recebem os efluentes da máquina de lavar roupa, tanque e ralos secos, que, por sua vez, coletam a água de lavagem de piso da área de serviço e das varandas. (Lembrar que foram apresentadas na Seção 4.3.1.1).

Neste projeto, são utilizadas quatro caixas sifonadas especiais, sendo três no pavimento térreo e uma no subsolo. Em atendimento à NBR 8160:1999 (ABNT, 1999), foram definidas que tenham as seguintes características mínimas:
- fecho hídrico com altura de 0,20 m;
- formato cilíndrico, com diâmetro interno de 0,30 m;
- tampas fechadas hermeticamente, mas removíveis com facilidade;
- orifício de saída com o DN de 75mm.

O cálculo da profundidade das caixas, tanto para o pavimento térreo quanto para o subsolo é realizado, em função de suas distâncias e da declividade. A declividade adotada neste projeto, para as tubulações horizontais, é de 1%. Todas essas informações, além da distância entre as caixas, estão apresentadas de forma resumida na tabela a seguir.

Ligação	Distância (m)	Declividade (%)	Diferença de cotas (m)
CI1-CI2	11,67	1	1% × 11,67 = 0,1167
CSE2-CI2	10,86	1	1% × 10,86 = 0,1086
CG2-CI2	8,69	1	1% × 8,69 = 0,0869
CSE3- CI2	2,94	1	1% × 2,94 = 0,0294
CI3-CI2	10,47	1	1% × 10,47 = 0,1047
CG1-CI1	2,57	1	1% × 2,57 = 0,0257
CSE1-CSE2	1,09	1	1% × 1,09 = 0,0109

Para calcular as profundidades das caixas, parte-se de uma profundidade inicial de 0,40 m, acrescentando, na caixa de jusante, a diferença de cotas calculada anteriormente. A solução está esquematizada a seguir e resumida na tabela subsequente.

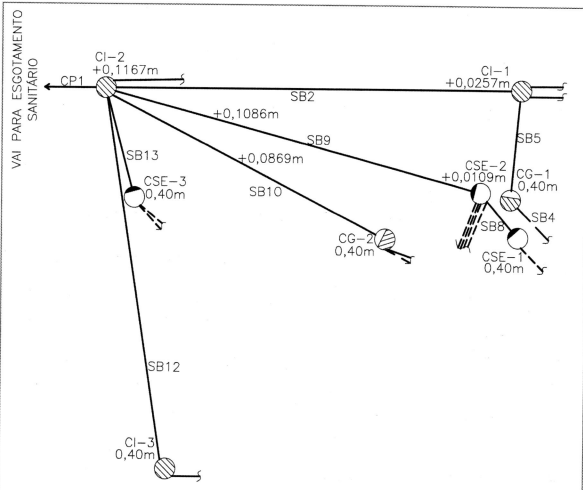

Para facilitar o entendimento, as caixas foram separadas trecho a trecho. Nota-se que a caixa CI2 (a que conecta com a rede pública) é comum a todos os trechos. Assim, a profundidade final desta caixa será a maior calculada, dentre todos os trechos.

Trecho	Caixa	Prof. inicial (m)	Acréscimo da diferença de cotas (m)	Prof. final (m)
CG1-CI1-CI2	CG1	0,40	–	0,40
	CI1	–	0,40 + 0,0257 = 0,4257	0,43
	CI2	–	**0,4257 + 0,1167 = 0,5424**	**0,54***
CSE1-CSE2-CI2	CSE1	0,40	–	0,40
	CSE2	–	0,40 + 0,0109 = 0,4109	0,41
	CI2	–	**0,4109 + 0,1086 = 0,5195**	–
CG2-CI2	CG2	0,40	–	0,40
	CI2	–	**0,40 + 0,0869 = 0,4869**	–
CSE3-CI2	CSE3	0,40	–	0,40
	CI2	–	0,40 + 0,0894 = 0,4894	–
CI3-CI2	CI3	0,40	–	0,40
	CI2	–	**0,40 + 0,1047 = 0,5047**	–

* Maior valor de profundidade para CI2.

4.3.2 Subsistema de Ventilação

O subsistema de ventilação, como mencionado no início deste capítulo, corresponde ao conjunto de dispositivos que encaminham os gases para atmosfera, evitando o mau cheiro nos ambientes sanitários. Esse subsistema pode ser previsto de duas formas, de acordo com a NBR 8160:1999 (ABNT, 1999): como ventilação primária e secundária ou somente ventilação primária, desde que esta seja suficiente.

Ventilação primária *versus* secundária

Ventilação primária: Proporcionada pelo ar que escoa pelo núcleo do tubo de queda, o qual é prolongado até a atmosfera, constituindo a tubulação de ventilação primária (VP). Com isso, tem-se que cada tubo de queda previsto, seja ele tubo de queda, tubo de gordura ou tubo secundário, terá sua extremidade aberta à atmosfera denominada VP.

Ventilação secundária: Proporcionada pelo ar que escoa pelo interior das colunas, ramais ou barriletes de ventilação, constituindo a tubulação de ventilação secundária (VS). Neste caso, a VS compreenderá, basicamente, os ramais e as colunas de ventilação, que conectam os ramais de esgoto ou de descarga à VP, ou que são prolongados acima da cobertura.

A Figura 4.24 apresenta, de forma esquemática, o subsistema de ventilação de uma edificação, com a indicação de VP e VS.

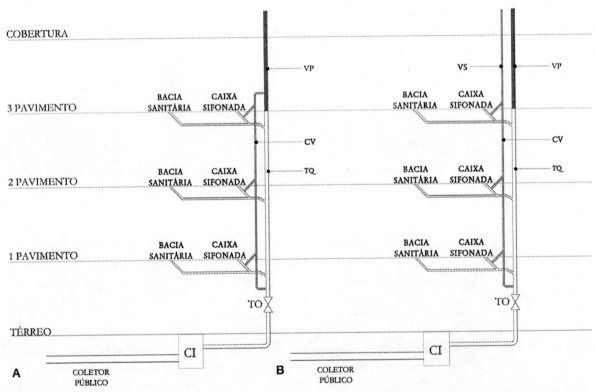

FIGURA 4.24: Subsistema de ventilação em uma edificação: A, somente ventilação primária; B, ventilação primária e secundária.

São partes básicas deste subsistema a coluna de ventilação (CV) e o ramal de ventilação. De acordo com a NBR 8160:1999 (ABNT, 1999), a *coluna de ventilação* (CV) é um tubo ventilador vertical que se prolonga para o exterior da edificação, através de um ou mais andares, e cuja extremidade superior é aberta à atmosfera, acima da cobertura do prédio, ou ligada a tubo ventilador primário ou a barrilete de ventilação, com a finalidade de assegurar a integridade dos fechos hídricos de tal forma a impedir o retorno de gases para o ambiente utilizado, bem como a conduzir tais gases para a atmosfera. Já o *ramal de ventilação* é o tubo que faz a conexão entre o ramal de esgoto e a coluna de ventilação. A Figura 4.25 exemplifica estes itens.

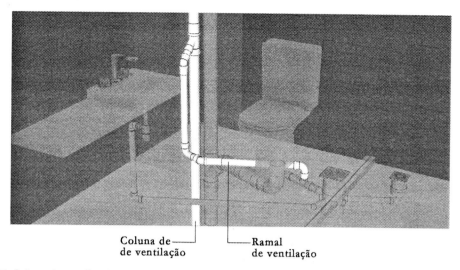

Coluna de —— de ventilação   —— Ramal de ventilação

FIGURA 4.25: Coluna de ventilação e ramal de ventilação em banheiro residencial.

Em relação às colunas de ventilação, cabe ressaltar que, segundo a NBR 8160:1999 (ABNT, 1999), devem possuir diâmetro uniforme; extremidade inferior conectada a um tubo de queda (Figura 4.26A) ou subcoletor (Figura 4.26B), sempre em ponto abaixo da ligação do primeiro ramal de esgoto ou descarga; extremidade superior situada acima da cobertura do edifício ou ligada a um tubo ventilador primário a

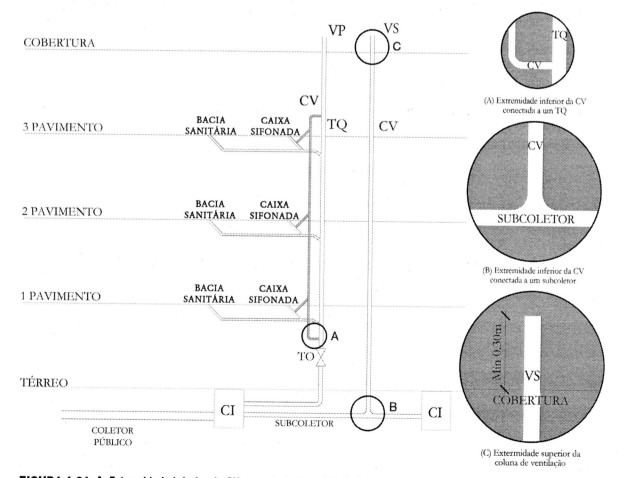

FIGURA 4.26: A, Extremidade inferior da CV conectada a um TQ. B, Extremidade inferior da CV conectada a um subcoletor. C, Extremidade superior da coluna de ventilação.

0,15 m ou mais, acima do nível de transbordamento de água do mais elevado aparelho sanitário por ele servido (Figura 4.26C).

Em edificações com mais de um pavimento, todos os tubos de queda deverão ser prolongados até a cobertura, constituindo a ventilação primária; a ventilação dos ramais de esgoto será garantida pela ventilação secundária, conforme mencionado e apresentado pela Figura 4.24. Já no pavimento térreo, ou em prédios que possuam somente um pavimento, é necessário que pelo menos um tubo ventilador seja ligado à caixa de inspeção, ou ao coletor predial, subcoletor ou ramal de descarga de uma bacia sanitária e prolongado acima da cobertura desse prédio (representado por VS), como exemplificado pela Figura 4.27. Além disso, é obrigatório que a ligação de todos os desconectores ao elemento ventilador respeitem as distâncias máximas indicadas pela Tabela 4.10.

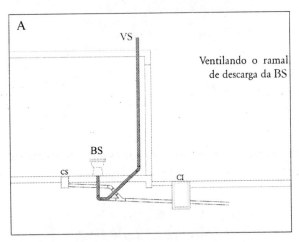

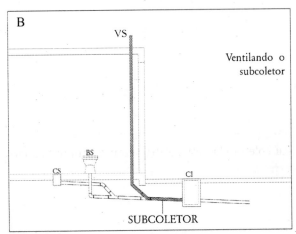

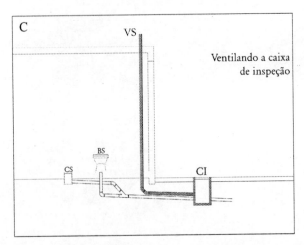

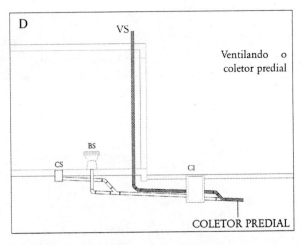

VS: Ø 0,075m em prédio residencial com até 3 BS
Ø 0,100m nos demais casos

FIGURA 4.27: Pavimento térreo: ventilação de ramal de esgoto: A, ventilando o ramal de descarga da BS; B, ventilando o subcoletor; C, ventilando a caixa de inspeção; D, ventilando o coletor predial.

Tabela 4.10 – Distâncias máximas de um desconector ao tubo ventilador (ABNT, 1999)

Diâmetro nominal do ramal de descarga DN (mm)	Distância máxima (m)
40	1,00
50	1,20
75	1,80
100	2,40

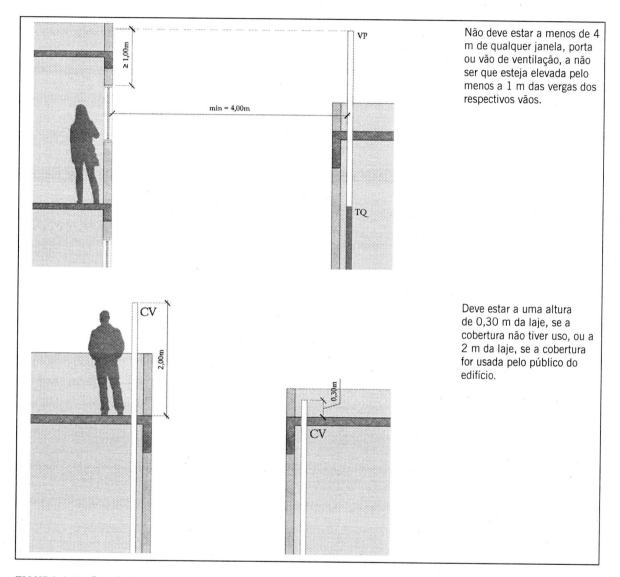 Sistemas Prediais Hidráulicos e Sanitários 249

A parte superior das tubulações de ventilação devem estar abertas à atmosfera, porém com proteção apropriada contra entrada de chuva e objetos estranhos ao sistema (terminal tipo chaminé ou Tê), bem como com proteção nos trechos aparentes contra choques ou acidentes que possam danificá-la. Existem algumas distâncias obrigatórias, que devem ser seguidas, para garantir o bom funcionamento deste sistema, como as apresentadas na Figura 4.28.

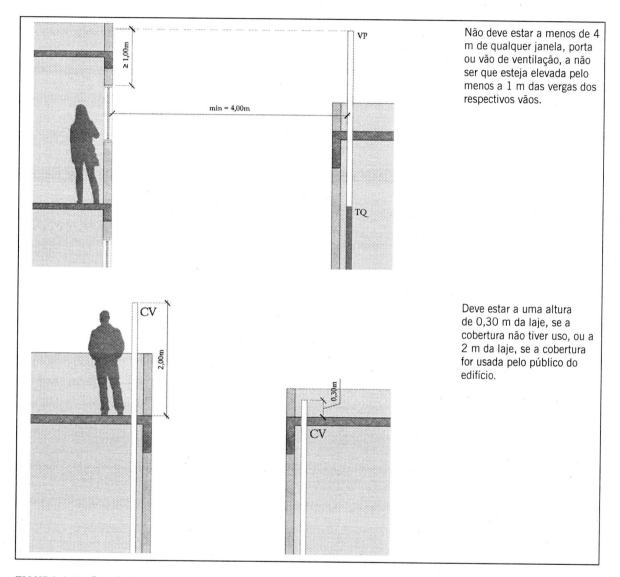

FIGURA 4.28: Restrições — parte superior das colunas de ventilação.

Em muitas situações, pode ser inconveniente a existência de tantas tubulações de ventilação em uma cobertura, principalmente nos casos em que a mesma possui uso para os habitantes da edificação (quando os tubos devem estar a 2 m de altura da laje). Nesses casos, pode-se lançar mão do uso do barrilete de ventilação, um tubo aberto para a atmosfera, e que recebe duas ou mais colunas de ventilação, executado com aclive mínimo de 1%, como exemplificado pela Figura 4.29.

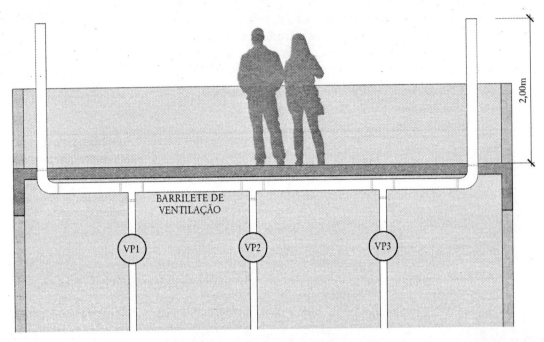

FIGURA 4.29: Exemplo de barrilete de ventilação em edificação com uso na cobertura.

É recomendável que as colunas de ventilação sejam projetadas em prumada única, sem desvios. Entretanto, nem sempre isso é possível, principalmente por questões que envolvem a compatibilidade com outros projetos da edificação, como o projeto de arquitetura e de estruturas. A norma prevê que, em caso de desvios, as mudanças de direção sejam feitas a partir do uso de curvas de ângulo central não superior a 90° e aclive mínimo de 1% (ABNT, 1999).

Ainda em relação aos desvios, quando os mesmos ocorrerem em tubos de queda que formem ângulo maior que 45° com a vertical, a ventilação deve ser prevista, segundo a NBR 8160:1999 (ABNT, 1999), considerando o tubo de queda como dois tubos independentes, tendo o desvio como limite entre esses trechos (trecho acima e trecho abaixo do desvio) (Figura 4.30A) ou deve-se projetar a coluna de ventilação também com desvio, acompanhando o tubo de queda, e conectando-os por meio de tubos ventiladores de alívio, acima e abaixo do desvio (Figura 4.30B).

No sistema de ventilação primária não existe um dimensionamento específico, bastando prolongar a tubulação do respectivo tubo de queda, tubo de gordura ou tubo secundário, mantendo o mesmo diâmetro destes, e respeitando o DN mínimo de 75 mm. O sistema de ventilação secundária, composto pela coluna de ventilação e pelo ramal de ventilação, por sua vez, pode ser dimensionado a partir das Tabelas 4.11 e 4.12, respectivamente, respeitando o DN mínimo de 75 mm para a coluna de ventilação.

Para o dimensionamento das colunas de ventilação, o projetista deve resgatar a informação referente ao diâmetro nominal adotado para o tubo de queda que será ventilado, bem como o número total de UHC que escoa por ele e acessar a Tabela 4.11. Será determinada uma só linha que contemple ambas as informações. O passo seguinte é acessar as colunas do comprimento máximo permitido, verificando o valor do comprimento da coluna de ventilação do projeto em questão – deve ser incluído na definição deste comprimento o trecho do tubo ventilador primário entre o ponto de inserção da coluna (0,5 m) e a extremidade aberta do tubo ventilador (0,3 m ou 2,0 m, este último em caso de cobertura com uso). A partir daí, basta encontrar o diâmetro nominal mínimo correspondente ao tubo de ventilação na parte superior da tabela.

Para o dimensionamento do barrilete de ventilação, segundo a NBR 8160:1999 (ABNT, 1999), deve ser utilizado o diâmetro nominal de cada trecho seguindo também a Tabela 4.9. Neste caso, deve ser

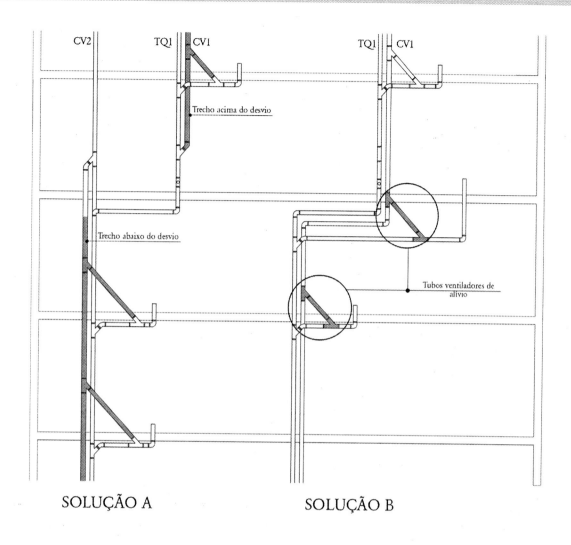

SOLUÇÃO A   SOLUÇÃO B

FIGURA 4.30: Solução de ventilação: A, considerando o tubo de queda como dois tubos independentes e B, considerando o desvio da coluna de ventilação, do mesmo modo como feito para o TQ.

considerado que o número de UHC de cada trecho é a soma das unidades de todos os tubos de queda servidos pelo trecho, e o comprimento a considerar é o mais extenso, da base da coluna de ventilação mais distante da extremidade aberta do barrilete até a extremidade.

Para o dimensionamento do ramal de ventilação, deve ser utilizada a Tabela 4.12. O dimensionamento pode ser feito considerando duas situações distintas: o grupo de aparelhos *com* e *sem* bacias sanitárias. No caso de um banheiro, por exemplo, como o da Figura 4.25, em que o ramal de ventilação conecta-se ao ramal de descarga da caixa sifonada, deve ser considerado, na tabela, o grupo *com* bacias sanitárias, uma vez que os gases que circulam por este dispositivo (ramal de esgoto) podem ser provenientes tanto da bacia sanitária quanto do tubo de queda.

Para que o ramal de ventilação atenda às condições de ventilação do sistema, existe uma distância máxima do fecho hídrico a ser protegido até a tomada do ramal, conforme mencionado e apresentado pela Tabela 4.10. Neste caso, tem-se duas possibilidades: para ramal de esgoto de DN de 50 mm, esta distância é de 1,20 m, e para ramal de esgoto de DN de 75 mm, esta distância é de 1,80 m.

Tabela 4.11 – Dimensionamento da coluna e barrilete de ventilação (ABNT, 1999)

Diâmetro nominal do tudo de queda ou do ramal de esgoto DN (mm)	Número de Unidades Hunter de Contribuição	Diâmetro nominal mínimo do tubo de ventilação (mm)							
		40	50	75	100	150	200	250	300
		Comprimento permitido (m)							
40	8	46	–	–	–	–	–	–	–
40	10	30	–	–	–	–	–	–	–
50	12	23	61	–	–	–	–	–	–
50	20	15	46	–	–	–	–	–	–
75	10	13	46	317	–	–	–	–	–
75	21	10	33	247	–	–	–	–	–
75	53	8	29	207	–	–	–	–	–
75	102	8	26	189	–	–	–	–	–
100	43	–	11	76	299	–	–	–	–
100	140	–	8	61	229	–	–	–	–
100	320	–	7	52	195	–	–	–	–
100	530	–	6	46	177	–	–	–	–
150	500	–	–	10	40	305	–	–	–
150	1.100	–	–	8	31	238	–	–	–
150	2.000	–	–	7	26	201	–	–	–
150	2.900	–	–	6	23	183	–	–	–
200	1.800	–	–	–	10	73	286	–	–
200	3.400	–	–	–	7	57	219	–	–
200	5.600	–	–	–	6	49	186	–	–
200	7.600	–	–	–	5	43	171	–	–
250	4.000	–	–	–	–	24	94	293	–
250	7.200	–	–	–	–	18	73	225	–
250	11.000	–	–	–	–	16	60	192	–
250	15.000	–	–	–	–	14	55	174	–
300	7.300	–	–	–	–	9	37	116	287
300	13.000	–	–	–	–	7	29	90	219
300	20.000	–	–	–	–	6	24	76	186
300	26.000	–	–	–	–	5	22	70	152

Tabela 4.12 – Dimensionamento do ramal de ventilação (ABNT, 1999)

Grupo de aparelhos sem bacias sanitárias		Grupo de aparelhos com bacias sanitárias	
Número de Unidades Hunter de Contribuição	Diâmetro nominal do ramal de ventilação (mm)	Número de Unidades Hunter de Contribuição	Diâmetro nominal do ramal de ventilação (mm)
Até 12	40	Até 17	50
13 a 18	50	18 a 60	75
19 a 36	75	–	–

Dimensionamento dos componentes do subsistema de ventilação

Considerando a edificação multifamiliar usada como exemplo ao longo deste capítulo, será feito, aqui, o dimensionamento dos componentes do subsistema de ventilação. As áreas molhadas onde serão necessárias a ventilação primária e a secundária são:

- Cozinha – ventilação primária – prolongamento do TG.
- Banheiro – ventilação primária – prolongamento do TQ e ventilação secundária (ramal de ventilação e coluna de ventilação).
- Área de serviço – ventilação primária – prolongamento do TS.
- Varanda – ventilação primária – prolongamento do TS.

O diâmetro da ventilação primária é o mesmo da tubulação antecedente, TQ, TG ou TS, desde que seja maior ou igual a 75 mm. Dessa forma, tem-se na planta de cobertura (Figura 4.46) o prolongamento destas tubulações e a mudança de nome para VP. Apresenta-se a tabela a seguir com os diâmetros das tubulações de VP.

Tubo de queda	Diâmetro (mm)	Tubo VP	Diâmetro VP (mm)
TQ1	100	VP1	100
TQ2	100	VP2	100
TQ3	100	VP3	100
TQ4	100	VP4	100
TG1	75	VP_G1	75
TG2	75	VP_G2	75
TG3	75	VP_G3	75
TG4	75	VP_G4	75
TS1	75	VP_S1	75
TS2	75	VP_S2	75
TS3	75	VP_S3	75
TS4	75	VP_S4	75
TS5	75	VP_S5	75
TS6	75	VP_S6	75
TS7	75	VP_S7	75
TS8	75	VP_S8	75
TS9	75	VP_S9	75
TS10	75	VP_S10	75
TS11	75	VP_S11	75
TS12	75	VP_S12	75

O dimensionamento da coluna de ventilação é obtido em função do diâmetro nominal do tubo de queda (ou ramal de esgoto), do número de UHC e do comprimento da coluna de ventilação (que inclui o trecho do tubo ventilador primário entre o ponto de inserção da coluna e a extremidade aberta do tubo ventilador). A tabela a seguir traz um resumo das informações dos TQ que serão ventilados pelas CV. Observe que a cada TQ foi associada uma CV, em ordem crescente (TQ1 e CV1, por exemplo).

Tubo	UHC	DN (mm)	CV
TQ1	27	100	CV1
TQ2	27	100	CV2
TQ3	27	100	CV3
TQ4	27	100	CV4

Para acessar a Tabela 4.11, que irá fornecer o diâmetro das colunas de ventilação, ainda é preciso dispor do comprimento máximo das CV, calculado da seguinte forma: altura do pé direito dos três andares + 0,50 m no rebaixo do pavimento térreo + 0,30 m acima da laje do terceiro pavimento.

Comprimento da CV: $3 \times 3 + 0,50 + 0,30 = 9,80$ m

Ao consultar a Tabela 4.11, o projetista deve, para cada coluna de ventilação, usar como dados de entrada: DN do tubo de queda, número de UHC e o comprimento da CV. Na sequência, apresenta-se uma tabela que resume os resultados de todas as colunas de ventilação deste projeto.

Tubo	UHC	DN_{TQ} (mm)	CV	Comprimento (m)	DN (mm)	DN_{min} (mm)
TQ1	27	100	CV1	9,80	50	75
TQ2	27	100	CV2	9,80	50	75
TQ3	27	100	CV3	9,80	50	75
TQ4	27	100	CV4	9,80	50	75

O dimensionamento do ramal de ventilação se dá em função do total de UHC que é transportado pelo ramal de esgoto, correlacionado com o diâmetro pela Tabela 4.12. Nos banheiros dos apartamentos, esse valor é de 3 UHC (1 UHC do lavatório e 2 UHC do ralo seco do chuveiro). Ao consultar a Tabela 4.12, no grupo "COM bacias sanitárias", verifica-se que o diâmetro nominal correspondente a 3 UHC é de 50 mm, que também está de acordo com o mínimo fornecido pelo fabricante.

RV	Área molhada	UHC	DN (mm)	DNmínimo (mm)
	Banheiro	3 (somente o andar)	50	40

De acordo com a NBR 8160:1999 (ABNT, 1999), é obrigatório que a ligação de todos os desconectores ao elemento ventilador respeite as distâncias máximas indicadas pela Tabela 4.10. Com isso, a distância máxima entre o ramal de esgoto de DN 50mm e o ramal de ventilação, conforme a Tabela 4.10, será de 1,20 m.

4.3.3 Particularidades de Projeto

O projeto de esgoto pode ter algumas particularidades, dependendo da relação entre ele e os demais projetos (arquitetônico, estrutural etc.). Em alguns casos, por exemplo, não é possível projetar um tubo de queda em uma única prumada porque os pavimentos não são "tipo" e a prumada prevista pode, em algum momento, conflitar com o uso previsto para uma área. Nem sempre o projetista consegue disfarçar essas tubulações com o uso de *shafts*. Nessa situação, então, o melhor é desviar a prumada para algum local da edificação em que esse tipo de conflito seja minimizado.

Outra particularidade que merece destaque é a diferenciação da solução de um pavimento térreo sem subsolo e outro que tenha subsolo. Os conceitos se mantêm, mas a solução técnica possui diferenças nessas duas situações, que serão abordadas nesta Seção.

Por fim, o leitor será apresentado à solução do pavimento de subsolo. Até aqui, foi aprendido que todo o esgoto gerado no edifício deve ser lançado no sistema público de coleta, que fica no nível da rua. Entretanto, há casos em que há geração de esgoto em pavimento de subsolo. Nesse sentido, a solução adotada em pavimentos que estejam abaixo do nível da rua também é uma particularidade de projeto e será apresentada, como as demais mencionadas, a seguir.

4.3.3.1 Pavimento de desvios

Quando, em um projeto, há a necessidade de desviar os tubos de queda e/ou as colunas de ventilação, é necessário prever uma planta chamada de "pavimento de desvios", na qual todas essas informações serão registradas. Nesta planta são apresentadas as posições dos tubos antes e depois do desvio, bem como o traçado do desvio em si. Utiliza-se o artifício das setas (tubulação ascendente e tubulação descendente) para indicar a posição da tubulação no pavimento acima e no que está abaixo (esse tema será abordado novamente mais adiante, na Seção 4.4, quando for discutida a simbologia de projeto).

Considerando que os desvios de tubulações são feitos, costumeiramente, no rebaixo de gesso, as conexões de esgoto destes pavimentos (de desvios) devem ser feitas sempre após o desvio da tubulação, como exemplifica a Figura 4.31.

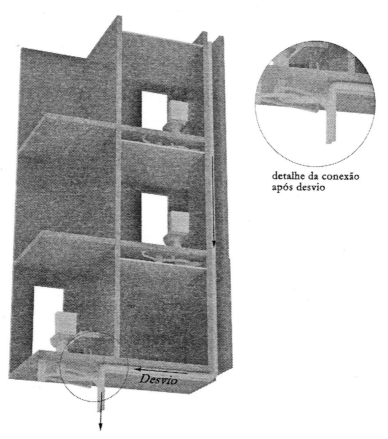

detalhe da conexão
após desvio

Desvio

FIGURA 4.31: Pavimento de desvios em uma edificação, com o detalhe da conexão dos aparelhos após o desvio da tubulação.

Não raro, há situações em que mesmo o desvio das tubulações é difícil de ser projetado, seja pela existência de prismas de ventilação, seja pela própria solução estrutural do edifício, com existência de pilares, que, obviamente, devem ser preservados. Nestes casos, o projetista pode fazer uso de subcoletores, que permitem maior flexibilidade para o traçado das tubulações, como exemplificado pela Figura 4.32.

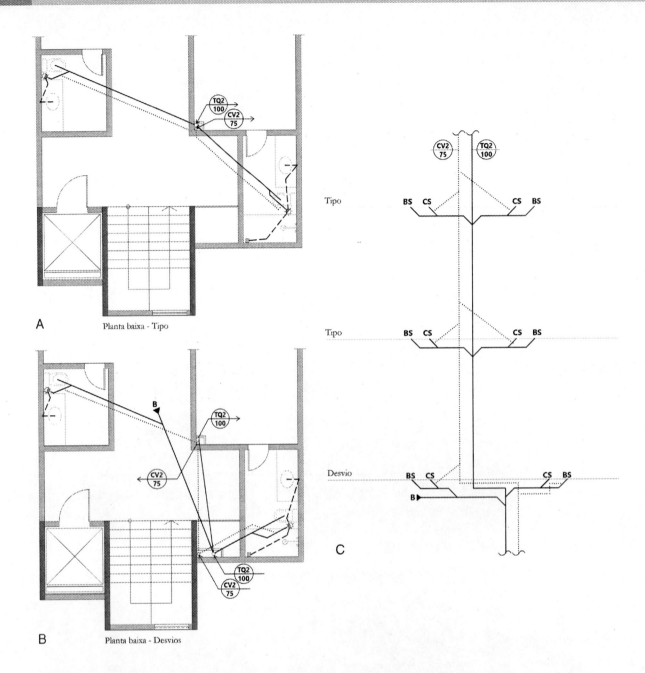

FIGURA 4.32: Solução com subcoletores em uma edificação: A, planta baixa do pavimento tipo; B, planta baixa do pavimento de desvios; C, esquema vertical.

O dimensionamento do tubo de queda já foi visto na Seção 4.3.1.4, que previa o cálculo apenas para os trechos verticais antes do desvio. Já o trecho horizontal do tubo de queda deve ser dimensionado considerando o mesmo como um subcoletor como visto na Seção 4.3.1.5. O trecho vertical do tubo de queda após o desvio deve ser calculado do mesmo modo que o trecho antes do desvio, ou seja, utilizando, também, a Tabela 4.6. Ressalta-se, entretanto, como mencionado, que o diâmetro final adotado para a parte abaixo do desvio do tubo de queda não pode ser inferior ao definido para o trecho horizontal.

Dimensionamento do trecho horizontal dos tubos de queda

O trecho horizontal dos tubos de queda deve ser dimensionado como um subcoletor, utilizando a Tabela 4.7, apresentada anteriormente, na Seção 4.3.1.5.

Para identificar quais tubos sofreram desvios no projeto, deve ser consultada a planta do pavimento de desvios em conjunto com o Esquema Vertical, apresentados, respectivamente, nas Figuras 4.45 e 4.47, ao final deste capítulo. Com base nessa avaliação, tem-se que os tubos com desvios são: TS1, TS2, TS3, TS4, TS5, TS6, TS9, TS12, TG1 e TG2. Todos os desvios ocorrem no teto do pavimento térreo.

Resgata-se o cálculo do número de UHC dos tubos que sofrem desvios, já feito na Seção 4.3.1.4, com base na Tabela 4.6.

Tubo	UHC
TG1	6
TG2	6
TS1	12
TS2	4
TS3	4
TS4	12
TS5	4
TS6	4
TS9	4
TS12	4

Consultando a Tabela 4.7, e considerando uma declividade de 1% e ângulo maior do que 45°, têm-se os diâmetros dos trechos horizontais de cada tubo que sofre desvio, como esquematizado na tabela seguinte, que resume todas essas informações. Para calcular o somatório total de UHC em cada tubo, no trecho abaixo do desvio, mais uma vez, o projetista deve consultar o conjunto de plantas e, principalmente, o esquema vertical, para verificar o posicionamento dos tubos. Nos tubos que sofrem desvio no teto do pavimento térreo, foram contabilizados, até então, apenas os efluentes dos pavimentos superiores ao desvio, pois o esgoto do primeiro pavimento é lançado nos tubos de queda após o desvio. Nesta etapa, em que o trecho vertical após o desvio também será dimensionado e compatibilizado, deve ser considerada a contribuição de todos os aparelhos que descarregam nestes tubos de queda. A tabela a seguir traz esses valores com o respectivo valor de DN (mm), obtido na Tabela 4.6.

Tubo	UHC	Declividade (%)	DN (mm)	DN mínimo (mm)	DN adotado(mm)
TG1	6	1	100	100	100
TG2	6	1	100	100	100
TS1	12	1	100	100	100
TS2	4	1	100	100	100
TS3	4	1	100	100	100
TS4	12	1	100	100	100
TS5	4	1	100	100	100
TS6	4	1	100	100	100
TS9	4	1	100	100	100
TS12	4	1	100	100	100

Tubo	Áreas coletadas	UHC	Total	DN (mm)	DN mínimo (mm)
TG1	3 cozinhas (aptos)	3 × 3	9 UHC	75	75
TG2	3 cozinhas (aptos)	3 × 3	9 UHC	75	75
TS1	2 A.S. (MLR + tanque)	6 × 3	18 UHC	75	75
TS2	2 A.S. (ralos)	2 × 3	6 UHC	75	75
TS3	2 varandas (aptos)	2 × 3	6 UHC	75	75
TS4	2 A.S. (MLR + tanque)	6 × 3	18 UHC	75	75
TS5	2 A.S. (ralos)	2 × 3	6 UHC	75	75
TS6	2 varandas (aptos)	2 × 3	6 UHC	75	75
TS9	2 varandas (aptos)	2 × 3	6 UHC	75	75
TS12	2 varandas (aptos)	2 × 3	6 UHC	75	75

Por fim, deve-se compatibilizar os diâmetros no trecho acima do desvio, no desvio e abaixo do desvio. Apresenta-se, então, a tabela a seguir.

Tubo	Trecho	UHC	DN (mm)
TG1	Acima do desvio	6	75
	Desvio	6	100
	Abaixo do desvio	9	100
TG2	Acima do desvio	6	75
	Desvio	6	100
	Abaixo do desvio	9	100
TS1	Acima do desvio	12	75
	Desvio	12	100
	Abaixo do desvio	18	100
TS2	Acima do desvio	4	75
	Desvio	4	100
	Abaixo do desvio	6	100
TS3	Acima do desvio	4	75
	Desvio	4	100
	Abaixo do desvio	6	100
TS4	Acima do desvio	12	75
	Desvio	12	100
	Abaixo do desvio	18	100
TS5	Acima do desvio	4	75
	Desvio	4	100
	Abaixo do desvio	6	100
TS6	Acima do desvio	4	75
	Desvio	4	100
	Abaixo do desvio	6	100
TS9	Acima do desvio	4	75
	Desvio	4	100
	Abaixo do desvio	6	100
TS12	Acima do desvio	4	75
	Desvio	4	100
	Abaixo do desvio	6	100

4.3.3.2 Pavimento térreo sem subsolo

As edificações que não possuem pavimento de subsolo devem ter suas áreas molhadas, no pavimento térreo, esgotadas diretamente para a caixa respectiva, dependendo do tipo de efluente gerado: esgoto primário é lançado nas caixas de inspeção, esgoto gorduroso, nas caixas de gordura, e esgoto da área de serviço e de lavagem de piso deve ser esgotado nas caixas sifonadas especiais. Essa solução deve ser empregada mesmo quando são empregados tubos de queda para a coleta do esgoto do edifício. Neste caso, os tubos verticais e os aparelhos sanitários, exclusivamente no pavimento térreo, são conectados às caixas. A Figura 4.33 exemplifica essa situação.

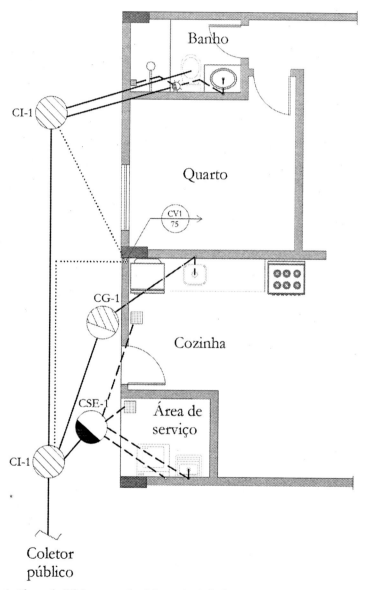

FIGURA 4.33: Pavimento térreo (edifício sem subsolo) — planta baixa.

De acordo com a Tabela 4.10, apresentada anteriormente, a distância máxima de um desconector ao tubo ventilador, segundo a NBR 8160:1999 (ABNT, 1999), para DN de 100 mm (diâmetro mínimo do ramal de descarga de bacias sanitárias), é igual a 2,40 m. Nas soluções adotadas em pavimentos elevados, o ramal de descarga da bacia sanitária deve ser ventilado individualmente, podendo ser dispensada sua ventilação quando houver:

- Desconector ventilado com tubo ventilador individual de 75 mm no mínimo, ligado a uma distância máxima de 2,40 m da bacia sanitária.
- Bacia sanitária ligada através de ramal exclusivo a um tubo de queda a uma distância máxima de 2,40 m, desde que esse tubo de queda receba, do mesmo pavimento, imediatamente abaixo, outros ramais de esgoto ou de descarga devidamente ventilados.

De acordo com a norma, quando não for possível ventilar o ramal de descarga da bacia sanitária ligada diretamente ao tubo de queda de acordo com a distância fixada pela Tabela 4.10 (2,40 m para tubos de DN de 100 mm), o tubo de queda deve ser ventilado imediatamente abaixo da ligação do ramal da bacia sanitária.

Entretanto, em soluções de esgotamento de pavimento térreo, é necessário observar a posição da ventilação em relação à bacias sanitárias, considerando que algumas situações particulares podem ocorrer, como descrito a seguir, na Figura 4.34.

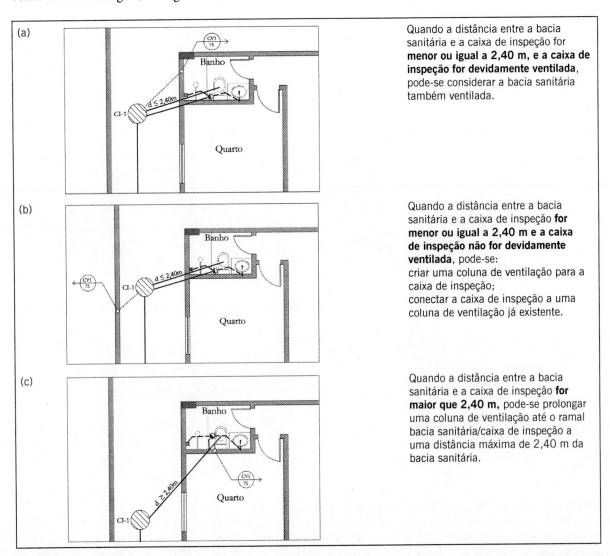

FIGURA 4.34: Diferentes soluções de esgotamento e ventilação de bacia sanitária em pavimento térreo sem subsolo.

Para os despejos da cozinha e área de serviço no pavimento térreo segue-se o mesmo procedimento, atentando-se para o diâmetro do ramal de descarga e a distância máxima, sendo, de acordo com a Tabela 4.10, 1,00 m para DN 40mm; 1,20 m para DN 50 mm e 1,80 m para DN 75 mm.

Há, ainda, uma situação particular, que pode ocorrer em casas coladas nas divisas, sem espaço no quintal para a locação das caixas de inspeção, de gordura e sifonada especial. Quando isso ocorrer, o projetista acabará tendo de alocá-las na área de serviço, se existir e, ou, em situações extremas, até mesmo na cozinha. Ressalta-se que esse tipo de solução, deve, por questões de higiene e até mesmo estéticas, ser evitada.

4.3.3.3 Pavimento térreo com subsolo

As edificações que possuem pavimento de subsolo devem ter suas áreas molhadas, no pavimento térreo, esgotadas de modo um pouco distinto do apresentado anteriormente. Pela dificuldade de posicionamento das caixas no terreno, tendo em vista que o mesmo foi escavado para a construção do subsolo, o projetista deverá lançar mão de subcoletores fixados abaixo da laje do térreo, os quais coletarão o esgoto dos tubos de queda e dos eventuais aparelhos sanitários localizados no térreo, e, assim os encaminharão até as respectivas caixas, que poderão estar enterradas em áreas do terreno em que não haja subsolo (no caso de este não ocupar o terreno todo) ou, alternativamente, no alinhamento. Mantém-se aqui a mesma lógica anterior: esgoto primário é lançado em subcoletores de esgoto primário e encaminhado para as caixas de inspeção; esgoto gorduroso deve ser lançado em subcoletores de esgoto gorduroso, com posterior encaminhamento às caixas de gordura; e, por fim, esgoto da área de serviço e de lavagem de piso deve ser encaminhado às caixas sifonadas especiais por meio de subcoletores específicos para esse tipo de efluente. A Figura 4.35 exemplifica essa situação, com as caixas posicionadas no passeio, tendo em vista a existência de subsolo em todo o terreno.

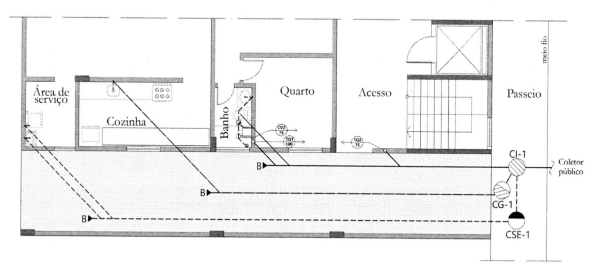

FIGURA 4.35: Solução do projeto de esgoto sanitário em pavimento térreo com subsolo.

A transição dos tubos de queda para as tubulações horizontais dos subcoletores costuma ser feita pelo teto do pavimento de subsolo, na parte inferior da laje do pavimento térreo. Esses subcoletores são direcionados até o respectivo dispositivo complementar, como mencionado, e, deste, para uma caixa de inspeção, que vai até o coletor predial, como ilustra a Figura 4.36.

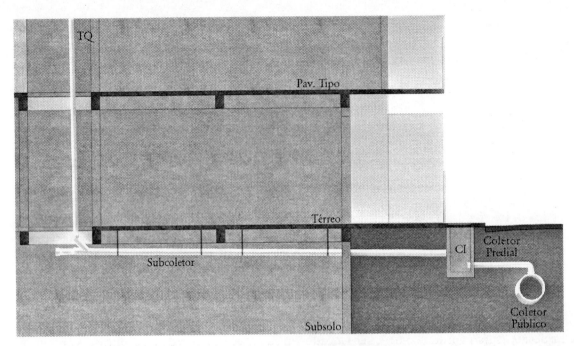

FIGURA 4.36: Uso de subcoletores em edificação com subsolo — teto do subsolo.

Do mesmo modo que ocorre em edificações sem subsolo, em que são previstas caixas de inspeção a cada 25 m, há a necessidade de inspeção dos subcoletores de esgoto a cada 25 m. Para viabilizar essa inspeção, deve-se colocar um Tê de inspeção, também conhecido como tubo operculado.

4.3.3.4 Pavimento de subsolo

Quando, na edificação, houver subsolo com áreas molhadas, será necessário adotar como solução para esgotamento dos efluentes gerados a instalação de uma caixa coletora e bombas de recalque, que os conduzirá até o nível do logradouro. Na Seção 4.3.1.6 deste capítulo, foram apresentados a descrição e o dimensionamento da caixa coletora; nesta seção, o foco recairá na solução do pavimento de subsolo como um todo.

A solução de projeto para um pavimento de subsolo tem semelhanças com aquela adotada para o pavimento térreo: inicia com a condução dos efluentes para as devidas caixas, respeitando o tipo de esgoto gerado. Assim, os efluentes de banheiros devem ser descarregados em uma ou mais caixas de inspeção, o esgoto proveniente unicamente da lavagem de pisos ou de automóveis deve ser encaminhado a uma caixa sifonada especial, e o esgoto gorduroso, caso exista uma cozinha no subsolo, deve ser encaminhado para uma caixa de gordura. Após a coleta nessas caixas, o esgoto é, então, encaminhado para a caixa coletora, que reunirá todo o esgoto do subsolo. A conexão sempre será feita por uma caixa de inspeção. É permitida a conexão por meio de uma caixa sifonada especial apenas se não houver esgoto gorduroso ou de banheiro gerado neste pavimento.

A partir da caixa coletora, o esgoto é recalcado, por meio de bombas, para o nível térreo, com conexão à caixa de inspeção (ou poço de visita) mais próxima. Por fim, o esgoto seguirá o mesmo trajeto previsto para as demais tubulações da edificação: será conectado ao coletor predial.

Para exemplificar as soluções de projeto no nível do subsolo, apresenta-se a Figura 4.37, que traz o exemplo de um pavimento de subsolo com banheiro e tanque. Neste exemplo, também é considerada a coleta dos efluentes de lavagem de piso.

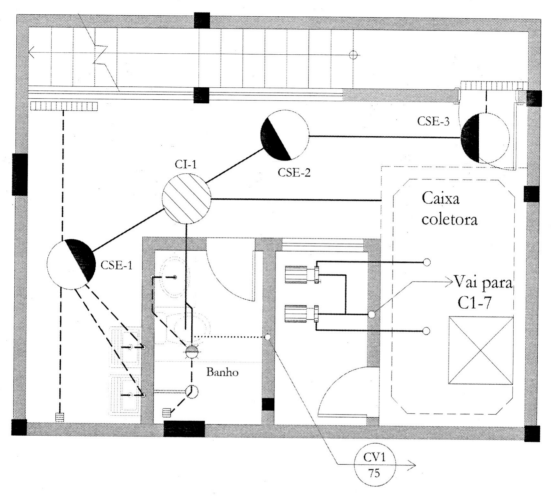

FIGURA 4.37: Solução do projeto de esgoto sanitário em pavimento de subsolo com banheiro, tanques e coleta de efluente de lavagem de piso.

A Figura 4.38 apresenta, de maneira resumida, a solução de esgoto em edificações com subsolo: os tubos de queda são conectados a subcoletores posicionados no teto do pavimento de subsolo; o esgoto do subsolo é coletado pela caixa coletora e bombeado até o nível do térreo, onde se junta ao esgoto da edificação na caixa de inspeção mais próxima. Esta, por sua vez, é enterrada em local que não haja subsolo. O esgoto é, então, finalmente levado pelo coletor predial até o sistema público de coleta de esgoto.

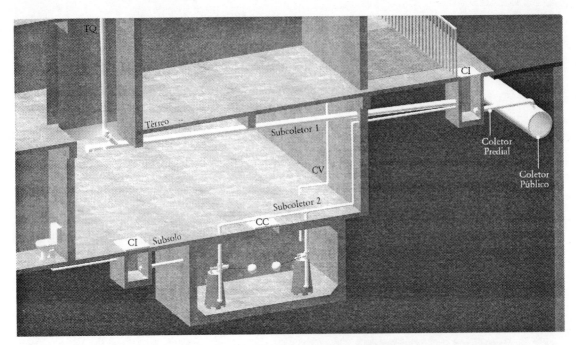

FIGURA 4.38: Solução de esgoto em edificação com subsolo: uso de subcoletores e de caixa coletora.

4.4 TRAÇADO DO SISTEMA PREDIAL DE ESGOTO SANITÁRIO

Para definir o traçado do sistema predial de esgoto sanitário de uma edificação, o projetista deve, antes de tudo, entender bem todo o projeto de arquitetura e de estruturas da edificação. Dessa forma, proporá um projeto compatível com os demais, evitando conflitos durante a fase de execução da obra.

O projeto do sistema predial de esgoto sanitário envolve o esgotamento de todas as áreas molhadas da edificação, incluindo os pavimentos térreo e de subsolo. São esgotados os diferentes tipos de efluentes gerados (primários e secundários), por meio do subsistema de coleta e transporte. Além disso, é também previsto um subsistema de ventilação, para garantir o encaminhamento dos gases para atmosfera, evitando mau cheiro nas áreas molhadas. As tubulações podem ser embutidas ou aparentes. As tubulações embutidas não devem se localizar dentro das peças estruturais do edifício. Deve-se condicionar a escolha dos pontos de descida dos tubos de queda para o mais próximo possível de pilares, ou da projeção dos pilares e paredes do térreo.

Adota-se a simbologia apresentada na Figura 4.39 nos desenhos técnicos. As tubulações primárias são representadas por linhas contínuas, e as secundárias, por linhas tracejadas. Os componentes do sistema de ventilação (CV, VS, VP e ramal de ventilação) devem ser representados por linha pontilhada. Em cada trecho de tubulação horizontal, devem ser indicados o diâmetro e a declividade. É possível suprimir a informação da declividade do desenho, desde que seja inserida uma observação com a indicação das mesmas em parte visível da prancha. Os diversos elementos que são, também, parte do projeto, tais como ralo seco, ralo sifonado, caixa sifonada, caixa de inspeção, dentre outros, do mesmo modo possuem simbologia técnica, que deve ser utilizada em todos os desenhos realizados.

O traçado do projeto se inicia com a identificação de todas as áreas molhadas e dos aparelhos sanitários que deverão ter seu esgoto recolhido. O projetista, então, deve identificar os tipos de esgoto gerado (primário ou secundário) e posicionar os respectivos tubos de queda no local que tenha menos conflitos

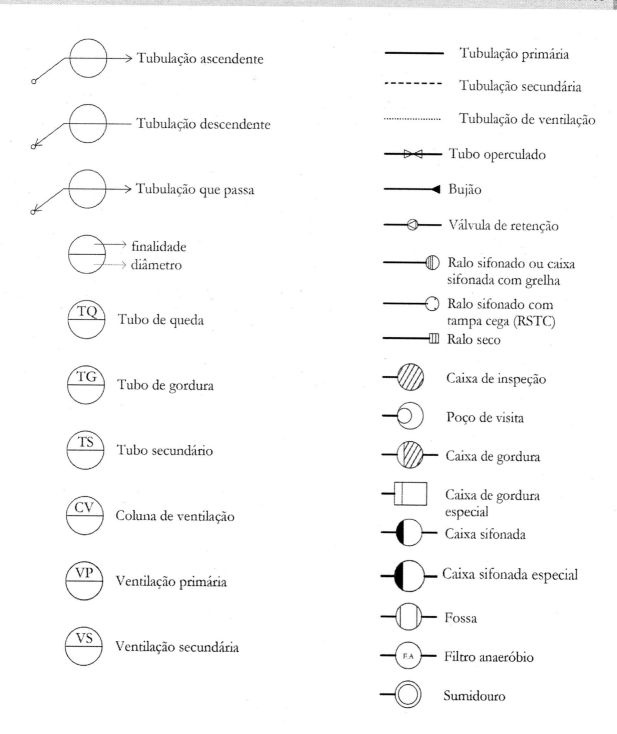

FIGURA 4.39: Simbologia adotada nos desenhos técnicos de esgoto sanitário.

com os projetos de arquitetura e de estruturas, preferencialmente em *shafts*, para facilitar a manutenção dos mesmos, quando necessário. Na sequência, devem ser conectados os ramais de descarga de cada aparelho sanitário aos tubos de queda, observando as declividades mínimas exigidas por norma (no banheiro, especificamente, os ramais de descarga devem ser conectados à caixa sifonada que, por sua vez, os encaminha ao tubo de queda, pelo ramal de esgoto). É necessário, aqui, também fazer o projeto do subsistema de ventilação, garantindo a ventilação adequada ao sistema. Além de posicionar a coluna de ventilação nas plantas de todos os pavimentos (ventilação secundária), o projetista também deve indicar todos os pontos de ventilação primária na cobertura. No banheiro das unidades, deve ser prevista a conexão do ramal de ventilação ao ramal de esgoto. Na etapa subsequente, o projetista deve fazer as conexões no pavimento térreo, posicionando as caixas de inspeção, gordura e sinfonada especial nos locais mais apropriados, ligando a elas os tubos de queda e, eventualmente, os aparelhos sanitários deste pavimento, se houver. Em caso de haver subsolo na edificação, deve ser previsto o uso de subcoletores antes da conexão com as caixas. Por fim, a solução do subsolo, quando existir, deve ser feita na etapa seguinte, com a conexão da caixa coletora à caixa de inspeção, no térreo, mais próxima.

Posicionamento dos componentes de esgoto sanitário de um banheiro

Há uma regra para o traçado e a conexão dos ramais de descarga quando há uso de caixas sifonadas. Veja a seguir como proceder.

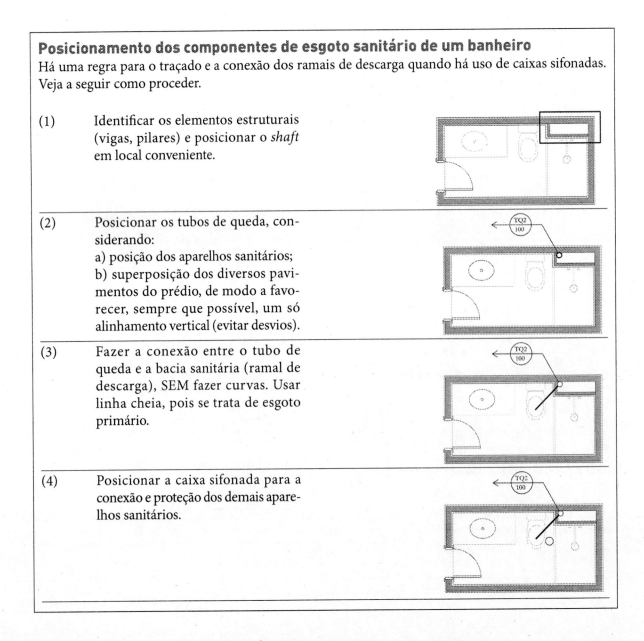

(1)	Identificar os elementos estruturais (vigas, pilares) e posicionar o *shaft* em local conveniente.
(2)	Posicionar os tubos de queda, considerando: a) posição dos aparelhos sanitários; b) superposição dos diversos pavimentos do prédio, de modo a favorecer, sempre que possível, um só alinhamento vertical (evitar desvios).
(3)	Fazer a conexão entre o tubo de queda e a bacia sanitária (ramal de descarga), SEM fazer curvas. Usar linha cheia, pois se trata de esgoto primário.
(4)	Posicionar a caixa sifonada para a conexão e proteção dos demais aparelhos sanitários.

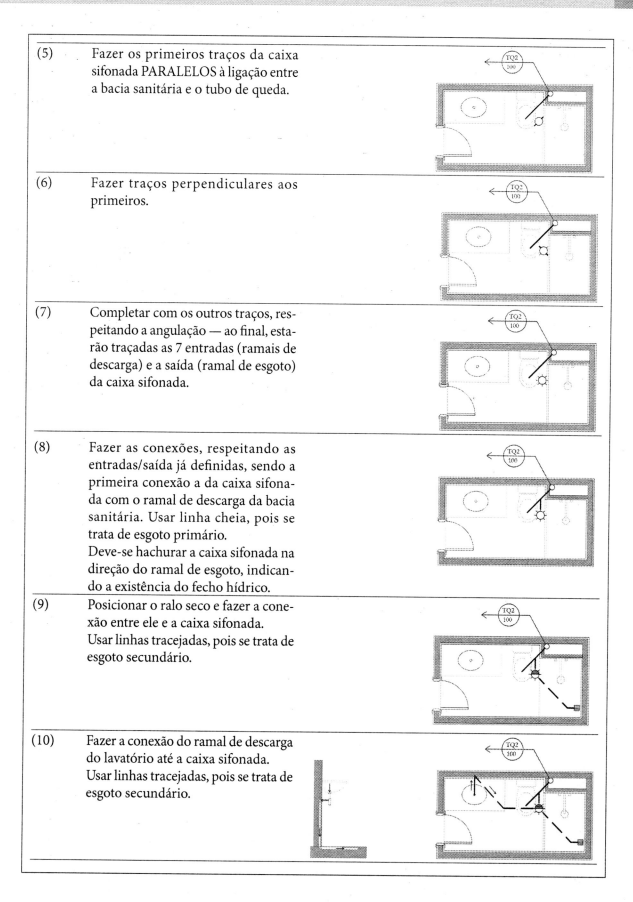

(5) Fazer os primeiros traços da caixa sifonada PARALELOS à ligação entre a bacia sanitária e o tubo de queda.

(6) Fazer traços perpendiculares aos primeiros.

(7) Completar com os outros traços, respeitando a angulação — ao final, estarão traçadas as 7 entradas (ramais de descarga) e a saída (ramal de esgoto) da caixa sifonada.

(8) Fazer as conexões, respeitando as entradas/saída já definidas, sendo a primeira conexão a da caixa sifonada com o ramal de descarga da bacia sanitária. Usar linha cheia, pois se trata de esgoto primário.
Deve-se hachurar a caixa sifonada na direção do ramal de esgoto, indicando a existência do fecho hídrico.

(9) Posicionar o ralo seco e fazer a conexão entre ele e a caixa sifonada.
Usar linhas tracejadas, pois se trata de esgoto secundário.

(10) Fazer a conexão do ramal de descarga do lavatório até a caixa sifonada.
Usar linhas tracejadas, pois se trata de esgoto secundário.

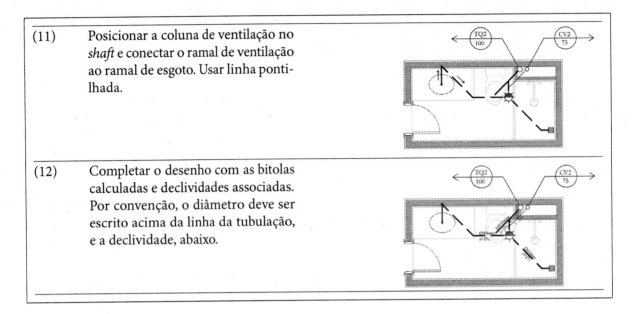

| (11) | Posicionar a coluna de ventilação no *shaft* e conectar o ramal de ventilação ao ramal de esgoto. Usar linha pontilhada. | |
| (12) | Completar o desenho com as bitolas calculadas e declividades associadas. Por convenção, o diâmetro deve ser escrito acima da linha da tubulação, e a declividade, abaixo. | |

A conexão entre as tubulações verticais e as tubulações horizontais (subcoletores) que levam aos dispositivos complementares, no pavimento térreo, é feita com uso de tubos operculados (TO), que oferecem visita à tubulação, sempre antes da curva entre uma tubulação vertical e outra horizontal. Todos esses detalhes devem ser apresentados em plantas, em escala adequada (por exemplo, 1:100), complementadas pela apresentação do esquema vertical.

O esquema vertical auxilia a leitura do projeto como um todo, bem como o dimensionamento das tubulações. Ele deve ser feito de acordo com o traçado previsto em planta, porém sem escala. Deve-se ter o cuidado de representar todos os desvios que porventura existirem, bem como todos os elementos previstos em projeto, seguindo a simbologia técnica. A Figura 4.40 apresenta um esquema vertical simplificado.

Todos os tubos e dispositivos complementares devem ser numerados, em ordem lógica, sem haver repetição de número no mesmo projeto. A coluna de ventilação, preferencialmente, deve seguir a numeração do tubo de queda que a originou. São utilizadas siglas para se referir aos distintos elementos, por exemplo: TG se refere a tubo de gordura, TS a tubo secundário, CI a caixa de inspeção, dentre outros.

O projeto de esgoto é todo apresentado em planta e esquema vertical. É usual trabalhar com escala 1:100, para as plantas dos pavimentos, que trazem todas as soluções, em todas as áreas molhadas, e sua relação com os tubos de queda, colunas de ventilação de dispositivos complementares. Entretanto, é comum ter um detalhamento da área molhada em escala mais apropriada, como 1:50, por exemplo. A Figura 4.41 apresenta o projeto de esgoto sanitário em um banheiro. Neste exemplo, os ramais de descarga do ralo do chuveiro e do lavatório se conectam à caixa sifonada, que, por sua vez, pelo seu ramal de esgoto se conecta ao ramal de descarga da bacia sanitária, para, por meio de uma só tubulação, conectar-se ao tubo de queda. A coluna de ventilação se conecta ao ramal de esgoto pelo ramal de ventilação. É importante observar, neste desenho, além da solução de projeto em si, a simbologia técnica empregada.

Nas Figuras 4.42 a 4.47, são apresentadas as plantas baixas e o esquema vertical do projeto utilizado como referência durante todo o desenvolvimento deste capítulo, para que o leitor tenha uma visão do projeto completo. A Figura 4.48 apresenta o projeto do sistema predial de esgoto sanitário de uma unidade residencial.

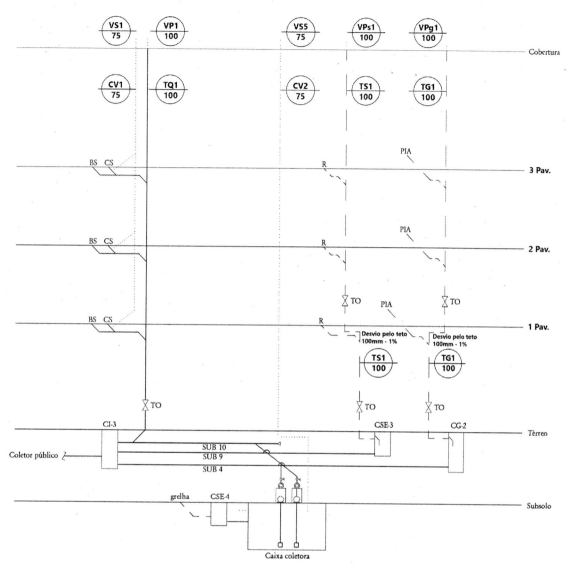

FIGURA 4.40: Exemplo de esquema vertical de esgoto sanitário.

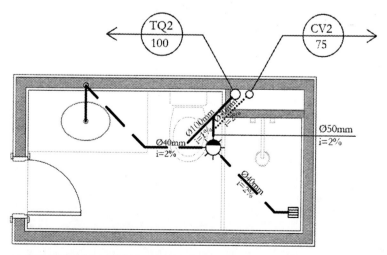

FIGURA 4.41: Projeto de esgoto sanitário em um banheiro residencial — traçado técnico.

Instalações mais comuns de esgoto sanitário em áreas molhadas residenciais

BANHEIRAS

O esgotamento de banheiras deve ser realizado pela ligação de uma válvula à CS, por meio de tubulação adequada, existindo, também, o esgotamento do extravasor.
Sempre que possível, instalar o chuveiro em box próprio, para evitar acidentes como escorregamento; caso contrário, instalar um meio para o usuário se segurar.

BIDÊS:

O esgotamento de bidês deve ser realizado interligando-se a válvula de saída com a caixa sifonada, por meio de tubulação adequada.

LAVATÓRIOS E CUBAS

O esgotamento de lavatórios e cubas deve ser realizado interligando-se a válvula de saída com a canalização que vai à caixa sifonada.
As válvulas podem ser com ou sem ladrão.
Normalmente, em lavatórios e cubas de sobrepor, empregam-se as válvulas com ladrão, enquanto nas cubas de embutir, sem ladrão.

PIAS DE COZINHA

O esgotamento de pias de cozinha deve ser realizado pela interligação de uma válvula americana na tubulação por intermédio de um sifão.

MICTÓRIO

O esgotamento de mictórios deve ser realizado interligando-se a válvula de saída com a canalização que vai à caixa sifonada.

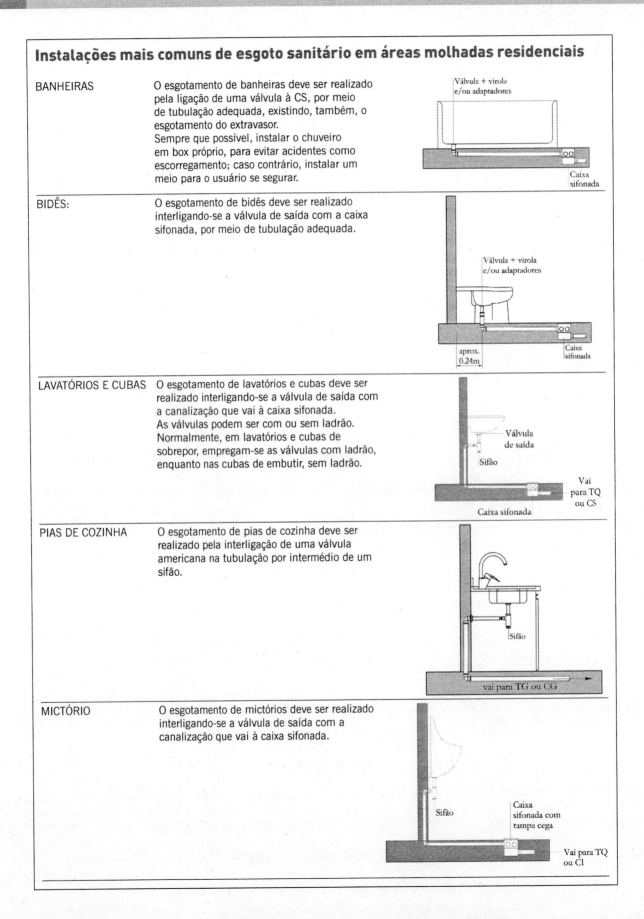

TANQUE	O esgotamento do tanque deve ser realizado interligando-se a válvula de saída com a canalização que vai à caixa sifonada, preferencialmente com uso de um sifão.
Sifão
Vai para a TS ou CSE
MÁQUINA DE LAVAR ROUPA	O esgotamento da máquina de lavar roupa deve ser realizado interligando-se a válvula de saída com a canalização que vai para o tubo secundário. Deixa-se uma previsão de esgoto com altura aproximada de 0,80 m do piso acabado.
Vai para TS ou CSE
BACIA SANITÁRIA	O esgotamento das bacias sanitárias deve ser realizado interligando-se a saída do bacia sanitária ao tubo de queda por meio de uma curva de 90°.
Os aparelhos de descarga podem ser do tipo caixa suspensa, caixa embutida na parede, caixa acoplada ao vaso sanitário e válvula de descarga de fluxo ou pressão.
Tubo de Queda
.25
RALO SECO	O esgotamento dos ralos secos dos chuveiros deve ser realizado por meio da interligação entre a saída da canalização e a caixa sifonada.
Em áreas em que não haja ralo sifonado para realizar esta conexão, como ocorre em varandas, a canalização do ralo seco deve ser conectada ao tubo secundário.
obs.: também pode ir ao tubo secundário caso não haja caixa sifonada
Ralo Seco   Caixa sifonada
(Chuveiro)

Vai para TS   Ralo Seco
(Varanda) |

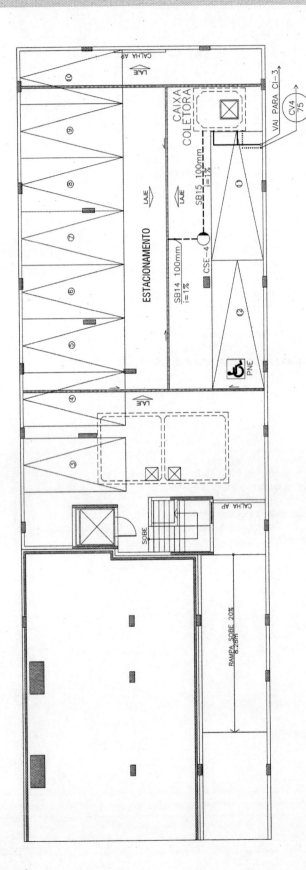

FIGURA 4.42: Projeto do sistema predial de esgoto sanitário— pavimento de subsolo.

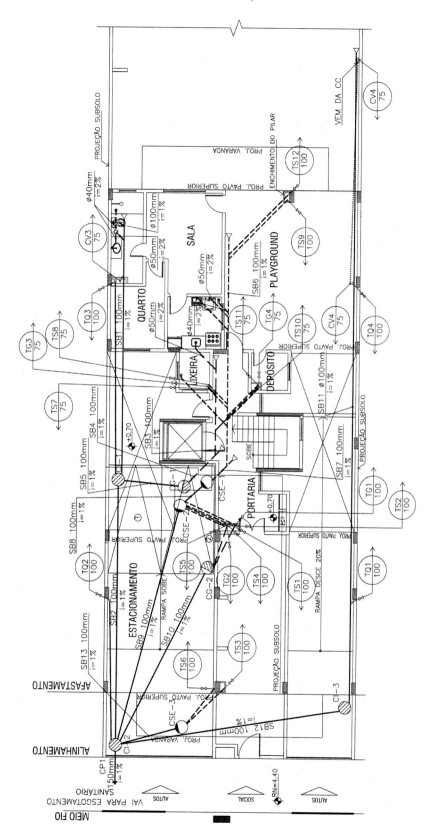

FIGURA 4.43: Projeto do sistema predial de esgoto sanitário — pavimento térreo.

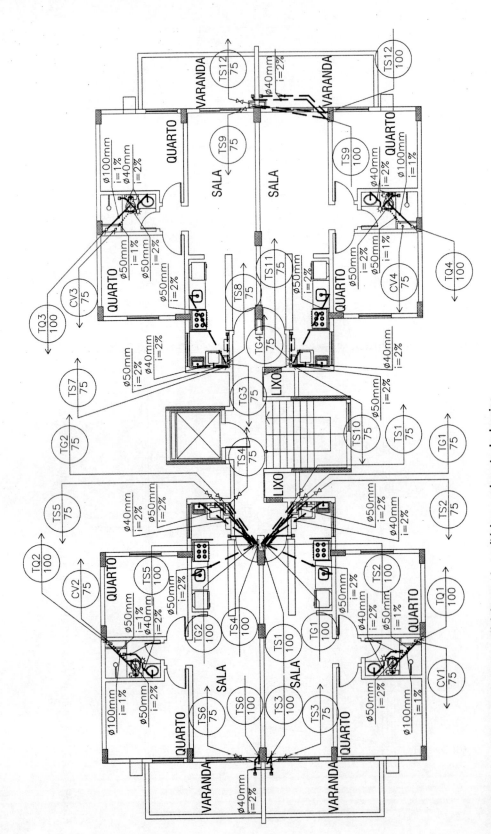

FIGURA 4.44: Projeto do sistema predial de esgoto sanitário – pavimento de desvios.

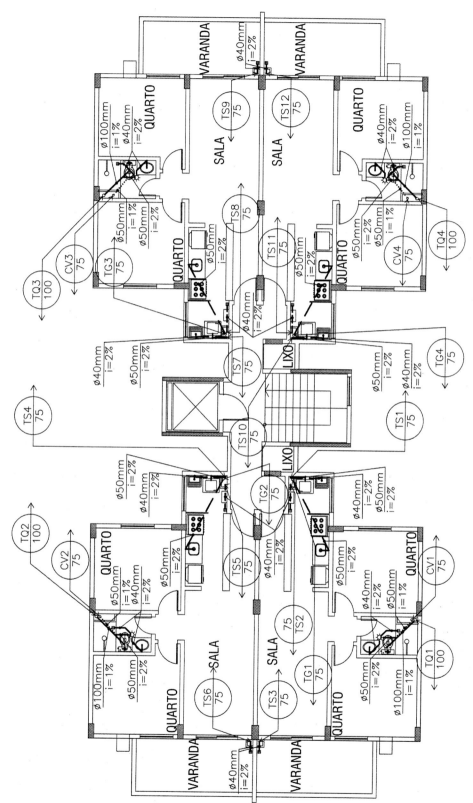

FIGURA 4.45: Projeto do sistema predial de esgoto sanitário — pavimento-tipo.

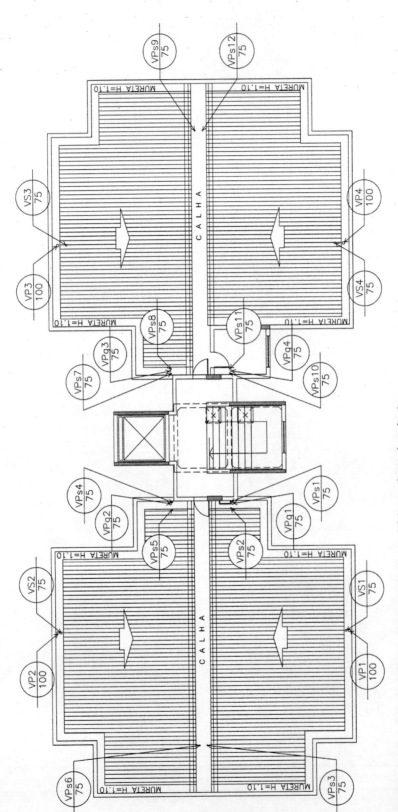

FIGURA 4.46: Projeto do sistema predial de esgoto sanitário — planta de cobertura.

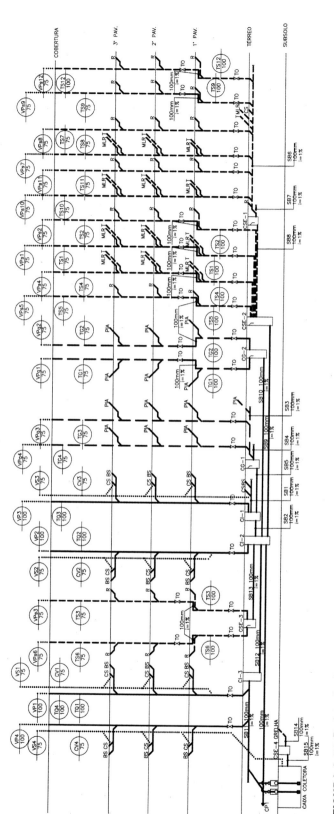

FIGURA 4.47: Projeto do sistema predial de esgoto sanitário — esquema vertical.

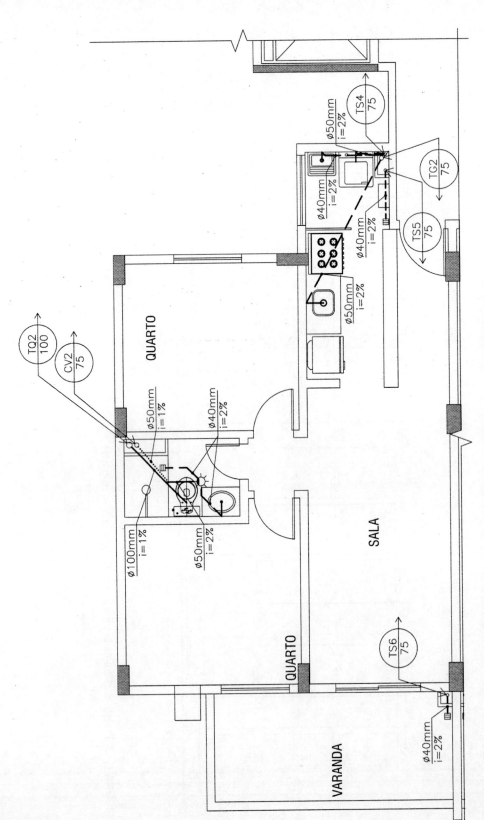

FIGURA 4.48: Projeto do sistema predial de esgoto sanitário sanitário — unidade residencial (apartamento tipo).

4.5 PATOLOGIAS

O sistema predial de esgoto sanitário, assim como todos os demais sistemas prediais, deve ser projetado e construído de forma a não falhar quando solicitado. Umas das recomendações principais nesse sentido é a de que o projeto considere todas as inter-relações com os demais projetos — de arquitetura e de estruturas, por exemplo.

Em relação a saúde, higiene e qualidade do ar, a norma NBR 15575:2013 (ABNT, 2013) explicita que é obrigatória a independência do sistema de esgoto em relação ao sistema de água potável, como maneira de evitar a contaminação da água. Nesse sentido, deve ser tomado cuidado quanto ao posicionamento das tubulações de esgoto, principalmente próximo ao reservatório inferior de água potável (o que não exclui o cuidado com outros dispositivos). Além disso, a norma também estabelece que deve haver garantia do funcionamento do sistema predial de esgoto sanitário no que se refere a sua coleta e transporte até a rede pública ou sistema de tratamento, sem que haja transbordamento, acúmulo na instalação, contaminação do solo ou retorno a aparelhos não utilizados. Por todos esses motivos, a realização de um bom projeto e uma execução feita com rigor são a melhor combinação para que o sistema predial de esgoto sanitário funcione adequadamente.

Apesar das diretrizes estabelecidas nas normas NBR 8160:1999 (ABNT, 1999) e NBR 15575:2013 (ABNT, 2013), é comum observar a ocorrência de patologias diversas nas tubulações do sistema de esgoto sanitário predial, com consequências que podem vir a afetar a saúde, o conforto e o bem-estar das pessoas que utilizam a edificação, causando, também, em alguns casos, transtornos entre os habitantes da edificação, uma vez que o posicionamento das tubulações de esgoto é feito no teto da laje da unidade inferior. Dentre as patologias que podem ocorrer neste sistema, as mais frequentes são vazamentos, ruídos/vibrações, entupimentos e retorno de odor e de espuma, apresentados a seguir, de forma breve, em compilação feita pelos autores a partir de sua experiência profissional, e de referências bibliográficas como Carvalho Júnior (2015).

4.5.1 Vazamentos

Os vazamentos podem ser decorrentes de instalações deficientes, defeitos de fabricação das peças, falta de manutenção ou má utilização dos componentes e dispositivos. Destacam-se os vazamentos nas juntas ralo-piso, nas tubulações, nas conexões, nos próprios aparelhos sanitários e nos metais. Os vazamentos podem ser classificados em aparentes, quando são facilmente detectados pelos usuários, e em ocultos, quando é difícil detectá-los (ocorrem em tubulações e conexões enterradas).

Uma característica do vazamento de esgoto que o diferencia do de água potável é que, neste sistema, podem ocorrer manchas ocasionadas por fungos. Adicionalmente, o vazamento só acontece nos momentos em que o sistema de esgoto é acionado, ou seja, não ocorre a todo momento, como no sistema predial de água fria. Um exemplo interessante é o vazamento do ralo do box, que só capta a água do chuveiro quando há alguém tomando banho. Nos demais momentos, a tubulação fica seca e o vazamento cessa, até que o sistema entre em funcionamento novamente. Ainda assim, é preciso corrigir o problema e tornar a instalação adequada para uso, também por questões de salubridade. Em todas as situações, recomenda-se a correção do problema que gerou o vazamento imediatamente, para que os danos não se alastrem.

4.5.2 Ruídos e Vibrações

As principais ocorrências de ruídos e vibrações são nas curvas e cotovelos (pontos críticos) e nas tubulações, e podem ser oriundas da fixação inadequada das braçadeiras metálicas, tornando-as incapazes de amortecer as vibrações causadas pelo regime de escoamento. Neste caso, é necessário realizar a fixação adequada das tubulações. Além disso, é possível amenizar os ruídos no sistema predial de esgoto por meio da instalação de tubos com maior resistência mecânica (aumento de espessura da parede) que os tubos tradicionais.

Existem outros pontos geradores de ruídos no sistema predial de esgoto, como bacias sanitárias, ralos e sifões, para os quais já existem no mercado dispositivos amortecedores acústicos.

4.5.3 Entupimentos

Os entupimentos podem causar o retorno de esgotos em pontos diversos, resultando em um grande transtorno para os usuários. As principais ocorrências de entupimentos são devidas à má execução do projeto e/ou à má utilização do sistema pelos usuários. Os pontos mais críticos em termos de entupimento são os trechos horizontais das tubulações, as caixas de inspeção, sifonadas especiais e de gordura, os sifões e as bacias sanitárias.

Nas tubulações horizontais, o principal motivo para entupimento é a falta de declividade adequada. Nessa situação, o mais indicado é a correção desse problema ajustando a tubulação para a declividade mínima estabelecida em norma (2% para tubulações até DN de 75 mm e 1% para tubulações maiores de DN de 100 mm).

Nos dispositivos complementares, como as caixas de inspeção e de gordura, bem como nas caixas sifonadas, é comum ocorrer o acúmulo de materiais sólidos, de natureza inorgânica, que são continuamente depositados. O mais indicado para correção deste problema é a manutenção periódica. Aqui também pode ocorrer a ausência de declividade nas canalizações horizontais que se ligam às caixas (ramais de descarga, esgoto e subcoletores).

Além das situações mencionadas, é possível, também, a ocorrência de obstrução da tubulação devido à incrustação, principalmente nas de ferro fundido, que possuem maior rugosidade, levando ao extremo de completa obstrução do tubo. Nesses casos, a solução é trocar o trecho de tubulação com problema.

É fortemente recomendado, além da correta execução da obra e da manutenção periódica dos dispositivos que compõem o sistema predial de esgoto sanitário, a instalação de dispositivos de inspeção, que garantam a correta manutenção, em conformidade com a NBR 8160:1999 (ABNT, 1999) e NBR 15575:2013 (ABNT, 2013), conforme mencionado ao longo deste capítulo.

4.5.4 Retorno de Odores

A característica que diferencia as tubulações primárias de esgoto sanitário das secundárias é o acesso de maus odores, provenientes da decomposição do esgoto, às tubulações. Esses odores têm sua entrada no ambiente sanitário bloqueada pelo uso de dispositivos com fecho hídrico. Ambas as normas, NBR 8160:1999 (ABNT, 1999) e NBR 15575:2013 (ABNT, 2013), estabelecem que deve ser garantida a ausência de odores provenientes da instalação de esgoto, como forma de evitar o retorno de gases aos ambientes sanitários.

As principais ocorrências de retorno de odores costumam ser consequência de má execução do projeto, falta de manutenção, ou de fenômenos que reduzam o fecho hídrico.

Projetos mal executados costumam apresentar como falhas: sifonagem incorreta; sistema de ventilação inadequado; ausência de ou desconector impróprio; e ausência ou vedação inadequada na saída das bacias sanitárias e das máquinas de lavar roupa. Em todos esses casos, para corrigir o problema, é necessário rever o projeto e fazer os devidos ajustes, em conformidade com a norma técnica vigente.

Em relação aos problemas devidos à falta de manutenção, identificam-se as vedações não herméticas nos dispositivos complementares, como caixas de inspeção e de gordura, devido a trincas ou quebras durante as operações de abertura e fechamento das mesmas, e o entupimento parcial dos componentes de esgoto sanitário. Nesses casos, deve-se proceder com a limpeza e manutenção dos dispositivos atingidos e, em casos extremos, realizar a troca dos mesmos (caso estejam danificados), para que o sistema volte a funcionar de maneira segura novamente.

Por fim, é possível que o mau cheiro esteja associado a fenômenos que reduzam o fecho hídrico, como a evaporação da água em instalações pouco utilizadas; a autossifonagem, uma espécie de depressão no fecho hídrico causada pelo escoamento simultâneo de aparelhos sanitários conectados diretamente ao sifão; e a sifonagem induzida, também uma espécie de depressão no fecho hídrico, só que causada, desta vez, pelo escoamento simultâneo de aparelhos sanitários não conectados diretamente ao sifão.

4.5.5 Retorno de Espuma

É muito comum encontrar problemas em áreas de serviço decorrentes do retorno de espuma através de ralos de apartamentos localizados nos andares mais baixos de uma edificação (primeiro e segundo andares). Este problema é causado pelo fenômeno da sobrepressão, já abordado neste capítulo, na Seção 4.3.1.4.

Algumas medidas podem ajudar a atenuar ou até mesmo eliminar o problema, como a instalação de novo tubo secundário, com ventilação adequada, para receber o ramal de descarga do ralo dos andares afetados pela sobrepressão; a atenuação da mudança de direção do escoamento líquido, com a instalação de conexões com angulação mais suave na base do tubo secundário em questão; aumento da seção do subcoletor subsequente ao tubo secundário que recebe os despejos do ralo, por onde ocorre o retorno de espuma, dentre outras. Além dessas soluções, existem dispositivos especiais, contendo diafragma em borracha, por meio do qual ocorre o bloqueio da saída da espuma pela grelha, evitando a ocorrência desta patologia.

QUESTÕES

Questão 1:

Considere os banheiros geminados apresentados a seguir. Proponha um traçado para as tubulações de esgoto sanitário e dos elementos que julgar necessários (ralo seco, caixa sifonada, tubo de queda, coluna de ventilação, ramal de ventilação), considerando que:

a)   os banheiros pertencem a mesma unidade domiciliar;

b)   os banheiros pertencem a unidades domiciliares distintas.

Observação 1: Reflita e discuta sobre o posicionamento da caixa sifonada, que pode ser influenciado pela condição de as áreas molhadas pertencerem ou não a mesma unidade domiciliar.

Observação 2: A imagem a seguir é ilustrativa. Consultar o material complementar online para ter acesso aos desenhos em escala adequada.

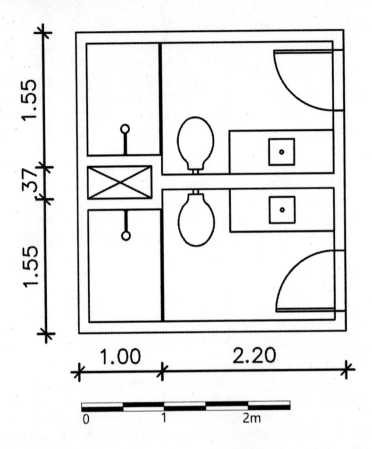

Questão 2

Para o trecho de apartamento apresentado no recorte da planta baixa a seguir, proponha o traçado das tubulações de esgoto sanitário (ramais de descarga, ramais de esgoto, ramal de ventilação, coluna de ventilação e tubos de queda, gordura e secundário), ralos secos, desconectores (caixa sifonada, caixa sifonada especial) e dispositivos complementares (caixa de inspeção e caixa de gordura), considerando que o mesmo está posicionado:

a)   no pavimento tipo de uma edificação;

b)   no primeiro pavimento de uma edificação, funcionando como pavimento de desvios (considere que as tubulações verticais, anteriormente posicionadas no *shaft*, devem ser desviadas para dentro do box, na parede contrária ao chuveiro).

c)   no pavimento térreo de uma edificação sem pavimento de subsolo;

d)   no pavimento térreo de uma edificação com pavimento de subsolo.

Compare as soluções dadas, redigindo um texto que aponte as principais semelhanças e diferenças.

Observação: A imagem a seguir é ilustrativa. Consultar o material complementar online para ter acesso aos desenhos em escala adequada.

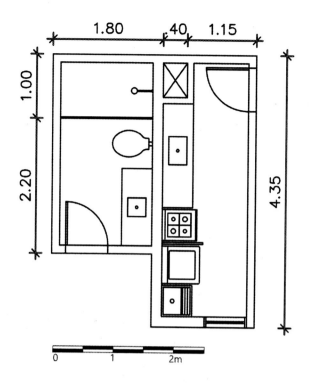

Questão 3:

Supondo que o apartamento apresentado na Questão 2 é parte de uma edificação multifamiliar com 10 pavimentos, sendo 9 pavimentos tipo e 1 pavimento térreo (sem subsolo), com 5 apartamentos por pavimento, dimensione os diâmetros e as declividades, quando pertinente, das tubulações de esgoto que você propôs no item "1", na questão anterior (ramais de descarga, ramais de esgoto, ramal de ventilação, coluna de ventilação e tubos de queda, gordura e secundário). Considere:

a) que as tubulações não sofrerão desvio em nenhum trecho;

b) que todas as tubulações sofrerão desvio no primeiro pavimento, imediatamente antes do pavimento térreo.

Questão 4:

Para a planta baixa apresentada a seguir, correspondente ao pavimento térreo de uma edificação multifamiliar, proponha a solução de esgotamento sanitário, utilizando dispositivos complementares e subcoletores, considerando que:

a) a edificação não possui pavimento de subsolo;

b) a edificação possui pavimento de subsolo coincidente com toda a edificação.

Faça o dimensionamento de todos os elementos projetados anteriormente. Considere que TG1 recebe a contribuição de 4 cozinhas e TG2 recebe a contribuição de 5 cozinhas. São 8 apartamentos de 3 quartos sem dependência e 1 cobertura de 4 quartos com dependências completas.

Observação 1: Considerar que: TQ1 possui 36 UHC; TQ2 possui 64 UHC; TG1 possui 12 UHC; TG2 possui 15 UHC; TS1 = TS3 possui 24 UHC; TS2 = TS4 possui 8 UHC.

Observação 2: A imagem a seguir é ilustrativa. Consultar o material complementar online para ter acesso aos desenhos em escala adequada.

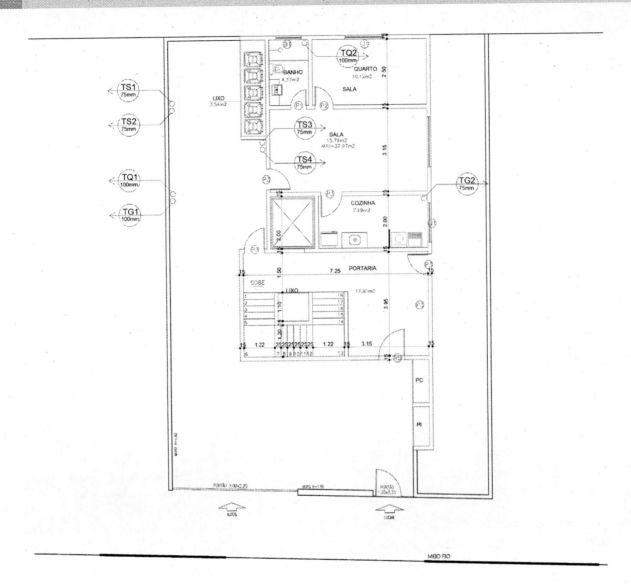

Planta Baixa

Questão 5:

Apresenta-se, a seguir, a planta baixa e o corte de uma residência acessível de um pavimento. Proponha um sistema predial esgoto sanitário para esta casa, apresentando a solução em planta e esquema vertical. O sistema deverá ser composto de ralos secos, desconectores, dispositivos complementares, caixas sifonadas especiais, pelo subsistema de ventilação e subcoletores. Dimensione todos os elementos do sistema proposto. Considere que:

- o encaminhamento final do efluente deverá ser feito na rede de coleta de esgoto sanitário da concessionária (não sendo admitidas soluções individuais);

- os dispositivos complementares podem ser enterrados em qualquer lugar do terreno, tendo em vista que não há pavimento de subsolo.

Observação: As imagens a seguir são ilustrativas. Consultar o material complementar online para ter acesso aos desenhos em escala adequada.

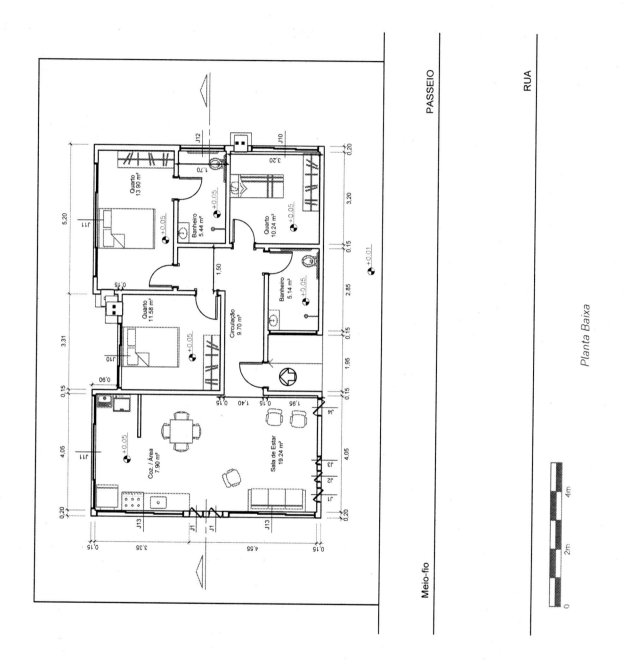

Planta Baixa

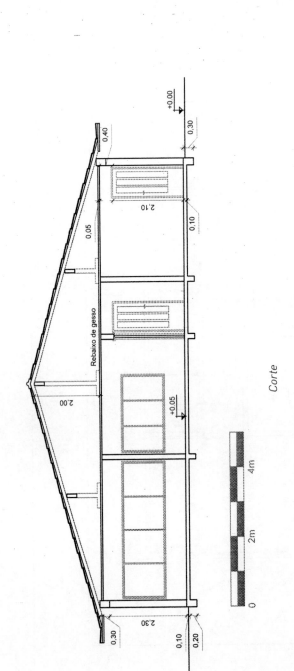

Corte

REFERÊNCIAS BIBLIOGRÁFICAS

ASSOCIAÇÃO BRASILEIRA DE NORMAS TÉCNICAS. NBR 7229, *Projeto, construção e operação de sistemas de tanques sépticos*. Rio de Janeiro, 1993.

ASSOCIAÇÃO BRASILEIRA DE NORMAS TÉCNICAS. NBR 13969. *Tanques sépticos — Unidades de tratamento complementar e disposição final dos efluentes líquidos — Projeto, construção e operação*. Rio de Janeiro, 1997.

ASSOCIAÇÃO BRASILEIRA DE NORMAS TÉCNICAS. NBR 8160:1999. *Sistemas prediais de esgoto sanitário — Projeto e Execução*. Rio de Janeiro, 1999.

ASSOCIAÇÃO BRASILEIRA DE NORMAS TÉCNICAS. NBR 5688. *Tubos e conexões de PVC-U para sistemas prediais de água pluvial, esgoto sanitário e ventilação — Requisitos*. Rio de Janeiro, 2010.

ASSOCIAÇÃO BRASILEIRA DE NORMAS TÉCNICAS. NBR 15.575-6. *Edificações habitacionais — Desempenho. Parte 1: Requisitos gerais*. Rio de Janeiro, 2013a.

ASSOCIAÇÃO BRASILEIRA DE NORMAS TÉCNICAS. NBR 15.575-6. *Edificações habitacionais — Desempenho. Parte 6: Requisitos para os sistemas hidrossanitários*. Rio de Janeiro, 2013b.

AZEVEDO NETTO, J.M.; coordenação Roberto de Araújo; coautores Miguel Fernández y Fernández, Acácio Eiji Ito. *Manual de Hidráulica*. 8. ed. São Paulo: Edgard Blücher, 1998.

CARVALHO JÚNIOR, R. *Patologias em Sistemas Prediais Hidráulico-Sanitários*. E.ed. São Paulo: Blucher, 2015.

CREDER, H. *Instalações Hidráulicas e Sanitárias*. 6. Ed. Rio de Janeiro: LTC, 2006.

MACINTYRE, A. J. *Instalações Hidráulicas: Prediais e Industriais*. 6. Ed. Rio de Janeiro: LTC Grupo Gen, 2010, 2010.

CAPÍTULO 5

Sistemas Prediais de Águas Pluviais

Conceitos apresentados neste capítulo

Este capítulo introduz o projeto do sistema predial de águas pluviais, partindo de suas relações com os sistemas urbanos e, em sequência, detalhando o projeto em si — traçado e dimensionamento. Pretende-se, com a experiência dos autores na área de hidrologia, durante o desenvolvimento deste capítulo, abordar a relação do edifício com o espaço urbano e a importante participação deste como célula básica da composição de um tecido urbano mais sustentável.

5.1 INTRODUÇÃO

As águas pluviais se referem às vazões que se originam a partir das chuvas. Mais especificamente, as chuvas que caem sobre uma área de drenagem interagem com esta, em função das características físicas da área, produzindo vazões superficiais. Esse processo de transformação de chuva em vazão representa uma parcela do ciclo hidrológico, que, em geral, é modelado matematicamente para fins de projeto.

Em uma bacia natural, a representação do ciclo hidrológico é mais complexa, com inúmeras parcelas de importância semelhante, entre elas: a própria precipitação; a evaporação e a transpiração vegetal (muitas vezes tratadas conjuntamente como uma 3 parcela de evapotranspiração); a interceptação vegetal; a infiltração; as retenções superficiais, e os escoamentos superficial, subsuperficial e subterrâneo (Figura 5.1).

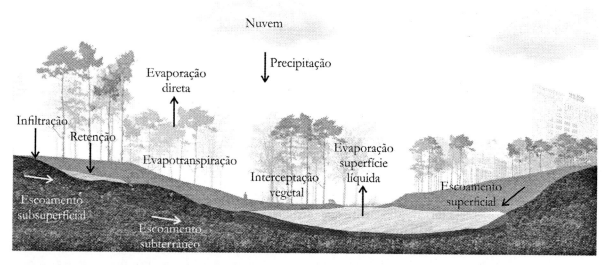

FIGURA 5.1: Ciclo hidrológico em uma bacia natural.

Em pequenas bacias e, principalmente, em bacias urbanas, os processos superficiais são mais significativos. Nestes casos, modelos mais simples, que focam na geração dos escoamentos superficiais, tendem a ser adotados. O mais simples e mais frequente método de obtenção de vazões superficiais utiliza o chamado *Método Racional*, em que, a partir da precipitação que cai sobre uma determinada área de drenagem (área plana que contribui para um dado exutório de interesse), estima-se, a partir do tipo e ocupação do solo, qual parcela desta chuva se transforma em escoamento superficial. Áreas mais impermeáveis e menos vegetadas têm coeficientes de escoamento superficial com valores mais próximo da unidade (ou seja, próximo de 100%).

Método Racional: breve explicação

O Método Racional, sob o ponto de vista da transformação hidrológica envolvida, faz uso de uma simplificação que relaciona a vazão escoada com a intensidade da chuva precipitada sobre a área de drenagem, descontadas todas as perdas associadas com os demais processos do ciclo hidrológico em uma única parcela.

Assim, um coeficiente que responde pela representação do efeito da cobertura vegetal da bacia e do tipo, uso e condições do solo é aplicado sobre a chuva que cai sobre a bacia, de forma a se avaliar a parcela que escoa superficialmente. O Método Racional, então, considera a chuva efetiva como um percentual da chuva total definido por um parâmetro denominado *coeficiente de runoff*, ou coeficiente de escoamento superficial.

Note-se que a multiplicação simples da intensidade da chuva (com unidade de velocidade, geralmente igual a mm/h) pela área de drenagem da bacia produz a vazão máxima associada à chuva. Como, entretanto, nem toda a vazão gerada pela chuva se transforma em escoamento superficial, principalmente devido a interceptação vegetal, retenções superficiais e infiltração, aplica-se o *coeficiente de runoff para* introduzir essa redução na vazão gerada.

A formulação tradicional para o cálculo da vazão de pico do hidrograma é, então, dada pela equação:

$$Q = C \times i \times A$$

Onde:
Q: Vazão em m^3/s;
C: Coeficiente de *runoff* ou escoamento superficial (tabelado);
i: Intensidade da chuva de projeto (quociente entre a altura pluviométrica precipitada num intervalo de tempo e este intervalo, medido em mm/h, mas transformado em m/s para fins de aplicação nesta equação);
A: Área da bacia de contribuição, medida em m^2.
Para aprofundamento, sugere-se a leitura de Miguez et al. (2015).

Na escala da edificação, o *Método Racional* é suficiente para a estimativa de vazões e, muito frequentemente, quando aplicado a superfícies impermeáveis (telhado e pátios pavimentados), usa coeficiente de escoamento superficial igual a 1.

A captação das águas pluviais pelo respectivo sistema predial tem por finalidade permitir o ordenamento desses escoamentos, passando pela edificação de forma segura, sem causar danos e evitando retenções e alagamentos, a erosão do solo em áreas permeáveis e outros problemas eventuais, como danos à edificação e seus acabamentos.

No projeto do sistema predial de águas pluviais, os elementos que interceptam a chuva são chamados de superfícies coletoras, constituídas pelos telhados, paredes, coberturas, pisos externos e terraços. Note-se que, aqui, em um contexto em que a área de drenagem é muito pequena, as paredes verticais são consideradas como possíveis áreas de contribuição, pela possibilidade de a chuva cair obliquamente (pela ação de ventos). Essa consideração evita o subdimensionamento do sistema, uma vez que a área de captação introduzida por uma parede de maior altura pode ser da mesma ordem de grandeza da área plana.

Destaca-se, porém, que essa consideração não é adotada em projetos de drenagem (tanto de micro, quanto de macrodrenagem); no cálculo de bacias maiores, como citado antes, a área de drenagem é plana, medida em planta, e não se considera a declividade do terreno ou a presença de obstáculos, pois estas interferências não têm significado em escalas maiores.

As varandas cobertas, porém, poderiam receber alguma contribuição de chuva lateral, em um efeito semelhante ao das paredes verticais, mas a maior contribuição nesta superfície se dá pela lavagem de piso, uma vez que ela é coberta. Portanto, não se devem considerar estas superfícies como coletoras no projeto de águas pluviais, a não ser que a varanda seja descoberta.

A configuração básica de um sistema predial de águas pluviais consta de superfícies coletoras, calhas, condutores verticais, ralos, calhas de piso, condutores horizontais, caixas de areia, com descarga final na galeria de águas pluviais (Figura 5.2).

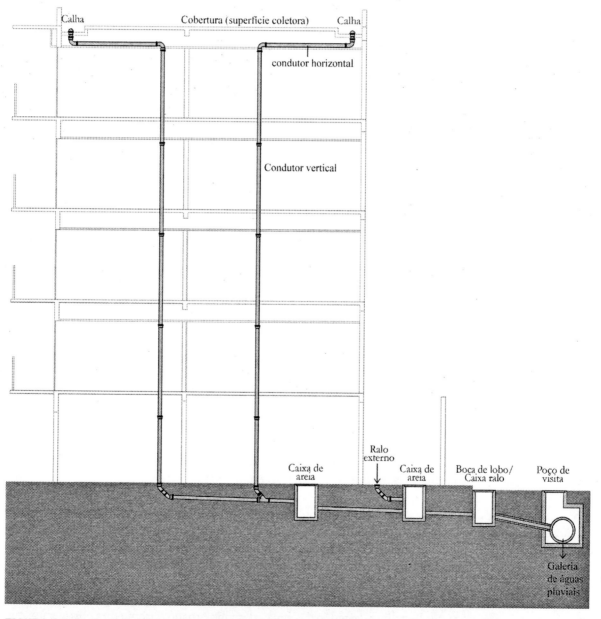

FIGURA 5.2: Configuração básica de um sistema predial de águas pluviais.

Mais recentemente, com a discussão crescente sobre os problemas de inundações urbanas, além do reconhecimento da participação do processo de urbanização sobre a geração de escoamentos e o agravamento dos processos naturais (Miguez et al., 2015), bem como o aumento da consciência ambiental e a possibilidade de uso da água de chuva como recurso aproveitável, novos elementos vêm sendo introduzidos no projeto destes sistemas prediais de águas pluviais. Entre estes elementos, há reservatórios para amortecimento de cheias, reservatórios para aproveitamento da água de chuva e sistemas de desinfecção, por exemplo. Esses elementos serão discutidos com mais destaque no Capítulo 6. Aqui, neste primeiro contato com o sistema, o foco recai sobre o projeto convencional.

A norma que rege o sistema predial de águas pluviais é a NBR 10.844:1989, *Instalações Prediais de Águas Pluviais* (ABNT, 1989), que fixa as exigências e os critérios necessários aos projetos de instalação de drenagem de águas pluviais, visando garantir níveis aceitáveis de funcionalidade, segurança, conforto, durabilidade e economia. De acordo com a norma, as instalações de drenagem de águas pluviais devem ser projetadas de modo a obedecer às seguintes exigências:

- Recolher e conduzir a vazão de projeto até locais permitidos pelos dispositivos legais.
- Ser estanques.
- Permitir a limpeza e desobstrução de qualquer ponto no interior da instalação.
- Absorver os esforços provocados pelas variações térmicas a que são submetidas.
- Devem ser constituídas de materiais resistentes às intempéries e a choque mecânico (quando for o caso).
- Não provocar ruídos excessivos.
- Resistir às pressões a que podem estar sujeitas.
- Ser fixadas de maneira a assegurar resistência e durabilidade.

5.2 PRINCÍPIOS BÁSICOS DE ESGOTAMENTO DE ÁGUAS PLUVIAIS E A INTERAÇÃO COM A REDE URBANA

O sistema predial de águas pluviais é, conceitualmente, semelhante ao sistema predial de esgotamento sanitário. Ambos funcionam por gravidade e têm como premissa fundamental a descarga de vazão nos sistemas públicos. Entretanto, o sistema de esgotamento das águas pluviais deve ser completamente separado da rede de esgotos sanitários e de qualquer outro sistema predial, uma vez que, no Brasil, o sistema vigente é o separador absoluto, em que há redes distintas para a coleta de esgoto sanitário e de águas pluviais (Figura 5.3).

Os sistemas tradicionais de drenagem urbana surgiram com o intuito básico de sanear o ambiente construído, que sofria com graves problemas de saúde pública como consequência do crescimento rápido, não controlado e sem o acompanhamento da devida infraestrutura das cidades resultantes da Revolução Industrial. A resposta aos problemas de saneamento surgiu com os sistemas de drenagem enterrados, combinados com o esgotamento sanitário, tendo por objetivo afastar as descargas sanitárias e pluviais do contato direto com a população e drená-las rapidamente para áreas distantes dos centros urbanos.

A lógica prevalecente marcou um período que se convencionou chamar de higienista. Porém, o crescimento das cidades, com a expansão espacial e a ocupação de áreas antes livres, mostrou a insustentabilidade desta concepção, uma vez que os sistemas tradicionais afastam os escoamentos, tendendo a transferir problemas de inundação para jusante — não há ação sobre a geração de escoamentos, nem há a preocupação com a preservação do ciclo hidrológico.

Recentemente, essa concepção tradicional vem sendo substituída por tendências mais sustentáveis (Miguez et al., 2015). Busca-se uma interpretação do ciclo hidrológico, procurando proporcionar novos desenvolvimentos urbanos com baixo impacto, recuperando parcelas do ciclo das águas que foram reduzidas com o processo de urbanização. Dentre essas tendências, ganha destaque o conceito do *Projeto Urbano Sensível à Água*, tradução para o termo em inglês *Water Sensitive Urban Design*, ou, simplesmente, WSUD, que propõe a cooperação interdisciplinar de gestão das águas, desenho urbano e arquitetura paisagística, que considera todas as partes do ciclo hidrológico urbano, combina a função de gestão da água e abordagens do

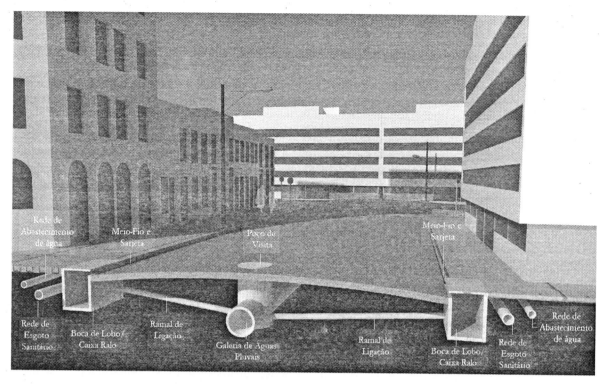

FIGURA 5.3: Organização das redes urbanas de infraestrutura de saneamento básico, com redes distintas para abastecimento de água, esgotamento sanitário e drenagem urbana.

desenho urbano e facilita as sinergias para a sustentabilidade ecológica, econômica, social e cultural (Langenbach et al., 2008). Nesse contexto, apresenta-se a Figura 5.4, em que o ciclo hidrológico é exibido em três situações distintas: (**A**) em área natural, (**B**) em área urbana, já bastante modificado, e (**C**) em uma situação que emprega os princípios do WSUD, ou seja, a tentativa de resgate de um regime hidrológico mais natural.

FIGURA 5.4: Ciclo hidrológico: A, natural; B, urbano; C, WSUD. (Adaptada de Healthy Waterways, 2013.)

O crescimento urbano tem como principais consequências a remoção de vegetação, o aumento de áreas impermeáveis, a redução de áreas de retenção e a consequente aceleração dos escoamentos. Dessa forma, os projetos de drenagem urbana sustentável buscam ampliar as possibilidades de infiltração e armazenamento ao aproximar o ambiente construído de uma mímica do ciclo natural, ao reconhecer oportunidades para aproveitamento da água de chuva, ao aumentar a biodiversidade urbana, e ao criar condições para a revitalização de áreas inteiras da cidade, em torno da água, como sistema estruturante. Entretanto, um projeto de drenagem sustentável precisa estar em consonância com edificações sustentáveis.

São as edificações, unidades básicas do tecido urbano, que iniciam o processo de geração de escoamentos, que serão entregues ao sistema de drenagem urbana através do sistema predial de águas pluviais.

Nesse contexto, a captação das águas pluviais e a condução destas através da edificação até o sistema público têm ganhado outros elementos, além daqueles tradicionais, de forma a permitir maiores oportunidades de infiltração e de armazenamento. A desconexão de superfícies impermeáveis, como a drenagem de telhados em direção a jardins permeáveis, em geral rebaixados, de forma a manter parte da água precipitada dentro do lote, até a sua infiltração, e o uso de pequenos reservatórios de detenção são exemplos destas novas tendências. Neste capítulo, porém, são apresentados os elementos tradicionais do projeto de sistemas prediais, ficando a discussão sobre elementos sustentáveis do projeto para o Capítulo 6.

5.3 PROJETO DO SISTEMA PREDIAL DE ÁGUAS PLUVIAIS: CONCEPÇÃO E DIMENSIONAMENTO

O projeto do sistema predial de águas pluviais deve ser elaborado por projetista com formação profissional de nível superior em Engenharia Civil ou Arquitetura e Urbanismo, legalmente habilitado e qualificado. Para tanto, tem-se como premissa inicial obedecer às normas correlatas, NBR 10844:1989, *Instalações Prediais de Águas Pluviais* (ABNT, 1989), bem como obedecer a leis, decretos e regulamentos das concessionárias locais.

As águas pluviais prediais são oriundas da precipitação que ocorre sobre o lote onde se encontra a edificação de interesse. Cabe mencionar, porém, que a ocupação dos lotes em um ambiente urbano é diversificada e que, por esse motivo, as águas pluviais que de fato serão carreadas pelo sistema predial são variáveis em função desta ocupação. A edificação sempre ocupa uma parte do lote, mas o nível de impermeabilização pode variar bastante, dependendo do uso das áreas externas. Considerando os lotes da Figura 5.5 como exemplo: algumas áreas são verdes e tendem a gerar pouco ou nenhum escoamento

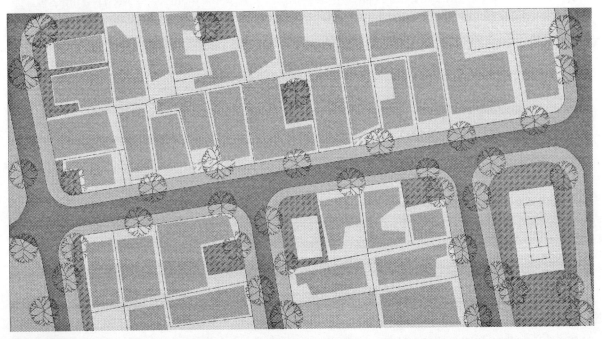

FIGURA 5.5: Lotes de uma área urbana com áreas verdes (hachuradas) e outras impermeabilizadas (cinza claro) — diferentes formas de relação com o ciclo hidrológico (infiltração *versus* escoamento superficial).

(se houver tempo suficiente para infiltração). Outras áreas, embora ocupadas por edificações, são impermeabilizadas: áreas de pisos, pátios e de garagem. Os escoamentos superficiais serão gerados, então, prioritariamente, nos telhados, no pavimento térreo, nas áreas descobertas, impermeáveis e externas às edificações, e no subsolo, nas ventilações que também são áreas descobertas.

O sistema predial de águas pluviais, então, deve ser capaz de receber a água da chuva, coletando-a em diferentes superfícies e em diferentes níveis. A água faz um percurso que começa nos telhados, caminha horizontalmente pelas calhas e coletores horizontais, concentra-se em ralos do tipo hemisférico ou "abacaxi", para evitar a entrada de detritos na canalização, e é transferida para níveis inferiores, até o térreo, por coletores verticais. Chegando ao térreo (no caso de edificações sem subsolo), a água da cobertura da edificação deve se juntar àquela que é captada nas áreas descobertas externas, por meio de caixas de areia, até ser conduzida, horizontalmente, ao sistema público de drenagem urbana, usualmente em caixas-ralo, de onde, então, seguem para os poços de visita e, finalmente, para o coletor público. No caso de edificações com subsolo, a água da cobertura, ao chegar no térreo, é conduzida por subcoletores, presos no teto do subsolo, até as caixas de areia localizadas no pavimento térreo, em áreas não ocupadas pelo subsolo. A água captada nas áreas descobertas externas é coletada em ralos ou calhas de piso com grelhas e conduzida da mesma forma até as caixas de areia. Ainda, nas edificações com subsolo, há a previsão de um reservatório especial, chamado caixa coletora de águas pluviais, que recolhe as águas pluviais deste pavimento e as encaminha para a caixa de areia mais próxima. A Figura 5.6 exemplifica este trajeto, destacando cada um dos elementos deste sistema.

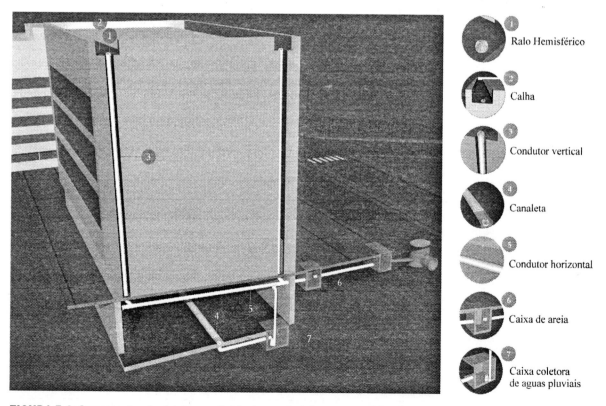

FIGURA 5.6: Componentes do sistema predial de águas pluviais em uma edificação com subsolo.

O projeto do sistema predial de águas pluviais começa com a divisão da área de cobertura (telhado ou laje) ou de piso em áreas de contribuição que drenam para os ralos, posicionados estrategicamente, e que conduzirão as águas pluviais por meio de tubulações (verticais, quando se tratar de coleta da água da cobertura, ou horizontais, quando for coletada água do piso) até as caixas de areia. Para que seja possível o dimensionamento das calhas e das tubulações (verticais e horizontais) que compõem este projeto, são necessários cálculos hidráulicos, precedidos de cálculos hidrológicos. A vazão de projeto, usada como referência para este dimensionamento, é determinada a partir de uma chuva de projeto. O processo de transformação de chuva em vazão utiliza o *Método Racional*, já mencionado, que, de forma simples, é suficiente e largamente aplicado para pequenas bacias. Em linhas gerais, este método consiste em:

- Aplicar a intensidade da chuva de projeto sobre a área de contribuição para o dispositivo que se deseja dimensionar.
- Determinar a vazão total produzida pela chuva considerando, para isso, o produto da intensidade da chuva de projeto pela área de drenagem.
- Multiplicar a vazão total obtida no item anterior por um coeficiente de escoamento superficial, que faz o papel de separar as diversas perdas do ciclo hidrológico, caracterizando uma parcela da chuva total que se transforma em vazão superficial.

Conhecida a vazão de projeto, os diversos elementos do sistema predial de águas pluviais são dimensionados como escoamentos governados pela gravidade, com leis hidráulicas que se referem ao cálculo de canais, vertedouros e orifícios. Assim, de maneira mais específica, percorrendo a edificação, da cobertura ao térreo, podem-se, de forma sucinta, identificar as etapas no projeto descritas na Tabela 5.1 e detalhadas nos itens a seguir.

Tabela 5.1 – Etapas do projeto de sistemas prediais de águas pluviais

Área	Atividade
Nível da cobertura	Definição geral do caimento das águas do telhado, para identificação das diversas possíveis áreas de contribuição.
	Posicionamento dos ralos hemisféricos, de modo a definir as áreas de contribuição até estes pontos.
	Determinação da vazão de projeto, aplicando o *Método Racional.*
	Dimensionamento das calhas do telhado, que conduzem a vazão de projeto aos ralos, fazendo com que estas tenham seção suficiente para não extravasar no processo.
	Dimensionamento dos condutores verticais do telhado para o térreo.
Nível do piso	Identificação das áreas descobertas do térreo que geram escoamento superficial.
	Individualização das bacias de contribuição para calhas de piso ou ralos, ambos com grelhas, no térreo.
	Determinação da vazão de projeto.
	Posicionamento das caixas de areia.
	Dimensionamento dos condutores horizontais do térreo, entre as caixas de areia, até seu destino final na rede de drenagem urbana.
	Dimensionamento das caixas de areia.
Nível do subsolo	Identificação das áreas descobertas do subsolo que geram escoamento superficial.
	Individualização das bacias de contribuição para calhas de piso ou ralos, ambos com grelhas, no subsolo.
	Determinação da vazão de projeto.
	Posicionamento das caixas de areia, da caixa coletora de águas pluviais e da casa de bombas de recalque.
	Dimensionamento dos condutores horizontais do subsolo, entre as caixas de areia, até seu destino final na caixa coletora de águas pluviais.
	Dimensionamento das caixas de areia.
	Dimensionamento da caixa coletora de águas pluviais.
	Dimensionamento do sistema de bombeamento e da tubulação de recalque.

5.3.1 Coberturas

5.3.1.1 Áreas de contribuição

A cobertura, seja telhado ou laje impermeabilizada, deve drenar as águas pluviais para ralos e, posteriormente, para tubulações, que as encaminharão ao destino final. A cobertura deve ser dividida em áreas de contribuição, ou seja, áreas das superfícies que interceptam a chuva, distribuindo o escoamento de forma homogênea por estes elementos, para posteriormente conduzir as águas pluviais a determinado ponto do sistema predial (ralos e/ou condutores). A Figura 5.7 apresenta como exemplo uma cobertura de uma edificação dividida em áreas de contribuição; na planta baixa é possível visualizar as áreas planas de contribuição, relembrando que existem também as contribuições das paredes, que podem ser observadas na imagem tridimensional.

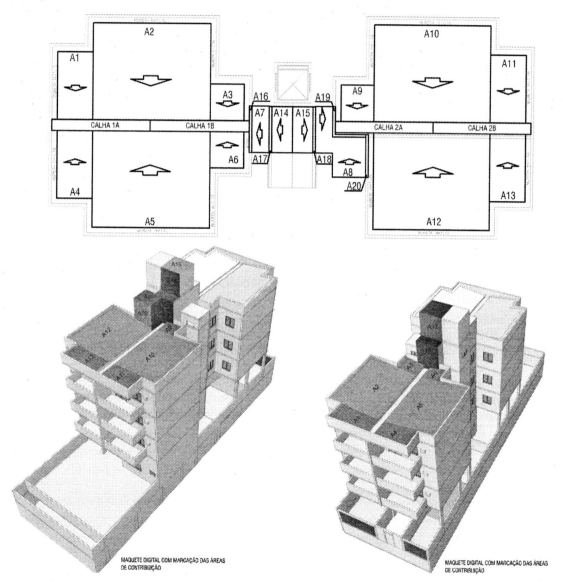

FIGURA 5.7: Exemplo de cobertura de uma edificação dividida em áreas de contribuição.

No caso específico de coberturas horizontais de laje, quando necessário, estas devem ser subdivididas em áreas menores com caimentos de orientações diferentes, para evitar grandes percursos de água.

As coberturas horizontais de laje devem ter declividade mínima de 0,5%, de modo que garanta o escoamento das águas pluviais até os pontos de drenagem previstos. Além disso, a drenagem deve ser feita com mais de uma saída, evitando os riscos de obstrução da tubulação de águas pluviais (ABNT, 1989).

5.3.1.2 Ralos

Ralos são caixas dotadas de grelha na parte superior, destinadas a receber águas pluviais. Os ralos comumente utilizados em projetos de esgotamento das águas pluviais em coberturas são os chamados ralos hemisféricos ou "abacaxi". São ralos cuja grelha tem forma hemisférica, com o propósito de evitar o acúmulo de detritos decorrentes da lavagem da superfície de captação, que concentra a maior carga de poluição (folhas e galhos de árvores, por exemplo), sobre a superfície do ralo, e o consequente entupimento da tubulação (Figura 5.8).

FIGURA 5.8: Ralo hemisférico ("abacaxi") em cobertura. (Adaptado de Tigre, 2017.)

Em coberturas horizontais de laje, a NBR 10844:1989 (ABNT, 1989) recomenda que sejam utilizados ralos hemisféricos onde os planos possam causar obstruções. Entretanto, em situações em que a laje tenha uso, recomenda-se posicionar os ralos em locais que não atrapalhem o tráfego de pessoas. Nesses casos, devem ser posicionados dentro de calhas de piso, cobertas por grelhas, ou em locais em que não haja risco de uma pessoa tropeçar (Figura 5.9). Adicionalmente, nessas situações, também podem ser empregados ralos simples, principalmente nas áreas de maior circulação de pessoas, em que a drenagem das águas pluviais funcionaria de modo similar ao que ocorre no térreo (Figura 5.10).

5.3.1.3 Vazão de projeto
Chuvas de Projeto

A determinação da vazão de projeto implica a definição de um certo nível de segurança, para o qual se deseja manter o projeto funcionando corretamente, em geral definido pelo tempo de recorrência (ou período de retorno) associado ao evento de chuva. Também está associado ao tempo de duração da precipitação, que permite que toda a bacia contribua para a seção do dispositivo que está sendo projetado.

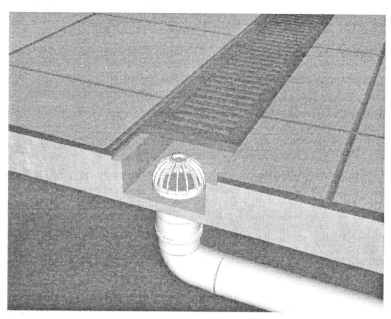

FIGURA 5.9: Ralo hemisférico em calha com grelha.

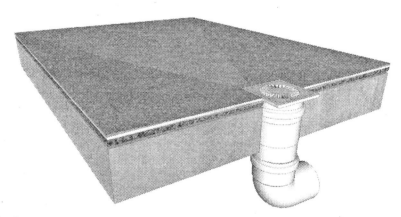

FIGURA 5.10: Ralo plano com grelha usado em coberturas horizontais de laje.

Essa segunda condição leva, de forma direta, à associação do tempo de duração da precipitação com o tempo de concentração da chuva na bacia de contribuição para o dispositivo projetado. Assim, o tempo de recorrência e o tempo de duração (tomado igual ao tempo de concentração) da precipitação são duas variáveis-chave para determinar a chuva de projeto.

Cabe destacar que, para uma determinada duração, quanto maior o tempo de recorrência, maior será a intensidade da chuva. Inversamente, quando se fixa um dado tempo de recorrência, percebe-se que a intensidade da chuva cai, à medida que aumenta o tempo de duração desta chuva.

Relembrando alguns conceitos de Hidrologia

Altura pluviométrica: É o volume de água precipitada (em mm) por unidade de área, ou a altura de água de chuva que se acumula, após um certo tempo, sobre uma superfície horizontal impermeável e contida lateralmente, desconsiderando qualquer perda.

Bacia de contribuição: Soma das áreas das superfícies que, interceptando chuva, conduzem as águas para determinado ponto da instalação.

Tempo de concentração: Intervalo de tempo decorrido entre o início da chuva e o momento em que toda a área de contribuição passa a contribuir para determinada seção transversal de um condutor ou calha.

Duração da precipitação: Intervalo de tempo de referência para a determinação de intensidades pluviométricas, associado usualmente ao tempo de concentração, para fins de projeto.

Tempo de recorrência (período de retorno): Número médio de anos em que, estatisticamente, para uma mesma duração de precipitação, uma determinada intensidade pluviométrica é igualada ou superada.

Com o tempo de duração e o tempo de recorrência definidos, devem-se utilizar estes dados em equações ou curvas que relacionem a intensidade com a duração e a frequência. Estas equações (ou curvas) são chamadas de IDF (*intensidade × duração × frequência*). Note-se que, por definição, a frequência é o inverso do tempo de recorrência. As relações de proporcionalidade que governam as relações que regem o comportamento das chuvas são demonstradas a seguir (Equação 5.1).

$$\begin{cases} \text{Equação IDF}: i \sim \dfrac{T_R}{t_d} \\[2mm] t_d = t_c \\[2mm] f = \dfrac{1}{T_R} \end{cases} \tag{5.1}$$

Onde:

i: Intensidade da chuva;

T_R: Tempo de recorrência, tempo de retorno ou período de retorno;

t_d: Tempo de duração da chuva;

t_c: Tempo de concentração da bacia;

f: Frequência.

As equações IDF são obtidas a partir dos dados pluviométricos históricos locais. Na maioria das vezes, estas equações estão disponíveis nos postos pluviométricos ou em estudos sobre o comportamento de chuvas intensas, que as informam para uma dada região, por exemplo, na publicação *Chuvas Intensas no Brasil*, de Otto Pfafstetter (1957), sugerida pela NBR 10844:1989 (ABNT, 1989). A forma típica de uma equação IDF é aquela apresentada pela Equação 5.2.

$$i = \frac{a \times T_R^b}{(t+c)^d} \tag{5.2}$$

Onde:

i: Intensidade pluviométrica em mm/h;

T_R: Tempo de recorrência em anos;

t: Tempo de duração da precipitação em minutos;

a, b, c, d: Valores dos coeficientes (tabelados conforme posto pluviométrico).

O tempo de recorrência, conforme mencionado, é uma decisão do projetista e tem relação com o nível de segurança (ou com a expectativa de falha) do dispositivo que drena uma dada área. No projeto urbano, este período é menor (menor proteção) para a microdrenagem, usualmente variando de 2 a 10 anos. Para a macrodrenagem, existe recomendação do Ministério das Cidades para que o nível de proteção de projeto se refira a um tempo de recorrência de 25 anos.

Segundo a NBR 10844:1989 (ABNT, 1989), nas edificações, o tempo de recorrência deve ser fixado segundo as características da área a ser drenada, obedecendo ao estabelecido em norma:

- T_R = 1 ano, para áreas pavimentadas, onde empoçamentos possam ser tolerados.
- T_R = 5 anos, para coberturas e/ou terraços.
- T_R = 25 anos, para coberturas e áreas onde empoçamentos ou extravasamentos não possam ser tolerados.

A duração da precipitação, por sua vez, deve ser coerente com a área de drenagem e o tempo de percurso para que a contribuição da chuva percorra esta área até o dispositivo de captação (o que equivale ao tempo de concentração). Como as áreas de contribuição para dispositivos do sistema predial de águas pluviais são geralmente muito pequenas, este tempo é usualmente fixado em 5 minutos, tomado como mínimo e representativo da escala predial (ABNT, 1989).

Por simplificação, para áreas de construção com até 100 m² de área de projeção horizontal, salvo casos especiais, a NBR 10844:1989 (ABNT, 1989) permite adotar como valor de intensidade pluviométrica i = 150 mm/h. Para áreas de construção maiores, o projetista poderá utilizar a Tabela de Chuvas Intensas no Brasil (Tabela 5.2), de Pfafstetter (1957).

Tabela 5.2 – Chuvas intensas no Brasil para duração de 5 minutos (Pfafstetter, 1957)			
	Intensidade pluviométrica (mm/h)		
	Tempo de recorrência (anos)		
Local	**1**	**5**	**25**
1 – Alegrete/ RS	174	238	313 (17)
2 – Alto Itatiaia/RJ	124	164	240
3 – Alto Tapajós/PA	168	229	267 (21)
4 – Alto Teresópolis/RJ	114	137 (3)	–
5 – Aracajú/SE	116	122	128
6 – Avaré/SP	115	144	170
7 – Bagé/RS	126	204	234 (10)
8 – Barbacena/MG	156	222	265 (12)
9 – Barra do Corda/MA	120	128	152 (20)
10 – Bauru/SP	110	120	148 (9)
11 – Belém/PA	138	157	185 (20)
12 – Belo Horizonte/MG	132	227	230 (12)
13 – Blumenau/SC	120	125	152 (15)
14 – Bonsucesso/MG	143	196	–
15 – Cabo Frio/RJ	113	148	218
16 – Campos/RJ	132	206	240

(Continua)

Tabela 5.2 – Chuvas intensas no Brasil para duração de 5 minutos (Pfafstetter, 1957) *(Cont.)*			
	Intensidade pluviométrica (mm/h)		
	Tempo de recorrência (anos)		
Local	**1**	**5**	**25**
17 – Campos do Jordão/SP	122	144	164 (9)
18 – Catalão/GO	132	174	198 (22)
19 – Caxambu/MG	106	137 (3)	–
20 – Caxias do Sul/RS	120	127	218
21 – Corumbá/MT	120	131	161 (9)
22 – Cruz Alta/RS	204	246	347 (14)
23 – Cuiabá/MT	144	190	230 (12)
24 – Curitiba/PR	132	204	228
25 – Encruzilhada/RS	106	126	158 (17)
26 – Fernando de Noronha/FN	110	120	140 (6)
27 – Florianópolis/SC	114	120	144
28 – Formosa/GO	136	176	217 (20)
29 – Fortaleza/CE	120	156	180 (21)
30 – Goiânia/GO	120	178	192 (17)
31 – Guaramiranga/CE	114	126	152 (19)
32 – Iral/RS	120	198	228 (16)
33 – Jacarezinho/PR	115	122	146 (11)
34 – João Pessoa/PB	115	140	163 (23)
35 – Juareté/AM	192	240	288 (10)
36 – Km 47 – Rodovia Presidente Dutra/RJ	122	164	174 (14)
37 – Lins/SP	96	122	137 (13)
38 – Maceió/AL	102	122	174
39 – Manaus/AM	138	180	198
40 – Natal/RN	113	120	143 (19)
41 – Nazaré/PE	118	134	155 (19)
42 – Niterói/RJ	130	183	250
43 – Nova Friburgo/RJ	120	124	156
44 – Olinda/PE	115	167	173 (20)
45 – Ouro Preto/MG	120	211	–
46 – Paracatu/MG	122	233	–
47 – Paranaguá/PR	127	186	191 (23)
48 – Paratins/AM	130	200	205 (13)
49 – Passa Quatro/MG	118	180	192 (10)
50 – Passo Fundo/RS	110	125	180
51 – Patrópolis/RJ	120	126	158
52 – Pinheral/RJ	142	214	244
53 – Piracicaba/SP	119	122	151 (10)
54 – Ponta Grossa/PR	120	126	148
55 – Porto Alegre/RS	118	146	167 (21)

Tabela 5.2 – Chuvas intensas no Brasil para duração de 5 minutos (Pfafstetter, 1957)   *(Cont.)*

Local	Intensidade pluviométrica (mm/h)		
	Tempo de recorrência (anos)		
	1	5	25
56 – Porto Velho/RO	130	167	184 (10)
57 – Quixeramobim/CE	115	121	126
58 – Resende/RJ	130	203	264
59 – Rio Branco/AC	126	139 (2)	–
60 – Rio de Janeiro/RJ (Bangu)	122	156	174 (20)
61 – Rio de Janeiro/RJ (Ipanema)	119	125	160 (15)
62 – Rio de Janeiro/RJ (Jacarepaguá)	120	142	152 (6)
63 – Rio de Janeiro/RJ (Jardim Botânico)	122	167	227
64 – Rio de Janeiro/RJ (Praça XV)	120	174	204 (14)
65 – Rio de Janeiro/RJ (Praça Saens Peña)	125	139	167 (18)
66 – Rio de Janeiro/RJ (Santa Cruz)	121	132	172 (20)
67 – Rio Grande/RS	121	204	222 (20)
68 – Salvador/BA	108	122	145 (24)
69 – Santa Maria/RS	114	122	145 (16)
70 – Santa Maria Madalena/RJ	120	126	152 (7)
71 – Santa Vitória do Palmar/RS	120	126	152 (18)
72 – Santos/SP	136	198	240
73 – Santos-Itapema/SP	120	174	204 (21)
74 – São Carlos/SP	120	178	161 (10)
75 – São Francisco do Sul/SC	118	132	167 (18)
76 – São Gonçalo/PB	120	124	152 (15)
77 – São Luiz/MA	120	126	152 (21)
78 – São Luiz Gonzaga/RS	158	209	253 (21)
79 – São Paulo/SP (Congonhas)	122	132	–
80 – São Paulo/SP (Mirante Santana)	122	172	191 (7)
81 – São Simão/SP	116	148	175
82 – Sena Madureira/AC	120	160	170 (7)
83 – Sete Lagoas/MG	122	182	281 (19)
84 – Soure/PA	149	162	212 (18)
85 – Taperinha/PA	149	202	241
86 – Taubaté/SP	122	172	208 (6)
87 – Teófilo Otoni/MG	108	121	154 (6)
88 – Teresina/PI	154	240	262 (23)
89 – Teresópolis/RJ	115	149	176
90 – Tupi/SP	122	154	–
91 – Turiaçu/MG	126	162	230
92 – Uaupés/AM	144	204	230 (17)
93 – Ubatuba/SP	122	149	184 (7)
94 – Uruguaiana/RS	120	142	161 (17)

(Continua)

Tabela 5.2 – Chuvas intensas no Brasil para duração de 5 minutos (Pfafstetter, 1957)   *(Cont.)*

Local	Intensidade pluviométrica (mm/h)		
	Tempo de recorrência (anos)		
	1	5	25
95 – Vassouras/RJ	125	179	222
96 – Viamão/RS	114	126	152 (15)
97 – Vitória/ES	102	156	210
98 – Volta Redonda/RJ	156	216	265 (13)

De acordo com a NBR 10844:1989 (ABNT, 1989), os valores apresentados entre parênteses na Tabela 5.2 indicam os períodos de retorno a que se referem efetivamente as intensidades pluviométricas (em vez de 5 ou 25 anos), pois, nesses casos, os períodos de observação dos postos não foram suficientes para englobar todo o período esperado. Além disso, a norma também sugere que, para locais não mencionados na Tabela 5.2, o projetista deve procurar correlação com dados dos postos mais próximos que tenham condições meteorológicas semelhantes às do local em questão.

No município do Rio de Janeiro, a intensidade pluviométrica será calculada a partir da aplicação de equações de chuvas intensas (IDF), representada pela Equação 5.2, utilizando coeficientes correspondentes aos postos pluviométricos disponíveis, conforme a Tabela 5.3 (Prefeitura da Cidade do Rio de Janeiro, 2010).

Tabela 5.3 – Coeficientes de chuvas IDF (Prefeitura da Cidade do Rio de Janeiro, 2010)

Pluviômetro	a	b	c	d
Santa Cruz	711,30	0,186	7,00	0,687
Campo Grande	891,67	0,187	14,00	0,689
Mendanha	843,78	0,177	12,00	0,698
Bangu	1.208,96	0,177	14,00	0,788
Jardim Botânico	1.239,00	0,150	20,00	0,740
Capela Mayrink	921,39	0,162	15,46	0,673
Via 11 (Jacarepaguá)	1.423,20	0,196	14,58	0,796
Saboia Lima	1.782,78	0,178	16,60	0,841
Benfica	7.032,07	0,150	29,68	1,141
Realengo	1.164,04	0,148	6,96	0,769
Irajá	5.986,27	0,157	29,70	1,050
Eletrobrás - Taquara (Eletrobrás)	1.660,34	0,156	14,79	0,841

Cabe, talvez, uma última reflexão sobre os tempos de recorrência previstos pela NBR 10844:1989 (ABNT, 1989). Os tempos de recorrência, em um projeto, têm relação com o nível de segurança do projeto. Assim, a norma define tempos maiores para áreas que precisam ser preservadas e tempos menores para aquelas que podem ficar temporariamente empoçadas. Como conceito, esta proposição está correta, mas é importante lembrar que o prédio se conecta com um sistema urbano de drenagem, em nível de micro-drenagem, e que este sistema urbano tem parâmetros de dimensionamento também associados a um nível de defesa e segurança. Em geral, o tempo de recorrência de projeto, associado à microdrenagem, varia de 2 a 10 anos. Na cidade do Rio de Janeiro, por exemplo, a Fundação Instituto das Águas do Município do Rio de Janeiro — Rio-Águas, órgão municipal que cuida das questões de drenagem urbana, fixa esse tempo de recorrência em 10 anos. Assim, por exemplo, um prédio na cidade do Rio de Janeiro deveria adotar este tempo de recorrência para dimensionamento de seu sistema de águas pluviais, a fim de se compatibilizar adequadamente ao sistema público de microdrenagem.

A NBR 10844:1989 (ABNT, 1989) estabelece que deva ser adotado um tempo de recorrência igual a 25 anos para coberturas e áreas onde empoçamentos ou extravasamentos não possam ser tolerados. Essa preocupação é capaz de proteger áreas do prédio para eventos mais importantes do que aqueles típicos da microdrenagem. Entretanto, quando se observa o sistema como um todo, a rede pública não estará dimensionada para receber esta vazão.

Área de Contribuição

Denomina-se área de contribuição a soma das áreas das superfícies que, interceptando chuva, conduzem as águas para determinado ponto do sistema (ABNT, 1989).

Dependendo da edificação, a área de contribuição pode não se resumir a uma superfície plana, correspondente a uma simples laje de terraço, mas possuir diversos incrementos, majorando de forma significativa o cálculo deste sistema. Nesse sentido, devem ser considerados todos os incrementos devido à inclinação da cobertura e as paredes que interceptem água de chuva, que também deve ser drenada pela cobertura. Na Tabela 5.4 são apresentados alguns exemplos de áreas de contribuição, com informações para o cálculo dos respectivos incrementos. A Figura 5.11 ilustra a influência do vento na inclinação da chuva.

Tabela 5.4 – Indicações para cálculos da área de contribuição (ABNT, 1989)

Superfície plana horizontal		
	$A = a \times b$ (Equação 5.3)	Área de contribuição básica, usada em projetos de drenagem em qualquer escala.
Superfície plana vertical única		
	$A = \dfrac{a \times b}{2}$ (Equação 5.4)	Incremento a ser somado na área plana, considerando a possibilidade de uma chuva oblíqua, com ângulo α de queda de cerca de pouco menos de 30° em relação à vertical (tg $\alpha = 1/2$).
Duas superfícies planas verticais opostas		
	ab < cd: $A = (cd-ab)/2$ ab > cd: $A = (ab-cd)/2$ (Equação 5.5)	

(Continua)

Tabela 5.4 – Indicações para cálculos da área de contribuição (ABNT, 1989)   *(Cont.)*

Três superfícies planas verticais adjacentes e perpendiculares, sendo as duas opostas adjacentes		
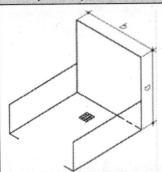	$$A = \frac{a \times b}{2}$$ (Equação 5.6)	Raciocínio análogo ao da Equação 5.4, supondo que a chuva pode cair em projeção direta sobre a maior parede, sem interferência das paredes menores laterais, que estariam paralelas à chuva.
Superfície inclinada (em cada uma das águas do telhado)		
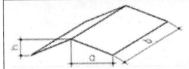	$$A = \left(a + \frac{h}{2}\right).b$$ (Equação 5.7)	Incremento associado à projeção vertical do telhado, somado na sua largura plana, majorando a área para considerar a superfície inclinada.
Duas superfícies planas verticais opostas		
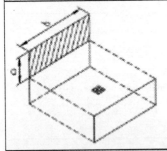	$$A = \frac{a \times b}{2}$$ (Equação 5.8)	Raciocínio análogo ao da Equação 5.4, porém descontando a meia parede que funcionaria como obstáculo para a chuva oblíqua.
Duas superfícies planas verticais adjacentes e perpendiculares		
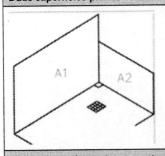	$$A = \frac{\sqrt{A_1^2 + A_2^2}}{2}$$ (Equação 5.9)	Nesse caso, toma-se a chuva caindo oblíqua, na direção da diagonal formada pelos extremos das paredes A_1 e A_2 como sendo o pior caso e se compõe a área de interceptação como a projeção destas áreas ortogonalmente à chuva.
Quatro superfícies planas verticais, sendo uma com maior altura		
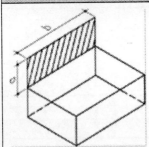	$$A = \frac{a \times b}{2}$$ (Equação 5.10)	Nesse caso, a parede mais baixa funciona como anteparo que evita que parte da chuva oblíqua entre no terraço, e, portanto, sua área é descontada. As paredes laterais não atuam, uma vez que a situação crítica seria a da chuva caindo de forma oblíqua em direção ortogonal à parede maior.

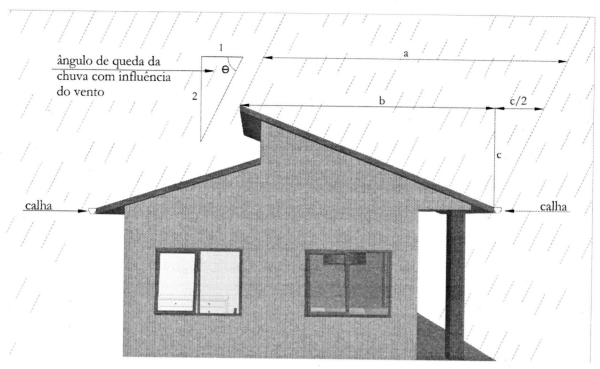

FIGURA 5.11: Influência do vento na inclinação da chuva. (Adaptada de ABNT, 1989.)

Coeficiente de Escoamento Superficial

Quando a vazão de projeto se refere apenas a áreas impermeáveis, o coeficiente de escoamento superficial é igual à unidade ($C = 1$). Porém, se áreas do térreo somarem quintais e garagens pavimentadas, com jardins, áreas gramadas e árvores, o coeficiente de escoamento pode representar uma composição destas áreas, podendo, em teoria, variar de 0 a 1 (na prática, para áreas mistas urbanas, provavelmente este valor estará entre 0,3 e 0,7, sendo o valor mais baixo relativo a uma ocupação leve, com muitas áreas verdes/permeáveis, enquanto o coeficiente maior indica maior impermeabilização) (Figura 5.12).

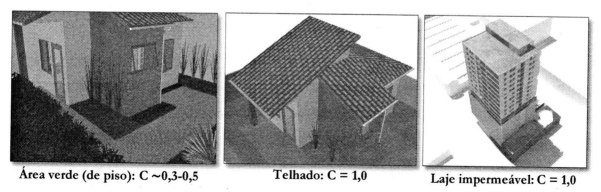

Área verde (de piso): C ~0,3-0,5   Telhado: C = 1,0   Laje impermeável: C = 1,0

FIGURA 5.12: Diferentes superfícies e respectivos coeficientes de escoamento superficial.

Vazão de Projeto

A vazão de projeto, calculada pela equação do *Método Racional*, é dada pela Equação 5.11.

$$Q = C \times i \times A \tag{5.11}$$

Onde:

Q: Vazão de projeto em m³/s;
C: Coeficiente de escoamento superficial (adimensional);
i: Intensidade pluviométrica em m/s;
A: Área de contribuição em m².

Percebe-se que, nessa configuração, o método é simples, determinístico e, portanto, dimensionalmente coerente. Porém, as unidades apresentadas não são as mais comuns. Uma forma alternativa à Equação 5.11, já trabalhada para receber as variáveis nas suas unidades típicas e considerando o coeficiente de escoamento superficial igual a 1, típico de telhados e terraços com lajes impermeabilizadas, é apresentada pela Equação 5.12.

$$Q = \frac{i \times A}{60} \tag{5.12}$$

Onde:

Q: Vazão de projeto em L/min;
i: Intensidade pluviométrica em mm/h;
A: Área de contribuição em m².

Cálculo da vazão de projeto

Calcular a vazão de projeto da cobertura de uma edificação multifamiliar, de três pavimentos-tipo com quatro apartamentos por pavimento. A figura a seguir apresenta a planta de cobertura, com indicação do telhado e inclinação do mesmo. As calhas também já foram previstas e estão indicadas na mesma imagem.

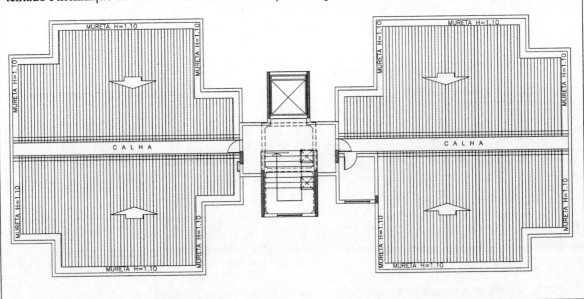

ETAPA 1

Em função da geometria do telhado, foram definidas 20 áreas de contribuição e seus respectivos caimentos, conforme identificação nos desenhos a seguir.

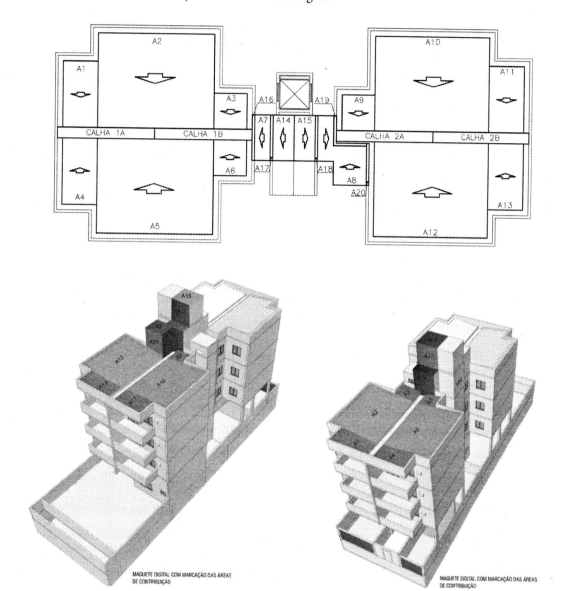

MAQUETE DIGITAL COM MARCAÇÃO DAS ÁREAS DE CONTRIBUIÇÃO

MAQUETE DIGITAL COM MARCAÇÃO DAS ÁREAS DE CONTRIBUIÇÃO

Após a definição da geometria das áreas de contribuição, determina-se a área (em m²) de cada uma, seguindo as indicações para cálculos da Tabela 5.4.

A1, A4, A11 e A13: Superfície plana inclinada.

h = 0,90 m
a = 3,68 m
b = 2,00 m

Área de contribuição (Equação 5.7):

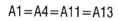

$$A_{1=}A_{4=\ A_{11}=A_{13}} = \left(3,68 + \frac{0,90}{2}\right) \times 2,00$$

$$A_{1=}A_{4=\ A_{11}=A_{13}} = 8,26\,m^2$$

A1=A4=A11=A13

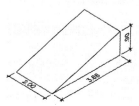

A2, A5, A10 e A12: Superfície plana inclinada.
h = 1,10 m
a = 5,25 m
b = 6,61 m
Área de contribuição (Equação 5.7):

$$A_2 = A_5 = A_{10} = A_{12} = \left(5,25 + \frac{1,10}{2}\right) \times 6,61$$

$$A_2 = A_5 = A_{10} = A_{12} = 38,34\, m^2$$

A2=A5=A10=A12

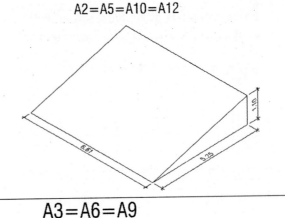

A3, A6 e A9: Superfície plana inclinada.
h = 0,70 m
a = 1,98 m
b = 1,88 m
Área de contribuição (Equação 5.7):

$$A_3 = A_6 = A_9 = \left(1,98 + \frac{0,70}{2}\right) \times 1,88$$

$$A_3 = A_6 = A_9 = 4,37\, m^2$$

A3=A6=A9

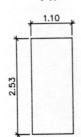

A7: Superfície plana horizontal.
a = 1,10 m
b = 2,53 m
Área de contribuição (Equação 5.3):

$$A_7 = 1,10 \times 2,53$$

$$A_7 = 2,78\, m^2$$

A7

A8: Superfície plana horizontal.
a_1 = 1,10 m
b_1 = 2,53 m
a_2 = 2,03 m
b_2 = 2,33 m
Área de contribuição (Equação 5.3):

$$A_8 = (2,53 \times 1,10) + (2,03 \times 2,33)$$

$$A_8 = 7,50\, m^2$$

A8

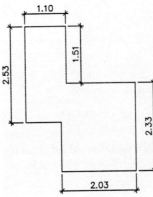

A14 e A15: Superfície plana horizontal.
a = 1,30 m
b = 2,50 m
Área de contribuição (Equação 5.3):

$$A_{14} = A_{15} = 1,30 \times 2,50 = 3,25 \, m^2$$

A14=A15

A16: Superfície plana vertical única.
a = 3,15 m
b = 2,53 m
Área de contribuição (Equação 5.4):

$$A_{16} = \frac{3,15 \times 2,53}{2}$$

$$A_{16} = 3,98 \, m^2$$

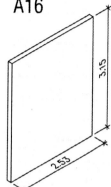

A16

A17 e A18: Superfície plana vertical única.
a = 2,64 m
b = 2,50 m
Área de contribuição (Equação 5.4):

$$A_{17} = A_{18} = \frac{2,64 \times 2,50}{2}$$

$$A_{17} = A_{18} = 3,30 \, m^2$$

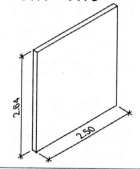

A17=A18

Área 19: Superfícies planas verticais adjacentes e perpendiculares.
a_1 = 3,15 m
b_1 = 1,88 m
a_2 = 3,15 m
b_2 = 1,50 m
Área de contribuição (Equação 5.9):

$$A_{19} = \frac{\sqrt{(3,15 \times 1,88)^2 + (3,15 \times 1,50)^2}}{2}$$

$$A_{19} = 3,79 \, m^2$$

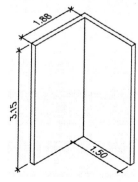

A19

A20: Superfície plana vertical única.
a = 3,15 m
b = 2,33 m
Área de contribuição (Equação 5.4):

$$A_{20} = \frac{3,15 \times 2,33}{2}$$

$$A_{20} = 7,34\, m^2$$

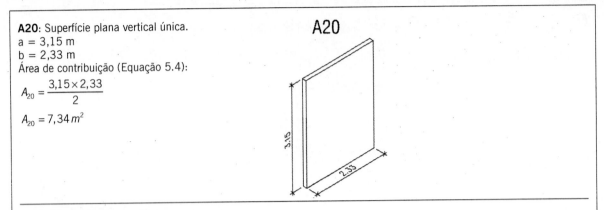

ETAPA 2: Posicionamento dos ralos

A cobertura da edificação possui duas calhas centrais, onde foram posicionados os ralos hemisféricos, encaminhando as águas coletadas neste pavimento para tubulações verticais. Os ralos são posicionados, preferencialmente, em locais onde ocorre empoçamento de água.

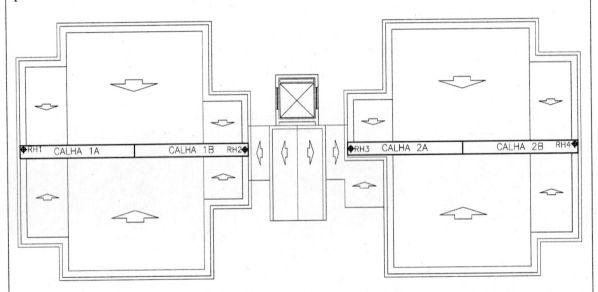

ETAPA 3: Determinação da vazão de projeto — *Método Racional*

Para o cálculo da vazão de projeto, será utilizado o Método Racional, conforme foi apresentado pela Equação 5.12:

$$Q = \frac{i \times A}{60}$$

As áreas, em m², já foram calculadas na Etapa 1. Para dar prosseguimento ao cálculo das vazões de projeto, é necessário ter o valor da intensidade pluviométrica da região em que a edificação se encontra (Ilha do Governador, Rio de Janeiro/RJ).

Considerando as determinações da NBR 10.844:1989 (ABNT, 1989), que fixa o tempo de retorno igual a 5 anos para coberturas e/ou terraços, com tempo de duração igual a 5 minutos, basta consultar a tabela de chuvas intensas no Brasil (Tabela 5.2), procurando o local mais próximo da edificação em questão. Este valor seria igual a 174 mm/h (considerando o posto do Rio de Janeiro, Praça XV).

Entretanto, os autores optaram por calcular a intensidade pluviométrica para este projeto utilizando a Equação IDF proposta para o posto pluviométrico mais próximo da região de localização do edifício. Neste caso, serão utilizadas informações do posto de Irajá, extraídas da Tabela 5.3, e apresentadas a seguir.

Pluviômetro	a	b	c	d
Irajá	5.986,27	0,157	29,70	1,050

Com isso a Equação IDF torna-se:

$$i = \frac{5986,27 T_R^{0,157}}{(t+29,70)^{1,050}}$$

O tempo de duração da chuva será igualado ao tempo de concentração que, segundo a norma, deve ser de 5 minutos. O tempo de recorrência adotado, como primeira alternativa de projeto, será aquele considerado nos projetos de microdrenagem do Rio de Janeiro, ou seja, 10 anos. Nesse sentido, tem-se como intensidade pluviométrica, segundo essas condições, o valor de:

$$i = \frac{5986,27 x 10^{0,157}}{(5+29,70)^{1,050}} = 207,40 mm/h$$

Observa-se que o valor de intensidade pluviométrica calculado (207,40 mm/h) é superior àquele obtido pela consulta da norma, para um tempo de retorno de 5 anos, no posto da Praça XV (174 mm/h), e também seria maior que o tempo de retorno de 25 anos para o próprio posto (204 mm/h), estando, então, a favor da segurança. Essa observação mostra como a utilização de postos próximos à área de projeto é importante, em função das variações espacias de ocorrência das chuvas.

Com a definição de uma chuva de projeto, o cálculo da vazão é, agora, facilmente realizado, considerando a área de contribuição e a intensidade pluviométrica recém-calculada. A tabela a seguir é útil para organizar essas informações e os resultados finais.

Área de contribuição	A (m²)	i (mm/h)	Vazão	Q (L/min)
A1	8,26	207,40	Q1	28,55
A2	38,34	207,40	Q2	132,53
A3	4,37	207,40	Q3	15,11
A4	8,26	207,40	Q4	28,55
A5	38,34	207,40	Q5	132,53
A6	4,37	207,40	Q6	15,11
A7	2,78	207,40	Q7	9,61
A8	7,5	207,40	Q8	25,93
A9	4,37	207,40	Q9	15,11
A10	38,34	207,40	Q10	132,53
A11	8,26	207,40	Q11	28,55
A12	38,34	207,40	Q12	132,53
A13	8,26	207,40	Q13	28,55
A14	3,25	207,40	Q14	11,23
A15	3,25	207,40	Q15	11,23
A16	3,98	207,40	Q16	13,76
A17	3,30	207,40	Q17	11,41
A18	3,30	207,40	Q18	11,41
A19	3,79	207,40	Q19	13,10
A20	7,34	207,40	Q20	25,37
TOTAL				822,70

5.3.1.4 Calhas

Nas coberturas das edificações é comum empregar o uso de calhas. As calhas funcionam como canais que recolhem a água de chuva de coberturas, telhados e similares, conduzindo-a a determinado ponto da instalação e diminuindo a altura da lâmina d'água (empoçamento) sobre a cobertura. Podem ser de diferentes tipos (calhas em beiral, de platibanda ou de água furtada) (Figura 5.13) e de diferentes materiais (chapas de aço galvanizado, folhas de flandres, chapas de cobre, aço inoxidável, alumínio, fibrocimento, PVC rígido, fibra de vidro, concreto ou alvenaria) (ABNT, 1989).

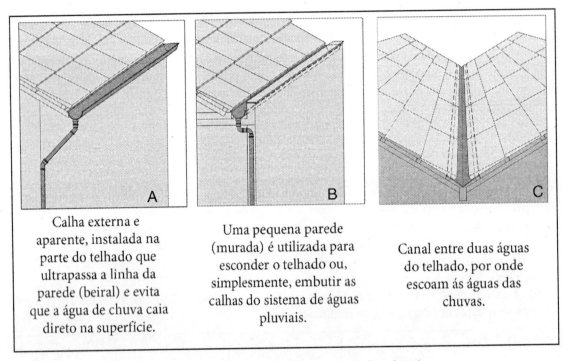

A — Calha externa e aparente, instalada na parte do telhado que ultrapassa a linha da parede (beiral) e evita que a água de chuva caia direto na superfície.

B — Uma pequena parede (murada) é utilizada para esconder o telhado ou, simplesmente, embutir as calhas do sistema de águas pluviais.

C — Canal entre duas águas do telhado, por onde escoam ás águas das chuvas.

FIGURA 5.13: Diferentes tipos de calhas: A, em beiral; B, de platibanda; C, de água furtada.

Tem sido comum, principalmente em edificações mais simples (casas, edifícios de dois a três pavimentos, por exemplo) o emprego de calhas pré-fabricadas, com formatos circulares ou retangulares (Figura 5.14A e B), em detrimento das tradicionais, moldadas *in loco* com concreto armado.

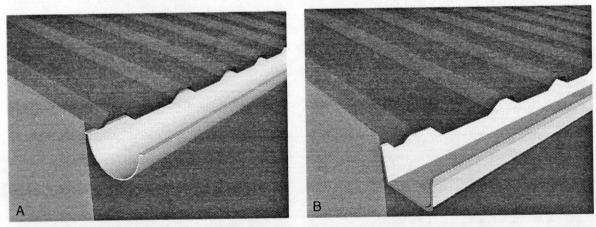

FIGURA 5.14: Calhas pré-fabricadas — os formatos podem variar em **(A)** circulares ou **(B)** retangulares.

O caso de coberturas horizontais de laje merece uma atenção especial, pela facilidade de esta configuração gerar empoçamento. A NBR 10844:1989 (ABNT, 1989) estabelece que os trechos de linha perimetral da cobertura e das eventuais aberturas na cobertura que possam receber água, em virtude do caimento, como as escadas e claraboias, por exemplo, devem ser dotados de platibanda ou calha. Além disso, deve-se prever caimento de no mínimo 0,5% para a superfície da laje, de modo a permitir o escoamento da água de chuva para o ponto de drenagem previsto. As calhas, por sua vez, também devem apresentar declividade. A inclinação das calhas de beiral e platibanda deve ser uniforme, com valor mínimo de 0,5%, e as de água furtada devem ter inclinação de acordo com o projeto da cobertura. Quando a cobertura tem uso, é comum o emprego de grelhas sobre as calhas, para permitir o tráfego de pessoas.

As calhas funcionam como canais, com escoamento à superfície livre, e seu dimensionamento pode ser feito pela aplicação de fórmulas clássicas de escoamento uniforme. A consideração de ocorrência do escoamento uniforme é uma simplificação grande, tipicamente associada a testes de laboratório em calhas regulares, com geometria e vazões constantes. Essas não são condições verificadas usualmente na natureza — as chuvas apresentam comportamento variado no tempo. Porém, na confecção de projetos, em condições controladas, ou seja, com áreas de contribuição bem estabelecidas e a definição de calhas com seção suficiente para fazer passar a vazão que se deseja transportar, pode-se simplificar a representação do processo real, variável no tempo, utilizando apenas a vazão máxima instantânea (ou seja, a vazão que passa no canal no momento do pico da onda resultante das chuvas que caem na área de drenagem). Pode-se, portanto, dimensionar a seção de projeto do dispositivo para o qual ela contribui, usando esta vazão de pico como uma vazão de escoamento uniforme — é como se fosse feita uma fotografia do momento mais crítico de funcionamento do sistema e se considerasse essa fotografia como representativa de todo o fenômeno, para fins de dimensionamento.

Calhas nas coberturas de edificações: uma mímica dos rios na natureza

A fórmula mais utilizada para dimensionamento de canais em escoamento uniforme é a fórmula de *Manning-Strickler*, representada pela Equação 5.13.

$$Q = \frac{A \times R^{2/3} \times S_0^{1/2}}{n} \tag{5.13}$$

Onde:

Q: Vazão de projeto, obtida pelo Método Racional, para as áreas de contribuição para o dispositivo em m³/s;

A: Área molhada da seção transversal de escoamento na calha, objeto de dimensionamento em m²;

R: Raio hidráulico da seção de escoamento, obtido pela divisão da área molhada pelo perímetro molhado em m;

S_0: Declividade de fundo da calha, na direção longitudinal de escoamento (adimensional, ou m/m, como muitas vezes aparece na literatura — vale notar, também, que é usual a literatura técnica apresentar a declividade como "i"; porém, esta é também a designação de intensidade de chuva e, por isso, não é usada neste texto como representativa de declividade, para evitar interpretações errôneas);

n: Coeficiente de rugosidade de *Manning*, com valor tabelado, basicamente, em função do material da seção de escoamento (em canais quaisquer, incluindo canais naturais, o coeficiente de *Manning* considera, adicionalmente, uma série de condições, que incluem a presença de obstruções, variações de geometria, curvas e presença de vegetação, que seriam fatores capazes de aumentar a resistência ao escoamento).

Relembrando conceitos de hidráulica

Para dar prosseguimento ao dimensionamento das calhas, é importante relembrar alguns conceitos de hidráulica básica, necessários para a correta interpretação dos valores considerados nos cálculos.

Área molhada: Área útil de escoamento em uma seção transversal de um condutor ou calha.

Perímetro molhado: Linha que limita a seção molhada junto às paredes e ao fundo do condutor ou calha.

Raio hidráulico: É a razão entre a área e o perímetro molhado.

Em uma seção retangular como a da figura a seguir, essas grandezas são representadas matematicamente pelas fórmulas:

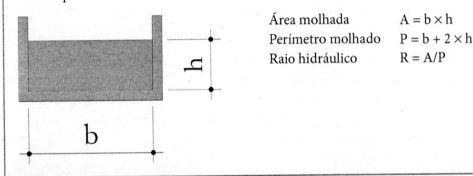

Área molhada $A = b \times h$

Perímetro molhado $P = b + 2 \times h$

Raio hidráulico $R = A/P$

Na Equação 5.13, as variáveis são utilizadas com unidades dimensionalmente coerentes entre si (vazão em m^3/s, área em m^2 e raio hidráulico em m). A conversão da vazão de L/min em m^3/s deve ser feita antes da aplicação da fórmula. Alternativamente, a fórmula pode ser manipulada para já permitir a entrada direta com valores de vazão em L/min. Neste caso, sua forma de apresentação é mostrada na Equação 5.14, que ganha uma constante multiplicadora:

$$Q = 60.000 \times \frac{A \times R^{2/3} \times S_0^{1/2}}{n} \tag{5.14}$$

Onde:

Q: Vazão de projeto em L/min;

A: Área molhada em m^2;

R: Raio hidráulico em m;

S_0: Declividade de fundo da calha, na direção longitudinal de escoamento em m/m;

n: Coeficiente de rugosidade de *Manning*.

Na Equação de *Manning-Strickler*, utilizada para dimensionamento de canais, conhece-se a vazão de projeto, definida pelo projetista a partir da aplicação de um método hidrológico para transformação da chuva, que, por sua vez, como visto antes, está associada a uma duração crítica e a um tempo de recorrência. A declividade é determinada em função da geometria do local, sendo definido um valor mínimo de 0,5% (entra-se na fórmula com o valor decimal 0,005), para evitar sedimentação excessiva e acúmulo de resíduos no caminho de escoamento. O coeficiente de *Manning* é disponibilizado em literatura, a partir de ensaios diversos em laboratório. A Tabela 5.5 indica os coeficientes de rugosidade dos materiais normalmente utilizados na confecção de calhas, extraída da norma (ABNT, 1989). Nesse contexto, a geometria da seção e, portanto, a área (A) e o raio hidráulico (R) são as incógnitas da equação.

Tabela 5.5 – Coeficientes de rugosidade de materiais geralmente utilizados para calhas (ABNT, 1989)

Material	n
Plástico, fibrocimento, aço, metais não ferrosos	0,011
Ferro fundido, concreto alisado, alvenaria revestida	0,012
Cerâmica, concreto não alisado	0,013
Alvenaria de tijolos não revestida	0,015

As seções de escoamento podem assumir formas diversas, como apresentado pela Figura 5.15, sendo as mais usuais aquelas de formato semicircular ou retangular.

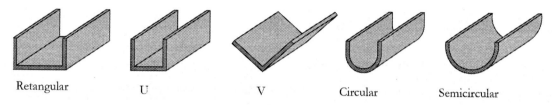

Retangular   U   V   Circular   Semicircular

FIGURA 5.15: Seções geométricas possíveis para calhas.

Considerando as diferentes possibilidades de posicionamento de calhas apresentadas anteriormente (Figura 5.13), percebe-se que há uma tendência natural de que suas seções assumam as formas descritas a seguir e representadas na Figura 5.16:

- Calha em beiral: formas circulares.
- Calha de platibanda: formas retangulares.
- Calha de água furtada: formas triangulares ou retangulares.

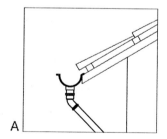
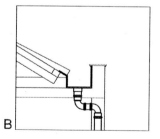
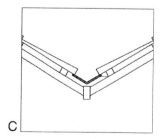

FIGURA 5.16: Relação entre os tipos de calha com a forma de suas seções geométricas: A, calha em beiral (forma circular); B, calha de platibanda (forma retangular); C, calha de água furtada (forma triangular).

O dimensionamento da calha é dependente da forma prevista para sua seção de escoamento. Assim, para facilitar os cálculos, apresenta-se a Tabela 5.6, que detalha as relações geométricas entre área, perímetro molhado e raio hidráulico para as seções transversais mais comumente empregadas no projeto de calhas: semicircular, quadrada e retangular.

Calhas circulares ou quadradas podem ser dimensionadas diretamente, definindo-se, respectivamente, o raio do círculo ou o lado do quadrado. Para calhas retangulares, com base e altura diferentes, é necessário

Tabela 5.6 – Relações geométricas para as seções semicircular, quadrada e retangular

Tipo de seção		Dimensão	Equação	
Semicircular de raio "r"		Área	$A = \dfrac{\pi \times r^2}{2}$	(5.15)
		Perímetro molhado	$P = \pi \times r$	(5.16)
		Raio hidráulico	$R = \dfrac{A}{P} = \dfrac{r}{2}$	(5.17)
Quadrada de lado "l"		Área	$A = l^2$	(5.18)
		Perímetro molhado	$P = 3 \times l$	(5.19)
		Raio hidráulico	$R = \dfrac{A}{P} = \dfrac{l}{3}$	(5.20)
Retangular com base "b" e altura "h"		Área	$A = b \times h$	(5.21)
		Perímetro molhado	$P = b + 2 \times h$	(5.22)
		Raio hidráulico	$R = \dfrac{A}{P} = \dfrac{b \times h}{b + 2}$	(5.23)

um critério adicional para definir a seção de projeto, uma vez que não é possível resolver uma equação (*Manning-Strickler*) com duas incógnitas.

Uma primeira possibilidade seria a fixação da largura que se deseja para a calha que está sendo projetada, utilizando, para isso, informações de ordem prática, como a necessidade de manutenção da mesma, com a circulação do pessoal de manutenção em seu interior. Nesse contexto, é recomendada, para calhas centrais, a largura mínima de 50 cm, e para as calhas de platibanda, de 30 cm, permitindo que uma pessoa possa caminhar nesse espaço sobre ela. Assim, ao ter uma das incógnitas fixadas, a solução do problema torna-se uma simples resolução de equação de primeira ordem.

Outra possibilidade para tratar o problema de duas incógnitas, por exemplo, a altura e a base de uma seção retangular, seria a definição da geometria da seção hidráulica mais eficiente. Esse conceito de seção mais eficiente implica a definição da seção que, para uma dada área, seja capaz de conduzir a maior vazão possível. Essa relação pode ser obtida para qualquer geometria e é definida quando o raio hidráulico é o maior possível, ou seja, quando, para uma dada área, o perímetro molhado é o menor possível. A interpretação física é simples — é no perímetro molhado que atua a rugosidade, que tende a "frear" o escoamento. Portanto, quanto menor o atrito e menor a perda de carga introduzida pelo atrito, mais eficiente é a seção na sua tarefa de conduzir vazões. No caso de uma seção retangular, a seção mais eficiente é a que representa "meio quadrado", ou seja, aquela que tem a base igual a duas vezes a altura (Figura 5.17). Definindo uma relação entre base e altura de escoamento (b = 2 × h), elimina-se o problema de haver duas incógnitas, pela introdução desta segunda equação (b = 2 × h).

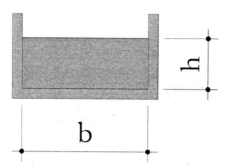

FIGURA 5.17: Seção retangular eficiente.

Relembrando mais alguns conceitos de hidráulica

Para obter a máxima eficiência hidráulica em uma seção retangular, é necessário encontrar o perímetro molhado (P) mínimo, que pode ser obtido ao derivar a equação do perímetro e igualar a zero. Da Equação 5.22, apresentada anteriormente, tem-se: P = b + 2h. Com isso:

$$A = b \times h \rightarrow b = \frac{A}{h}$$

$$P = \frac{A}{h} + 2 \times h$$

$$\frac{dP}{dh} = -\frac{A}{h^2} + 2 = 0$$

$$A = 2 \times h^2 \rightarrow b \times h = 2 \times h^2 \rightarrow b = 2 \times h$$

A Tabela 5.7 fornece as capacidades de calhas semicirculares, usando coeficiente de rugosidade n = 0,011, para alguns valores pré-definidos de declividade. Os valores foram calculados utilizando a fórmula de *Manning-Strickler*, com lâmina de água igual à metade do diâmetro interno. Observe que, dentre todas as seções de escoamento, a seção semicircular é a que oferece o menor perímetro molhado, quando comparado a qualquer outra geometria, sendo a seção de maior eficiência na condução de vazões.

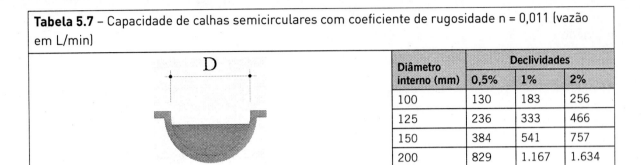

Tabela 5.7 – Capacidade de calhas semicirculares com coeficiente de rugosidade n = 0,011 (vazão em L/min)

Diâmetro interno (mm)	Declividades		
	0,5%	1%	2%
100	130	183	256
125	236	333	466
150	384	541	757
200	829	1.167	1.634

A Tabela 5.8 mostra uma situação análoga, para calhas de seção retangular, usando um coeficiente de rugosidade n = 0,012 para valores de declividade predeterminados. Os valores de vazão foram calculados por meio da fórmula de *Manning-Strickler,* com raio hidráulico específico para esta geometria de calha, usando a relação de máxima eficiência (b = 2.h), a partir dos valores práticos mínimos sugeridos.

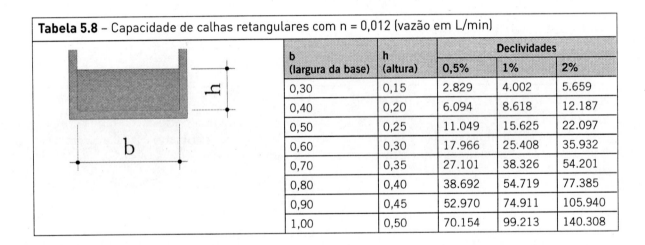

Tabela 5.8 – Capacidade de calhas retangulares com n = 0,012 (vazão em L/min)

b (largura da base)	h (altura)	Declividades		
		0,5%	1%	2%
0,30	0,15	2.829	4.002	5.659
0,40	0,20	6.094	8.618	12.187
0,50	0,25	11.049	15.625	22.097
0,60	0,30	17.966	25.408	35.932
0,70	0,35	27.101	38.326	54.201
0,80	0,40	38.692	54.719	77.385
0,90	0,45	52.970	74.911	105.940
1,00	0,50	70.154	99.213	140.308

Vale ressaltar que as seções de escoamento calculadas representam a área molhada. Deve-se considerar adicionalmente em sua geometria uma borda livre, ou seja, um prolongamento vertical da calha, cuja função é evitar o transbordamento da água. Recomenda-se o valor prático de 5 cm para a borda livre.

As mudanças de direção ao longo da extensão da calha provocam a redução de sua capacidade, pela perda de carga introduzida. Há, ainda, o efeito da concentração do escoamento na borda externa da calha (em relação à curva). Em calhas de beiral ou platibanda, quando a saída estiver a menos de 4 m de uma mudança de direção (Figura 5.18), a vazão de projeto deve ser multiplicada pelos coeficientes da Tabela 5.9, para fins de introdução deste efeito no dimensionamento da seção (ABNT, 1989). Alternativamente (com o mesmo resultado, mas com uma interpretação física mais direta), o coeficiente de *Manning* poderia ser majorado, para representar esse efeito de aumento da resistência ao escoamento, pela presença da curva próxima.

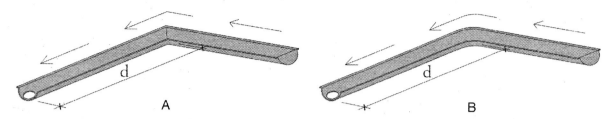

FIGURA 5.18: Saída da calha a menos de 4 m de uma mudança de direção provoca redução de sua capacidade — este efeito deve ser considerado na vazão de projeto: A, canto reto; B, canto arredondado.

Tabela 5.9 – Coeficientes multiplicativos da vazão de projeto (ABNT, 1989)

Tipo de curva	Curva a menos de 2 m da saída da calha	Curva entre 2 e 4 m da saída da calha
Canto reto	1,20	1,10
Canto arredondado	1,10	1,05

Dimensionamento de calhas

Seguindo o desenvolvimento do projeto apresentado anteriormente, solicita-se o dimensionamento das calhas da cobertura adotando geometria retangular para sua seção. Ela será construída em concreto alisado, com declividade de 1%. A imagem a seguir ressalta a localização das calhas previstas para este projeto.

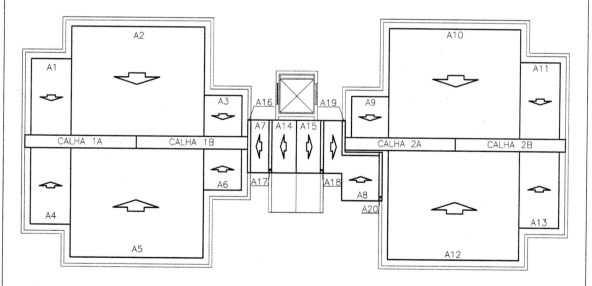

A calha 1a (C1a) recebe contribuições das áreas A1 e A4, integralmente, e A2 e A5, parcialmente (metade de cada uma). A calha 1b (C2b), de forma análoga, recebe contribuições das áreas A3, A6, A7, A14, A16 e A17, integralmente, e A2 e A5, parcialmente (metade de cada uma). A calha 2a (C2a), por sua vez, recebe contribuições das áreas A8, A9, A15, A18, A19, A20, integralmente, e A10 e A12, parcialmente (metade de cada uma). Por fim, a calha 2b (C2b) recebe contribuições das áreas A11 e A13, integralmente, e A10 e A12, parcialmente (metade de cada uma).

Para proceder com o cálculo da vazão de projeto, é necessário contabilizar a vazão de cada área de contribuição. Para esta etapa, foram resgatados os valores de vazão calculados no exemplo anterior e contabilizadas as devidas parcelas por calha. A tabela a seguir compila todas essas informações e apresenta os valores totais de vazão calculados para cada calha.

Essas calhas serão construídas em concreto alisado que, segundo a Tabela 5.5, tem coeficiente de rugosidade igual a 0,012. De posse da vazão de projeto calculada para as calhas, deve-se consultar a Tabela 5.8, que relaciona a capacidade, conforme declividade, às dimensões de seção retangular de escoamento, considerando coeficiente de rugosidade 0,012.

Área de contribuição	Vazão (litros/minuto)			
	Calha 1a	Calha 1b	Calha 2a	Calha 2b
A1	28,6		-	-
A2	66,3*	66,3*	-	-
A3	-	15,1	-	-
A4	28,6		-	-
A5	66,3*	66,3*	-	-
A6	-	15,1	-	-
A7	-	9,6	-	-
A8	-	-	25,9	-
A9	-	-	15,1	-
A10	-	-	66,3*	66,3*
A11	-	-	-	28,6
A12	-	-	66,3*	66,3*
A13	-	-	-	
A14	-	11,2	-	
A15	-	-	11,2	
A16	-	13,8	-	
A17	-	11,4	-	
A18	-	-	11,4	-
A19	-	-	13,1	-
A20	-	-	25,4	-
Total	189,6	208,7	234,7	189,6

*Vazões consideradas como metade do valor de vazão de projeto da área de contribuição.

De acordo com os valores de vazão obtidos e apresentados na tabela anterior, para todos os trechos de calha propostos no projeto, as dimensões de 0,30 m × 0,15 m seriam suficientes para escoar a vazão calculada, com folga (Tabela 5.8). Entretanto, para fins de facilitar a manutenção periódica em calhas centrais, será adotada uma largura de 50 cm, ainda maior, mas que representa um valor mínimo recomendável para se acessar e caminhar na calha. Nessa configuração, a altura real de água associada à seção molhada será ainda mais reduzida (calculada, neste caso, em 1,6 cm). Nessa situação, pode-se definir uma altura também por conveniência construtiva — por exemplo, com 25 cm), já com a folga de uma borda livre.

Dimensões finais: Calha 1 = Calha 2 = 0,50 m (largura) × 0,25 m (altura)

5.3.1.5 Condutores verticais e horizontais

Costuma-se designar por condutores as tubulações que conduzem as águas pluviais dos telhados, terraços e áreas externas descobertas e impermeabilizadas. Os condutores podem ser horizontais, conduzindo as águas pluviais dos pontos de captação até locais permitidos pelos dispositivos legais, seja na cobertura ou no piso, ou podem ser verticais, quando recolhem águas de calhas, coberturas, terraços e similares e as conduzem até a parte inferior do edifício para, então, efetuar o lançamento na rede pública.

Condutores verticais

Os condutores verticais, no projeto de sistemas prediais de águas pluviais, são os elementos de conexão entre a cobertura e o pavimento térreo de uma edificação, carreando a água de chuva precipitada sobre o telhado (ou laje impermeabilizada), e levando-a para o nível da rede de drenagem pluvial. Por recomendação da NBR 19844:1989 (ABNT, 1989), os condutores podem ser de ferro fundido, fibrocimento, PVC rígido, aço galvanizado, cobre, chapas de aço galvanizado, folhas de flandres, chapas de cobre, aço inoxidável, alumínio ou fibra de vidro. Também por recomendação da norma, o diâmetro interno mínimo dos condutores verticais deve ser de 70 mm, correspondendo, segundo a NBR 5688:2010 (ABNT, 2010), a um DN de 75 mm.

A decisão sobre o posicionamento destes condutores leva em consideração a facilidade para a "descida" dos mesmos, até atingir o pavimento térreo. Uma possibilidade a ser considerada é a existência de *shafts* próximos. Outra alternativa seria a decisão de trabalhar com a tubulação aparente; assim, a escolha da posição dos condutores verticais deve considerar a interferência com a fachada do edifício. Em qualquer das opções, os condutores devem, sempre que possível, ser projetados em uma única prumada. Entretanto, muitas vezes há interferências com o projeto de arquitetura e/ou o de estruturas, o que leva o projetista a ter de lançar mão de desvios das prumadas. Nesse caso, a norma recomenda o uso de curvas de 90° de raio longo ou curvas de 45°, bem como previsão de peças de inspeção (como o tubo operculado, por exemplo).

Dá-se o nome de "saída" ao orifício, na calha, cobertura, terraço e similares, para onde as águas pluviais convergem. As saídas podem ser em aresta viva ou em forma de funil (chamadas de "funil de saída"), como apresentadas, respectivamente, pela Figura 5.19A e B. Saber o tipo de saída será importante no momento do dimensionamento dos condutores verticais, dado que as mesmas influenciam os resultados.

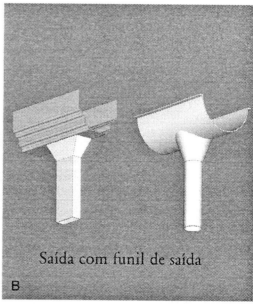

FIGURA 5.19: Formas de saída. A, Em aresta viva. B, Com funil de saída.

A entrada do escoamento em um condutor vertical, sob o ponto de vista de funcionamento hidráulico, pode se assemelhar a um vertedouro (quando a entrada ainda não está afogada), ou a um orifício (quando a entrada está afogada). Em ambos os casos, as variáveis a serem consideradas para o dimensionamento dos condutores verticais seriam a vazão de projeto que aporta a esses condutores e a carga hidráulica, que pode ser aproximada pela altura da lâmina d'água na calha somada à altura do condutor vertical até sua saída.

Para realizar o dimensionamento dos condutores verticais, os autores estabeleceram o procedimento descrito a seguir, que parte dos seguintes valores conhecidos:

- Vazão (Q) que contribui para o conduto vertical: Função da aplicação do *Método Racional* (Equação 5.11) para a área de contribuição (uma água do telhado, por exemplo).
- Altura (h) do escoamento dentro da calha que contribui para o conduto vertical — pela aplicação da fórmula de *Manning* para dimensionamento da calha, a altura que corresponde a este dimensionamento já é conhecida.
- Altura do conduto vertical (L).

De posse dessas informações, é necessário estimar o coeficiente de escoamento através do orifício (C). O valor clássico de 0,6 deve ser ajustado às condições particulares do projeto. De acordo com Azevedo Netto (1998), quando L/D > 40, o coeficiente de escoamento C pode ser escrito como apresentado pelas Equações 5.24 ou 5.25:

$$C = (k_1 + k_2 + 1)^{-\frac{1}{2}} \qquad (5.24)$$

$$C = \frac{1}{(k_1 + k_2 + 1)^{\frac{1}{2}}} \qquad (5.25)$$

Onde:
$k_1 = 0,03\ L/D$;
$k_2 = 0,5$ para saída em aresta viva (bocal reto);
$k_2 = 0,15$ para saída com funil de saída (bocal funil);

Sabendo que o valor de C depende da relação L/D, obteve-se em Azevedo Netto (1998) a relação L/D, com valores para tubos de pequeno diâmetro, apresentada na Tabela 5.10.

Tabela 5.10 – Valores práticos de C (adaptado de Azevedo Netto, 1998)

L/D	C
300	0,33
200	0,39
150	0,42
100	0,47
90	0,49
80	0,52
70	0,54
60	0,56
50	0,58
40	0,64
30	0,70
20	0,73
15	0,75*
10	0,77*

*Valores obtidos com tubos de ferro fundido de D = 0,30 m, conforme Bazard; Eytelwein; Fenning (Azevedo Netto, 1998).

O dimensionamento deve ser realizado com a fórmula clássica de escoamento através de orifícios afogados (Equação 5.26).

$$Q = C \times A_0 \sqrt{2g \times (h + L)} \qquad (5.26)$$

Onde:

Q: Vazão que drena para o conduto vertical em m³/s;

C: Coeficiente de escoamento através do orifício;

A_0: Área do orifício em m;

g: Aceleração da gravidade em m/s²;

h: Altura do escoamento sobre a entrada do conduto, tomada como igual àquela que ocorre dentro da calha que contribui para o conduto vertical em m;

L: Altura do conduto vertical em m.

Como Q, h e L são conhecidos e C é estimado, falta definir a área do orifício (A_o), que é dada pela Equação 5.27, para condutor circular, sendo, portanto, o diâmetro a única incógnita.

$$A_0 = \frac{\pi \times D^2}{4} \qquad (5.27)$$

Para explicitar o diâmetro, tem-se, então, a Equação 5.28:

$$D = \sqrt{\frac{4 \times Q}{\pi \times C \times \sqrt{2g \times (h + L)}}} \qquad (5.28)$$

Para simplificar, sugere-se, então, como procedimento de cálculo:

1. Arbitra-se o diâmetro D para calcular a relação L/D (por exemplo, o valor mínimo de 0,071).
2. Calcula-se o diâmetro D pela equação 5.28.
3. O resultado de D calculado será diferente do arbitrado para calcular L/D.
4. Nesse caso, utiliza-se esse novo diâmetro e repete-se a conta, até a diferença entre diâmetros ser não significativa.

Essa metodologia é geral e utiliza conceitos básicos de hidráulica. O valor do coeficiente de escoamento em orifícios C depende da relação L/D, do próprio diâmetro, do material do tubo e do tipo de bocal.

O dimensionamento dos condutores verticais é feito, de forma prática, muito frequentemente, por meio dos ábacos apresentados nas Figuras 5.20 e 5.21, ambos retirados da NBR 10.844:1989 (ABNT, 1989), que são diferenciados entre si pela saída da calha (aresta viva ou funil de saída). Estes ábacos, deve-se destacar, foram construídos para condutores verticais rugosos, com coeficiente de atrito f = 0,04, com dois desvios na base.

Os dados de entrada dos ábacos também são a vazão de projeto (Q), em L/min; a altura da lâmina de água na calha (h), em mm; e o comprimento do condutor vertical (L), em m. A partir destas informações, com a leitura do ábaco, o projetista obtém o diâmetro interno, em mm, do condutor vertical que se está calculando.

Cabe ressaltar que o diâmetro interno, medido em mm, é aquele utilizado para todos os cálculos hidráulicos, por ser correspondente à seção real de escoamento do fluido. O diâmetro nominal, por sua vez, também medido em mm, é o simples número que serve para classificar, em dimensões, os elementos de tubulações (tubos, conexões, condutores, calhas, bocais etc.), e que corresponde, aproximadamente, ao diâmetro interno da tubulação. Ele não deve ser utilizado para fins de cálculo (ABNT, 1989), mas é

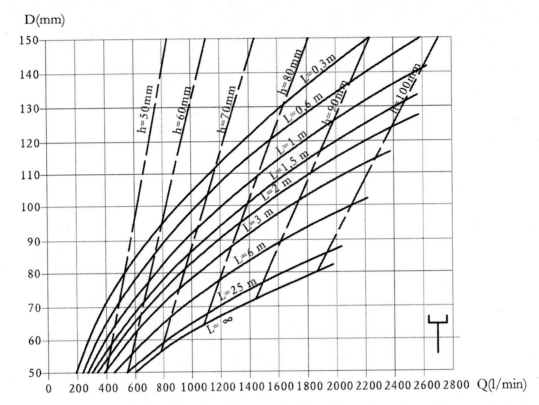

FIGURA 5.20: Ábaco para determinação de diâmetros de condutores verticais — calha com saída em aresta viva.

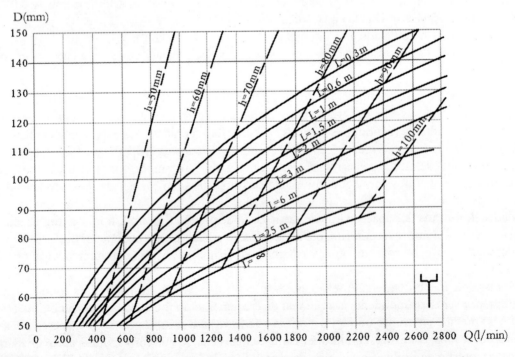

FIGURA 5.21: Ábaco para determinação de diâmetros de condutores verticais — calha com funil de saída.

a referência que aparece em todos os desenhos produzidos. A NBR 5688:2010 (ABNT, 2010), que fixa os requisitos para tubos e conexões de PVC, tipo DN, traz a Tabela 5.11, com os diâmetros nominais praticados, e sua relação com o diâmetro externo médio, para sistemas prediais de águas pluviais (interesse deste capítulo), esgoto sanitário e ventilação e espessura de parede.

Tabela 5.11 – Dimensões dos tubos tipo DN — série normal — para esgoto sanitário e ventilação e série reforçada para esgoto sanitário e ventilação e água pluvial (ABNT, 2010)

Diâmetro nominal (mm)	Diâmetro externo médio (mm)		Espessura da parede e tolerância (mm)	
DN (mm)	d_{em}(mm)	Tolerância	Série normal SN	Série reforçada SR
40	40,0	+0,2	$1,2^{+0,3}$	$1,8^{+0,3}$
50	50,7	+0,3	$1,6^{+0,3}$	$1,8^{+0,3}$
75	75,5	+0,4	$1,7^{+0,4}$	$2,0^{+0,3}$
100	101,6	+0,4	$1,8^{+0,4}$	$2,5^{+0,4}$
150	150,0	+0,4	$2,5^{+0,4}$	$3,6^{+0,5}$
200	200,0	+0,4	-	$4,5^{+0,6}$

Para leitura dos ábacos, a norma NBR 10844:1989 (ABNT, 1989) esclarece o procedimento a ser adotado, conforme descrito a seguir — observando se o projeto adota saída em aresta viva ou funil, conforme discutido anteriormente:

- Levantar uma reta vertical a partir do valor da vazão Q, no eixo das abscissas, até interceptar as curvas de h e L correspondentes. (Caso não haja curvas dos valores de h e L, interpolar entre as curvas existentes.)
- Transportar a interseção mais alta até o eixo das ordenadas, em que se obtém o valor do diâmetro D.
- Adotar o diâmetro nominal cujo diâmetro interno seja superior ou igual ao valor encontrado na leitura desta grandeza.

Para fins de comparação, os autores deste livro realizaram testes, seguindo o procedimento de cálculo geral proposto, com a solução clássica da equação de orifícios, para diferentes situações, tendo alcançado resultados muito próximos àqueles que seriam obtidos utilizando os ábacos da norma NBR 10844:1989 (ABNT, 1989), com diferenças na casa de 10% ou menos para o diâmetro calculado, com mesma aproximação para o diâmetro comercial finalmente definido.

Dimensionamento de condutores verticais

Seguindo o desenvolvimento do mesmo projeto dos exemplos anteriores, e utilizando as informações já calculadas de vazão e calhas, pede-se, aqui, o dimensionamento dos condutores verticais previstos em projeto.

O posicionamento destes condutores verticais, neste projeto, considerou a facilidade de descida das prumadas, em locais mais convenientes. Foram previstos quatro condutores verticais (AP1, AP2, AP3, AP4), identificados na imagem a seguir.

Cada um desses recebe a vazão calculada para as calhas previstas, da seguinte forma:

- AP1 recebe vazão calculada para C1a
- AP2 recebe vazão calculada para C1b
- AP3 recebe vazão calculada para C2a
- AP4 recebe vazão calculada para C2b

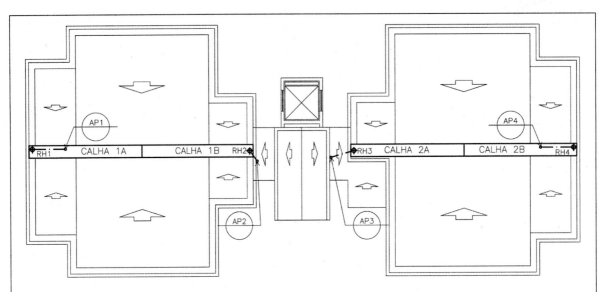

Foi definido que as calhas possuem saída em aresta viva, com altura máxima da calha de 25 cm; portanto, este é o valor máximo para o qual se poderia permitir o acúmulo de água sobre a entrada no condutor vertical. A lâmina d'água será convertida em mm, para uso no ábaco. Os condutores verticais possuem comprimentos distintos: AP1 possui 16,20 m, e AP2, AP3, AP4 possuem 15,50 m.

Condutor vertical	Q (L/min)	L (m)	h (mm)	D (mm)	$DN_{mín}$ (mm)
AP1	189,60	16,20	250	31	75
AP2	208,70	15,50	250	32	75
AP3	234,70	15,50	250	33	75
AP4	189,60	15,50	250	31	75

Ao seguir o procedimento recomendado pela norma, aplicando os valores anteriormente descritos no ábaco respectivo (Figura 5.21), percebe-se que não é possível interceptar nenhuma curva. Nesse sentido, será adotado para todos os condutores verticais o diâmetro mínimo recomendado de 75 mm (DN).

Em caso de o projetista adotar o procedimento de cálculo proposto pelos autores, tem-se o passo a passo a seguir.

1. Arbitra-se o diâmetro D para calcular a relação L/D (por exemplo, o valor mínimo de 0,071).
2. Calcula-se o diâmetro D pela Equação 5.28.

$$D = \sqrt{\frac{4 \times Q}{\pi \times C \times \sqrt{2g \times (h+L)}}}$$

3. O resultado de D calculado será diferente do arbitrado para calcular L/D.
4. Nesse caso, utiliza-se esse novo diâmetro e repete-se a conta, até a diferença entre diâmetros ser não significativa.

No exemplo em que se está trabalhando ao longo deste capítulo, obtêm-se, então, os diâmetros apresentados na tabela a seguir.

Condutor vertical	Q (L/min)	L (m)	h (mm)	D (mm)	DN$_{min}$ (mm)
AP1	189,60	16,20	250	31	75
AP2	208,70	15,50	250	32	75
AP3	234,70	15,50	250	33	75
AP4	189,60	15,50	250	31	75

Percebe-se que são, todos, diâmetros muito menores que o mínimo (DN de 75 mm). Neste caso, **confirma-se a necessidade de adotar o diâmetro mínimo recomendado, DN de 75 mm.**

Condutores Horizontais

A NBR 10844:1989 (ABNT, 1989) define condutor horizontal como a tubulação horizontal destinada a recolher e conduzir as águas pluviais até locais permitidos pelos dispositivos legais. Os condutores horizontais podem ser previstos em qualquer pavimento da edificação — desde a cobertura, até o nível do piso. Na cobertura, por exemplo, podem conectar os ralos hemisféricos aos condutores verticais. Nos pavimentos intermediários, podem funcionar tanto para conectar eventuais ralos de pátios abertos ou varandas descobertas, que porventura existam, aos condutores verticais, bem como permitir o desvio destes, em caso de necessidade. No pavimento térreo, em edifícios sem subsolo, eles funcionam, principalmente, como a ligação entre condutores verticais e caixas de areia, entre as próprias caixas de areia, e entre a última delas e a galeria de drenagem na rua. No pavimento térreo, em edifícios com subsolo, eles funcionam também como ligação dos ralos e calhas de piso que coletam as águas pluviais das áreas externas descobertas e impermeabilizadas. A Figura 5.22 exemplifica esses possíveis usos.

No caso específico da conexão entre o conduto vertical e o horizontal, ressalta-se que a ligação deve sempre ser feita por curva de raio longo, com inspeção, ou caixa de areia, estando o condutor enterrado ou aparente (ABNT, 1989). Cabe ressaltar que quando o diâmetro do condutor horizontal for maior do que o calculado para o condutor vertical, deve-se alterar o diâmetro do conduto vertical, visto que não é permitida, por norma, a variação de diâmetros ao longo dos condutos.

Como o projeto do sistema predial de águas pluviais funciona por gravidade, é necessário que os condutores horizontais possuam declividade, para facilitar o escoamento. De acordo com a NBR 10844:1989 (ABNT, 1989), eles devem, sempre que possível, possuir declividade uniforme, sendo recomendado o mínimo de 0,5%.

Os condutores horizontais podem estar aparentes ou enterrados. Em ambas as formas, devem ser previstas inspeções no sistema. Quando os condutores são aparentes, essas inspeções podem ser feitas por meio de tubo operculado nas situações consideradas mais desfavoráveis para o sistema, ou seja, onde há mais risco de entupimento: mudança de direção, a cada trecho de 20 m nos percursos retilíneos, mudança de declividade, ou quando houver conexões com outras tubulações. Quando os condutores são enterrados, as inspeções são feitas por meio das caixas de areia. Na seção a seguir, que trata especificamente das caixas de areia, esses pontos críticos serão ilustrados.

A norma (ABNT, 1989) também especifica que os condutores horizontais podem ser de ferro fundido, fibrocimento, PVC rígido, aço galvanizado, cerâmica vidrada, concreto, cobre, canais de concreto ou alvenaria.

O dimensionamento dos condutores horizontais é feito de modo que seja garantida a pressão atmosférica dentro do tubo, ou seja, para que sua seção circular nunca trabalhe a plena carga, como conduto forçado. Assim, deve ser considerado no projeto o escoamento de uma lâmina de altura igual

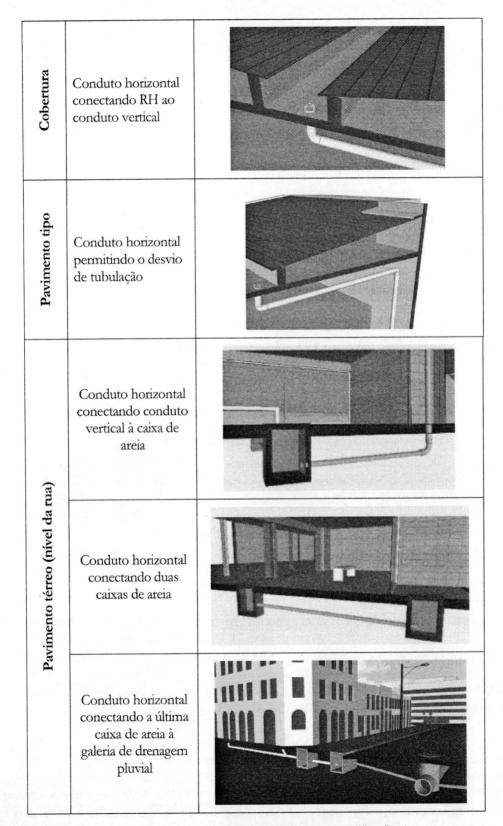

Cobertura	Conduto horizontal conectando RH ao conduto vertical	
Pavimento tipo	Conduto horizontal permitindo o desvio de tubulação	
Pavimento térreo (nível da rua)	Conduto horizontal conectando conduto vertical à caixa de areia	
	Conduto horizontal conectando duas caixas de areia	
	Conduto horizontal conectando a última caixa de areia à galeria de drenagem pluvial	

FIGURA 5.22: Possíveis usos do condutor horizontal de águas pluviais em uma edificação.

a 2/3 do diâmetro interno (DI) do tubo. A equação de *Manning-Stricker* (Equação 5.13), já apresentada anteriormente, é utilizada também neste dimensionamento. Devem ser considerados os coeficientes de Manning apresentados na Tabela 5.5, sendo a escolha dependente do material utilizado no conduto horizontal. Materiais plásticos, como o PVC, por exemplo, possuem coeficiente de *Manning* igual a 0,011.

A NBR 10844:1989 (ABNT, 1989), para simplificar, apresenta a Tabela 5.12, considerando as vazões de escoamento variando conforme declividade (de 0,5% a 4%) e coeficiente de *Manning* (entre 0,011 e 0,013). As vazões foram calculadas utilizando-se a fórmula de *Manning-Strickler*, com a altura de lâmina de água igual a 2/3 D.

Tabela 5.12 – Capacidade de condutores horizontais de seção circular (L/min) (ABNT, 1989)

DN	n = 0,011				n = 0,012				n = 0,013			
(mm)	0,5%	1%	2%	4%	0,5%	1%	2%	4%	0,5%	1%	2%	4%
50	32	45	64	90	29	41	59	83	27	38	54	76
75	95	133	188	267	87	122	172	245	80	113	159	226
100	204	287	405	575	187	264	372	527	173	243	343	486
125	370	521	735	1.040	339	478	674	956	313	441	622	882
150	602	847	1.190	1.690	552	777	1.100	1.550	509	717	1.010	1.430
200	1.300	1.820	2.570	3.650	1.190	1.670	2.360	3.350	1.100	1.540	2.180	3.040
250	2.350	3.310	4.660	6.620	2.150	3.030	4.280	6.070	1.990	2.800	3.950	5.600
300	3.820	5.380	7.590	10.800	3.500	4.930	6.960	9.870	3.230	4.550	6.420	9.110

Dimensionamento de condutores horizontais

Dimensionar os condutores horizontais de águas pluviais previstos em projeto, considerando declividade de 1%, material utilizado de PVC e a solução para o traçado apresentada nas plantas das figuras 5.35, 5.37 e 5.38.

Há condutores horizontais na cobertura, conectando os ralos aos condutores verticais. Além disso, houve necessidade de desvio de todos os condutores verticais (AP1, AP2, AP3 e AP4) no primeiro pavimento (teto do térreo), conforme indicado na Figura 5.37, para que "desçam" em posições mais convenientes. Todos esses trechos horizontais, projetados para permitir os desvios dos condutores verticais, são considerados condutores horizontais e, portanto, devem ser dimensionados como tais.

No pavimento térreo serão previstos outros condutores horizontais, além dos já mencionados, para permitir a conexão entre condutores verticais e caixas de areia ou subcoletores (Figura 5.38). Esses condutores não serão calculados aqui, pois envolvem, também, o cálculo da contribuição da área de piso descoberta e impermeabilizada, que será apresentado mais adiante (Seção 5.3.2).

Sabendo que a declividade adotada em projeto é igual a 1%, e que o coeficiente de *Manning* é de 0,011 (informação obtida na Tabela 5.5, referente a material plástico), basta ter o valor da vazão para consultar a tabela e obter o diâmetro deste condutor horizontal.

Dos exemplos anteriores, têm-se os valores de vazão afluente a cada uma das calhas previstas em projeto; a partir das plantas é possível verificar a contribuição afluente a cada condutor vertical (por exemplo, AP2 recebe toda a vazão proveniente da Calha 1b (C1b), que é igual a 208,70 L/min).

Com base em todas essas informações, o projetista deve consultar a Tabela 5.12, para obter o diâmetro nominal (DN) correspondente. A tabela a seguir foi montada como forma de auxiliar o leitor a compreender o dimensionamento.

Pavimento	Conduto horizontal				
	Trecho	Declividade	n	Q (L/min)	DN (mm)
Cobertura	RH1-AP1	1%	0,011	189,60	100
	RH2-AP2	1%	0,011	208,70	100
	RH3-AP3	1%	0,011	234,70	100
	RH4-AP4	1%	0,011	189,60	100
Térreo	AP1-AP1 (desvio)	1%	0,011	189,60	100
	AP2-AP2 (desvio)	1%	0,011	208,70	100
	AP3-AP3 (desvio)	1%	0,011	234,70	100
	AP4-AP4 (desvio)	1%	0,011	189,60	100

Cabe ressaltar que, quando o diâmetro do condutor horizontal for maior do que o calculado para o condutor vertical, deve-se alterar o diâmetro do condutor vertical, no trecho após o desvio. Resgatando, portanto, os diâmetros dos condutores verticais, calculados anteriormente (DN de 75 mm), tem-se, então, o valor de **DN de 100 mm como bitola final para AP1, AP2, AP3 e AP4.**

5.3.2 Pavimento Térreo

As áreas externas à edificação e que são descobertas e impermeabilizadas devem, igualmente à cobertura, ser capazes de conduzir as águas pluviais das superfícies dos pisos, por meio de ralos e/ou calhas de piso, passando por coletores horizontais e caixas de areia, até a rede coletora na via pública, evitando que se acumulem na propriedade. O sistema de drenagem de piso é composto por ralos, calhas de piso, grelhas e coletores horizontais. Este sistema se aplica a todas as áreas descobertas, tais como pátios de residências, estacionamentos, garagens e quadras esportivas, dentre outros.

A drenagem das áreas externas impermeáveis pode ser encaminhada para:

- Áreas permeáveis de jardins ou grama, que podem receber e acumular pequenas lâminas até a infiltração das águas pluviais coletadas — nesse caso, há desconexão de uma área impermeável do sistema de drenagem, contribuindo para a redução de escoamentos que saem do lote.
- Ralos das caixas de areia existentes (quando as mesmas empregarem tampa com grelha), em função do percurso definido pelos coletores horizontais que receberam águas pluviais dos telhados — observe que esta configuração acrescenta uma vazão a ser considerada no cálculo do coletor horizontal que sai da caixa de areia, a qual recebe diretamente essa contribuição da área externa.
- Ralos de piso, com saída por coletores horizontais, que irão se encaminhar para caixas de areia.

Definidos os pontos de captação, ficam também definidas as áreas de contribuição para cada um destes pontos. Esse é o início do processo para cálculo das vazões de projeto, que segue o mesmo procedimento apresentado anteriormente na Seção 5.3.1.3. Neste dimensionamento, os tempos de concentração também são baixos, levando à adoção do tempo mínimo de 5 minutos para a duração da chuva. O tempo de recorrência poderia ser de 10 anos, coincidindo com o adotado para projetos de microdrenagem, de forma a permitir que o cálculo da drenagem na edificação seja compatível com o da rede urbana, garantindo a passagem dos escoamentos da edificação para a rede pública, sem retenções ou remansos por incapacidade desta última. Ressalta-se, porém, que a NBR 10844:1989 (ABNT, 1989) indica adoção do tempo de recorrência de 25 anos para coberturas e áreas onde empoçamentos ou extravasamentos não possam ser tolerados. Conforme mencionado, essa preocupação, apesar de responder a eventos mais importantes do que aqueles típicos de dimensionamento da microdrenagem, buscando garantir maior segurança para áreas específicas da edificação, não seria compatível com a capacidade da rede pública, caso esse critério fosse adotado indistintamente para todas as áreas coletoras da edificação.

Nos projetos em que forem empregadas as calhas de piso, no que diz respeito ao seu dimensionamento, utiliza-se novamente a fórmula de *Manning-Strickler* para definir a seção que é capaz de transportar a vazão de pico de projeto, considerando a ocorrência do escoamento uniforme para esta vazão, como feito analogamente para as calhas de telhado, na Seção 5.3.1.4. Deve-se destacar, ainda, que as calhas de piso tendem a receber grelhas como elemento complementar, para garantir a segurança do movimento de pessoas e automóveis nas áreas externas.

A definição da quantidade de ralos por área de contribuição tende a gerar dúvidas nos projetistas, pois, de fato, depende das características do ralo adotado. Um ralo não afogado (situação que se espera, uma vez que os empoçamentos não devem ser significativos) tem sua entrada governada por uma equação de vertedouro. Assim, por exemplo, se considerarmos um ralo quadrado de 20 cm de lado, ter-se-á uma crista vertente de 80 cm, considerando que todos os seus lados estão livres. Se o ralo estivesse encostado em uma parede, este valor cairia para 60 cm; e se estivesse em uma quina, com duas paredes, o comprimento vertente reduziria-se para 40 cm. Considerando a equação de um vertedouro (Equação 5.29):

$$Q_v = \varphi \times L \times h^{3/2}$$ (5.29)

Onde:

Q_v: Vazão do vertedouro em m³/s;
ϕ: Coeficiente do vertedouro;
L: Crista vertente em m;
h: Lâmina máxima de água em m.

É necessário arbitrar uma lâmina máxima de água (h) sobre a crista vertente (L), para definir uma capacidade de "engolimento" de vazões. Com esse valor, basta dividir a vazão de projeto, obtida pelo Método Racional, para a área em questão, pela vazão do vertedouro, para definir o número de ralos necessários para esta área.

Por exemplo, se for considerado 1 cm de lâmina, com 80 cm de crista vertente, a vazão Q_v seria de 1,6 L/s (adotando $\varphi = 2$, sem maior rigor na sua escolha — recomenda-se o uso da literatura clássica para obter o coeficiente de vertedouro adequado a cada caso).

Da mesma forma como já discutido no Capítulo 4, os edifícios com subsolo apresentam particularidades de projeto que levam a soluções um pouco diferentes dos edifícios sem subsolo. A seguir são apresentadas essas diferenças no traçado e disposição dos elementos.

5.3.2.1 Pavimento térreo sem subsolo

Todos os condutores verticais devem descarregar as águas pluviais em caixas de areia, localizadas no pavimento térreo da edificação. Nos prédios sem subsolo, o projeto pode ser desenvolvido como se fosse uma casa, ou seja, os condutores verticais se conectam às caixas de areia, enterradas no terreno, e a última caixa de areia prevista (a mais próxima do limite com a rua) se conecta à rede de drenagem pluvial, por meio de ligação com a caixa ralo. É importante respeitar a distância máxima entre caixas de areia, de 20 m, como será detalhado na Seção 5.3.2.3. A Figura 5.23 apresenta exemplo de edificação sem subsolo, em que as caixas de areia podem ser enterradas dentro do terreno, e receber os efluentes dos condutores verticais de águas pluviais (AP).

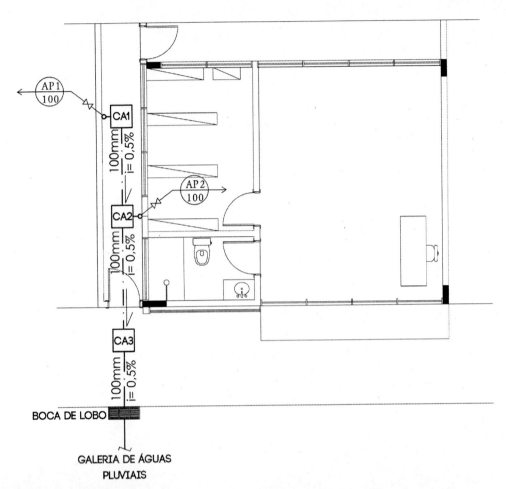

FIGURA 5.23: Exemplo de pavimento térreo em prédio sem subsolo — detalhe da conexão dos condutores verticais de águas pluviais diretamente às caixas de areia.

5.3.2.2 Pavimento térreo com subsolo

Os condutores verticais de águas pluviais, no nível do pavimento térreo, devem descarregar em caixas de areia. Em edificações sem subsolo, essa solução é simples, uma vez que as caixas são enterradas conforme conveniência de projeto. Já nas edificações com subsolo, é necessário lançar mão de uma alternativa, uma vez que as caixas só poderão ser posicionadas onde for possível enterrá-las, muitas vezes, apenas no afastamento. Nesse caso, então, utilizam-se subcoletores fixados no teto do subsolo até que a conexão com a caixa de areia possa ocorrer. Essa solução é similar à já descrita no Capítulo 4. Assim como ocorre com os subcoletores de esgoto, essas tubulações devem possuir, em sua parte posterior, uma peça de inspeção chamada bujão, representada em desenho técnico pela letra "B". Adicionalmente, deve-se ter o cuidado para que a distância entre o bujão e a caixa de areia não seja maior do que a distância entre caixas, garantindo, portanto, a visita a cada 20 metros. O acesso à visita para eventual manutenção deve se dar pelo próprio subsolo. As Figuras 5.24 e 5.25 apresentam exemplos desta situação.

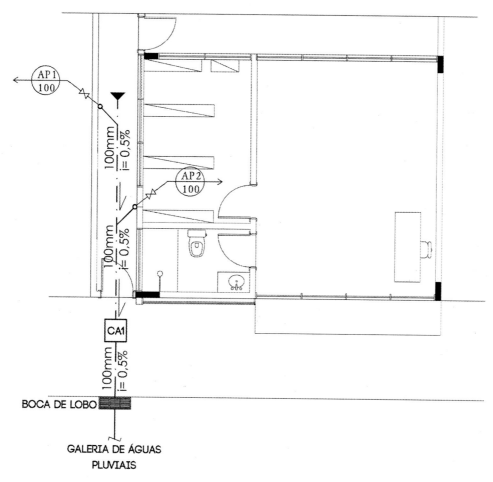

FIGURA 5.24: Exemplo de pavimento térreo em prédio com subsolo — detalhe da conexão dos condutores verticais de águas pluviais a um subcoletor e, somente então, à caixa de areia, posicionada fora do limite do subsolo.

FIGURA 5.25: Subcoletor em pavimento subsolo, preso por braçadeiras no teto do pavimento.

Pavimento Térreo com Subsolo: Cálculo da vazão de contribuição e dos condutos horizontais

Tomando como referência o mesmo projeto que vem sendo desenvolvido ao longo do capítulo, faz-se aqui um exemplo de pavimento térreo considerando a existência de subsolo. Assim, a figura a seguir apresenta o traçado proposto para o pavimento, com a divisão deste em 10 setores ou áreas de contribuição para a coleta da água pluvial.

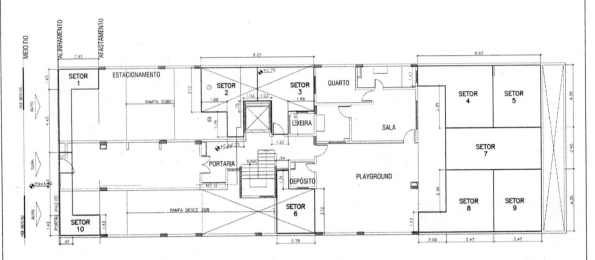

O cálculo da quantidade de ralos foi feito com base na suposição estabelecida pelos autores, de que a vazão Q_v seria de 1,6 l/s (adotando $\varphi = 2$) e considerando 1 cm de lâmina, com 80cm de crista vertente. Assim, para cada setor de contribuição definido, comparou-se sua vazão de contribuição com esta, definindo, então, a quantidade de ralos.

A vazão correspondente à captação das águas pluviais pelos ralos das áreas externas foi calculada em função da área de contribuição para cada ralo. Assim, montou-se uma tabela, que relaciona todas as informações necessárias para o cálculo da vazão de contribuição a cada um dos ralos previstos, utilizando o Método Racional (Equação 5.11). O coeficiente de escoamento superficial (C) é igual a 1,0, tendo em vista ser área impermeável. O valor da intensidade de chuva foi definido anteriormente, no cálculo da vazão de projeto, e é igual a 207,40 mm/h.

Setor	C	I (mm/h)	A (m²)	Q (L/min)	Q (L/s)	Quantidade de ralos
S1	1,00	207,40	8,23	28,45	0,47	1
S2	1,00	207,40	14,26	49,29	0,82	1
S3	1,00	207,40	14,07	48,63	0,81	1
S4	1,00	207,40	18,00	62,22	1,04	1
S5	1,00	207,40	15,15	52,37	0,87	1
S6	1,00	207,40	9,80	33,87	0,56	1
S7	1,00	207,40	20,44	70,65	1,18	1
S8	1,00	207,40	18,00	62,22	1,04	1
S9	1,00	207,40	15,15	52,37	0,87	1
S10	1,00	207,40	8,23	28,45	0,47	1

Com o número de ralos por setor definido, os mesmos foram posicionados, pensando na declividade da laje, com caimento direcionado a cada ralo proposto, como apresenta a figura 5.38. A área de contribuição varia conforme a definição da contribuição para cada ralo. Neste exemplo, a área de contribuição dos ralos será coincidente a dos setores, tendo em vista que foi calculado um ralo para cada setor. A tabela a seguir traz os cálculos de vazão associados aos ralos definidos em projeto.

Ralo	C	I (mm/h)	Setor	A (m²)	Q (L/min)	Q (L/s)
R1	1,00	207,40	S1	8,23	28,45	0,47
R2	1,00	207,40	S2	14,26	49,29	0,82
R3	1,00	207,40	S3	14,07	48,63	0,81
R4	1,00	207,40	S4	18,00	62,22	1,04
R5	1,00	207,40	S5	15,15	52,37	0,87
R6	1,00	207,40	S6	9,80	33,87	0,56
R7	1,00	207,40	S7	20,44	70,65	1,18
R8	1,00	207,40	S8	18,00	62,22	1,04
R9	1,00	207,40	S9	15,15	52,37	0,87
R10	1,00	207,40	S10	8,23	28,45	0,47

De posse do cálculo da contribuição da área de piso descoberta e impermeabilizada, é possível calcular os condutores horizontais que fazem a ligação entre condutores verticais e caixas de areia e os subcoletores aparentes no teto do subsolo. São considerados, aqui, a contribuição dos condutores verticais (AP1, AP2, AP3 e AP4) e contribuição da área de piso descoberta, no pavimento térreo. Assim, foram projetados condutores horizontais, que serão denominados subcoletores, no pavimento térreo.

Para calcular o aporte de águas pluviais, em termos de vazão, em cada subcoletor, deve ser contabilizada a contribuição que cada um recebe, tanto proveniente dos condutores verticais, quanto dos ralos localizados naqueles pavimentos (térreo) e que também contribuem. Esquematizam-se, então, o desenho e a tabela a seguir, que apresentam a origem da contribuição para cada subcoletor e a vazão correspondente. Dos exemplos anteriores, tem-se os valores de vazão afluente a cada um dos condutores verticais previstos em projeto.

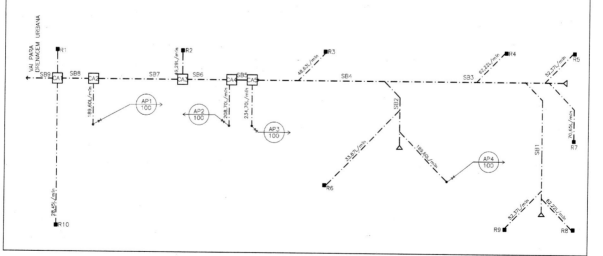

Localização	Subcoletor	Contribuição		Q (L/min)
Aparentes no teto do subsolo	Sb1	R8 + R9	62,22 + 52,37	114,59
	Sb2	R6 +AP4	33,87 + 189,60	223,47
	Sb3	R4 + R5 + R7 + Sb1	62,22 + 52,37 + 70,65 + 114,59	299,83
	Sb4	Sb2 + Sb3	223,47 + 299,83	523,30
	R3-Sb4	R3	48,63	48,63
	R4-Sb3	R4	62,22	62,22
	R5-Sb3	R5	52,37	52,37
	R6-Sb2	R6	33,87	33,87
	R7-Sb3	R7	70,65	70,65
	R8-Sb1	R8	62,22	62,22
	R9-Sb1	R9	52,37	52,37
	AP4-Sb2	AP4	189,60	189,60
Enterrados no térreo	Sb5	R3 + Sb4 + AP3	48,63 + 523,30 + 234,70	806,63
	Sb6	Sb5 + AP2	806,63 + 208,70	1015,33
	Sb7	R2 + Sb6	49,29 + 1015,33	1064,62
	Sb8	Sb7 + AP1	1064,62+189,60	1254,22
	Sb9	R1 + R10 + Sb8	28,45 +28,45 + 1254,22	1311,12
	R1-CA1	R1	28,45	28,45
	R2-CA3	R2	49,29	49,29
	R10-CA1	R10	28,45	28,45
	AP1-CA2	AP1	189,60	189,60
	AP2-CA4	AP2	208,70	208,70
	AP3-CA5	AP3	234,70	234,70

Nesta etapa é calculado o diâmetro dos subcoletores, considerando a vazão total e a declividade que se deseja para a tubulação, considerando a Tabela 5.12. Sabendo que a declividade adotada em projeto é igual a 1%, e que o coeficiente de Manning é de 0,011 (informação obtida na Tabela 5.2, referente a material plástico), basta ter o valor da vazão para consultar a tabela e obter o diâmetro deste condutor horizontal. Este dimensionamento segue o procedimento já explicado na Seção 5.3.1.5. A Tabela a seguir foi montada como forma de auxiliar o leitor a compreender o dimensionamento.

Localização	Subcoletor	Q (L/min)	n	Declividade	DN (mm)
Aparentes no teto do subsolo	Sb1	114,59	0,011	1 %	75
	Sb2	223,47	0,011	1 %	100
	Sb3	299,83	0,011	1 %	125
	Sb4	523,30	0,011	1 %	150
	R3-Sb4	48,63	0,011	1 %	75
	R4-Sb3	62,22	0,011	1 %	75
	R5-Sb3	52,37	0,011	1 %	75
	R6-Sb2	33,87	0,011	1 %	75*
	R7-Sb3	70,65	0,011	1 %	75
	R8-Sb1	62,22	0,011	1 %	75
	R9-Sb1	52,37	0,011	1 %	75
	AP4-Sb2	189,60	0,011	1 %	100

Localização	Subcoletor	Q (L/min)	n	Declividade	DN (mm)
Enterrados no térreo	Sb5	806,63	0,011	1 %	150
	Sb6	1015,33	0,011	1 %	200
	Sb7	1064,62	0,011	1 %	200
	Sb8	1254,22	0,011	1 %	200
	Sb9	1311,12	0,011	1 %	200
	R1-CA1	28,45	0,011	1 %	75*
	R2-CA3	49,29	0,011	1 %	75
	R10-CA1	28,45	0,011	1 %	75*
	AP1-CA2	189,60	0,011	1 %	100
	AP2-CA4	208,70	0,011	1 %	100
	AP3-CA5	234,70	0,011	1 %	100

*De acordo com a Tabela 5.12, este diâmetro seria DN 50 mm; entretanto, considera-se, aqui também, analogamente ao estabelecido pela norma para os condutores verticais, diâmetro mínimo DN 75 mm.

Ao longo dos exemplos deste capítulo, todo o dimensionamento foi feito considerando a intensidade de chuva para um tempo de recorrência de 10 anos (igual ao da microdrenagem). Fica como sugestão ao leitor refazer o exemplo, para o tempo de recorrência de 25 anos, como determina a norma, e comparar os resultados.

5.3.2.3 Caixas de areia

As caixas de areia são caixas utilizadas entre os condutores horizontais, no pavimento térreo, destinadas a recolher resíduos por deposição, além de também permitir a inspeção, e consequente manutenção, do sistema predial de águas pluviais. A Figura 5.26 apresenta o projeto de uma caixa de areia, em planta baixa e corte.

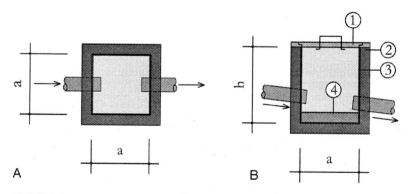

① grelha de ferro fundido ou tampa de concreto armado

② alvenaria de tijolo maciço

③ cimentado com camada impermeabilizante

④ pedra britada n.° 1

FIGURA 5.26: Exemplo de caixa de areia: A, planta baixa; B, corte.

O fundo destas caixas geralmente recebe uma camada de brita para reter sedimentos e resíduos, reduzindo bastante, ou até mesmo impedindo, a entrada destes nos coletores horizontais. São indicadas para redes enterradas de drenagem pluvial, em obras residenciais ou comerciais, e podem possuir grelhas superficiais para também coletar as águas de drenagem de pisos.

As caixas de areia podem ter seção circular (diâmetro de 60 cm) ou quadrada (lado mínimo de 60 cm), com profundidade máxima de 1 m. Apesar de o diâmetro mínimo (ou lado mínimo) previsto ser de 60 cm, recomenda-se adotar dimensões um pouco maiores, de modo que uma pessoa adulta possa acessar facilmente essas caixas, em caso de manutenção. Diâmetro (ou lado) de 80 cm é uma medida bastante razoável.

As caixas de areia, além de servirem como visita às tubulações de águas pluviais e de serem úteis para a separação dos sólidos que porventura estiverem em suspensão na água da chuva, também funcionam como uma espécie de "estratégia" para conectar as tubulações horizontais, evitando que as mesmas façam curvas no nível do térreo (o que não é permitido). Assim, devem ser previstas caixas de areia sempre que o projetista se deparar com uma das situações descritas a seguir, e apresentadas de forma esquemática na Figura 5.27:

- Conexões entre tubulações horizontais.
- Mudança de declividade da tubulação horizontal.
- Mudança de direção da tubulação horizontal.
- A cada trecho de 20 m nos percursos retilíneos.
- Próximo aos condutores verticais, para receber a água da cobertura e encaminhá-la para uma tubulação horizontal.

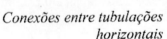
Conexões entre tubulações horizontais

Mudança de declividade da tubulação horizontal

FIGURA 5.27: Diferentes situações para o uso da caixa de areia.

Mudança de direção da tubulação horizontais

A cada trecho de 20 m nos percursos retilíneos

Conexão entre condutores verticais e horizontais

FIGURA 5.27: *(Cont.)*

A caixa de areia permite a "entrega" do efluente à galeria de drenagem de águas pluviais. Todas as tubulações do térreo da edificação devem se conectar por meio de caixas de areia e, ao final, somente uma única, a uma distância máxima de 20 m, se conecta à rede pública de drenagem urbana. Essa conexão é feita por meio de uma tubulação horizontal, que se liga à caixa ralo, posicionada no meio-fio. A Figura 5.28 esclarece essa ligação.

FIGURA 5.28: Conexão da caixa de areia à rede de drenagem por meio da ligação com a caixa ralo, posicionada na sarjeta.

Caixas de areia

No pavimento térreo do edifício usado como exemplo, foram empregadas 5 caixas de areia, conforme solução apresentada na Figura 5.38. A seguir, serão calculadas as vazões afluentes às caixas de areia e a profundidade de assentamento de cada uma. A vazão afluente a cada caixa de areia (CA) dependerá das conexões previstas para cada uma, conforme detalhado na tabela a seguir. Importante ressaltar que os valores de vazão foram resgatados no exemplo anterior (Seção 5.3.2.1).

Caixa de Areia	Contribuições	Vazão (L/min)	Vazão total (L/min)
CA1	CA2 (=Sb8)	1254,22	1238,61
	R1	0,94	
	R10	28,45	
CA2	AP1	189,60	1254,22
	CA3 (=Sb7)	1064,62	
CA3	CA4 (=Sb6)	1015,33	1064,62
	R2	49,29	
CA4	AP2	208,70	1015,33
	CA5 (=Sb5)	806,63	
CA5	AP3	234,70	758,00
	Sb4	523,30	

Os condutos horizontais existentes entre cada caixa, já foi feito na item 5.3.1.5.

Foram utilizadas caixas de areia com as seguintes características:

- profundidade máxima de 1 m;
- forma quadrada com lado de 0,80 m;
- tampa facilmente removível e com perfeita vedação;
- fundo construído de modo a assegurar rápido escoamento e evitar formação de depósitos.

O cálculo da profundidade das caixas, tanto para o pavimento térreo quanto para o subsolo, é realizado em função de suas distâncias e da declividade. A declividade adotada neste projeto, para condutores horizontais, é de 1 %. Todas essas informações, além da distância entre as caixas, estão apresentadas de forma resumida na tabela a seguir.

Ligação	Distância (m)	Declividade (%)	Diferença de cotas (m)
CA1-CA2	1,71	1	1% x 1,71 = 0,0171
CA2-CA3	5,24	1	1% x 5,24 = 0,0524
CA3-CA4	2,60	1	1% x 2,60 = 0,0260
CA4-CA5	0,69	1	1% x 0,69 = 0,0069

Para calcular as profundidades das caixas, parte-se de uma profundidade inicial de 0,40 m, acrescentando, na caixa de jusante, a diferença de cotas calculada anteriormente. A solução está esquematizada a seguir e resumida na tabela subsequente.

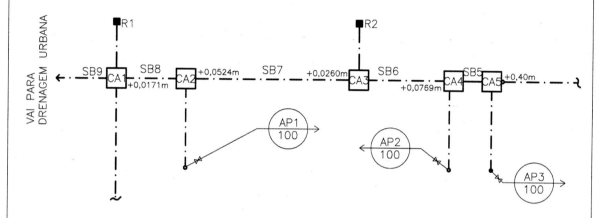

Caixa	Profundidade inicial (m)	Acréscimo da diferença de cotas (m)	Profundidade final (m)
CA5	0,40 m	-	0,40
CA4	-	0,40 + 0,0069 = 0,4069	0,41
CA3	-	0,4069 + 0,0260 = 0,4329	0,43
CA2	-	0,4329 + 0,0524 = 0,4853	0,48
CA1	-	0,4853 + 0,0171 = 0,5024	0,50

Um desafio imposto ao projetista, principalmente àqueles com formação em Arquitetura e Urbanismo, é o da compatibilização do projeto de sistemas prediais de águas pluviais do térreo com o projeto de paisagismo, uma vez que o ideal é "disfarçar" a presença das caixas. Uma opção é a de "escondê-la" em meio ao jardim, mas várias outras podem ser propostas.

5.3.3 Pavimento de Subsolo

O pavimento de subsolo, em algumas situações, pode receber água da chuva, que precisa ser adequadamente drenada. Como mencionado anteriormente, não é permitido haver conexão entre os sistemas prediais, ou seja, a água pluvial precipitada sobre o piso do subsolo deve ser encaminhada à rede de drenagem de forma separada do esgoto sanitário eventualmente gerado neste pavimento. A Figura 5.29 ilustra uma dessas situações — apresenta uma calha, alocada na descida de rampa de garagem de uma edificação, no pavimento de subsolo.

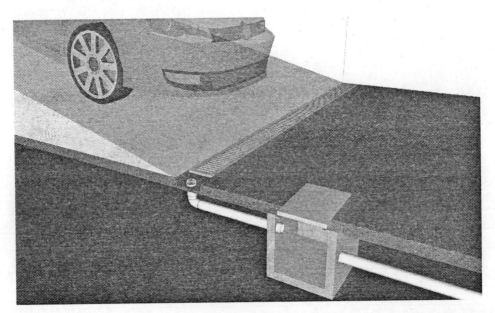

FIGURA 5.29: Calha com grelha em pavimento de subsolo, recebendo a água pluvial que escoa pela rampa da garagem.

A solução adotada no subsolo é similar àquela praticada no pavimento térreo sem subsolo, ou seja, as calhas previstas devem encaminhar a água pluvial, por meio de condutores horizontais, a caixas de areia enterradas, até uma caixa única, responsável por elevar, por meio de sistema de bombeamento, o escoamento até a caixa de areia, no térreo, mais próxima. Essa caixa é similar à caixa coletora de esgoto, já mencionada no Capítulo 4. A Figura 5.39 apresenta a solução prevista para o pavimento de subsolo do edifício usado como exemplo ao longo do livro. O dimensionamento dos condutores horizontais e caixas de areia previstos neste pavimento segue o mesmo procedimento adotado para o pavimento térreo, e apresentado anteriormente.

Tem sido usual, nos projetos mais recentes, prever o volume desta caixa coletora de águas pluviais seguindo as mesmas regras para o reservatório de armazenamento que tem a finalidade de acumular o escoamento adicional causado pela impermeabilização de uma área, deixando escoar, por meio de um orifício, uma vazão que acontecia antes da impermeabilização. Esse reservatório já é obrigatório em algumas localidades, como o Rio de Janeiro, por exemplo e será detalhado no Capítulo 6.

5.3.4 Drenagem em Marquises, Terraços e Floreiras

Em projetos com emprego de marquises e terraços, é comum o uso de tubos de pequenos diâmetro e extensão, denominados buzinotes, para o escoamento das águas pluviais (Figura 5.30). Recomenda-se o uso de buzinotes com diâmetro mínimo de 50 mm para evitar seu entupimento por folhas e detritos, em quantidade mínima de dois por marquise. É importante a realização de manutenção periódica. Cabe ressaltar que o projetista deve consultar a legislação local, pois, em alguns municípios, o emprego deste tipo de solução é proibido.

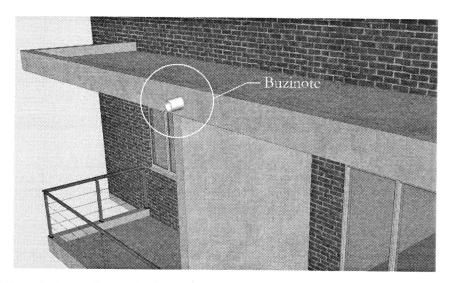

FIGURA 5.30: Exemplo de marquise com buzinote.

A drenagem de jardins e de floreiras pode ser feita por meio do emprego de ralos hemisféricos, para captação das águas pluviais, com encaminhamento ao sistema predial de águas pluviais da edificação (Figuras 5.31 e 5.32).

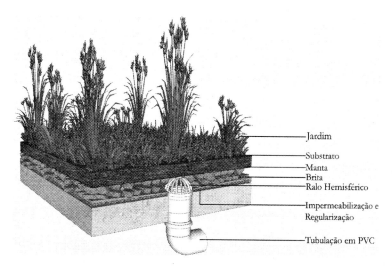

FIGURA 5.31: Exemplo de drenagem de jardim, com uso de ralo hemisférico.

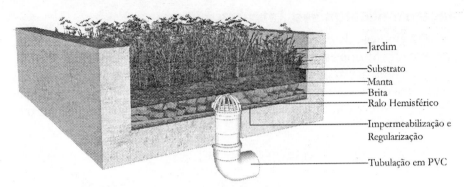

FIGURA 5.32: Exemplo de drenagem de floreira, com uso de ralo hemisférico.

5.4 TRAÇADO DO SISTEMA PREDIAL DE ÁGUAS PLUVIAIS

Assim como recomendado para os demais sistemas, o projetista deve, antes de tudo, ter boa compreensão de todo o projeto de arquitetura e de estruturas da edificação. Dessa forma, poderá propor um projeto para o sistema predial de águas pluviais compatível com os demais, evitando conflitos durante a fase de execução da obra. O projeto envolve a drenagem de águas pluviais do pavimento de cobertura (seja telhado ou laje impermeável) e de todas as áreas descobertas e impermeabilizadas da edificação, incluindo o pavimento térreo, e em alguns casos, até mesmo a drenagem no subsolo. As tubulações podem ser embutidas ou aparentes. Adota-se a simbologia apresentada na Figura 5.33 nos desenhos técnicos.

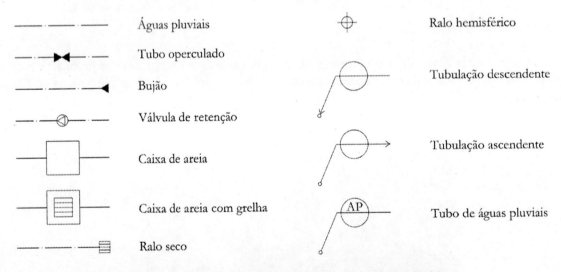

FIGURA 5.33: Simbologia adotada nos desenhos técnicos do sistema predial de águas pluviais.

O traçado do projeto inicia com a decisão sobre o caimento da laje (ou telhado), o posicionamento das calhas (e declividade associada às mesmas), e o posicionamento dos ralos e condutores verticais. Na sequência, deve-se prever a conexão entre condutores verticais e as caixas de areia, no pavimento térreo, com uso de tubos operculados (TO), que oferecem visita à tubulação, sempre antes da curva entre um conduto vertical e outro horizontal. Todos esses detalhes são apresentados em plantas, em escala adequada (por exemplo, 1:100), complementadas pela apresentação do esquema vertical.

O esquema vertical auxilia a leitura do projeto como um todo, bem como o dimensionamento das tubulações. Ele deve ser feito de acordo com o traçado previsto em planta, porém sem escala. Deve-se ter o cuidado de representar todos os desvios que porventura existirem, bem como todos os elementos previstos em projeto, seguindo a simbologia técnica. A Figura 5.34 apresenta um exemplo de esquema vertical.

Na sequência (Figuras 5.35 a 5.40), são apresentadas as plantas baixas e o esquema vertical do projeto utilizado como referência, para que o leitor tenha uma visão do projeto completo.

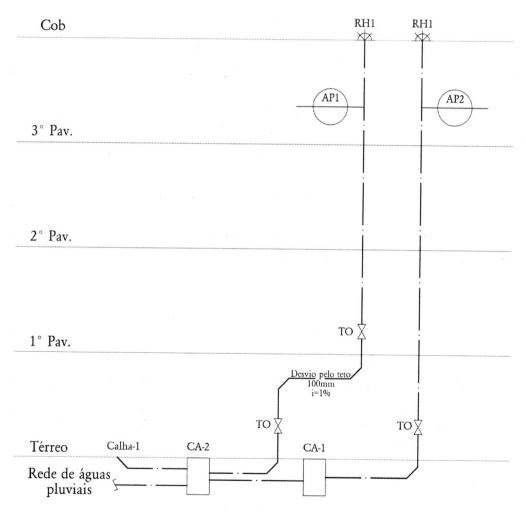

FIGURA 5.34: Exemplo de esquema vertical de águas pluviais.

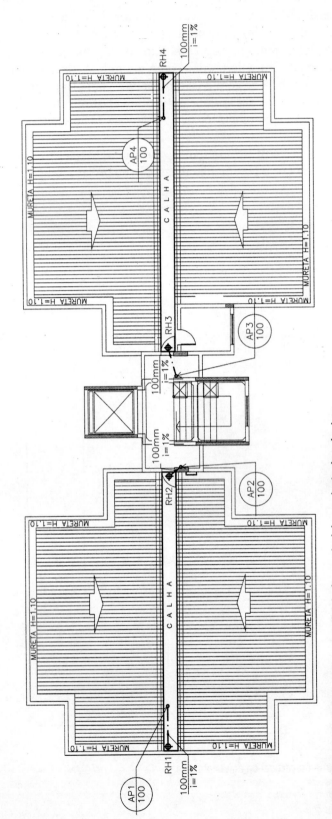

FIGURA 5.35: Projeto do sistema predial de águas pluviais — planta de cobertura.

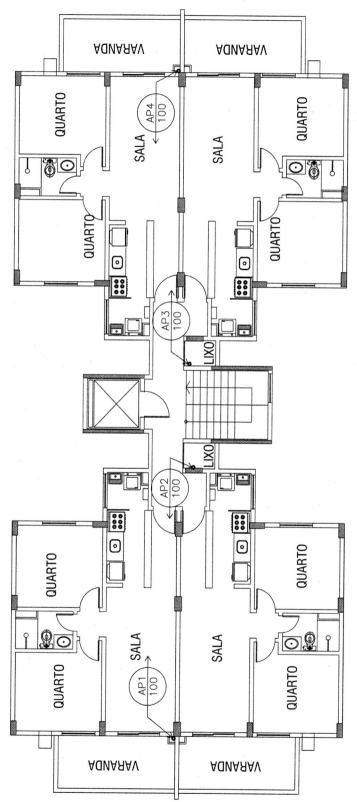

FIGURA 5.36: Projeto do sistema predial de águas pluviais — pavimento-tipo.

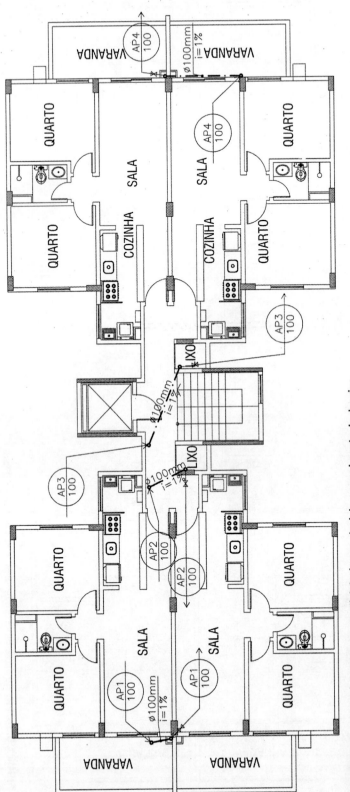

FIGURA 5.37: Projeto do sistema predial de águas pluviais — pavimento de desvios.

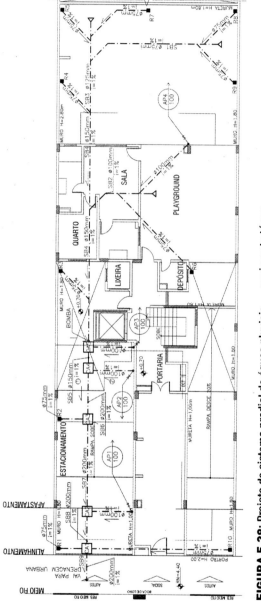

FIGURA 5.38: Projeto do sistema predial de águas pluviais — pavimento térreo.

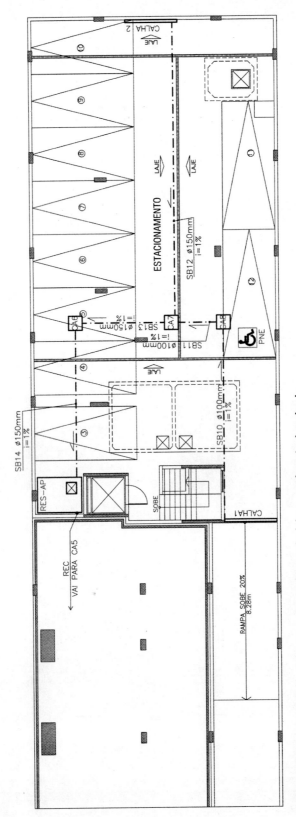

FIGURA 5.39: Projeto do sistema predial de águas pluviais — pavimento de subsolo.

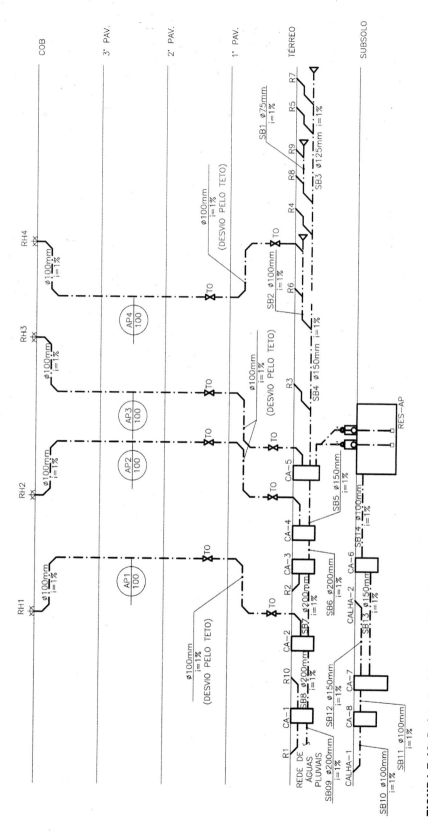

FIGURA 5.40: Projeto do sistema predial de águas pluviais — esquema vertical.

5.5 PATOLOGIAS

O projeto do sistema predial de águas pluviais tem como objetivo principal drenar as águas de chuva da edificação: tanto as da cobertura, quanto as das áreas descobertas e impermeabilizadas de piso. Em relação ao sistema de cobertura, a NBR 15575:2013, *Edificações Habitacionais — Desempenho, Parte 5: Requisitos para sistemas de coberturas* (ABNT, 2013), especifica que ele tem a função de assegurar estanqueidade às águas pluviais. Além disso, determina, também, que ele deve ter capacidade para drenar a máxima precipitação passível de ocorrer, na região da edificação habitacional, não permitindo empoçamentos ou extravasamentos para o interior da edificação habitacional ou quaisquer outros locais não previstos no projeto da cobertura. Nesse sentido, é preciso que os projetos sejam bem realizados e executados, de modo a evitar as patologias típicas do sistema predial de águas pluviais, que podem causar diversos danos nas edificações. Dentre as patologias mais comuns neste sistema, são apresentadas, a seguir, de forma breve, algumas, compiladas pelos autores a partir de suas experiências profissionais, e de referências bibliográficas como Carvalho Júnior (2015).

5.5.1 Infiltração de Água em Telhado

A infiltração da água em telhados e coberturas pode trazer danos aos habitantes da edificação, como perda de bens, e até mesmo colocar a edificação em risco, em casos mais extremos. A umidade ou infiltração no telhado pode se manifestar através de manchas ou gotejamentos gerados a partir das calhas, telhas e/ou laje de cobertura (terraços). Esse tipo de patologia pode ter origem no projeto, na execução da obra ou, então, na manutenção, que pode estar sendo malfeita.

Falhas originadas no desenvolvimento do projeto do sistema predial de águas pluviais são muito comuns. Na maioria dos casos, depois que a obra é executada, caso seja detectada falha de projeto, é necessário refazer o projeto, bem como a obra em si (nos trechos impactados pelos erros projetuais). Dentre os problemas de projeto mais comuns, destacam-se:

- *Seção insuficiente de calhas*: Possível erro de cálculo. Sugere-se a troca da peça inteira, por uma de maior seção, após a realização de novo dimensionamento.
- *Ausência de declividade em calhas*: Em muitos casos, não é previsto espaço suficiente entre o fundo da calha e a laje de cobertura para a execução da declividade mínima necessária de 0,5%, a fim de escoar as águas pluviais no sentido do condutor vertical; causa transbordamento da calha.
- *Seção insuficiente de condutores*: Falha gerada na fase de projeto, tendo possível origem nos cálculos. Pode provocar, nos casos de chuvas mais fortes, o acúmulo excessivo de água no interior das calhas, com transbordamento. Por este motivo, a entrada do tubo (parte do bocal) permanece afogada, ou seja, não passa ar juntamente com a água para dentro do tubo. Nesses casos ocorre a pressão negativa. Quanto maior for a altura da edificação, maior ela será. Devem ser trocados os condutores, para outros com maior seção, após a realização de novo dimensionamento.
- *Vazão concentrada de água sobre telhados*: Ocorre quando se coleta água de chuva em um telhado em nível mais elevado, lançando-a em outro de nível mais baixo. Deve-se, nesse caso, coletar a água do telhado superior em calha, conduzindo-a por meio de um conduto vertical, até a calha do telhado em nível inferior.
- *Empoçamento em coberturas horizontais de laje*: Falha devido à adoção de declividade incorreta da laje; à obstrução dos ralos; ou à insuficiente quantidade de ralos para a drenagem da área.

Falhas de execução também podem gerar retrabalho, necessitando de readequação do trecho com problemas, ou, até mesmo, reconstrução. As falhas de execução geralmente se referem a soldas malfeitas, ferrugem de pregos, desenhos incorretos da calha, amassamento das calhas, ou impermeabilização inadequada (de calhas ou lajes de cobertura), dentre outros. Há, ainda, erros ocasionados pela colocação de rufos, sendo os mais comuns a falta de embutimento correto nas alvenarias, quebra de argamassa de fixação e caimento insuficiente.

Especificamente em relação à laje de cobertura, cabe ainda mencionar como causas mais frequentes de patologias, relacionadas à execução, a escolha de materiais inadequados e a má execução das juntas. Já nas telhas as causas mais frequentes são: fixação inadequada; baixa qualidade do material especificado; recobrimento pequeno das telhas tanto no sentido lateral, como longitudinal; trespasses insuficientes entre telhas; fixação inadequada dos parafusos; falta de vedação adequada na fixação dos parafusos; e ferrugem nos parafusos.

A manutenção periódica em telhados e coberturas é necessária, sob o risco de transbordamento de calha por entupimento na entrada dos condutores, geralmente causado pelo acúmulo de detritos que caem sobre a cobertura da edificação, tais como folhas de árvores, por exemplo. Recomenda-se, além da limpeza periódica das calhas, eventualmente, a colocação de telas no bocal das mesmas, de modo a evitar entrada de folhas nos condutos.

Ainda com relação à manutenção, destacam-se outros problemas que podem ocorrer, tais como: falhas oriundas pela degradação dos materiais utilizados nas calhas; rachaduras nas platibandas, rufos e muros; ralos quebrados e/ou entupidos; e tubulações embutidas rachadas. Já em relação às telhas, é importante observar sua integridade, uma vez que telhas fissuradas podem ocasionar danos à edificação.

5.5.2 Danos em Condutores

Os condutores, tanto horizontais quanto verticais, podem sofrer danos que comprometem o funcionamento do sistema predial de águas pluviais, caso não sejam tomados os devidos cuidados com sua instalação e manutenção.

- *Vazamentos em condutores verticais*: Podem decorrer devido a falhas na execução, como falha no acoplamento entre calhas e bocais, grelhas, no posicionamento do próprio condutor vertical, soldas malfeitas, ou mesmo falhas decorrentes do uso, como furos (o usuário pode, inadvertidamente, furar a tubulação por engano), rachaduras e fissuras, que podem gerar graves problemas se o conduto estiver embutido na parede. Este tipo de patologia, quando detectada, é solucionada com a troca de todo o conduto por um novo, em perfeito estado.

- *Rupturas em condutos por subpressão (vácuo)*: Efeito de pressões negativas no interior dos condutos, ou seja, vácuo, principalmente em edifícios com mais de quatro pavimentos, pode levar à ruptura dos condutos. A origem desta patologia pode estar no subdimensionamento do conduto ou na especificação incorreta dos materiais (falha de projeto), falha no processo construtivo, ou em decorrência de falta de manutenção periódica (acúmulo de folhas ou outros materiais na entrada do bocal, impedindo que o ar passe com a água pela tubulação). É recomendada a utilização de tubulações especiais, capazes de suportar condições de vácuo sem sofrer qualquer dano em edifícios que se encaixem nessas especificações. Em caso de confirmada a falha de projeto, é necessário rever o dimensionamento. Em qualquer um dos casos, há a necessidade de troca do condutor, por outro em perfeito estado.

■ *Ressecamento de condutores aparentes:* Em caso de se optar pelo uso de tubulações aparentes, é importante evitar que as mesmas sejam expostas diretamente ao sol e às intempéries, sob o risco de ressecamento e, até mesmo, de rompimento por impactos externos (devido à perda de resistência mecânica). Sugere-se que, em casos assim, as tubulações sejam pintadas com tinta apropriada, para aumentar sua resistência e, consequentemente, sua vida útil.

5.5.3 Conexão Indevida do Sistema Predial de Águas Pluviais com Outros Sistemas

O sistema predial de águas pluviais, como mencionado anteriormente, não pode se conectar a qualquer outro sistema predial. Em caso de conexão indevida com o sistema predial de água fria, por exemplo, pode haver risco de contaminação da água potável. Já em caso de conexão cruzada com o sistema de esgoto sanitário, a rede (de esgoto) pode não suportar a vazão escoada, em dias chuvosos, principalmente. Ressalta-se que o Brasil adota o sistema separador absoluto para esgotamento de suas águas servidas (esgoto sanitário e águas pluviais em redes distintas).

Cabe observar, também, que deve haver cuidado quanto ao uso inadequado de águas pluviais em sistemas prediais. A água pluvial captada para ser utilizada em atividades de fins não potáveis deve ser coletada e oferecida em sistema predial desconectado dos demais, sem qualquer possibilidade de conexão cruzada, e com sinalização nos pontos de uso.

QUESTÕES

Questão 1:

Supondo um projeto de uma edificação multifamiliar de 10 pavimentos tipo com 4 apartamentos por pavimento, localizada na cidade do Rio de Janeiro, no bairro de Bangu, tem-se as figuras a seguir, que apresentam a planta de cobertura, com indicação do telhado e inclinação do mesmo, e respectivos cortes. As calhas já foram previstas e estão indicadas nos desenhos. Assim, pede-se:

1. em função da geometria do telhado, defina as áreas de contribuição, e seus respectivos caimentos, considerando que há uma mureta em todo o entorno, de altura igual a 1,00m e declividade do telhado de 10%;

2. calcule a intensidade pluviométrica considerando as determinações da NBR 10.844:1989, que fixa o tempo de retorno igual a 5 anos para coberturas e/ou terraços, com tempo de duração igual a 5 minutos, (tabela de *Chuvas Intensas no Brasil*);

3. calcule a vazão, utilizando os resultados de área e intensidade pluviométrica obtidos nos itens anteriores;

4. dimensione as calhas, supondo calha em água furtada, retangular de alvenaria revestida, com declividade de 1%.

Observação: As imagens a seguir são ilustrativas. Consultar o material complementar online para ter acesso aos desenhos em escala adequada.

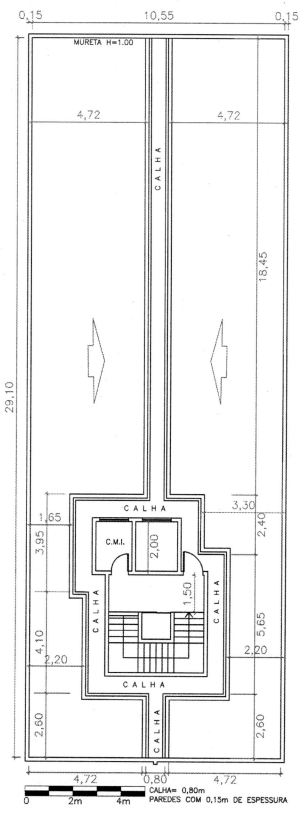

Planta Baixa - Telhado

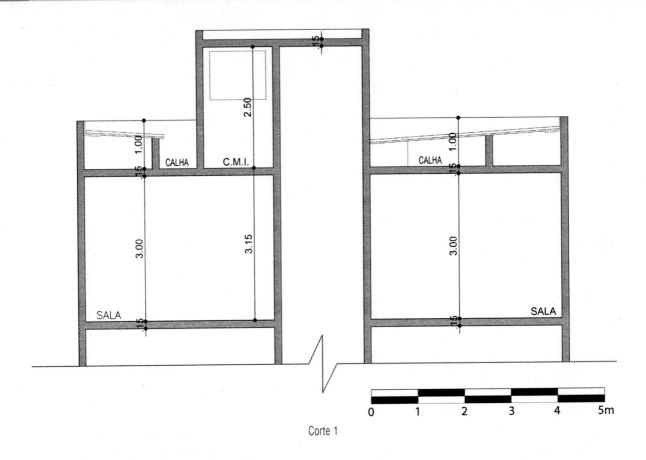

Corte 1

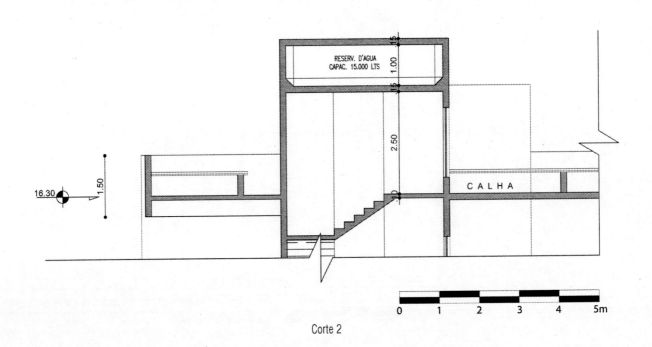

Corte 2

Questão 2:

Considerando o projeto proposto na questão 1 e a planta baixa do pavimento térreo apresentada a seguir:

1. proponha, na cobertura, o posicionamento de ralos hemisféricos em locais onde não possa haver empoçamento, bem como condutos horizontais, se forem necessários, e condutos verticais;

2. proponha, no pavimento térreo, a solução de esgotamento das águas pluviais, posicionando as caixas de areia, conectando-as aos condutos verticais propostos e direcionando os efluentes da última caixa do lote à galeria de águas pluviais, considerando que a edificação não possui pavimento de subsolo;

3. dimensione todos os condutos verticais e horizontais projetados em sua solução.

Observação.: As imagens a seguir são ilustrativas. Consultar o material complementar online para ter acesso aos desenhos em escala adequada.

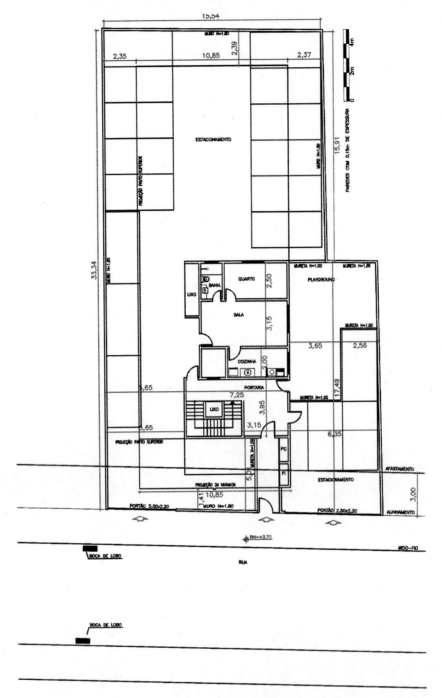

Planta baixa - Pavimento térreo

Questão 3:

Para um edifício localizado em Santa Cruz, no Rio de Janeiro, calcule:

1. a intensidade pluviométrica, considerando:

    *   as determinações da NBR 10.844/1989, que fixa o tempo de retorno igual a 5 anos para coberturas e/ ou terraços, com tempo de duração igual a 5 minutos, (tabela de Chuvas Intensas no Brasil);

    *   a Equação IDF proposta para o posto pluviométrico mais próximo da região de localização do edifício, seguindo as orientações da Prefeitura da Cidade do Rio de Janeiro.

        Obs.: O tempo de duração da chuva será igualado ao tempo de concentração que, segundo a norma, deve ser de 5 minutos. O tempo de recorrência adotado, como primeira alternativa de projeto, será aquele considerado nos projetos de microdrenagem do Rio de Janeiro, ou seja, 10 anos.

2. a vazão para o projeto de telhado que tem as seguintes áreas de contribuição: A1 = A2 = 15m²; A3 = A4 = 20m²; A5 = A6 = 10m², utilizando, para isso, ambos os valores de intensidade pluviométrica obtidos anteriormente;

3. compare e discuta os valores obtidos, em função das diferentes referências hidrológicas.

Questão 4:

Considere a residência acessível já apresentada nos exercícios dos capítulos anteriores, cuja planta baixa e corte estão apresentados a seguir, e proponha a solução para o sistema predial de águas pluviais de sua cobertura apresentando a solução em planta baixa e esquema vertical. Supondo que esta residência está localizada na cidade do Rio de Janeiro, no bairro Jardim Botânico, e que será utilizado PVC para as tubulações traçadas, faça o dimensionamento de todos os elementos projetados, justificando todas as suas decisões. Considere que:

■   será adotada calha em beiral, com geometria semicircular para sua seção e declividade de 1%;

■   o encaminhamento final do efluente deverá ser feito na rede de drenagem urbana.

Observação: As imagens a seguir são ilustrativas. Consultar o material complementar online para ter acesso aos desenhos em escala adequada.

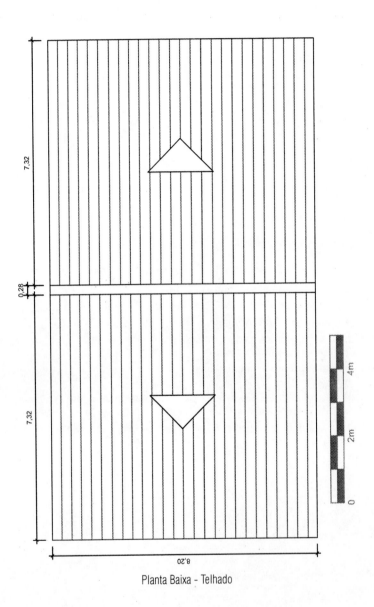

Planta Baixa - Telhado

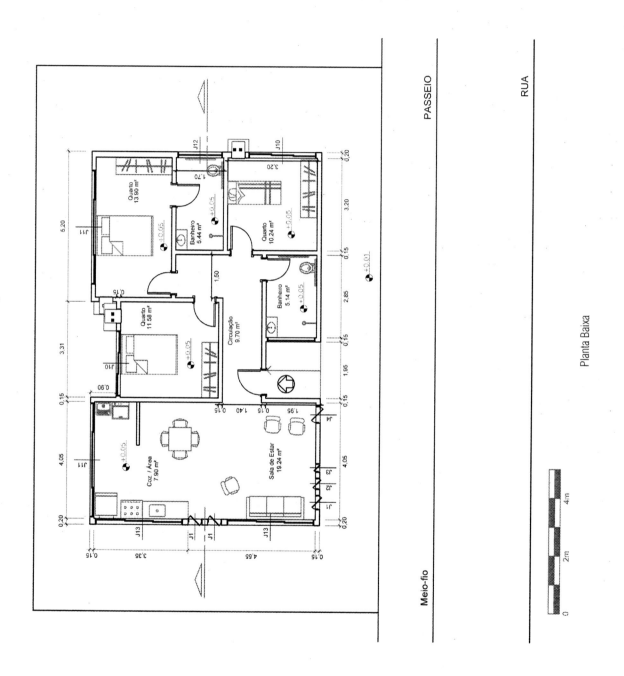

PASSEIO

RUA

Meio-fio

Planta Baixa

0   2m   4m

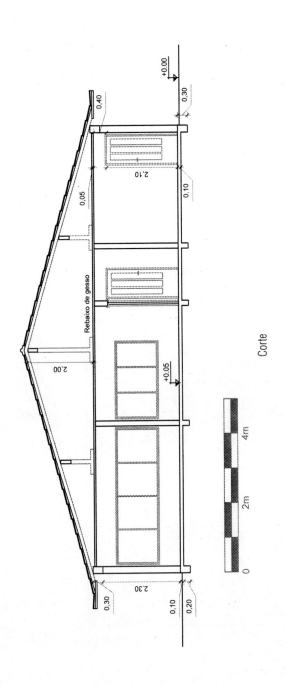

Corte

REFERÊNCIAS BIBLIOGRÁFICAS

ASSOCIAÇÃO BRASILEIRA DE NORMAS TÉCNICAS NBR 10844:1989 – *Instalações Prediais de Águas Pluviais – Procedimento*. Rio de Janeiro, 1989.

ASSOCIAÇÃO BRASILEIRA DE NORMAS TÉCNICAS. NBR15.527:2007 *Água de chuva – aproveitamento de coberturas em áreas urbanas para fins não potáveis*. Rio de Janeiro, 2007.

ASSOCIAÇÃO BRASILEIRA DE NORMAS TÉCNICAS. NBR 5688:2010. *Tubos e conexões de PVC-U para sistemas prediais de água pluvial, esgoto sanitário e ventilação – Requisitos*. Rio de Janeiro, 2010.

ASSOCIAÇÃO BRASILEIRA DE NORMAS TÉCNICAS. NBR 15.575-6: *Edificações habitacionais — Desempenho. Parte 6: Requisitos para os sistemas hidrossanitários*. Rio de Janeiro, 2013.

AZEVEDO NETTO, J. M.; coordenação Roberto de Araújo; coautores Miguel Fernández y Fernández, Acácio Eiji Ito. Manual de Hidráulica. 8. ed. São Paulo: Edgard Blücher, 1998.

CARVALHO JÚNIOR, R. *Patologias em Sistemas Prediais Hidráulico-Sanitárias*. 2ª ed São Paulo: Blucher, 2015.

HEALTHY WATERWAYS, 2013, *What is Water Sensitive Urban Design?* Disponível em: http://waterbydesign.com.au/whatiswsud/. Acessado em 15 de junho de 2013.

LANGENBACH, H.; ECKART, J., SCHRÖDER, G., 2008, "*Water Sensitive Urban Design – Results and Principles*". In: Proceedings of the 3rd SWITCH Scientific Meeting, Belo Horizonte, Brazil.

MACINTYRE, A. J. *Instalações Hidráulicas Prediais e Industriais*. 3ª ed Rio de Janeiro: LTC, 2014.

MIGUEZ, M. G.; VERÓL, A. P. e REZENDE, O. M. *Drenagem Urbana: Do Projeto Tradicional à Sustentabilidade*. Rio de Janeiro: Editora Elsevier, 2015.

PFAFSTETTER, O. *Chuvas Intensas no Brasil*. Departamento Nacional de Obras e Saneamento, 1957.

PREFEITURA DA CIDADE DO RIO DE JANEIRO. Secretaria Municipal de Obras. Subsecretaria de Gestão de Bacias Hidrográficas — Rio-Águas. Instruções técnicas para elaboração de estudos hidrológicos e dimensionamento hidráulico de sistemas de drenagem urbana. Rio de Janeiro: Rio-Águas, 2010.

CAPÍTULO 6

Projetos Hidráulicos e Sanitários Sustentáveis

Conceitos apresentados neste capítulo

Neste capítulo, propõe-se discutir aspectos de sustentabilidade e sua relação com os sistemas prediais hidráulicos e sanitários tradicionais das edificações, para apresentar novos conceitos e medidas complementares que caminham em direção a projetos sustentáveis, mostrando o significado e a importância dessas tecnologias alternativas, bem como sua interação com o espaço urbano e a possibilidade de subsidiar a discussão do desenvolvimento sustentável também na escala urbana e da bacia hidrográfica. Pretende-se, ainda, resgatar informações dos programas brasileiros relacionados com o uso racional da água e introduzir aspectos práticos associados a leis já em vigor, sancionadas nos últimos anos e relacionadas a sustentabilidade e questões ambientais. Nesse sentido, o capítulo vem preencher uma lacuna, apresentando ao leitor como realizar projetos que atendam a essa necessidade. Adicionalmente, foi previsto uma seção sobre certificações, com o intuito de incentivar a transformação dos projetos, obra e operação das edificações, com foco na sustentabilidade de suas atuações.

6.1 INTRODUÇÃO

Muito se discute hoje sobre sustentabilidade, embora, muitas vezes, não haja uma definição precisa em torno desse conceito e de sua abrangência. Projetos de edificações sustentáveis vêm ganhando espaço na literatura técnica e, em termos dos sistemas prediais hidráulicos e sanitários, existe uma relação próxima entre sustentabilidade e uso racional da água, como modo de evitar períodos de restrição por escassez hídrica e de tornar mais econômico, financeiramente, o uso da água de abastecimento público. Porém, em uma visão sistêmica, a edificação, como célula básica da urbanização, tem uma importância também no desempenho dos sistemas urbanos, e essa consciência é ainda pouco explorada. A discussão edilícia e a discussão urbana caminham, muitas vezes, de maneira separada, com particularidades próprias das diferentes escalas de cada um desses contextos (edilício e urbano).

Entretanto, há várias questões inter-relacionadas. Uma edificação produz rejeitos. Enquanto os resíduos sólidos são função dos hábitos e do consumo dos habitantes de uma cidade (e, portanto, dos moradores de uma edificação), a geração de escoamentos superficiais depende de como a edificação ocupa o lote, de qual é o seu tipo de cobertura, do quanto as superfícies são impermeabilizadas e, por fim, de quantas e quais são as medidas compensatórias introduzidas em projeto, para evitar a produção direta de escoamento superficial e, assim, garantir a recuperação de parte das funções do ciclo hidrológico natural. Desse modo, reservatórios de lote podem recuperar parte da retenção superficial perdida com a regularização do solo, pavimentos permeáveis podem recuperar parte da infiltração perdida com as impermeabilizações, e telhados verdes podem favorecer a evapotranspiração, reter água na camada de solo e funcionar como reservatório de retenção, utilizando o volume da camada drenante. Essas ações ajudam a controlar inundações no ambiente urbano que contém as edificações que causam um incremento de escoamentos. Da mesma maneira, o consumo excessivo de água, além de custoso para o proprietário e de estressar um recurso natural finito, contribuindo para um quadro de escassez e (eventual) racionamento na escala urbana do abastecimento público, também é diretamente proporcional ao volume de esgotos gerado, o que tende a ameaçar a qualidade dos ambientes natural e construído, se não adequadamente coletado e tratado na escala urbana. Em última análise, a economia de água também reverte em economia de energia, uma vez que uma parcela considerável do custo do tratamento e distribuição de água potável se refere aos gastos com energia. Consumir menos energia, em escala local (no lote), gera uma reação em cadeia, em larga escala, com benefícios para o meio ambiente e para a própria cidade.

Portanto, os cuidados com os sistemas prediais hidráulicos e sanitários de uma edificação não são apenas preocupações do usuário direto, que poderá usufruir de um uso racional da água e obter vantagens econômicas, mas, em última análise, revertem para o bem coletivo, para o bom funcionamento da cidade, e apontam para um caminho de desenvolvimento sustentável, suportado por ações que se iniciam na escala básica do lote urbano.

6.2 USO RACIONAL E CONSERVAÇÃO DA ÁGUA

Problemas de escassez hídrica estão relacionados, em primeira instância, com a distribuição geográfica desigual — portanto, há locais em que a escassez física é um problema de base, relacionado ao ambiente desfavorável. Porém, o desperdício, o mau gerenciamento dos recursos disponíveis, o excesso de poluição (e a consequente degradação da qualidade dos corpos hídricos, que também leva à escassez) e o crescimento populacional (e urbano) desordenado são fatores fundamentais na discussão sobre a disponibilidade da água.

A água doce é um bem escasso, e são necessários esforços no sentido de promover seu uso racional e conservação. Existe uma preocupação mundial real com essa necessidade de racionalização do consumo dos recursos hídricos, com intuito de consolidar princípios contemporâneos de gestão de águas. Dentro deste contexto, a busca por alternativas de otimização do consumo de água, bem como minimização da geração de efluentes, se torna, cada vez mais, um tema de grande relevância. A NBR 16782:2019 (ABNT, 2019) especifica requisitos e estabelece procedimentos e diretrizes para edificações novas e existentes que optem pela conservação de água, de acordo com a viabilidade técnica e econômica.

O conceito de uso eficiente da água engloba a implementação de ações tecnológicas, institucionais e educacionais de economia de água, além de focar na manutenção e na melhoria da qualidade deste recurso. Sob o ponto de vista tecnológico, é possível apresentar novas soluções para o projeto do sistema predial hidráulico e sanitário, com vistas à racionalização da demanda e à consequente minimização do consumo. Entre essas ações, têm-se:

- A utilização de aparelhos economizadores de água, que atuam diretamente sobre o desperdício.
- A medição individualizada (já discutida no Capítulo 3, que pode ser uma ferramenta importante de conscientização do uso racional da água.
- A investigação de perdas no sistema, com programas de manutenção apropriados.
- A avaliação do uso de fontes alternativas de água (como o aproveitamento de água de chuva ou reúso de águas cinza) para atendimento dos usos menos exigentes, de forma a resguardar as fontes primárias de suprimento de água, incentivando a autosuficiência hídrica com incremento de oferta local.

O uso de maneira racional da água é uma ação primordial para o desenvolvimento sustentável dos sistemas públicos de água. As medidas de conservação e uso racional da água podem ser classificadas segundo diferentes pontos de vista.

Esquematicamente, as principais classes de medidas dizem respeito a: função (estrutural ou não estrutural); caráter (ativo ou passivo); e grupo de interesse (gestão da oferta ou da demanda). As medidas estruturais modificam as características tecnológicas dos sistemas de forma permanente, enquanto as não estruturais atuam no funcionamento do sistema e são reversíveis. O caráter ativo ou passivo de uma medida se refere à possibilidade de controle (ou não) por parte de quem as utiliza. Em relação ao grupo de interesse, o enquadramento das ações de gestão se divide em gestão da oferta (com fontes alternativas e/ou novos mananciais) ou da demanda (otimização do consumo de água), reduzindo as necessidades de consumo.

Outra abordagem do problema é sugerida por Oliveira (1999), em que a gestão do uso da água pode ser avaliada em três níveis sistêmicos: nível macro (sistemas hidrográficos, visando à conservação da água bruta); nível meso (sistemas públicos de abastecimento de água, considerando desde a captação até o consumidor final, e de coleta de esgotos sanitários, considerando desde o produtor até o seu descarte); e nível micro (processos prediais e industriais), como ilustra a Figura 6.1.

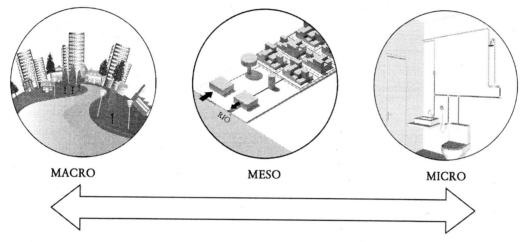

MACRO **MESO** **MICRO**

FIGURA 6.1: Gestão do uso da água em níveis sistêmicos, considerando a abordagem de Oliveira (1999).

De acordo com DTA F3 (2003), no nível macro, cabe à Agência Nacional de Águas (ANA), em bacias federais, e aos órgãos ambientais estaduais disciplinar a utilização dos rios e proteger os mananciais para evitar poluição incompatível com os usos previstos e o desperdício das águas, o que garante qualidade e quantidade de água bruta para usos múltiplos, incluindo o abastecimento urbano.

O mesmo DTA F3 (2003) afirma que, no nível meso, cada concessionária é responsável pela implantação de sistemas de gerenciamento que garantam qualidade e quantidade de água a seus usuários, atendendo às metas dos Planos Municipais de Saneamento Básico. Além disso, também devem garantir a preservação ambiental dos recursos, e promover ações de controle de perdas nos subsistemas de adução, reservação e distribuição de água tratada.

No nível micro, segundo DTA F3 (2003), cabe à sociedade (fornecedores e usuários), de forma difusa, contribuir para a conservação dos suprimentos existentes de água para as futuras gerações. Medidas para a melhoria do conjunto dos sistemas prediais de água e esgoto e racionalização do consumo de água contribuem para a manutenção dos recursos hídricos e também reduzem a quantidade de efluentes gerados. Finalmente, as medidas de conservação e uso racional nos sistemas prediais dependem de uma combinação de objetivos e motivações. A questão da economia na conta pode ser o ponto inicial, mas é limitada — é necessário que sejam associadas à discussão questões ambientais sobre a necessidade de conservação dos recursos hídricos e, em última análise, de melhoria do ambiente construído, revertendo positivamente, de forma mais ampla, para a própria edificação que ali se insere.

Uma edificação abastecida por água potável, com consumo de água otimizado, deve ser capaz de manter ou melhorar a qualidade da água segundo cada tipo específico de uso. Já uma edificação com consumo otimizado, uso de fontes alternativas de abastecimento de água e monitorada por um sistema apropriado de gestão, deve ser capaz de gerar maior economia de água, utilizando o menor montante de investimentos, com melhor período de retorno.

6.2.1 Otimização do Consumo

Novas tecnologias devem promover padrões de uso e conforto sem a perda da eficiência ou comprometimento de seu desempenho. Sobre este aspecto devem ser observadas as possibilidades de uso racional da água, de tal forma que as atividades sejam feitas sem repetição e sem o uso excessivo da água.

Como visto anteriormente no Capítulo 3, os cômodos abastecidos por água que devem ser analisados do ponto de vista do consumo hídrico são banheiros, cozinhas, áreas de serviços, varandas, áreas verdes e garagens. Nesses ambientes, os principais aparelhos sanitários são: bacias sanitárias, banheiras, chuveiros, duchas higiências, lavatórios, mictórios e bidês, nos banheiros; pia, filtro e máquina de lavar louça, nas cozinhas; tanque e máquina de lavar roupa, nas áreas de serviço; torneiras para lavagem e pia, nas varandas; torneira de jardim, nas áreas verdes e quintais; torneiras para lavagem, nas garagens. Pode-se analisar o consumo de água dessas áreas de duas formas: considerando (i) a tecnologia de aparelho sanitário e (ii) os hábitos dos usuários. Em relação ao primeiro item, devem-se levar em conta as características de construção e funcionamento dos aparelhos, que influenciam a vazão de água escoada por eles. Nesse sentido, a utilização de equipamentos hidráulicos e componentes economizadores de água, como bacias sanitárias de volume reduzido e aparelhos com acionamento de presença, por exemplo, contribui para o uso racional da água em uma edificação, uma vez que tais dispositivos atuam no controle da vazão de utilização e/ou no tempo de uso dos mesmos. Já em relação ao segundo item, avalia-se o comportamento dos usuários, verificando se há possibilidade de reduzir o consumo de água com a mudança de certos hábitos.

No Brasil, percebe-se que, principalmente as edificações de uso público, tais como *shopping centers*, cinemas, estádios, aeroportos, escolas e hospitais, vêm investindo no uso de aparelhos economizadores de água nos últimos anos. Nos locais com grande circulação de pessoas, o impacto na redução das contas de água e esgoto, com a adoção de tais medidas, é bastante significativo. Além disso, há um benefício complementar, associado à imagem da empresa, que é o *marketing* ambiental.

É importante observar que, até o ano 2002, no Brasil, eram utilizadas bacias sanitárias cujos equipamentos de descarga consumiam volume da ordem de 9 litros por acionamento. A partir de então, as bacias passaram a ser fabricadas para que utilizassem o volume de 6 litros; as demais estão obsoletas. A NBR 15575-6, *Edificações Habitacionais — Desempenho (Parte 6: Requisitos para os sistemas hidrossanitários)*, publicada em 2013 (ABNT, 2013), estabelece que o funcionamento das caixas e válvulas de descarga, quanto a vazão e volume, deve atender ao disposto na NBR 15491:2007, *Caixa de descarga para limpeza de bacias sanitárias — Requisitos e métodos de ensaio* (ABNT, 2007) e na NBR 15857:2010, *Válvula de descarga para limpeza de bacias sanitárias — Requisitos e métodos de ensaio* (ABNT, 2010). Também apresenta um item de adequação ambiental para o uso racional da água, indicando a importância da redução da demanda da água da rede pública de abastecimento e do volume de esgoto conduzido para tratamento, sem aumento da probabilidade de ocorrência de doenças ou da redução da satisfação do usuário. Neste item em particular, são listados critérios que estabelecem que as bacias sanitárias devem ter volume de descarga útil igual a 6,8 litros, com tolerância de ± 0,3 litro, de acordo com as especificações da NBR 15097-1:2011, *Aparelhos sanitários de material cerâmico* (ABNT, 2011), e que as peças de utilização devem possuir vazões que permitam tornar o uso da água o mais eficiente possível.

O setor das indústrias de louças e metais sanitários tem realizado investimentos significativos no desenvolvimento de produtos para a redução de consumo de água. Os equipamentos sanitários economizadores mais empregados substituem os tradicionais, sendo os mais comuns bacias sanitárias, torneiras, chuveiros e mictórios, como apresentados na Tabela 6.1.

Tabela 6.1 – Principais características de componentes economizadores de água

Aparelho sanitário e equipamento acessório		Característica
Bacias sanitárias	Com caixa de descarga de sistema dual (ou *dual flush*)	Sistema instalado na caixa acoplada, que apresenta duas teclas, de modo que o usuário possa selecionar, de acordo com sua necessidade, a quantidade de água a ser utilizada na descarga (meia descarga ou descarga completa). Apresenta os volumes de 3 ou 6,8 litros (volume nominal de 6 litros).
	Com caixa de descarga pressurizada com pressão mínima de operação 140 kPa	Sistema de válvulas de pressão instalado em bacias sanitárias, que permite acumular água sob pressão como se estivesse conectado a uma caixa principal, permitindo que seja escoada apenas a água necessária para a higenização do equipamento.
	Com válvula de descarga eletrônica (sensor de presença) de ciclo fixo e volume de descarga de 6 litros	Sistema acoplado à válvula de descarga que detecta a presença do usuário e aciona automaticamente, dispensando 6 litros de água para a limpeza do equipamento.
	Com sistema de coleta do esgoto a vácuo	Sistema que utiliza o ar a vácuo em vez da água, com economia de 90% deste insumo. Apresenta baixo consumo de energia.
Lavatórios	Torneira hidromecânica	Controle por meio de um registro regulador de vazão. Há temporização do ciclo de funcionamento, o que resulta em redução do consumo de água.
	Torneira com direcionador do jato	Acionamento convencional; jato concentrado e sem respingos.
	Torneira com arejador	Peça instalada na torneira, que permite a mistura de ar ao jato; diminui o fluxo, mas direciona o jato e mantém a mesma sensação de volume.
	Torneira com pulverizador	Peça acoplada na saída da torneira, que reduz a vazão em até 0,03 L/s, sem comprometer a satisfação do usuário
	Torneira com atomizador	Peça acoplada na saída da torneira, que divide a água em milhões de partículas e cria uma grande névoa, possibilitando um aproveitamento muito maior da água.
	Torneira com sensor	Funcionamento pela ação de um sensor, que libera o fluxo de água tão logo seja percebida a presença das mãos do usuário. É um sistema que depende de energia para funcionar, sendo alimentado por baterias ou pela rede elétrica local.
Mictórios	Válvula de acionamento hidromecânico	Sistema de acionamento hidromecânico, por meio de pressão manual, com fechamento automático em aproximadamente 6 segundos.
	Válvula de acionamento por sensor de presença	Sistema de acionamento por meio de sensor, capaz de detectar a presença do usuário para, então, liberar o fluxo de água. O tempo médio de acionamento é de 5 a 6 segundos. É um sistema que depende de energia para funcionar, sendo alimentado por baterias ou pela rede elétrica local.
	Válvula de descarga temporizada	Sistema temporizado que regula a água na quantidade correta por meio de válvula com fechamento automático.
Chuveiros	Com restritores de vazão	Peça acoplada na saída do chuveiro, que reduz a vazão, podendo limitá-la em 9 L/min, ao contrário dos chuveiros convencionais, que podem possuir uma vazão de 30 L/min.
	Com misturadores termostáticos	Sistema com válvula termostática que mistura a água quente e a fria de acordo com a temperatura ajustada; conforme alterações de pressão ou de temperatura da água de abastecimento, há um reajuste da mistura. Como não há excesso de consumo de recursos para ajustar a temperatura e pressão, diz-se que é um aparelho econômico.
	Com dispositivo temporizado e fechamento hidromecânico	Sistema com válvulas e registros reguladores de vazão que propiciam redução do consumo. Possui acionamento automático temporizado, liberando apenas a quantidade necessária para cada uso.

Avaliação da economia gerada pelo uso de aparelhos economizadores em um banheiro

Os fabricantes de aparelhos sanitários vendem seus produtos economizadores de água prometendo uma porcentagem de economia que, em muitos casos, pode chegar a 70%. Neste exemplo, propõe-se avaliar a economia gerada em uma situação de uso de um banheiro, considerando o conjunto de aparelhos economizadores utilizados.

Assim, considera-se, para ilustrar, um edifício hipotético, de uso escolar, que possua banheiros masculinos e femininos com aparelhos sanitários mais tradicionais. O banheiro feminino possui bacia sanitária com válvula de descarga e lavatório; o banheiro masculino possui bacia sanitária com válvula de descarga, mictório e lavatório. Neste exemplo, considera-se a substituição desses aparelhos sanitários por outros, mais modernos, e que sejam economizadores de água.

Para fazer a avaliação de economia de água, serão consideradas duas alternativas distintas, conforme apresentado a seguir.

Alternativa	Aparelhos sanitários considerados para substituição		
1	Bacia sanitária com caixa de descarga de sistema dual (3 ou 6 litros)	Torneira de lavatório hidromecânica	–
2	Bacia sanitária com caixa de descarga de sistema dual (3 ou 6 litros)	Torneira de lavatório com sensor	Mictório com sensor

Para avaliar a eficiência de cada alternativa, é preciso estimar, antes, os valores de consumo correspondentes aos aparelhos que se pretende substituir. Como hipótese, então, para avaliação desses consumos, serão analisadas as operações unitárias dos usuários, associadas ao uso de banheiros, que compõem o valor esperado desse consumo.

Sabendo-se que o uso do banheiro feminino e o do banheiro masculino são similares, mas não idênticos, pela existência de mictórios neste último, fez-se a composição apresentada na Tabela A. Nesta tabela, é simulada a composição de cada operação de modo unitário. Essa composição unitária é, então, associada ao total consumido. Dessa maneira, pode-se avaliar o potencial de redução do consumo pela substituição de componentes do sistema. Ressalta-se que foi criado um modelo de consumo que, obviamente, não é preciso, podendo sofrer variações, mas que ajuda na definição de um cenário médio para suporte a decisão.

Tabela A – Simulação do uso dos aparelhos sanitários em banheiros

Aparelho sanitário	Volume de referência (litros)	Feminino		Masculino	
		% uso	Volume gasto (litros)	% uso	Volume gasto (litros)
Bacia sanitária com válvula de descarga	12,0	100%	12,0	20%	2,4
Mictório de pressão (hidromecânico	2,0	–	–	80%	1,6
Lavatório tradicional	3,0	100%	3,0	100%	3,0
TOTAL	**17,0**	–	**15,0**	–	**7,0**
				TOTAL: 22,0 litros	

A partir da situação atual apresentada, é possível fazer a avaliação de consumo de água com base na substituição dos aparelhos sanitários, conforme as alternativas propostas. Os resultados obtidos para a Alternativa 1 estão apresentados na Tabela B, e para a Alternativa 2 estão apresentados na Tabela C.

Tabela B – Avaliação da substituição dos aparelhos sanitários – Alternativa 1

Aparelho sanitário	Volume de referência (litros)	Feminino		Masculino	
		% uso	Volume gasto (litros)	% uso	Volume gasto (litros)
Bacia sanitária com caixa acoplada com sistema *dual flush* (meia descarga)	3,0	80%	2,4	10%	0,30
Bacia sanitária com caixa acoplada com sistema *dual flush* (descarga inteira)	6,0	20%	1,2	10%	0,60
Mictório de pressão (hidromecânico)	2,0	–	–	80%	1,6
Lavatório de pressão (hidromecânico)	1,0	100%	1,0	100%	1,0
TOTAL	**12,0**	–	**4,6**	–	**3,5**
				TOTAL: 8,1 litros	

Tabela C – Avaliação da substituição dos aparelhos sanitários – Alternativa 2

Aparelho sanitário	Volume de referência (litros)	Feminino		Masculino	
		% uso	Volume gasto (litros)	% uso	Volume gasto (litros)
Bacia sanitária com caixa acoplada com sistema *dual flush* (meia descarga)	3,0	80%	2,4	10%	0,3
Bacia sanitária com caixa acoplada com sistema *dual flush* (descarga inteira)	6,0	20%	1,2	10%	0,6
Mictório de sensor	1,0	–	–	80%	0,8
Lavatório de sensor	0,7	100%	0,7	100%	0,7
TOTAL	**9,7**	–	**4,3**		**2,4**
				TOTAL: 6,7 litros	

Percebe-se que a alteração dos aparelhos convencionais pelos economizadores de água realmente resulta em economia de água, com redução de 63% se forem adotadas peças hidromecânicas e de 69% se forem usadas peças com sensor de presença. Apesar da maior redução, esta última alternativa precisa ser bem avaliada, pois possui maior custo do que a anterior. Assim, recomenda-se uma análise de custo × benefício antes da escolha final.

6.2.2 Programa de Conservação de Água (PCA)

Denomina-se *Programa de Conservação de Água*, ou simplesmente PCA, o conjunto de ações voltadas para a gestão da oferta e da demanda de água em edificações existentes. É recomendável que as ações, sempre que possível, sejam adotadas já na fase de projeto das edificações. A implantação de um PCA deve considerar a otimização do consumo de água, com a consequente minimização da geração de efluentes, preservando a qualidade e a quantidade da água bruta, além de promover a redução dos custos dos insumos, como água, energia e produtos químicos, e racionalizar os custos operacionais e de manutenção. Ainda, como ação do PCA, é possível considerar o uso de fontes alternativas de água, desde que consideradas as restrições de uso (fins menos nobres).

De uma maneira geral, os PCA devem considerar três agentes principais: consumidores, prestadores de serviço de abastecimento de água e reguladores públicos. Nesse contexto, há necessidade de preservação de áreas importantes sob o ponto de vista hídrico, para garantir a produção de água tratada. Complementarmente, os cuidados com as perdas na distribuição e o uso racional pelo consumidor final produzem um alinhamento que converge para a conservação da água. No caso das edificações, em particular, existem ainda outros agentes com motivações diferentes, que são os fabricantes de materiais e equipamentos e os construtores, os quais também têm um papel importante no processo de implantação e manutenção destes programas.

Muitas vezes, uma economia importante pode ser obtida pela simples mudança de hábitos. Portanto, campanhas de educação para conscientizar os usuários, esclarecendo que a água é finita e que variações sazonais podem trazer problemas sérios de escassez, bem como a introdução de canais de comunicação para divulgar objetivos, metas e benefícios gerados pelos programas, são fundamentais para o sucesso desse tipo de ação.

A metodologia de implantação de um PCA em uma edificação, segundo DTA F3 (2003), pode ser subdividida em seis etapas: (1) auditoria inicial, (2) avaliação da demanda e da oferta, (3) estudo de viabilidade técnica e econômica, (4) escolha do cenário apropriado, (5) desenvolvimento das ações tecnológicas e (6) desenvolvimento do sistema de gestão da água, como ilustra a Figura 6.2.

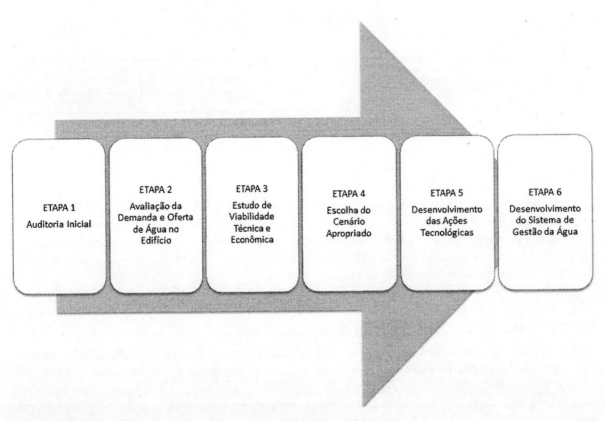

FIGURA 6.2: Etapas para a implantação de um PCA. (DTA F3, 2003.)

A Etapa 1, de *auditoria inicial* ou *avaliação técnica inicial*, consiste no levantamento de dados necessários para o estudo subsequente de implantação do programa. Nela, devem ser definidas as características físicas e funcionais do edifício (tipologia de uso, características arquitetônicas, sistema hidráulico externo e interno e sistemas especiais) por meio do levantamento de documentos, projetos e entrevistas. Também deve ser feita uma vistoria *in loco*, para verificar as informações obtidas no levantamento documental, bem como para identificar as condições de operação e manutenção do sistema. É recomendável realizar uma inspeção para detectar possíveis vazamentos na rede externa, rede interna, reservatórios e ambientes sanitários. Como resultado desta etapa, caracterizam-se os sitemas hidráulicos e sanitários existentes e mapeia-se a situação corrente da edificação.

A Etapa 2, associada a *avaliação da demanda e oferta de água no edifício*, consiste na organização dos dados obtidos na etapa anterior (Etapa 1) para o diagnóstico do sistema, considerando o consumo estimado a partir da caracterização efetuada, bem como as possíveis perdas provenientes de vazamentos, em função das condições de funcionamento. Em relação à avaliação da demanda, deve ser estimado o consumo médio mensal de água, com base na série histórica de consumo, e, consequentemente, o consumo *per capita* em litros/pessoa/dia. Em sequência, devem ser avaliados os processos que utilizam água, verificando se existe desperdício ou insuficiência; os equipamentos e componentes hidráulicos, verificando se atendem aos usos específicos dos pontos de consumo e quais são as suas vazões estimadas; e a pressão hidráulica do sistema, conferindo se ela atende às pressões admissíveis, máxima e mínima. Outra informação importante a ser determinada é o índice de vazamentos (número de componentes com vazamento em relação ao total de componentes instalados), que permite estimar o volume de água perdido em vazamentos. Com a determinação da demanda e a identificação dos processos que levam a este valor (avaliação dos processos que utilizam água, adequação dos componentes hidráulicos, controle de vazão e pressão e perdas físicas estimadas), é possível construir um cenário de atuação na edificação e propor ações, de tal modo que o consumo de água esteja otimizado. Em relação à avaliação da oferta, deve ser identificada qual a forma de abastecimento de água — que pode ser pela rede pública de abastecimento ou por fontes alternativas (captação direta de mananciais, águas subterrâneas, águas pluviais ou efluente tratado). Deve ser também avaliada a continuidade do fornecimento deste insumo, bem como a qualidade em relação ao uso específico, resguardando a saúde pública dos usuários internos e externos. A partir desta avaliação podem ser propostas ações de incorporação de águas de fontes alternativas às existentes, com uma estimativa dos investimentos necessários e períodos de retorno do investimento.

A Etapa 3, de *estudo de viabilidade técnica e econômica*, tem por objetivo escolher, dentre as alternativas propostas, as melhores para a geração de economia, com baixos investimentos e períodos de retorno de investimento atrativos. Devem ser considerados o detalhamento das formas de otimização do consumo (minimização de perdas físicas, controle de pressões, adequação de equipamentos e processos), o aumento da oferta, com diminuição da dependência do sistema público e menores gastos com a conta d'água (implementação do uso de fontes alternativas de água), as possibilidades de uso de tecnologias disponíveis, a valoração dos investimentos necessários, e a previsão da economia de água gerada.

Na Etapa 4, relativa à *escolha do cenário apropriado*, devem ser avaliados, de maneira comparativa, os aspectos técnicos, operacionais e econômicos das alternativas propostas na etapa anterior (Etapa 3). Cada tipologia arquitetônica deve ser avaliada com critérios comparativos apropriados, com indicadores que mostrem a atratividade e o retorno de cada ação proposta, bem como com as interações com os demais sistemas prediais e a própria edificação. Ao final, deve ser elaborado o plano de intervenção.

Na Etapa 5, de *desenvolvimento das ações tecnológicas*, é detalhada a alternativa selecionada, para confirmação das estimativas anteriores e viabilização do projeto. São definidos os cronogramas de atividades, com detalhamentos de cada intervenção, incluindo a especificação dos materiais e equipamentos. Também são produzidos, nesta etapa, manuais de procedimentos de operação e de manutenção. Essa, portanto, é a etapa de desenvolvimento do projeto de intervenção propriamente dito.

A Etapa 6, de *desenvolvimento do sistema de gestão da água*, tem como objetivo garantir o monitoramento e a sustentação dos resultados previstos em projeto, ao longo do tempo, durante a sua fase operacional. O plano de gestão deve prever ações operacionais, como a criação de rotina permanente de procedimentos de manutenção preventiva e corretiva, o monitoramento contínuo do consumo por meio de registros de leituras periódicas dos hidrômetros (usando planilhas eletrônicas simples e gráficos de acompanhamento), a realização de vistorias esporádicas nos setores de maior consumo para avaliação do uso da água, e ações educacionais, como a conscientização, participação e colaboração dos usuários para o cumprimentos das metas e sucesso do PCA. Cabe, ainda, o planejamento das ações futuras, dentro de um plano de ajustes e melhoria contínua.

6.2.3 Programas Brasileiros de Conservação da Água

Os Programas de Conservação da Água começaram a ser desenvolvidos na década de 1970, nos Estados Unidos, frente à realidade da crise financeira, que elevou o preço dos recursos básicos, dentre eles a energia e a água. No Brasil, essa tendência vem sendo seguida desde a década de 1990, com a criação, em diversas cidades, de Programas de Conservação de Água, com o objetivo de reduzir o consumo. São apresentados, na Tabela 6.2, de forma breve, alguns dos Programas de Conservação da Água brasileiros, com a observação de que sua atuação pode ser em nível nacional, regional ou local.

Tabela 6.2 – Principais programas de conservação da água no Brasil

Nome	Sigla	Data e local	Instituições envolvidas	Objetivos
Programa de Uso Racional da Água	Pura	1995, SP	Escola Politécnica da Universidade de São Paulo (EP/USP), Instituto de Pesquisas Tecnológicas (IPT) e Companhia de Saneamento Básico do Estado de São Paulo (Sabesp)	Garantir o fornecimento de água e promover a qualidade de vida da população.
Programa Nacional de Combate ao Desperdício de Água	PNCDA	2008, Brasil	Criado pelo Governo Federal e coordenado pela Secretaria Especial de Desenvolvimento Urbano da Presidência da República.	Definir e implementar ações e instrumentos tecnológicos, institucionais, econômicos e educacionais, visando à economia do consumo de água nas áreas urbanas.
Programa Brasileiro de Qualidade e Produtividade da Construção Habitacional	PBQP-H	1998, Brasil	Governo Federal	Criar e estruturar um novo ambiente tecnológico e de gestão para o setor, no qual os agentes pautam suas ações específicas visando à modernização, com tecnologias de organização, de métodos e de ferramentas de gestão.
Programa de Conservação de Água da Unicamp	Pró-Água – Unicamp	1999, São Paulo	Unicamp	Implantar medidas que induzissem o uso racional de água nos edifícios localizados na Cidade Universitária Professor Zeferino Vaz e conscientizar os usuários sobre a importância da conservação desse insumo.
Programa de Conservação e Uso Racional da Água nas Edificações	Purae	2006, Curitiba	Município de Curitiba	Implantar medidas que induzem a conservação, uso racional e utilização de fontes alternativas para captação de água nas novas edificações, bem como a conscientização dos usuários sobre a importância da conservação de água.

Tabela 6.2 – Principais programas de conservação da água no Brasil *(Cont.)*

Nome	Sigla	Data e local	Instituições envolvidas	Objetivos
Programa Pró-Acqua	Pró-Acqua	2007, São Paulo	Sabesp e o Centro de Desenvolvimento e Documentação da Habitação e Infraestrutura Urbana (Cediplac), organização sem fins lucrativos associada à Escola Politécnica da Universidade de São Paulo (Poli/USP)	Elevar os patamares da qualidade e produtividade dos sistemas de medição individualizada de água em edifícios, em operação e novos, visando garantir o desempenho e a efetividade dos sistemas e fornecendo eficiência e confiabilidade aos consumidores.
Programa Nacional de Desenvolvimento dos Recursos Hídricos – Proágua Nacional	Proágua	2007, Brasil	Governo Federal	Fortalecer institucionalmente todos os atores envolvidos com a gestão dos recursos hídricos no Brasil e a implantação de infraestruturas hídricas viáveis dos pontos de vista técnico, financeiro, econômico, ambiental e social, promovendo o uso racional dos recursos hídricos e garantir a oferta sustentável de água em quantidade e qualidade adequadas aos usos múltiplos.

6.3 SISTEMA DE APROVEITAMENTO DE ÁGUA DE CHUVA EM EDIFICAÇÕES

O uso da água de chuva é uma prática milenar, em que era aproveitada em muitas sociedades como um valioso recurso para várias finalidades, como irrigação e até mesmo consumo humano, quando devidamente tratada. Mais recentemente, seu uso vem sendo incentivado, principalmente para uso não potável, como na descarga de bacias sanitárias, torneiras de jardins, lavagem de roupas, lavagem de calçadas e automóveis. O aproveitamento de água de chuva surge como uma fonte alternativa de suprimento para o abastecimento dos pontos de consumo de água com finalidades não potáveis, aumentando a oferta de abastecimento e, consequentemente, diminuindo problemas de escassez. Adicionalmente, o aproveitamento da água de chuva, ao retirar água dos sistemas de drenagem urbana, também pode contribuir para o controle de alagamentos e inundações das cidades, na escala da bacia, superando a escala local da edificação, quando essa iniciativa se generaliza.

Portanto, existem vários aspectos positivos no uso de sistemas de aproveitamento de água de chuva: redução no consumo da água de abastecimento público, com impacto direto no valor pago mensalmente à concessionária, economia de água potável e conservação da água das reservas hídricas; controle do escoamento superficial e prevenção de alagamentos e inundações; recomposição de parcelas do ciclo hidrológico em áreas urbanas, favorecendo a recarga artificial de aquíferos subterrâneos; previsão de água de chuva para a agricultura urbana; e educação ambiental.

Deve-se destacar, logo de partida, porém, que as duas principais funções de sistemas de coleta de água de chuva, associadas (1) ao controle de escoamentos para o sistema de drenagem e mitigação de inundações e (2) ao aproveitamento da água de chuva como recurso para o abastecimento alternativo da edificação, remetem a objetivos conflitantes. Para controlar escoamentos e evitar inundações, os reservatórios devem estar vazios; por outro lado, para utilizar a água como recurso, os reservatórios devem estar cheios. Se os dois objetivos coexistem, torna-se necessário separar os reservatórios que irão cumprir cada uma das duas funções. A implantação de um sistema de aproveitamento da água de chuva como recurso, portanto, envolve uma análise da oferta (em função das condições ambientais locais e do clima) e da demanda (em função dos hábitos de consumo). Além disso, a sua viabilidade depende de diversos fatores, como: precipitação média local; área de captação e material da superfície; caracterização da qualidade da água; elaboração de projetos dos reservatórios e de sistemas complementares; identificação dos usos da água e o estabelecimento do tipo de tratamento a ser aplicado às águas de chuva, em função do padrão de qualidade exigido para cada uso final.

Um sistema de aproveitamento de água de chuva é geralmente composto por superfícies coletoras, calhas, tubulações, tratamento (eventualmente) e reservatórios. É muito comum os sistemas de aproveitamento de água de chuva incluírem dispositivos para remoção do primeiro volume precipitado (separação do "*first flush*"). O esquema do sistema de aproveitamento de água de chuva está apresentado na Figura 6.3.

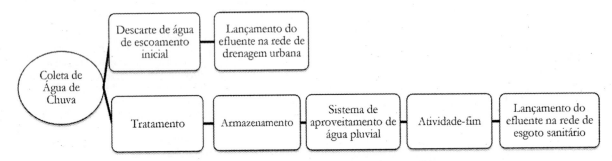

FIGURA 6.3: Sistema de aproveitamento de água de chuva. (Adaptada de ANA, 2005.)

O principal local para a captação da água de chuva em edificações é o telhado. Para que essa captação seja possível, a cobertura precisa estar devidamente projetada, com calhas encaminhando as águas pluviais a tubulações verticais, que farão sua descarga num mesmo local: o reservatório de armazenamento.

Em relação aos sistemas de controle de inundação, é comum se estabelecer a necessidade de um certo volume de armazenamento, em função da área impermeabilizada, ou, alternativamente, definir uma vazão máxima de saída do sistema, tomando por base a ocupação anterior a urbanização. Os sistemas de aproveitamento de água de chuva, por sua vez, têm como elemento central de cálculo a capacidade do reservatório de reserva. Esse cálculo é feito, usualmente, por um balanço simplificado de entradas (definidas pelo regime de chuvas) e saídas (definidas pelo consumo esperado). Mais adiante será apresentado um exemplo que ilustra esse ponto.

6.3.1 Legislações Vigentes

No Brasil, a lei federal 11.445/2007, conhecida como Lei de Saneamento, incentiva o aproveitamento da água de chuva em edificações, como apresentado em seu Art. 3º., inciso XIII, que especifica que os serviços públicos de saneamento básico serão prestados com base em princípios fundamentais, tais como o combate às perdas de água e estímulo à racionalização de seu consumo pelos usuários e fomento ao aproveitamento de águas de chuva (Brasil, 2007). Há, ainda, várias outras iniciativas em andamento, como projetos de lei, visando estabelecer um uso mais eficiente das águas, controlar inundações, isentar impostos ou reduzir alíquotas que incidem sobre materiais/equipamentos utilizados em projetos de aproveitamento de água de chuva, entre outros. Uma iniciativa de grande relevância foi a publicação da NBR 15527:2019, *Água de chuva – Aproveitamento de coberturas em áreas urbanas para fins não potáveis – Requisitos* (ABNT, 2019). Em nível municipal, porém, já existem leis municipais e decretos que estabelecem critérios específicos em relação ao aproveitamento de água de chuva há mais tempo. Destacam-se algumas, compiladas na Tabela 6.3, apenas a título de informação, visto que a tabela não abrange a totalidade de leis existentes em nível municipal em todo o país.

A NBR 15.527:2019 (ABNT, 2019) define os requisitos para o projeto de um sistema de aproveitamento de águas de chuva e prevê, dentre as possibilidades de uso da água de chuva, após tratamento adequado, o das descargas em bacias sanitárias, irrigação de gramados e plantas ornamentais, lavagem de veículos,

Tabela 6.3 – Leis municipais e decretos — Aproveitamento de água de chuva

Lei	Ano	Município	Objetivo
Lei n° 14/2009	2009	Belo Horizonte	Estabelece normas específicas para a captação, a conservação e o uso da água nas edificações no município e dá outras providências.
Lei n° 68/2009	2009	Belo Horizonte	Dispõe sobre a obrigatoriedade de implantação de sistema de captação e retenção de águas pluviais nos imóveis que menciona.
Lei n° 7216/2008	2008	Blumenau	Cria o programa de conservação e uso racional da água nas edificações, no município de Blumenau.
Lei n° 10.785/2003	2003	Curitiba	Cria, no município de Curitiba, o programa de conservação e uso racional da água nas edificações — Purae.
Lei n° 2896/2004	2004	Foz do Iguaçu	Cria, no município de Foz do Iguaçu, o programa de conservação e uso racional da água nas edificações.
Lei n° 5617/2000	2000	Guarulhos	Código de obras da cidade de Guarulhos.
Lei n° 6345/2003	2003	Maringá	Institui o programa de reaproveitamento de águas em Maringá.
Lei n° 1620/1997	1997	Niterói	Define disposições relativas à aprovação de edificações residenciais unifamiliares.
Lei n° 2.626/2008	2008	Niterói	Dispõe sobre a instalação de sistemas de aquecimento solar de águas e do aproveitamento de águas pluviais na construção pública e privada no município de Niterói e cria a comissão municipal de sustentabilidade urbana.
Lei n° 2.349/2004	2004	Pato Branco	Cria o programa de conservação e uso racional da água nas edificações.
Lei n° 10.506/2008	2008	Porto Alegre	Institui o programa de conservação, uso racional e reaproveitamento das águas.
Lei n° 17081/2005	2005	Recife	Cria no município do Recife o programa de conservação e uso racional da água nas edificações.
Lei n° 9.520/2002	2002	Ribeirão Preto	Torna obrigatória a construção de reservatório para as águas coletadas por coberturas e pavimentos nos lotes edificados ou não, que tenham área impermeabilizada superior a 500 m².
Decreto n° 23.940/2004	2004	Rio de Janeiro	Torna obrigatória, nos casos previstos, a adoção de reservatórios que permitam o retardo do escoamento das águas pluviais para a rede de drenagem.
Lei n° 4.393/2004	2004	Rio de Janeiro	Dispõe sobre a obrigatoriedade das empresas projetistas e de construção civil de fornecer um dispositivo para captação de águas da chuva aos imóveis residenciais e comerciais e dá outras providências.
Lei n° 13.276/2002	2002	São Paulo	Torna obrigatória a execução de reservatório para as águas coletadas por coberturas e pavimentos nos lotes edificados ou não, que tenham área impermeabilizada superior a 500 m².
Lei n° 14.018/2005	2005	São Paulo	Institui o Programa Municipal de Conservação e Uso Racional da Água em Edificações e dá outras providências.
Decreto n° 47.731, de 28 de setembro de 2006	2006	São Paulo	Regulamenta o Programa Municipal de Conservação e Uso Racional da Água e Reuso em Edificações, instituído pela Lei n° 14.018, de 28 de junho de 2005.
Lei n° 12.526/2007	2007	São Paulo	Estabelece normas para a contenção de enchentes e destinação de águas pluviais.
Lei n° 7073/2007	2007	Vitória	Acrescenta parágrafo único ao artigo 174 e o artigo 174-A na Lei n° 4.821, de 31 de dezembro de 1998.

limpeza de calçadas e ruas, limpeza de pátios, espelhos d'água e usos industriais. Já a Resolução Conjunta SMG/SMO/SMU nº 001 de 27 de janeiro de 2005 (Rio de Janeiro, 2005), em vigor no Rio de Janeiro, prevê usos mais restritos, apenas em lavagens de automóveis, pisos e regas de jardins.

Para fins de aproveitamento, a NBR 15527/2019 restringe a área de captação apenas às coberturas, ou seja, aos telhados das edificações. Porém, as superfícies impermeáveis de um lote se referem às áreas de telhado, laje ou piso. Para fins de mitigação de alagamentos e inundações associados a falhas do sistema de drenagem urbana, todas essas áreas podem ser áreas de captação.

6.3.2 Qualidade da Água

É essencial realizar um estudo antes de implantar um projeto de aproveitamento de água de chuva, para verificar a exigência do atendimento a padrões de qualidade relacionados aos usos finais e a necessidade de tratamento específico.

Existem poluentes no ar atmosférico, que são carregados pelas chuvas, e que estão relacionados com as atividades predominantes na região. Como exemplo, citam-se as chuvas ácidas em regiões poluídas, que podem apresentar pH com valor de 3,5. Essas chuvas são ocasionadas pela reação da água com gases, como o dióxido de carbono, dióxido de enxofre e óxidos de nitrogênio, que formam ácidos e diminuem ainda mais o pH da água da chuva (Tomaz, 2010). A qualidade original da água de chuva pode ainda ser deteriorada em função da presença de folhas de árvores, fezes de pássaros, poeira e sólidos diversos na superfície de captação.

O reservatório de acumulação de água de chuva, por sua vez, pode apresentar contaminação devido à sedimentação de material sólido no fundo ou à proliferação de algas e bactérias oriundas da presença de matéria orgânica e da provável penetração de luz solar no reservatório.

A legislação federal brasileira estabelece padrões de qualidade para a água tratada e destinada ao consumo humano por meio da Portaria nº 2.914/11 do Ministério da Saúde (MS) (BRASIL, 2011), que dispõe sobre os procedimentos de controle e de vigilância da qualidade da água para consumo humano e seu padrão de potabilidade. Além dela, deve-se, ainda, tomar como referência também a NBR 15527: 2019 (ABNT, 2019). As exigências de ambas quanto aos parâmetros de qualidade da água estão resumidas na Tabela 6.4.

Tabela 6.4 – Parâmetros de qualidade da água (Adaptada da Portaria MS 2914/2011 e da NBR 15527/2019)

Parâmetro		Portaria MS 2914/2011	NBR 15527/2019
Físico	Turbidez	5,0 uT	–
			< 5,0 uT
	Cor	–	–
Químico	pH	6,0 - 9,5	6,0 a 9,0
	Cloro residual livre	–	–
Biológico	Coliformes totais	Ausentes	–
	Coliformes termotolerantes (*E. coli*)	Ausentes	< 200/100 mL

Considerando os usos não potáveis mais comuns em edifícios, são empregados sistemas de tratamento compostos de unidades de sedimentação simples, filtração simples e desinfecção com cloro ou radiação ultravioleta. Eventualmente podem-se utilizar sistemas mais complexos que proporcionem níveis de qualidade mais elevados. Esta etapa é importante para que se protejam os usuários e os componentes do sistema.

6.3.3 Projeto do Sistema de Aproveitamento de Água de Chuva em Edificações

A NBR 15527:2019 (ABNT, 2019) fornece os requisitos para o aproveitamento de água de chuva de coberturas em áreas urbanas para fins não potáveis. Entretanto, a concepção do projeto do sistema de coleta de água de chuva deve estar em consonância com a NBR 10844:1989, *Instalações Prediais de Águas Pluviais* (ABNT, 1989), já apresentada no Capítulo 5.

Antes de propor uma concepção de projeto, deve-se, segundo a NBR 15527:2019 (ABNT, 2019), fazer um estudo que considere o alcance do projeto, a população que se beneficiará do mesmo, e qual a demanda de água de chuva para cada caso. Naturalmente, também devem ser consideradas as características hidrológicas locais a partir de uma análise das séries históricas das precipitações.

Para aproveitar a água da chuva são necessários, basicamente, uma superfície coletora, calhas coletoras, reservatórios de armazenamento, tubulações e um sistema de recalque. Além destes, o sistema poderá conter dispositivos de tratamento da água, tais como filtros, dispositivos de descarte da primeira água de lavagem (*first-flush*), cloradores e ozonizadores.

A chuva cai na superfície coletora e, por sistemas interconectados de calhas e tubulações, vai ao reservatório de armazenamento; por fim, a água é recalcada até um segundo reservatório, elevado, de onde se fará a distribuição. O sistema pode variar muito e pode ser simples ou complexo, mas basicamente se dá de acordo com a Figura 6.4, que ilustra um sistema predial de aproveitamento de água de chuva, composto pela superfície coletora, calhas, condutores horizontais e verticais, reservatórios, uma etapa de tratamento, instalação elevatória e sistema de distribuição.

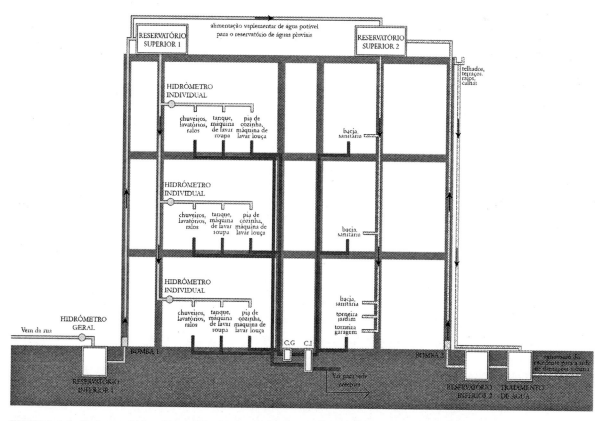

FIGURA 6.4: Esquema de funcionamento de um sistema de aproveitamento de água de chuva.

6.3.3.1 Superfície coletora

É importante que a área de captação do telhado seja adaptada, de forma que suas calhas conduzam as águas para o mesmo ponto: o reservatório de acumulação. Caso isso não seja possível, pode ser necessário criar mais de um reservatório para atender a essa necessidade. É preciso estudar o posicionamento do reservatório de armazenamento de águas pluviais e a viabilidade projetual de condução dessas águas até o mesmo. Além disso, devem ser previstos dispositivos, por exemplo, grades e telas, para remoção de detritos.

A qualidade da água coletada será função das condições locais (qualidade do ar, presença de árvores, animais), do tipo de material da superfície coletora e do clima. O material adequado para um sistema de captação para fins potáveis, sobretudo, deve ser atóxico, ou que não contamine a água. Sendo assim, dos materiais mais comuns, Brown et al. (2005) recomendam os metálicos, de concreto ou cerâmicos. A mesma publicação (*ibid*) ressalta que os telhados metálicos possuem textura lisa, a qual não retém nem água e nem partículas, mas, em contrapartida, quando sofrem desgaste, podem contaminar a água com metais. Já os telhados de concreto e cerâmico, diferentemente dos metálicos, retêm a água que é perdida por evaporação e partículas, por serem muito porosos. Ainda assim, são adequados, principalmente se revestidos de uma pintura não tóxica, para eliminar o problema da porosidade.

Em relação à cobertura, considera-se, para fins de dimensionamento, a área plana horizontal projetada pela sua superfície impermeável onde a água da chuva é captada. Existe uma diferença entre o volume de água precipitado e o que será coletado, em função do material da superfície do telhado, que é resultante da aplicação do coeficiente de *runoff* ou coeficiente de escoamento superficial. As perdas representadas por esse coeficiente se referem à água retida pelo material (como nas telhas de barro, por exemplo) ou à água evaporada. A Tabela 6.5 apresenta alguns valores para o coeficiente de *runoff*, para diferentes materiais empregados na superfície de captação.

Tabela 6.5 – Coeficientes de *runoff* para diferentes tipos de cobertura (Tomaz, 2010)

Material	Coeficiente de *runoff*
Telhas cerâmicas	0,8 a 0,9
Telhas esmaltadas	0,9 a 0,95
Telhas corrugadas de metal	0,8 a 0,9
Cimento amianto	0,8 a 0,9
Plástico	0,9 a 0,95

6.3.3.2 Calhas e condutores

Os sistemas de condução da água de chuva são as calhas e os condutores verticais e horizontais. As calhas são usadas para coletar a água da chuva do telhado, e os condutores são os responsáveis por encaminhá-la até o reservatório de acumulação. Assim como o telhado, o material das calhas e dos condutores não deve ser tóxico, dando-se preferência ao PVC e ao aço galvanizado. Para seu dimensionamento, deve ser consultada a NBR 10844:1989 (ABNT, 1989).

Pode ser instalado, no sistema de aproveitamento de água de chuva, um dispositivo para o descarte da água de escoamento inicial ("*first flush*"), que deve ser dimensionado pelo projetista. Não há consenso sobre o volume a ser descartado, mas, segundo Cunliffe (1998), esse valor fica entre 20 e 25 litros para 100m² de área de coleta. Na falta de dados, entretanto, costuma ser considerado o descarte de 2 mm da precipitação inicial. É recomendado que esse dispositivo seja automático.

Uma forma simples de descartar água de escoamento inicial é quando se desvia a água, nos primeiros minutos, de forma a não deixá-la entrar no reservatório, utilizando, por exemplo, um registro, como esquematiza a Figura 6.5. Outras formas de descarte do escoamento inicial já foram desenvolvidas por pesquisadores, mas não serão abordadas neste livro.

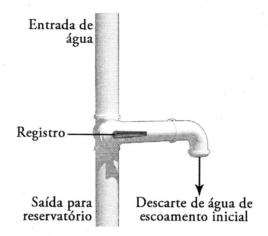

FIGURA 6.5: Esquema de funcionamento de dispositivo para descarte de água de escoamento inicial.

6.3.3.3 Reservatórios

O armazenamento da água de chuva se dá, usualmente, em dois reservatórios. O primeiro, no nível inferior, recebe as águas conduzidas após captação e primeiro tratamento. O segundo, posicionado na cobertura da edificação, é responsável pela distribuição da água nos pontos de abastecimento. Pode ainda ser necessária pressurização com tubulação de recalque neste sistema.

Como mencionado anteriormente, não deve haver conexão cruzada entre os sistemas prediais de água potável e o de aproveitamento de águas pluviais. Cabe ressaltar que a NBR 15527:2019 (ABNT, 2019) especifica que os reservatórios de água de distribuição de água potável e de água de chuva devem ser separados.

Por ser considerado, geralmente, o elemento mais oneroso do sistema, a escolha da melhor opção para o reservatório e o seu dimensionamento são itens cruciais e devem ser balizados em critérios técnicos, econômicos e ambientais, de tal forma a garantir que o sistema de aproveitamento de água de chuva seja viável. Os reservatórios podem ser enterrados, semienterrados, apoiados ou elevados, e são produzidos com diversos materiais, tais como concreto, alvenaria armada, polietileno, PVC, fibra de vidro ou aço inox. A água reservada deve ser protegida contra a incidência direta da luz solar e calor (para evitar a proliferação de algas e outros microrganismos), bem como contra a entrada de animais.

Da mesma forma como é previsto para os reservatórios de abastecimento, devem ser considerados no projeto do reservatório de água de chuva dispositivos como extravasor, dispositivo de esgotamento, cobertura e acesso para inspeção.

Os reservatórios devem ser limpos e desinfetados com solução de hipoclorito de sódio, no mínimo uma vez por ano de acordo com recomendações da NBR 5626:2020 (ABNT, 2020). O volume não aproveitável da água de chuva pode ser lançado na galeria de águas pluviais, na via pública ou ser infiltrado total ou parcialmente no solo, desde que não haja perigo de contaminação do lençol freático, a critério da autoridade local competente. Não deve haver interconexão entre o sistema de aproveitamento de água de chuva e o sistema de abastecimento público, embora o reservatório de armazenamento de água de chuva possa também, eventualmente, ser abastecido por uma entrada do sistema público de abastecimento.

No dimensionamento do reservatório, deve-se tentar maximizar o uso da água de chuva. Portanto, é preciso caracterizar a precipitação local, em geral utilizando médias mensais (mm/mês), e avaliar a disponibilidade e o tamanho da área de captação, bem como o espaço disponível dentro da propriedade para instalar do reservatório. A demanda deve ser estimada a partir do consumo de água nos dispositivos que passarão a utilizar água da chuva, após a implantação do sistema. A Tabela 6.6 mostra estimativas de demandas de água não potável em uma residência.

Tabela 6.6 – Demanda residencial de água não potável (Adaptado de Tomaz, 2000)		
Demanda interna	**Faixa**	**Unidade**
Bacia sanitária – Volume	6 – 15	L/descarga
Bacia sanitária – Frequência	4 – 6	Descarga/hab/dia
Máquina de lavar roupa – Volume	100 – 200	L/ciclo
Máquina de lavar roupa – Frequência	0,2 – 0,3	Carga/hab/dia
Demanda externa	**Faixa**	**Unidade**
Rega de jardim – Volume	2	L/dia/m^2
Rega de jardim – Frequência	8 – 12	Lavagem/mês
Lavagem de carro – Volume	80 – 150	L/lavagem/carro
Lavagem de carro – Frequência	1 – 4	Lavagem/mês

De acordo com a NBR 15527:2019 (ABNT, 2019), o volume dos reservatórios deve ser dimensionado com base em critérios técnicos, econômicos e ambientais, levando em conta as boas práticas de engenharia. Existem diversos métodos tais como: Rippl, da Simulação, Azevedo Neto, Prático Inglês, Prático Alemão e Prático Australiano.

Existe uma grande variabilidade de resultados para os valores de volumes de reservatórios obtidos pela aplicações destes métodos, o que pode ser justificado pela diferença conceitual dos métodos e seus níveis de simplificação. Enquanto alguns desses métodos de dimensionamento levam em conta a distribuição pluviométrica média mensal e a demanda de utilização de água pluvial, tais como o *Método de Rippl* e o da *Simulação*, outros são mais simplistas, como é o caso dos *Métodos Práticos Alemão e Inglês*, que consideram unicamente estimativas empíricas a partir de parâmetros como a área de captação e a média anual de precipitação aproveitável.

O *Método de Rippl* (Método do Diagrama de Massas), muito utilizado, baseia-se no dimensionamento do reservatório de água pluvial pela máxima diferença acumulada entre o volume captado e a demanda (consumo mensal da edificação, que pode ser constante ou variável). É indicada a utilização de valores diários, embora valores mensais também sejam aceitos, em caso de ausência dos primeiros. O dimensionamento pode ser feito pelo *Método Analítico* ou *Método Gráfico*.

Para o *Método Analítico*, emprega-se a Tabela 6.7, apresentada a seguir, que facilita o dimensionamento, reproduzida do trabalho de Amorim e Pereira (2008).

Alternativamente, também pode ser empregado o *Método Gráfico*, no qual são lançados em um gráfico os volumes de chuva acumulados e a demanda local acumulada no período de um ano. Traçam-se retas paralelas pela curva, tangenciando os pontos mais alto e mais baixo do gráfico. O volume do reservatório é obtido pela diferença (distância vertical) entre as duas paralelas.

O *Método da Simulação* consiste basicamente na fixação de um volume para o reservatório e na verificação de percentual de consumo que será atendido. Portanto, por tentativa e erro, ajusta-se um valor de volume que atenda satisfatoriamente à demanda. Para este método, a evaporação da água não deve ser levada em conta; o reservatório deve ser considerado cheio no início da contagem do tempo *t*; e os dados

Tabela 6.7 – Dimensionamento do reservatório – Método de Rippl. Adaptada de Amorim e Pereira (2008) *apud* May et al. (2004)

(1)	(2)	(3)	(4)	(5)	(6)	(7)	(8)	(9)
	P	A		Vol. aproveitável	Demanda mensal	$V_{ap} - D$	Dif. Acum.	V_Reserv$_{AP}$
Mês	(mm)	(m²)	C x η	(m³)	(m³)	(m³)	(m³)	(m³)
Jan								
Fev								
Mar								
Abr								
Mai								
Jun								
Jul								
Ago								
Set								
Out								
Nov								
Dez								
Total								

(1) Mês do ano
(2) Precipitação média mensal ou diária (mm)
(3) Área de coleta (m²)
(4) Produto do coeficiente de escoamento superficial pela eficiência do sistema de captação
(5) Volume aproveitável (m³): volume máximo de água pluvial que poderá ser coletado no intervalo de um mês ou diariamente, calculado pela Equação 6.1.

$$V = P \times A \times C \times \eta \tag{6.1}$$

Onde:

V: Volume máximo de água pluvial que poderá ser coletado no intervalo de um mês ou diariamente (m³);

P: Precipitação média mensal ou diária (mm);

A: Área de coleta (m²);

C: Coeficiente de escoamento superficial;

η: Eficiência do sistema de captação

(6) Demanda mensal a ser atendida (m³)
(7) Volume aproveitável – Demanda (m³): diferença entre o volume de água pluvial aproveitável e o volume da demanda a ser atendida
(8) Diferença acumulada (m³): volume obtido pelo somatório das diferenças negativas do volume aproveitável menos a demanda
(9) Volume do reservatório de água pluvial (m³): volume adquirido no somatório da diferença negativa do volume de chuva e da demanda

históricos devem ser representativos para as condições futuras. Para um determinado mês, aplica-se a equação da continuidade a um reservatório finito (Equação 6.2).

$$S_{(t)} = Q_{(t)} + S_{(t-1)} - D_{(t)} \tag{6.2}$$

$$Q_{(t)} = C \times \text{precipitação da chuva}_{(t)} \times \text{área de captação} \tag{6.3}$$

$$\text{Sendo que}: 0 \leq S_{(t)} \leq V \tag{6.4}$$

Onde:

$S_{(t)}$: Volume de água no reservatório no tempo *t*;

$S_{(t-1)}$: Volume de água no reservatório no tempo *t - 1*;

$Q_{(t)}$: Volume de chuva no tempo t;
$D_{(t)}$: Consumo ou demanda no tempo t;
V: Volume do reservatório fixado;
C: Coeficiente de escoamento superficial.

O *Método Azevedo Neto* relaciona a capacidade de armazenamento do reservatório com a quantidade de meses com seca ou pouca chuva (Equação 6.5), uma variável não utilizada pelos demais métodos.

$$V = 0,042 \times P \times A \times T \tag{6.5}$$

Onde:
P: Valor numérico da precipitação média anual em mm;
T: Valor numérico do número de meses de pouca chuva ou seca;
A: Valor numérico da área de coleta em projeção em m^2;
V: Valor numérico do volume de água aproveitável e o volume de água do reservatório (L).

O *Método Prático Inglês* é um dos mais simples de serem aplicados, visto que envolve apenas a precipitação anual. Seu conceito baseia-se em uma estimativa de que o volume ideal para o reservatório seja de 5% da precipitação aproveitada pela área de captação disponível (Equação 6.6). Dessa forma, para uma dada área, neste método, haverá variação apenas entre as áreas das residências, sendo os valores do consumo desprezados neste cálculo.

$$V = 0,05 \times P \times A \tag{6.6}$$

Onde:
P: Precipitação média anual em mm;
A: Área de coleta em projeção em m^2;
V: Volume de água aproveitável e o volume de água da cisterna (L).

O *Método Prático Alemão* considera apenas o volume anual da precipitação aproveitável ou o volume anual de consumo: toma-se, como volume do reservatório, o menor valor entre 6% do volume anual de consumo ou 6% do volume anual de precipitação aproveitável (Equação 6.7).

$$V_{adotado} = m\acute{i}nimo\ entre(V\ e\ D) \times 0,06 (6\%) \tag{6.7}$$

Onde:
V: Volume anual de precipitação aproveitável (L);
D: Demanda anual de água não potável (L).

O *Método Prático Australiano* utiliza uma lógica de análise contínua através dos meses, avaliando o volume remanescente do mês anterior, a chuva total aproveitável do mês e a demanda também mensal. O cálculo do volume do reservatório é realizado por tentativas, até que sejam otimizados os valores de volume do reservatório, com um atendimento confiável. As Equações 6.8 a 6.11, apresentadas a seguir, traduzem o método.

$$Q = (A \times C \times (P - I)) / 1.000 \tag{6.8}$$

Onde:
C: Coeficiente de escoamento superficial, geralmente 0,8;
P: Precipitação média mensal em mm;

I: Interceptação da água que molha as superfícies e perdas por evaporação, geralmente 2 mm;
A: Área de coleta em m²;
Q: Volume mensal produzido pela chuva em m³.

$$V_t = V_{t-1} + Q_t - D_t \tag{6.9}$$

Onde:
Q_t: Volume mensal produzido pela chuva no mês t em m³;
V_t: Volume de água que está no tanque no fim do mês t em m³;
V_{t-1}: Volume de água que está no tanque no início do mês t em m³;
D_t: Demanda mensal em m³.

Para o primeiro mês, considera-se o reservatório vazio.
Quando $(V_{t-1} + Q_t - D) < 0$, então $V_t = 0$. O volume do tanque escolhido será T (m³).

Recomenda-se que os valores de confiança estejam entre 90% e 99%. Para este cálculo, utilizam-se as Equações 6.10 e 6.11.

$$Pr = Nr / N \tag{6.10}$$

Onde:
Pr: Falha;
Nr: Número de meses em que o reservatório não atendeu à demanda, isto é, quando Vt = 0;
N: Número de meses considerado, geralmente 12 meses.

$$\text{Confiança} = (1 - Pr) \tag{6.11}$$

Amorim e Pereira (2008) apresentam um estudo comparativo de alguns métodos de dimensionamento para reservatórios de aproveitamento de água pluvial, no qual concluem que os métodos práticos (menos complexos e de fácil aplicação) são mais indicados para aplicação em residências unifamiliares ou pequenos estabelecimentos, enquanto os métodos mais complexos (Método de Rippl, Método da Simulação, por exemplo) são mais indicados para projetos maiores. Apesar dessa indicação, não há restrições na aplicação de qualquer método a diferentes tipologias de edificações, cabendo ao projetista decidir sobre a melhor opção, frente às particularidades de cada caso.

Por fim, Amorim e Pereira (2008) concluem que a escolha do método deve considerar os interesses de implantação de um sistema de aproveitamento de água pluvial e a região de implantação.

6.3.3.4 Sistemas de tratamento para uso potável

O sistema de tratamento é especificado em função da caracterização da qualidade da água recebida e pode variar de acordo com a tipologia da edificação, a finalidade do sistema, a qualidade da água demandada, a viabilidade técnica e econômica e também em relação à aceitação social.

O tratamento começa com o descarte de sólidos grosseiros por meio de crivos; sólidos mais finos e contaminantes menores são separados em um primeiro compartimento para descarte. Completam o tratamento a filtragem e eventual descontaminação (que pode ocorrer já no reservatório).

O processo de filtragem é aquele em que a água, ao passar pelo filtro, tem removidos todos os seus sedimentos ou, pelo menos, parte deles. Existem diferentes tipos de filtros e estes podem reter desde sólidos de grandes dimensões até partículas da ordem de 10^{-9} m. Além da capacidade de filtração, os filtros diferem quanto a posição ocupada no sistema e material empregado no processo.

6.3.3.5 Instalação elevatória e sistema de distribuição

A instalação elevatória é a responsável por elevar a pressão da água do reservatório inferior para o reservatório superior, sendo composta por tubulação de sucção, conjunto motobomba e tubulação de recalque. Do mesmo modo que exigido para o sistema predial de água fria, convém que possuam, no mínimo, duas motobombas independentes, como forma de garantir o abastecimento por água pluvial, em caso de falha de uma das unidades. O sistema de bombeamento, quando necessário, deve atender à NBR 12214:1992 (ABNT, 1992), *Projeto de sistema de bombeamento de água para abastecimento público – Procedimento*. Nesse sentido, devem ser observadas as recomendações das tubulações de sucção e recalque, velocidades mínimas de sucção e seleção do conjunto motobomba.

Para viabilizar os usos não potáveis de águas pluviais numa edificação, é necessário adaptar o sistema predial de água fria existente. O sistema predial de água não potável deve ser projetado de forma que não haja nenhuma interferência com o sistema predial de água potável. É necessário prever um conjunto de tubulações, reservatórios, equipamentos e outros componentes destinados exclusivamente a coletar água pluvial, armazenar, tratar e distribuí-la. Os pontos de água não potável, nesse sistema, devem ser devidamente identificados, de modo a evitar usos indevidos. Adicionalmente, torneiras de acesso restrito também podem ser consideradas, pois permitem o uso somente por pessoas autorizadas. Essas torneiras são instaladas, principalmente, em áreas externas, como as áreas de jardim, de campo de futebol e de estacionamento (para lavagem de carros), existentes no edifício.

Por fim, cabe ainda ressaltar que este sistema predial alternativo deve atender à mesma norma que o sistema predial de água fria, NBR 5626:2020 (ABNT, 2020), quanto às recomendações de separação atmosférica, dos materiais de construção das tubulações, da retrossifonagem, dos dispositivos de prevenção de refluxo, da proteção contra interligação entre água potável e não potável, do dimensionamento das tubulações, da limpeza e desinfecção dos reservatórios, e do controle de ruídos e vibrações. No caso do efluente gerado pelo uso da água de chuva, este deve ser conduzido e descartado como esgoto sanitário.

Avaliação do potencial de captação de água de chuva de uma edificação

Será apresentada, aqui, a previsão de acúmulo de água de chuva para uma edificação, levando-se em consideração a demanda de água que poderá ser atendida por essa parcela. A metodologia adotada utiliza dados de séries históricas de chuva de um posto pluviométrico próximo à região em estudo.

Será considerada uma edificação escolar, com 1.609 m² de área de jardim e 1.008 m² de área de campo de futebol, localizados em seu entorno. A edificação possui área do telhado igual a 1.066,6 m² e área impermeável no térreo igual a 1.000 m².

Para iniciar esta avaliação, deve ser selecionado um posto pluviométrico representativo das características meteorológicas do local de estudo. Assim, foi considerado o posto pluviométrico da Ilha do Governador, operado pela Prefeitura Municipal do Rio de Janeiro, cujas informações básicas estão apresentadas na Tabela D. Os dados pluviométricos para o período entre 1997 e 2013 estão apresentados na Tabela E e as médias históricas mensais, para o mesmo período disponível, estão apresentadas na Tabela F e reproduzidas na figura apresentada em sequência.

Considerando os usos propostos para a água pluvial pela NBR 15.527/2019 e pela Resolução Conjunta SMG/SMO/SMU nº 001 de 27 de janeiro de 2005, conforme mencionado anteriormente,

Tabela D – Dados de localização do posto pluviométrico da Ilha do Governador

Dados	
Número	8
Nome	Ilha do Governador
Bacia	Baía de Guanabara
Endereço	Iate Clube Jardim Guanabara R. Orestes Barbosa, 229, Rio de Janeiro
Latitude	22°49'05"S
Longitude	43°12'37"O
Data da instalação	02/01/1997
Operação	Prefeitura Municipal do Rio de Janeiro

Fonte: *Sistema Alerta Rio da Prefeitura do Rio de Janeiro.*

Tabela E – Dados pluviométricos da estação Ilha do Governador

	Jan	Fev	Mar	Abr	Mai	Jun	Jul	Ago	Set	Out	Nov	Dez
1997	228,3	26	84,5	22,9	49,9	23	9,3	35,1	43	84,5	68,5	117,4
1998	242,7	275	99,4	68,8	115,8	41,7	34,1	23,3	59	124	87,5	223,2
1999	221,3	158,8	110,6	27,1	36,3	57,9	2,1	7,9	94,8	36,1	107,5	100,2
2000	216,9	173,6	129,5	38,6	13,4	5	44,9	45,6	83	39,2	165,8	112,4
2001	16,8	58,6	206,2	15,8	68,4	18,6	66,2	3,6	24,4	54,4	109,6	324,4
2003	319,4	7,4	147,4	72,4	46,8	3,6	9,6	148,8	44,4	161,8	263,2	68,2
2004	187,6	192,6	66	124	58,4	32,4	87,6	17,4	12,4	60	146,4	132,2
2005	264,6	88,6	112,8	114,4	51,8	30	67,6	5,4	49,6	42,2	152	150,6
2006	295,4	110	38,6	99	50,2	19,6	22,8	34	89,6	96,8	116	95,8
2007	139,2	75,8	11,4	47,6	64,2	35,4	60,2	2,6	12,8	143	125	151,2
2008	167,2	141,2	263,4	101,6	41,2	57	34,6	45	73,8	59,6	217,4	126,4
2009	253	115,8	154,6	112,8	19,8	47,2	55,8	18,6	65,2	193,4	172,2	439,6
2010	181,2	58,2	366,2	320,8	67,8	32	51	2,4	22,4	108	135,6	326
2011	105,6	28,2	92,2	142	87,8	23	7,8	12,8	7,6	109,2	119,2	105,6
2012	200,4	76,2	96,2	68	91	64,4	26,4	13	90,8	33,8	84,2	34,8
2013	267,2	77,6	249	61,6	31,8	25,2	64,2	5,2	59,6	61,6	145,8	188

e os possíveis usos aplicáveis ao edifício escolar, será considerado seu aproveitamento para irrigação das áreas de jardim, irrigação do campo de futebol e lavagem de automóveis. A Tabela G apresenta diferentes combinações desses possíveis usos para a água pluvial, conformando alternativas que serão analisadas quanto à sua viabilidade.

Para realizar o cálculo do volume do reservatório que deverá ser projetado para a captação das águas pluviais, é necessário, além de conhecer as médias históricas mensais da estação pluviométrica da área em estudo, também conhecer a média de dias secos por mês, para o período de tempo considerado.

A Tabela H apresenta a quantidade de dias secos e a Tabela I apresenta a média de dias secos, ambas para o posto pluviométrico da Ilha do Governador.

Tabela F – Médias históricas mensais da estação Ilha do Governador

Mês	Média (mm)
Janeiro	206,68
Fevereiro	103,98
Março	139,25
Abril	89,84
Maio	55,91
Junho	32,25
Julho	40,26
Agosto	26,29
Setembro	52,03
Outubro	87,98
Novembro	138,49
Dezembro	168,50

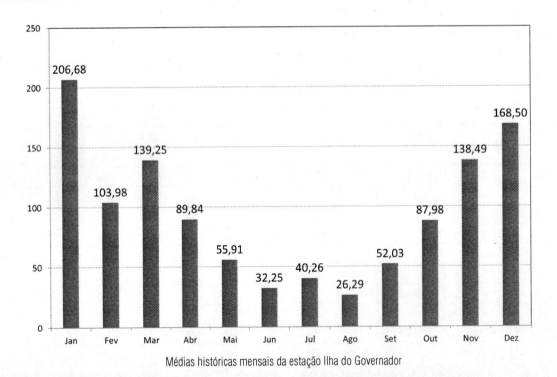

Médias históricas mensais da estação Ilha do Governador

Tabela G – Alternativas consideradas para aproveitamento da água de chuva

Alternativa	Descrição
Alternativa 1	Irrigação de jardins
Alternativa 2	Irrigação de campo de futebol
Alternativa 3	Lavagem de automóveis
Alternativa 4	Irrigação de jardins + irrigação de campo de futebol
Alternativa 5	Irrigação de jardins + lavagem de automóveis
Alternativa 6	Irrigação de jardins + lavagem de automóveis + irrigação campo de futebol

Tabela H – Quantidade de dias secos – Posto pluviométrico da Ilha do Governador

	Jan	Fev	Mar	Abr	Mai	Jun	Jul	Ago	Set	Out	Nov	Dez
1997	11	20	16	23	19	22	25	24	17	15	14	20
1998	18	13	23	21	19	21	23	22	18	10	15	14
1999	16	14	16	22	22	21	28	25	17	20	18	15
2000	18	20	21	25	22	28	23	21	22	24	19	19
2001	13	19	21	25	20	27	23	29	19	24	17	15
2003	12	25	19	22	23	28	28	21	19	19	12	14
2004	20	10	21	17	22	24	20	22	25	13	16	17
2005	10	16	16	17	24	26	22	29	15	18	17	14
2006	19	14	22	22	23	23	27	27	17	19	10	16
2007	11	23	25	23	19	26	24	27	26	21	14	21
2008	13	12	19	16	25	24	29	21	16	18	8	13
2009	10	18	19	16	25	24	16	25	17	12	17	14
2010	20	21	16	16	25	24	21	25	20	14	12	10
2011	19	24	12	20	19	21	28	25	24	17	18	14
2012	16	25	17	19	21	19	26	27	22	24	17	23
2013	14	19	11	23	23	25	20	28	22	21	20	17

Tabela I – Média de dias secos – Posto pluviométrico da Ilha do Governador

Mês	Dias secos
Janeiro	15
Fevereiro	18
Março	18
Abril	20
Maio	22
Junho	24
Julho	24
Agosto	25
Setembro	20
Outubro	18
Novembro	15
Dezembro	16

A Tabela J apresenta a previsão da demanda de uso de água não potável para os usos propostos. As taxas previstas para cada tipo de uso foram apresentadas no Capítulo 3.

Na análise da viabilidade do aproveitamento de água de chuva para fins não potáveis foram adotadas algumas premissas para o cálculo do volume dos reservatórios de armazenamento, conforme descrição a seguir:

- A fim de calcular o consumo mensal de água, em m³, para uso na irrigação de jardins e do campo de futebol, foi contabilizada a quantidade de dias secos por cada mês do ano, no período de informações disponíveis (1997-2013), e calculada a média histórica mensal associada, dado que só haverá necessidade de irrigação destas áreas quando não estiver chovendo.

Tabela J – Previsão da demanda de uso de água não potável

Item considerado	Taxa (Litros/dia)	Quantidade	Demanda (Litros/dia)	Demanda (m³/dia)	Demanda (m³/mês)
Irrigação área de jardim	1,5	1.609 m²	2.413,5	2,4	72
Irrigação campo de futebol	1,5	1.008 m²	1.512,0	1,5	45
Lavagem de automóveis	50	4 unidades	200,0	0,2	6

- Ainda para o caso da irrigação de jardins e do campo de futebol, o cálculo do consumo foi realizado pela multiplicação entre dias secos (Tabela I) e a demanda em m³/dia (Tabela J).
- A fim de calcular o consumo mensal de água, em m³, para o uso na lavagem de automóveis, considerou-se a lavagem de quatro automóveis por dia.
- Ainda no que se refere ao uso da água pluvial na lavagem de automóveis, considerou-se um mês típico, com 30 dias.
- Foi considerada como área de captação da água de chuva a área do telhado do edifício.
- Para a obtenção do volume de água de chuva disponível, por mês, multiplicou-se a área do telhado pela média histórica mensal pluviométrica (Tabela F).
- Utilizando o método analítico de Rippl, o cálculo do *déficit* de água foi realizado pela diferença entre o volume de chuva precipitado sobre o telhado e o consumo, acumulando-se os valores negativos sucessivos.

As tabelas a seguir apresentam os resultados obtidos, para cada uma das seis alternativas consideradas.

Tabela K – Cálculo do volume do reservatório – Alternativa 1

Mês	Média histórica mensal pluviométrica (mm)	Área do telhado (m²)	Volume de chuva no telhado (m³)	Dias secos	Consumo (m³)	Diferença entre volume de chuva no telhado e consumo (m³)
Jan	206,68	1.066,6	220,44	15	36,20	184,24
Fev	103,98	1.066,6	110,90	18	44,20	66,70
Mar	139,25	1.066,6	148,52	18	44,35	104,18
Abr	89,84	1.066,6	95,82	20	49,33	46,49
Mai	55,91	1.066,6	59,64	22	52,95	6,69
Jun	32,25	1.066,6	34,40	24	57,77	**–23,38**
Jul	40,26	1.066,6	42,94	24	57,77	**–14,83**
Ago	26,29	1.066,6	28,04	25	60,04	**–31,99**
Set	52,03	1.066,6	55,49	20	47,67	7,82
Out	87,98	1.066,6	93,83	18	43,59	50,24
Nov	138,49	1.066,6	147,72	15	36,81	110,91
Dez	168,50	1.066,6	179,72	16	38,62	141,11

O volume do reservatório para aproveitamento de água de chuva, considerando apenas a demanda para irrigação dos jardins do edifício (Alternativa 1) é igual a 70,2 m³. Esse resultado vem da soma dos *déficits* mensais obtidos no balanço representado na tabela. O *déficit* se refere aos volumes negativos encontrados.

Tabela L – Cálculo do volume do reservatório – Alternativa 2

Mês	Média histórica mensal pluviométrica (mm)	Área do telhado (m²)	Volumede chuva no telhado (m³)	Dias secos	Consumo m³	Diferença entre volume de chuva no telhado e consumo m³
Jan	206,68	1.066,6	220,44	15	22,68	197,76
Fev	103,98	1.066,6	110,90	18	27,69	83,21
Mar	139,25	1.066,6	148,52	18	27,78	120,74
Abr	89,84	1.066,6	95,82	20	30,90	64,92
Mai	55,91	1.066,6	59,64	22	33,17	26,47
Jun	32,25	1.066,6	34,40	24	36,19	–1,80
Jul	40,26	1.066,6	42,94	24	36,19	6,75
Ago	26,29	1.066,6	28,04	25	37,61	**–9,57**
Set	52,03	1.066,6	55,49	20	29,86	25,63
Out	87,98	1.066,6	93,83	18	27,31	66,52
Nov	138,49	1.066,6	147,72	15	23,06	124,66
Dez	168,50	1.066,6	179,72	16	24,19	155,53

O volume do reservatório, para a Alternativa 2, é de 9,57 m³.

Tabela M – Cálculo do volume do reservatório – Alternativa 3

Mês	Média histórica mensal pluviométrica (mm)	Área do telhado (m²)	Volume de chuva no telhado (m³)	Consumo m³	Diferença entre volume de chuva no telhado e consumo m³
Jan	206,68	1.066,6	220,44	6,00	214,44
Fev	103,98	1.066,6	110,90	6,00	104,90
Mar	139,25	1.066,6	148,52	6,00	142,52
Abr	89,84	1.066,6	95,82	6,00	89,82
Mai	55,91	1.066,6	59,64	6,00	53,64
Jun	32,25	1.066,6	34,40	6,00	28,40
Jul	40,26	1.066,6	42,94	6,00	36,94
Ago	26,29	1.066,6	28,04	6,00	22,04
Set	52,03	1.066,6	55,49	6,00	49,49
Out	87,98	1.066,6	93,83	6,00	87,83
Nov	138,49	1.066,6	147,72	6,00	141,72
Dez	168,50	1.066,6	179,72	6,00	173,72

Para a Alternativa 3, foi verificado que não haveria a necessidade de reservatório de aproveitamento de águas pluviais, uma vez que a chuva precipitada, mesmo com variações ao longo dos meses, é suficiente para suprir a demanda. Entretanto, para garantir a operação do sistema com a disponibilidade de água no momento em que se realiza a lavagem de automóveis (que não pode depender de estar chovendo), é indicado, nesse caso, o dimensionamento de um reservatório com volume mínimo. Esse cálculo será apresentado na Seção 6.3.4 deste mesmo capítulo.

Tabela N – Cálculo do volume do reservatório – Alternativa 4

Mês	Média histórica mensal pluviométrica (mm)	Área do telhado (m²)	Volume de chuva no telhado (m³)	Dias secos	Consumo m³	Diferença entre volume de chuva no telhado e consumo m³
Jan	206,68	1.066,6	220,44	15	58,88	161,56
Fev	103,98	1.066,6	110,90	18	71,89	39,01
Mar	139,25	1.066,6	148,52	18	72,13	76,39
Abr	89,84	1.066,6	95,82	20	80,23	15,59
Mai	55,91	1.066,6	59,64	22	86,12	**–26,48**
Jun	32,25	1.066,6	34,40	24	93,97	**–59,57**
Jul	40,26	1.066,6	42,94	24	93,97	**–51,02**
Ago	26,29	1.066,6	28,04	25	97,65	**–69,60**
Set	52,03	1.066,6	55,49	20	77,53	**–22,04**
Out	87,98	1.066,6	93,83	18	70,90	22,93
Nov	138,49	1.066,6	147,72	15	59,86	87,85
Dez	168,50	1.066,6	179,72	16	62,81	116,91

O volume do reservatório, para a Alternativa 4, é de 228,71 m³.

Tabela O – Cálculo do volume do reservatório – Alternativa 5

Mês	Média histórica mensal pluviométrica (mm)	Área do telhado (m²)	Volume de chuva no telhado (m³)	Dias secos	Consumo m³	Diferença entre volume de chuva no telhado e consumo m³
Jan	206,68	1.066,6	220,44	15	42,20	178,24
Fev	103,98	1.066,6	110,90	18	50,20	60,70
Mar	139,25	1.066,6	148,52	18	50,35	98,18
Abr	89,84	1.066,6	95,82	20	55,33	40,49
Mai	55,91	1.066,6	59,64	22	58,95	0,69
Jun	32,25	1.066,6	34,40	24	63,77	**–29,38**
Jul	40,26	1.066,6	42,94	24	63,77	**–20,83**
Ago	26,29	1.066,6	28,04	25	66,04	**–37,99**
Set	52,03	1.066,6	55,49	20	53,67	1,82
Out	87,98	1066,6	93,83	18	49,59	44,24
Nov	138,49	1.066,6	147,72	15	42,81	104,91
Dez	168,50	1.066,6	179,72	16	44,62	135,11

O volume do reservatório, para a Alternativa 5, é de 88,20 m³.

Tabela P – Cálculo do volume do reservatório – Alternativa 6

Mês	Média histórica mensal pluviométrica (mm)	Área do telhado (m²)	Volume de chuva no telhado (m³)	Dias secos	Consumo m³	Diferença entre volume de chuva no telhado e consumo m³
Jan	206,68	1.066,6	220,44	15	64,88	155,56
Fev	103,98	1.066,6	110,90	18	77,89	33,01
Mar	139,25	1.066,6	148,52	18	78,13	70,39
Abr	89,84	1.066,6	95,82	20	86,23	9,59
Mai	55,91	1.066,6	59,64	22	92,12	−32,48
Jun	32,25	1.066,6	34,40	24	99,97	−65,57
Jul	40,26	1.066,6	42,94	24	99,97	−57,02
Ago	26,29	1.066,6	28,04	25	103,65	−75,60
Set	52,03	1.066,6	55,49	20	83,53	−28,04
Out	87,98	1.066,6	93,83	18	76,90	16,93
Nov	138,49	1.066,6	147,72	15	65,86	81,85
Dez	168,50	1.066,6	179,72	16	68,81	110,91

O volume do reservatório, para a Alternativa 6, é de 258,71 m³.

A partir da análise das alternativas apresentadas, é possível depreender que é praticamente inviável considerar a construção de um reservatório de aproveitamento de água de chuva para suprir a demanda da combinação de irrigação dos jardins do edifício com a irrigação do campo de futebol (Alternativas 4 e 6), uma vez que o volume calculado leva ao dimensionamento de reservatórios de grandes proporções (mais de 200 m³).

As demais alternativas que consideram o uso da água não potável para irrigação de jardins (Alternativas 1 e 5) levam ao dimensionamento de reservatórios com menor volume, mas, ainda assim, de proporções grandiosas para o empreendimento em questão (mais de 70 m³).

Tabela Q – Resumo das alternativas para o aproveitamento da água de chuva

Alternativa	Descrição	Volume do reservatório (m³)
1	Irrigação de jardins	70,20
2	Irrigação de campo de futebol	9,57
3	Lavagem de automóveis	0
4	Irrigação de jardins + irrigação de campo de futebol	228,71
5	Irrigação de jardins + lavagem de automóveis	88,20
6	Irrigação de jardins + lavagem de automóveis + irrigação de campo de futebol	258,71

Percebe-se que, apenas para a irrigação do campo de futebol, cuja área aproximada é de 1.000 m², como é o caso previsto na Alternativa 2, o volume calculado para o reservatório é bem menor do que nas demais alternativas (9,57 m³). Caso a decisão fosse por esta alternativa, esse reservatório poderia ter dimensões aproximadas de 3 m (largura) $\times$ 4 m (comprimento) $\times$ 1 m (profundidade) e poderia ser posicionado na área de jardim.

Dessa análise, é possível concluir que o melhor aproveitamento das águas pluviais captadas no telhado do edifício seria para irrigação de áreas de, no máximo, 1.000 m². Caso haja preferência pela irrigação dos jardins, em detrimento do campo de futebol, sugere-se o uso combinado de águas pluviais (para irrigar área máxima de 1.000 m²) com água potável, proveniente do abastecimento público.

6.3.4 Sistemas de Controle de Escoamento na Fonte

As etapas descritas anteriormente tinham como principal objetivo aumentar a oferta global de recursos hídricos, ao aproveitar águas que não seriam utilizadas, propondo benefícios para a comunidade, em termos de redução de alagamentos, aumento da oferta de água tratada, e economia de água fornecida pela concessionária de abastecimento.

Esta seção tem relação direta com a anterior, uma vez que a introdução de um sistema de captação de água de chuva promove, também, a redução da vazão de saída do lote, capaz de atuar como controle de cheias urbanas em uma ação transversal no contexto mais amplo do saneamento. Assim, será apresentada aqui uma avaliação da redução do impacto do edifício utilizado como exemplo para a rede de drenagem.

Atualmente, a concepção de projetos de drenagem urbana deve contemplar uma visão integrada dos escoamentos na bacia hidrográfica, em detrimento do procedimento tradicional, no qual a solução usualmente adotada era a de afastar as águas através de dutos e canais, levando-as mais eficazmente para jusante. Neste contexto, podem ser concebidos dispositivos de armazenamento de água a montante da bacia ou distribuídos sobre esta, bem como de desaceleração do escoamento e de infiltração da água no solo, entre outros, de forma a procurar restabelecer os padrões originais de escoamento da bacia hidrográfica.

Os reservatórios de lote consistem em medida distribuída de armazenamento da água pluvial, através de pequenos reservatórios localizados no interior dos lotes urbanizados, como apresenta a Figura 6.6. A água captada no reservatório pode ser devolvida ao sistema público de microdrenagem pluvial após o pico da chuva. Mais informações podem ser obtidas em Miguez et al. (2017).

No município do Rio de Janeiro, o Decreto n° 23.940 de 30 de janeiro de 2004 (Rio de Janeiro, 2004) torna obrigatória, nos casos previstos, a adoção de reservatórios que permitam o retardo do escoamento das águas pluviais para a rede de drenagem. No ano seguinte, foi publicada a Resolução Conjunta SMG/SMO/SMU n° 001 de 27 de janeiro de 2005 (Rio de Janeiro, 2005), que disciplina os procedimentos a serem observados no âmbito dessas secretarias para o cumprimento do Decreto anteriormente referido. Assim, a partir dessa Resolução:

"Art. 1° - Fica obrigatória, nos empreendimentos novos, Públicos e Privados, que tenham área impermeabilizada igual ou superior a quinhentos metros quadrados e nos demais casos previstos no Decreto n° 23940 de 2004, a construção de reservatório de retardo destinado ao acúmulo das águas pluviais e posterior descarga para a rede de drenagem e de um outro reservatório de acumulação das águas pluviais para fins não potáveis, quando couber.

Art. 2° - No caso de novas edificações residenciais multifamiliares, industriais comerciais ou mistas, públicas ou privadas, que apresentem área do pavimento do telhado igual ou superior a quinhentos metros quadrados, e no caso de residenciais multifamiliares com

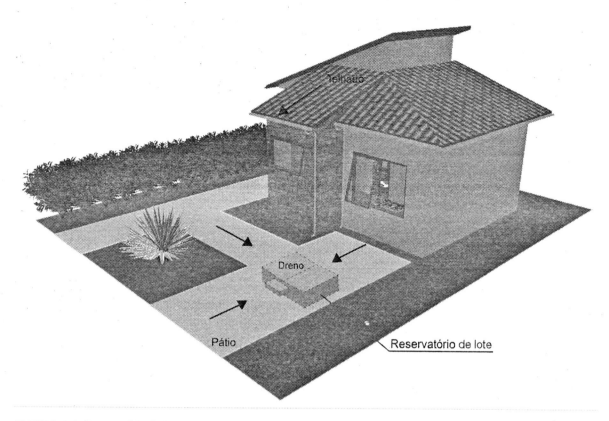

FIGURA 6.6: Reservatório de lote em residência. (*Fonte*: Miguez et al., 2017.)

cinquenta ou mais unidades, será obrigatória a existência do reservatório de acumulação de águas pluviais para fins não potáveis e, pelo menos, um ponto de água destinado a essa finalidade, sendo a capacidade mínima do reservatório calculada somente em relação às águas captadas do telhado."

Serão calculados, como exemplo, os volumes correspondentes à acumulação de águas pluviais para fins de reservação e seu eventual aproveitamento para fins não potáveis, com vistas ao manejo sustentável das águas, utilizando o Decreto e a Resolução Conjunta como base.

De acordo com a Resolução Conjunta SMG/SMO/SMU nº 001 de 27 de janeiro de 2005, a capacidade do reservatório de detenção/retardo das águas pluviais deverá obedecer ao disposto no Artigo 2º do Decreto nº 23.940 de 2004, que determina seu cálculo por meio da Equação 6.12.

$$V = K.A_i.h \tag{6.12}$$

Onde:

V: Volume do reservatório em m³;

K: Coeficiente de abatimento, correspondente a 0,15;

A_i: Área impermeabilizada (m²);

h: Altura de chuva (m), correspondente a 0,06 m nas Áreas de Planejamento 1, 2 e 4 e a 0,07 m nas Áreas de Planejamento 3 e 5.

Dimensionamento de reservatório de detenção/retardo das águas pluviais no Rio de Janeiro

Considerando o mesmo edifício escolar já utilizado nos exemplos anteriores, será calculado o reservatório de detenção/retardo de águas pluviais, segundo a legislação do Rio de Janeiro.

A área impermeabilizada do edifício é igual a 1.000 m².

A região em que está localizada a edificação corresponde à Área de Planejamento 3, de acordo com a Prefeitura Municipal do Rio de Janeiro.

Com base nessas informações, o volume do reservatório de detenção/retardo das águas pluviais deverá ser igual a 10,50 m³, conforme cálculo a seguir, que emprega a Equação 6.12:

$$V = 0,15 \times 1.000\,m^2 \times 0,07\,m$$

$$V = 10,50\,m^3$$

A partir do volume obtido, é possível saber o quanto se está "protegendo" a rede de drenagem urbana pública. Para tanto, será utilizada a equação IDF (*intensidade × duração × frequência*) do posto pluviométrico mais próximo à região de estudo. As equações IDF válidas para o município do Rio de Janeiro e os coeficientes de chuva IDF foram apresentados no Capítulo 5. Essas informações foram obtidas no documento "Instruções Técnicas para Elaboração de Estudos Hidrológicos e Dimensionamento Hidráulico de Sistemas de Drenagem Urbana", publicado pela Prefeitura Municipal do Rio de Janeiro.

Cálculo do tempo de recorrência

O pluviômetro correspondente à área de influência da região é o de Benfica, operado pela Rio-Águas, cujos parâmetros foram apresentados no Capítulo 5. Assim, a equação IDF para esse pluviômetro é aquela apresentada a seguir.

$$i = \frac{7032.T_R^{0,15}}{(t+29,6)^{1,141}}$$

Considerando que a lâmina que a Prefeitura Municipal do Rio de Janeiro indica no seu Decreto estaria associada à chuva de duração de 1h, escala tipicamente crítica para bacias urbanas, e que essa lâmina corresponde à intensidade de 70 mm/h, então o tempo de recorrência (T_R) associado a essa fórmula será igual a 32 anos.

$$T_R^{0,15} = \frac{i.(t+29,6)^{1,141}}{7032} = 32 \text{ anos}$$

Onde:

T_R = Tempo de recorrência em anos;

i = 70 mm/h;

t = 60 minutos;

a, b, c e *d*, valores dos coeficientes conforme apresentado no Capítulo 5.

O valor encontrado para o tempo de recorrência, 32 anos, é superior àquele preconizado pelo Ministério das Cidades para o financiamento de projetos sustentáveis de drenagem urbana (25 anos). Assim, o volume do reservatório calculado, para a lâmina de 70 mm, seria suficiente para ter esse efeito, caracterizando uma ação sustentável de controle de cheias urbanas.

A Resolução Conjunta SMG/SMO/SMU n° 001 de 27 de janeiro de 2005 também prevê o cálculo da capacidade do reservatório de acumulação, com base na equação apresentada a seguir (Equação 6.13). Esse reservatório tem como objetivo a captação das águas pluviais para uso em fins não potáveis, sendo a capacidade mínima do reservatório calculada somente em relação às águas captadas do telhado.

$$V = K.A_i.h$$

(6.13)

Onde:

V: Volume do reservatório em m³;

K: Coeficiente de abatimento, correspondente a 0,15;

A_i: Área do telhado em m²;

h: Altura de chuva em m, correspondente a 0,06 m nas Áreas de Planejamento 1, 2 e 4 e a 0,07m nas Áreas de Planejamento 3 e 5.

Dimensionamento do reservatório de acumulação

Seguindo com o mesmo exemplo, da edificação escolar, sabe-se que sua área do telhado é igual a 1.066,6 m², conforme mencionado. A região em que está localizada a edificação corresponde à Área de Planejamento 3, de acordo com a Prefeitura Municipal do Rio de Janeiro.

Assim, tem-se como **volume mínimo** para o reservatório de acumulação:

$$V = 0,15 \times 1.066,60\,m^2 \times 0,07\,m$$

$$V = 11,20\ m^3$$

Verifica-se que o volume calculado (11,20 m³) é equivalente, aproximadamente, à demanda para uso na irrigação do campo de futebol (9,57 m³) - vide exemplo desenvolvido na Seção 6.3.3.5.

Neste cenário, o uso de reservatórios para acumulação de água da chuva e amortecimento de cheias destaca-se como uma intervenção que pode promover múltiplos benefícios. Esse fato se manifesta por meio da redução do consumo de água fornecida pela concessionária de serviços de abastecimento de água, em virtude da acumulação e posterior uso da mesma, e pela redução do volume de saída do lote, que é capaz de colaborar com o controle de cheias urbanas.

6.4 SISTEMA DE REÚSO DE ÁGUAS CINZA EM EDIFICAÇÕES

Os sistemas de esgotamento sanitário utilizam grandes volumes de água no transporte dos resíduos nas redes coletoras. Esses grandes volumes precisam ser tratados, sob pena de degradarem os corpos receptores. Portanto, o reúso de águas servidas, como fonte alternativa de abastecimento, para suprimento da demanda de usos específicos (com menor qualidade), promove a preservação de águas superficiais, pelo menor consumo da água de abastecimento, de melhor qualidade. Além disso, o aproveitamento local dessas águas servidas diminui o volume final que seria lançado na rede, reduzindo as vazões para o tratamento e as pressões de poluição no meio ambiente. As águas residuais podem ser divididas em dois grandes grupos: as águas negras e as águas cinza. As águas negras se referem àquelas geradas pelo uso da bacia sanitária, enquanto as águas cinza englobam os efluentes oriundos de aparelhos sanitários, como lavatórios e chuveiros, no caso dos banheiros, e de tanques e máquinas de lavar roupa, no caso das áreas de serviço. O efluente gerado na cozinha, a partir do uso das pias e das máquinas de lavar louça, não entra nessa classificação. Na escala das edificações, o reúso de águas cinza pode, portanto, resultar em economia de água potável e de energia elétrica e menor produção de esgoto sanitário.

Um esquema sobre o reúso de águas cinza está apresentado na Figura 6.7. O efluente gerado é encaminhado, pelo sistema predial de coleta de águas cinza, para o sistema de tratamento e, posteriormente, para o reservatório de armazenamento, de onde será reencaminhado para reúso.

FIGURA 6.7: Sistema de reúso de água cinza. (Adaptada de ANA, 2005).

A proposta de reúso otimiza o consumo de recursos naturais, mas faz a substituição de uma fonte de água de boa qualidade por outra inferior. Portanto, o projeto de reúso deve direcionar essas águas para atendimento de demandas compatíveis com sua qualidade. Além disso, também é necessário o desenvolvimento de um projeto específico, que separe as águas de reúso daquelas do sistema público de abastecimento, criando salvaguardas à saúde pública e ao meio ambiente, bem como considerando aspectos legais, institucionais, técnicos e econômicos.

No Brasil a Lei 11.445/2007 (Brasil, 2007) menciona que os serviços públicos de saneamento devam ser prestados com base em princípios fundamentais, tais como o estímulo ao reúso de efluentes sanitários. A NBR 13969:1997 (ABNT, 1997), que trata de projeto, construção e operação de tanques sépticos (unidades de tratamento complementar e disposição final de efluentes líquidos), preconiza alguns aspectos básicos que devem ser observados quanto à concepção do sistema predial de reúso de água. São eles:

- O sistema de reúso deve ser dimensionado para atender pelo menos 2 horas de uso de água no pico da demanda diária da edificação.
- Todo o sistema de reúso, incluindo reservação e distribuição, deve ser claramente identificado, por meio de simbologias de advertência nos pontos de utilização e emprego de cores distintas nas tubulações e nos tanques de armazenamento, de modo a preservar o sistema de água potável e garantir a segurança do usuário.
- Quando houver usos múltiplos de reúso com qualidades distintas de água, deve-se optar por reservações independentes e identificadas de acordo com a qualidade da água armazenada.
- O grau de tratamento requerido para a água de sistemas de reúso múltiplos, com um único reservatório, deve ser definido pelo uso mais restringente quanto à qualidade do efluente a ser tratado.
- O reúso direto em descargas de bacias sanitárias pode prever a reservação de todo o volume de água de enxágue da máquina de lavar roupas.
- O responsável pelo planejamento e projeto do sistema de reúso deve fornecer manuais de operação e especificações técnicas quanto ao sistema de tratamento, reservação e distribuição, além de treinamento adequado aos responsáveis pela operação do sistema.

A NBR 16783:2019 (ABNT, 2019) estabelece procedimentos e requisitos para projeto e manutenção de sistemas de fontes alternativas de água não potável em edificações. A mesma norma, aborda a utilização de efluentes tratados com qualidade não potável em atividades como irrigação dos jardins, lavagem de pisos e de veículos e descarga de bacias sanitárias. Além disso, cita que o sistema de reúso deve ser planejado definindo-se os usos previstos do esgoto tratado, o volume a ser reutilizado, o grau de tratamento necessário, os sistemas de reservação e de distribuição, bem como a definição de um manual de operação e treinamento dos responsáveis. Mediante uma iniciativa promovida em 2005 pelo Centro das Indústrias do Estado de São Paulo (Ciesp) e pela Federação das Indústrias do Estado de São Paulo (Fiesp), houve a assinatura de um termo de cooperação conjunta com a Agência Nacional das Águas (ANA) e o Sindicato da Indústria da Construção Civil no Estado de São Paulo (SindusCon-SP), que resultou na elaboração do *Manual de Conservação e Reúso de Água em Edificações* (ANA, 2005). Esse manual define critérios de qualidade de água para quatro classes de diferentes atividades. Também em 2005, a Resolução 54, do Conselho Nacional de Recursos Hídricos (CNRH), estabeleceu modalidade, diretrizes e critérios gerais para a prática de reúso direto não potável de água em todo o território nacional. A referida resolução cita a utilização de reúso de água em edificações, porém não estabelece as diretrizes, os critérios e os parâmetros específicos para este fim. Cabe ressaltar a importância de outros documentos legais, a Portaria MS 2.914/2011 (Brasil, 2011), do

Ministério da Saúde, que dispõe sobre os procedimentos de controle e de vigilância da qualidade da água para consumo humano e seu padrão de potabilidade, e as resoluções Conama 357/2005 (Conama, 2005) e 430/2011 (Conama, 2011), que dipõem sobre as condições e padrões de lançamento de efluentes, entre outros objetivos.

Nas edificações, consideram-se como possibilidades de reúso para fins não potáveis: descarga em bacias sanitárias; mictórios; reserva de incêndio; irrigação de jardins; refrigeração e ar-condicionado; lavagem de roupa; lavagem de áreas externas; lavagem de carros; sistemas de espelho d'água; e fontes e chafarizes. No entanto, existe uma defasagem temporal entre essas demandas e a oferta, o que implica a necessidade de implantação de reservatório de armazenamento de água de reúso na edificação. A qualidade da água utilizada e o uso a que se destina (dentre estes citados, por exemplo) irão definir o nível de tratamento necessário e os critérios de segurança antes do uso.

O reaproveitamento de fontes alternativas em uma edificação demanda um investimento adicional para instalação dos componentes dos sistemas prediais hidráulicos e sanitários, concebidos e executados como um sistema predial independente. Outro aspecto eventualmente restritivo refere-se à aceitação social da medida, pois cria-se a possibilidade de contato direto ou indireto com águas residuais.

A configuração básica de um sistema de reúso deve conter um subsistema de coleta e condução desse efluente, uma unidade de tratamento, o reservatório (que pode ser de acumulação, com sistema de recalque para um outro reservatório superior) e a rede de distribuição, conforme esquematizado pela Figura 6.8.

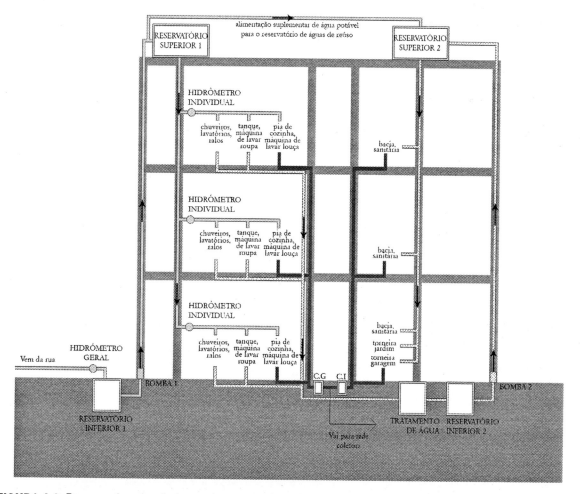

FIGURA 6.8: Esquema de reúso de águas cinza em uma edificação.

No subsistema de coleta, a rede predial de esgoto sanitário deve ser projetada com a segregação das águas residuais, de maneira que haja a separação entre as águas cinza e as águas negras. No susbsistema de condução, as águas cinza são transportadas por ramais e tubos de queda independentes. As águas cinza devem receber tratamento adequado para atender a qualidade mínima exigida para os tipos de usos pretendidos. Depois de tratada, a rede de abastecimento de água reaproveitada deve partir de um reservatório de água não potável separado do reservatório de água potável. É indicado que sejam utilizadas cores diferentes nas tubulações e não deve haver interligação entre elas. As peças que forem abastecidas pela água de reúso devem ter também a possibilidade de abastecimento pela água potável, em caso de insuficiência do sistema alternativo, ficando a operação a cargo do usuário.

Considerando a presença de contaminantes nas águas cinza, é de fundamental importância a instalação de um sistema de tratamento, de maneira que elas possam se tornar adequadas ao uso. O tratamento das águas residuais pode abranger diferentes níveis, denominados, tecnicamente, tratamento primário, secundário e terciário. O tratamento primário é reponsável pela remoção de sólidos grosseiros (areia, cabelos, felpas de tecidos, restos de alimentos) por meio de grades finas ou peneiras para diminuir a turbidez. O tratamento secundário promove a degradação biológica, mediante a conversão e remoção do material orgânico contido na água residual. Já o tratamento terciário tem como objetivo promover a desinfecção, de modo a inativar seletivamente espécies de organismos patogênicos presentes no esgoto sanitário e que possam causar danos a saúde humana. Nas edificações, para se produzir água de reúso inodora e com baixa turbidez, uma Estação de Tratamento de Águas Cinza (Etac) deve ser composta por, pelo menos, níveis primário e secundário de tratamento.

A NBR 13969:1997 (ABNT, 1997) ressalta que o sistema de reúso deve ser planejado de modo a permitir seu uso seguro e racional para minimizar o custo de implementação e operação do sistema. Para tanto, classifica segundo as atividades de uso os parâmetros de qualidade da água a ser reutilizada (Tabela 6.8).

A fonte da água que será submetida a tratamento para posterior reúso deve ser qualitativamente segura para atender às exigências relacionadas aos usos a que ela se destina. Existem diversos parâmetros indicadores que traduzem suas principais características físicas, químicas e biológicas, os quais podem auxiliar na avaliação prévia da qualidade da água. A título de ilustração, as Tabelas 6.9 e 6.10, oriundas do *Manual de Conservação e Reúso de Água em Edificações* (ANA, 2005), apresentam os padrões de qualidade de água para reúso para as Classes 1 e 3, respectivamente, sendo a Classe 1 referente ao uso em bacias sanitárias, na lavagem de pisos, para fins ornamentais (chafarizes, espelhos d'água), na lavagem de roupas e lavagem de veículos, e a Classe 3 associada à irrigação de áreas verdes e rega de jardins.

A NBR 16783:2019 (ABNT, 2019) ressalta a necessidade do monitoramento contínuo da qualidade da água de reúso, com a finalidade de determinar a eficácia do sistema de tratamento. Ela sugere que, na fase inicial de operação do sistema de reúso, deve haver no mínimo um acompanhamento quinzenal até que o sistema entre em regime de equilíbrio. Entende-se que para o sistema ser considerado em equilíbrio, pelo menos três resultados consecutivos de avaliação da qualidade da água de reúso devem apresentar valores constantes ou deve haver melhora progressiva dos padrões analisados. Constatado o equilíbrio dos padrões de qualidade, recomenda-se que o monitoramento da qualidade da água de reúso seja feito no mínimo trimestralmente.

Ainda deve ser destacado o fato de que o projeto do sistema de tratamento das águas cinza deve ser efetuado com base nas características do tipo de água cinza coletado e na qualidade requerida para o efluente tratado. Os sistemas de tratamento são mais complexos que os considerados para as águas pluviais, face à maior concentração de poluentes característicos das águas cinza. Devem ser efetuados estudos de tratamento considerando-se tanto aspectos físico-químicos como biológicos.

Tabela 6.8 – Parâmetros de qualidade da água segundo classes distintas (compilados pelos autores a partir de ABNT, 1997)

Classe	Uso	Tratamento	Parâmetro					
			Turbidez	Coliforme fecal	Sólidos dissolvidos totais	pH	Cloro residual	Oxigênio dissolvido
Classe 1	Lavagem de carros e outros usos que requerem o contato direto do usuário com a água, com possível aspiração de aerossóis pelo operador, incluindo chafarizes	Nesse nível, será geralmente necessário tratamento aeróbio (filtro aeróbio submerso ou lab), seguido por filtração convencional (areia e carvão ativado) e, finalmente, cloração. Pode-se substituir a filtração convencional por membrana filtrante.	< 5,0	< 200 nmp/100 mL	< 200 mg/L	6,0 - 8,0	0,5 mg/L - 1,5 mg/L	–
Classe 2	Lavagens de pisos, calçadas e irrigação dos jardins, manutenção dos lagos e canais para fins paisagísticos, exceto chafarizes	Nesse nível é satisfatório um tratamento biológico aeróbio (filtro aeróbio submerso ou lab), seguido de filtração de areia e desinfecção. Pode-se também substituir a filtração por membranas filtrantes.	< 5,0	< 500 nmp/100mL	–	–	> 0,5 mg/L	–
Classe 3	Reúso nas descargas das bacias sanitárias	Normalmente, as águas de enxágue das máquinas de lavar roupas satisfazem a este padrão, sendo necessária apenas uma cloração. Para casos gerais, um tratamento aeróbio seguido de filtração e desinfecção satisfaz a este padrão	< 10,0	< 500 nmp/100 mL	–	–	–	–
Classe 4	Reúso nos pomares, cereais, forragens, pastagens para gados e outros cultivos através de escoamento superficial ou por sistema de irrigação pontual	As aplicações devem ser interrompidas pelo menos 10 dias antes da colheita.	–	<5.000 nmp/100 mL	–	–	–	> 2,0mg/L

Tabela 6.9 – Parâmetros característicos para água de reúso – Classe 1 (ANA, 2005)

Parâmetros	Concentrações
Coliformes fecais[1]	Não detectáveis
pH	Entre 6,0 e 9,0
Cor (UH)	≤ 10 UH
Turbidez (UT)	≤ 2 UT
Odor e aparência	Não desagradáveis
Óleos e graxas (mg/L)	≤ 1 mg/L
DBO[2] (mg/L)	≤ 10 mg/L
Compostos orgânicos voláteis[3]	Ausentes
Nitrato (mg/L)	< 10 mg/L
Nitrogênio aminiacal (mg/L)	≤ 20 mg/L
Nitrito (mg/L)	≤ 1 mg/L
Fósforo total[4] (mg/L)	≤ 0,1 mg/L
Sólido suspenso total (SST) (mg/L)	≤ 5 mg/L
Sólido dissolvido total[5] (SDT) (mg/L)	≤ 500 mg/L

1. Esse parâmetro é prioritário para os usos considerados.
2. O controle da carga orgânica biodegradável evita a proliferação de micro-organismos e cheiro desagradável, em função do processo de decomposição, que pode ocorrer em linhas e reservatórios de decomposição.
3. O controle deste composto visa evitar odores desagradáveis, principalmente em aplicações existentes em dias quentes.
4. O controle de formas de nitrogênio e fósforo visa evitar a proliferação de algas e filmes biológicos que podem formar depósitos em tubulações, peças sanitárias, reservatórios, tanques etc.
5. Valor recomendado para lavagem de roupas e veículos.

Tabela 6.10 – Parâmetros característicos para água de reúso – Classe 3 (ANA, 2005)

Parâmetros			Concentrações
pH			Entre 6,0 e 9,0
Salinidade			0,7 < EC (dS/m) < 3,0
			450 < SDT (mg/L) < 1500
Toxicicidade por íons específicos	Para irrigação superficial	Sódio (SAR)	Entre 3 e 9
		Cloretos (mg/L)	< 350 mg/L
		Cloro residual (mg/L)	Máxima de 1 mg/L
	Para irrigação com aspersores	Sódio (SAR)	> ou = 3,0
		Cloretos (mg/L)	< 100 mg/L
		Cloro residual (mg/L)	< 1,0 mg/L
Boro (mg/L)	Irrigação de culturas alimentícias		0,7 mg/L
	Regas de jardim e similares		3,0 mg/L
Nitrogênio total (mg/L)			5 – 30 mg/L
DBO (mg/L)			< 20 mg/L
Sólidos suspensos totais (mg/L)			< 20 mg/L
Turbidez (UT)			< 5 UT
Cor aparente (UH)			< 30 UH
Coliformes fecais (mL)			≤ 200/100 mL

Os reservatórios para uso das águas cinzas devem ser dimensionados com base nas características ocupacionais da edificação, na contribuição de efluentes gerados e na demanda de água de reúso. Assim, para ilustrar, apresenta-se um estudo de reúso de águas cinza em uma edificação escolar.

Cálculo do volume do reservatório de reúso de águas cinza

Para o mesmo edifício usado como exemplo nos itens anteriores, será considerada utilização da água de reúso para as atividades a seguir:

- Irrigação das áreas de jardim.
- Irrigação de campo de futebol.
- Lavagem de automóveis.

É sabido que, geralmente, nos edifícios comerciais, as águas cinza são formadas, quase que exclusivamente, por águas provenientes dos lavatórios, dado o menor (ou nenhum) uso dos demais aparelhos sanitários (chuveiros e tanques, por exemplo). Considerando o tipo de uso do edifício, será avaliado, nesta análise, por simplificação, apenas o efluente dos lavatórios nos banheiros existentes.

Para realizar a análise do potencial de reúso de águas cinza dos lavatórios existentes no edifício, será preciso levantar as informações de uso dos banheiros, feminino e masculino, considerando-se o seu volume de efluente total e, principalmente, o volume gerado após o uso dos lavatórios. Essas informações estão resumidas na sequência de tabelas apresentadas a seguir (Tabelas R, S, T). Serão levadas em consideração as mesmas alternativas do aproveitamento de água de chuva, apresentadas na Seção 6.3:

- Aproveitamento das águas cinza a partir dos aparelhos existentes na Situação atual.
- Aproveitamento das águas cinza a partir dos aparelhos considerados na Alternativa 1 (lavatórios hidromecânicos).
- Aproveitamento das águas cinza a partir dos aparelhos considerados na Alternativa 2 (lavatórios com sensor de presença).

Tabela R – Simulação do uso dos lavatórios em banheiros – Situação atual

Aparelho sanitário	Volume de referência (litros)	Feminino		Masculino	
		% uso	Volume gasto (litros)	% uso	Volume gasto (litros)
Lavatório tradicional	3,0	100%	3,0	100%	3,0
TOTAL PARCIAL	3,0	–	3,0	–	3,0
TOTAL		6,0 litros			

Tabela S – Simulação do uso dos lavatórios em banheiros – Alternativa 1

Aparelho sanitário	Volume de referência (litros)	Feminino		Masculino	
		% uso	Volume gasto (litros)	% uso	Volume gasto (litros)
Lavatório de pressão (hidromecânico)	1,0	100%	1,0	100%	1,0
TOTAL PARCIAL	1,0	–	1,0	–	1,0
TOTAL		2,0 litros			

Tabela T – Simulação do uso dos lavatórios em banheiros – Alternativa 2

Aparelho sanitário	Volume de referência (litros)	Feminino		Masculino	
		% uso	Volume gasto (litros)	% uso	Volume gasto (litros)
Lavatório de sensor	0,7	100%	0,7	100%	0,7
TOTAL PARCIAL	0,7	–	0,7	–	0,7
TOTAL	1,4 litro				

A partir das tabelas R, S e T, foi possível montar a tabela U, que calcula a porcentagem de uso dos lavatórios em relação ao uso de todos os aparelhos dos banheiros, para cada situação avaliada. A partir desse valor, é verificado qual seria o volume correspondente, em m^3 mensais, às águas cinza geradas em cada situação.

Tabela U – Potencial de reúso de águas cinza provenientes dos lavatórios

Situação	Uso do lavatório (litros)	Uso do banheiro (litros)	Uso do lavatório / uso do banheiro (%)	Consumo do banheiro (m^3)	Águas cinza (m^3)
Atual	6,00	18,00	33,3%	289,5	96,5
Alternativa 1	2,00	8,00	25,0%	128,5	32,1
Alternativa 2	1,40	6,70	20,9%	107,7	22,5

Dentre as alternativas propostas, verifica-se que o volume de águas cinza produzido e passível de ser aproveitado é igual a 32,1 m^3 na Alternativa 1 e 22,5 m^3 na Alternativa 2. Como era de se esperar, o volume de águas cinza gerado é menor na Alternativa 2 (22,5 m^3), aquela que apresenta maior economia de água no uso dos aparelhos sanitários. Portanto, é natural que seja a que gera um menor volume de esgoto. Na alternativa que considera a situação atual, o volume gerado e passível de ser aproveitado como água de reúso corresponde a 96,5 m^3, mais do que o triplo da Alternativa 2. Ressalta-se, entretanto, que para usar todo esse volume, deveria ser desconsiderada a possibilidade da troca dos aparelhos e equipamentos sanitários por outros, mais modernos e economizadores de água, como foi apresentado anteriormente, de forma a gerar esse volume de esgoto.

6.5 EDIFÍCIOS COM BALANÇO HÍDRICO NULO (*NET ZERO WATER BUILDINGS*)

No âmbito da discussão dos projetos de sistemas prediais sustentáveis está um conceito novo, o de *Edifícios com Balanço Hídrico Nulo*, cujo termo em inglês é *Net Zero Water Buildings*.

De acordo com a agência de proteção ambiental americana, Environmental Protection Agency – EPA, esse conceito indica que um dado recurso pode ser consumido tanto quanto for a sua produção no próprio local, sem gerar dependência externa, alcançando um equilíbrio entre demanda e disponibilidade, de forma mais sustentável (EPA, 2018). As pesquisas mais avançadas na literatura são na área de energia e foram precursoras do conceito *Net Zero*, com a definição dos edifícios com Balanço Energético Nulo (*Net Zero Energy Buildings*). Entretanto, já há avanços nos conceitos de Balanço Hidráulico Nulo (*Net Zero Water Buldings*) e Desperdício Nulo (*Net Zero Waste Buldings*).Desse modo, o conceito se aplica à conservação da água, à redução do uso de energia e à eliminação da geração de resíduos sólidos, o que contribui para a melhoria do meio ambiente, proporciona benefícios econômicos, e auxilia as comunidades a se tornarem mais sustentáveis e resilientes. Para adoção deste conceito, é importante a sua consideração já na fase de projeto, pois, assim, desde o desenvolvimento do projeto de arquitetura, o projetista irá considerar questões como a máxima redução do consumo e adaptação ao clima local.

Um edifício com Balanço Hídrico Nulo tem como principais objetivos minimizar o total de água consumida, maximizar as fontes alternativas de água e minimizar a descarga de águas residuais para o ambiente e o retorno da água para sua fonte original. Em resumo, este é um conceito inovativo que torna o edifício totalmente responsável pela geração de água potável para atender suas demandas, bem como pelo tratamento de todos os resíduos. Caso o edifício não esteja localizado dentro da bacia hidrográfica ou aquífero da fonte de água original, será improvável o retorno da água à fonte de água original. Nesses casos, porém, a água irá beneficiar uma outra bacia, de forma semelhante a uma transposição. Para a natureza, como um todo, os benefícios permanecem e a redução da captação, pelo reaproveitamento, diminui o estresse hídrico na origem. Nos Estados Unidos, o primeiro edifício a adotar o conceito de Balanço Hídrico Nulo foi o Bullitt Center, um prédio comercial de 4.650 m², que foi projetado, construído e operado para ser o escritório mais ecológico do mundo.

Os principais pontos considerados para viabilizar a aplicação do Balanço Hídrico Nulo são: utilizar fontes alternativas de água e tratar todo o esgoto gerado pelo edifício. Assim, nenhum esgoto gerado pela edificação seria encaminhado para a rede pública.

Antes da realização de um projeto de um edifício com Balanço Hídrico Nulo, é necessária a verificação, em simulações computacionais, das diversas alternativas possíveis, buscando a mais adequada para cumprir as metas de desempenho e ideias preconcebidas, caso a caso. Note-se que há um trabalho importante de arquitetura e projeto, no sentido de gerar, originalmente, uma menor necessidade de água e energia, favorecendo uma economia de consumo antes da aplicação das técnicas de reaproveitamento dos recursos.

Para classificar uma edificação com Balanço Hídrico Nulo e receber alguma certificação por isso, é necessário que o balanço hídrico calculado entre demanda, geração e reúso de água seja igual a zero. Apesar de a proposta de Balanço Hídrico Nulo ser uma meta interessante, principalmente em situações de escassez hídrica, é importante ressaltar a dificuldade de atingir um balanço verdadeiramente nulo na realidade brasileira. As normas existentes proíbem o uso de água de chuva, por exemplo, para uso potável, sendo a água de abastecimento proveniente da concessionária a fonte mais indicada para esse tipo de consumo. Assim, entende-se que esse conceito, como referência para o projeto, possa ser aplicado aqui, de uma maneira adaptada, em que se defina um consumo mínimo como meta (de água da concessionária, por exemplo), tendo como objetivo racionalizar o máximo possível esse recurso e diminuir as dependências externas.

6.6 CERTIFICAÇÕES AMBIENTAIS

O conceito de desenvolvimento sustentável, em geral associado à escala urbana (mais macroscópica), acabou encontrando repercussão também na escala do lote e, consequentemente, da edificação, como célula do próprio tecido urbano. Em virtude da preocupação com o projeto e construção ou adaptação de edificações sustentáveis, surgiram as certificações ambientais para as construções, a partir da década de 1990, na Europa, nos Estados Unidos e no Canadá. As certificações incentivam a promoção de tecnologias construtivas que visam à sustentabilidade social, econômica e ambiental. A avaliação do desempenho ambiental do edifício é realizada já na fase do projeto, observando-se a interação do edifício e seus sistemas principais, bem como na sua construção, utilização, gestão e operação. Os edifícios são classificados de acordo com o grau de sustentabilidade e desempenho, com base em parâmetros específicos de cada órgão de certificação, estabelecidos mediante diretrizes e indicadores, que variam de acordo com a tipologia arquitetônica.

Cada sistema de certificação usa indicadores próprios, de acordo com a agenda do país de origem e, portanto, não há um padrão universalizado. No entanto, esses sistemas trazem à tona discussões sobre o papel e as responsabilidades da indústria da construção civil no cenário mundial, quanto a aspectos socioambientais.

As certificações apresentam critérios de pontuação, para requisitos, separados em categorias, que podem ser relacionadas a energia, materiais e água, dentre outros. Em relação à categoria específica para a temática de uso racional da água, encontram-se objetivos específicos para conservação, economia e uso de fontes alternativas.

A Tabela 6.11 apresenta as principais certificações existentes, apontando o país de origem e sua relevância para o mercado da construção civil.

Tabela 6.11 – Principais certificações ambientais para edificações

País	Ano	Sigla	Certificação	Relevância
Reino Unido	1990	Breeam	*Building Research Establishment Environmental Assessment Method*	Primeiro sistema de avaliação ambiental de construções do mundo
Estados Unidos	1999	Leed	*Leadership in Energy and Environmental Design*	O programa apresenta incentivos financeiros e econômicos para o mercado de construções verdes dos Estados Unidos
França	2002	HQE	*Haute Qualité Environementale*	Avalia o sistema de gestão do desenvolvimento do empreendimento
Japão	2002	Casbee	*Comprehensive Assessment System for Building Environmental Efficiency*	Método com alguns conceitos inovadores, incluindo as fases de pré-projeto, projeto e pós-projeto
Austrália	2003	Nabers	*National Australian Buildings Environmental Rating System*	Sistema com base no BREEAM e LEED
Brasil	2008	Aqua	Alta Qualidade Ambiental	Primeiro referencial brasileiro adaptado do HQE
Brasil	2010	Selo Casa Azul – CEF	–	Primeiro selo brasileiro de boas práticas para habitação sustentável

O método de avaliação da certificação Breeam (*Building Research Establishment Environmental Assessment Method*) (Breeam, 2010) foi desenvolvido no Reino Unido e é baseado em análise documental e na verificação de itens mínimos de desempenho, projeto e operação dos edifícios. Para tanto, considera uma lista de verificação (*checklist*) simplificada, em que estão detalhados os requisitos específicos para obtenção de créditos ambientais. Os créditos são atribuídos a categorias, como energia, transporte, poluição, materiais, água, uso do solo e ecologia, saúde e bem-estar, e gestão, de acordo com o desempenho esperado. Na categoria da água, os projetistas podem interferir no consumo dos futuros ocupantes da edificação por meio da inserção de aparelhos eficientes para reduzir o consumo de água, da medição e controle da água efetivamente gasta, do desenvolvimento de sistemas de detecção de vazamentos, da captação da água da chuva e do reúso de água cinza. Para avaliação final, é utilizada uma ponderação do impacto ambiental de cada categoria, sendo a importância de cada uma definida pelo próprio *Building Research Establishment* (BRE).

O sistema de certificação americano Leed (*Leadership in Energy and Environmental Design*) (USGBC, 2018), desenvolvido pelo United States Green Building Council (USGBC), teve sua primeira versão finalizada em 1999. O Leed funciona com a atribuição de créditos, relacionando-os com critérios predefinidos. A certificação possui seis áreas de avaliação: sustentabilidade do sítio; gestão de água, energia e atmosfera; materiais e recursos; qualidade ambiental interna; inovação e processos de projeto. Além disso, apresenta uma sétima área, que enfatiza a importância das prioridades regionais. Em relação ao uso racional da água, são atribuídos créditos aos projetos que promovem o uso eficiente de água para paisagismo, a não utilização de água potável na irrigação, e a redução do consumo da água.

A certificação HQE (*Haute Qualité Environementale*) foi desenvolvida na França pela Associação HQE, pela Ademe (*Agence de l'Environnement et de la Maîtrise de l'Energie*), por comissões de normalização, e pelo CSTB (*Centre Scientifique et Technique du Bâtiment*), buscando avaliar o desempenho ambiental de empreendimentos da construção civil. Sua versão definitiva foi lançada em fevereiro de 2004 e a primeira certificação ocorreu em março de 2004. A certificação é obtida distintamente em três fases: programa, projeto e execução (CSTB, 2018). A certificação leva em conta a análise do Sistema de Gestão do Empreendimento (*Système de Management d'Opération – SMO*) e a Qualidade Ambiental do Edifício (*Qualité Environnementale du Bâtiment – QEB*). O SMO estabelece as metas ambientais prioritárias, considerando as características e legislações locais, bem como os objetivos do empreendedor. Assim, avalia grandes temas, como ecoconstrução, gestão, conforto e saúde, que são desmembrados em categorias mais específicas. A certificação só é concedida se a edificação atender ao perfil ambiental definido na QEB.

A certificação Casbee (*Comprehensive Assessment System for Building Environmental Efficiency*) (Casbee, 2018), criada no Japão em 2002, é um método de avaliação e classificação do desempenho ambiental dos edifícios e do ambiente construído, projetado para melhorar a qualidade de vida das pessoas e reduzir o ciclo de vida de uso dos recursos e das cargas ambientais associadas ao ambiente construído. O Casbee abrange quatro campos de avaliação: eficiência energética, eficiência de recursos, ambiente local e ambiente interno.

A certificação Nabers (*National Australian Buildings Environmental Rating System*) (Nabers, 2018), criada na Austrália em 2003, avalia a eficiência energética, o uso da água, a gestão de resíduos e a qualidade do ambiente interno de um prédio ou locação e seu impacto no meio ambiente. Para isso, utiliza informações de desempenho convertidas em uma escala de classificação simples. É administrado nacionalmente pelo Escritório de Meio Ambiente e Patrimônio de New South Wales, Austrália.

A certificação Aqua (*Alta Qualidade Ambiental*) é uma adequação do Referencial Técnico de Certificação francês *Bâtiments Tertiaires – Démarche* HQE para a realidade brasileira. Nesse tipo de certificação, é avaliado o desempenho ambiental de uma edificação, segundo dois instrumentos principais: o Sistema de Gestão do Empreendimento (SGE) e o referencial de Qualidade Ambiental do Edifício (QAE). Considera-se a análise das fases de programa de necessidades, de projeto e de construção. A QAE é dividida em quatro grupos (ecoconstrução, ecogestão, conforto e saúde) e 14 categorias de desempenho, sendo que uma dessas categorias se relaciona com a gestão de água (gestão da água é categoria do grupo ecogestão). Neste contexto, devem ser previstas estratégias para diminuir o consumo de água potável e gerenciar as águas pluviais. Em relação à primeira estratégia, deve-se promover a instalação de medidores de água, equipamentos economizadores nas bacias sanitárias e nos metais sanitários. Em relação à segunda, deve-se incentivar a aplicação de medidas para limitar a impermeabilização do terreno, favorecendo a infiltração, bem como a retenção das águas de chuva de grandes tempestades, além do aproveitamento da água de chuva em situações em que não seja necessário o uso da água potável.

O programa de certificação *Selo Casa Azul* (CEF, 2010) é um instrumento de classificação socioambiental de projetos de empreendimentos habitacionais. É um selo voltado para a realidade brasileira, desenvolvido em parceria com a Escola Politécnica da Universidade de São Paulo, Universidade Federal de Santa Catarina e Universidade Estadual de Campinas e lançado em 2010. É direcionado para os empreendimentos habitacionais financiados pela Caixa Econômica Federal, e a adesão é voluntária. Tem como principal objetivo incentivar o uso racional de recursos naturais, reduzir o custo de manutenção dos edifícios e as despesas dos usuários, além de conscientizar sobre construções sustentáveis. Para tanto, considera a avaliação de 53 critérios, divididos em seis categorias: Qualidade Urbana; Projeto e Conforto; Eficiência Energética; Conservação de Recursos Materiais; Gestão da Água; e Práticas Sociais. Os critérios de avaliação propostos para a categoria Gestão da Água são: medição individualizada de água; dispositivos economizadores; registros reguladores de vazão; aproveitamento de águas pluviais; retenção de águas pluviais; infiltração de águas pluviais e manutenção de áreas permeáveis.

A motivação inicial das certificações foi a questão ambiental. No entanto, com o passar do tempo, elas conseguiram alavancar boas práticas de mercado em prol da sustentabilidade do setor da construção, com a inserção de novas tecnologias. Em relação à conservação dos recursos hídricos, observa-se, também, que as certificações proveem a racionalização deste recurso.

O assunto aqui foi apresentado apenas de maneira informativa. Para que o leitor tenha mais informações sobre as certificações apresentadas, recomenda-se a leitura da documentação original relativa a cada selo.

REFERÊNCIAS BIBLIOGRÁFICAS

ANA – Agência Nacional das Águas; SAS/ANA, Superintendência de Conservação de Água e Solo; FIESP, Federação das Indústrias do Estado de São Paulo; DMA, Departamento de Meio Ambiente e Desenvolvimento Sustentável; Sinduscon-SP, Sindicato da Indústria da Construção do Estado de São Paulo; COMASP, Comitê de Meio Ambiente do Sinduscon – SP - *Conservação e Reuso da Água em Edificações*. São Paulo, junho de 2005.

ASSOCIAÇÃO BRASILEIRA DE NORMAS TÉCNICAS. NBR 15257: *Aproveitamento de água de chuva de coberturas para fins não potáveis - Requisitos*. Rio de Janeiro, 2019. 10 p.

ASSOCIAÇÃO BRASILEIRA DE NORMAS TÉCNICAS. NBR 5626: *Sistemas prediais de água fria e água quente - Projeto, execução, operação e manutenção*. Rio de Janeiro, 2020. 56 p.

ASSOCIAÇÃO BRASILEIRA DE NORMAS TÉCNICAS. NBR 13969: *Tanques sépticos – Unidades de tratamento complementar e disposição final dos efluentes líquidos – Projeto, construção e operação*. Rio de Janeiro, 1997. 60 p.

ASSOCIAÇÃO BRASILEIRA DE NORMAS TÉCNICAS. NBR 16782: *Conservação de água em edificações - Requisitos, procedimentos e diretrizes*. Rio de Janeiro, 2019, 22 p.

ASSOCIAÇÃO BRASILEIRA DE NORMAS TÉCNICAS. NBR 16783: *Uso de fontes alternativas de água potável em edificações*. Rio de Janeiro, 2019, 19 p.

BRASIL. *Manual para Apresentação de Propostas para Sistemas de Drenagem Urbana Sustentável e de Manejo de Águas Pluviais*. Ministério das Cidades. Secretaria Nacional de Saneamento Ambiental. PROGRAMA – 2040. Gestão de Riscos e Resposta a Desastres, 2012.

BRASIL. Ministério da Saúde. Gabinete do Ministro. Portaria Nº 2.914, de 12 de dezembro de 2011. *Dispõe sobre os procedimentos de controle e de vigilância da qualidade da água para consumo humano e seu padrão de potabilidade*. Diário Oficial da União, Brasília, DF, 13 dez. 2011.

BRASIL, 2007. Lei nº 11.445 de 05 de janeiro de 2007 – *Política Nacional do Saneamento Básico*. Diário Oficial da União, Poder Executivo, Brasília, DF, 05 de janeiro de 2007.

BREEAM. *Code for sustainable homes: Technical Guide*. October, 2007, 225 p

BROWN C., GERSTON J. and COLLEY S. -The Texas Manual on Rainwater Harvesting-Texas Water Development Board-2° edição-2005

CAIXA ECONÔMOCA FEDERAL (CEF). *Selo Casa Azul: Boas práticas para habitação mais sustentável. São Paulo: Páginas e Letras – Editora e Gráfica*, 2010. Disponível em Acesso em 26 de novembro de 2012.

CONAMA - Conselho Nacional do Meio Ambiente. (2005) Resolução nº 357, de 17 de março de 2005 Dispõe sobre a classificação dos corpos de água e diretrizes ambientais para o seu enquadramento, bem como estabelece as condições e padrões de lançamento de efluentes, e dá outras providências.

CONAMA - Conselho Nacional do Meio Ambiente. (2011) Resolução nº 430, de 13 de maio de 201 Dispõe sobre as condições e padrões de lançamento de efluentes, complementa e altera a Resolução no 357, de 17 de março de 2005.

CSTB - Centre Scientifique et Technique du Bâtiment. Disponível em: < http://www.cstb.fr/>. Acesso em 25 de março de 2018.

CUNLIFFE D -Guidance on the use of rainwater tanks-National Enviromental Health Forum Monographs-1998-Austrália

DTA F3: *Código de Prática de Projeto e Execução de Sistemas Prediais de Água - Conservação de Água em Edifícios*. Ministério do Planejamento e Orcamento. Secretaria de Politica Urbana, 2003.

EPA - United States Environmental Protection Agency (2018). *Net Zero Concepts and Definitions*. Disponível em: <https://www.epa.gov/water-research/net-zero-concepts-and-definitions>. Acesso em: 28 março 2018.

GONCALVES, R. F. (coord.) *Conservação de água e energia em sistemas prediais e públicos de abastecimento de água*. Rio de Janeiro: ABES, 2009

MIGUEZ, M.G., DI GREGORIO, L.T.; VERÓL, A.P. *Gestão de Riscos e Desastres Hidrológicos*. Rio de Janeiro: Elsevier, 2017.

NABERS – *National Australian Built Environment Rating System*. Disponível em < https://nabers.gov.au/public/webpages/home.aspx>. Acesso em 25 de março de 2018.

OLIVEIRA, L.H. *Metodologia para a implantação de programa de uso racional da água em edifícios*. São Paulo, 1999. Tese (Doutorado) – Escola Politécnica, Universidade de São Paulo.

RIO DE JANEIRO (Município). Decreto nº 23.940 de 30 de janeiro de 2004. Torna obrigatório, nos casos previstos, a adoção de reservatórios que permitam o retardo do escoamento das águas pluviais para a rede de drenagem.

RIO DE JANEIRO (Município). Resolução Conjunta SMG/SMO/SMU nº 001 de 27 de janeiro 2005. *Disciplina os procedimentos a serem observados no âmbito dessas secretarias para o cumprimento do Decreto nº 23940 de 30 de janeiro de 2004.*

TELLES, D. D., COSTA, R. P., 2010, Reúso da água: conceitos, teorias e práticas. 2ª ed. São Paulo, Editora Edgard Blücher Ltda.

TOMAZ, P. (2010). *Aproveitamento de água de chuva em áreas urbanas para fins não potáveis*. Livro Digital. Disponível em: <http://www.pliniotomaz.com.br/downloads/livros/Livro_aprov._aguadechuva/Livro%20Aproveitamento%20de%20agua%20de%20chuva%205%20dez%202015.pdf>. Acesso em: 02 de março de 2018.

UNITED STATES GREEN BUILDING CONCIL (USGBC), 2018. Disponível em < https://new.usgbc.org/> Acesso em 25 de março de 2018.

CAPÍTULO 7

Apresentação e Legalização de Projetos

Conceitos apresentados neste capítulo

Neste capítulo, os autores trazem para o leitor informações relacionadas à apresentação (plantas, cortes, e memórias de cálculo e descritiva) e à legalização de projetos de sistemas prediais hidráulicos e sanitários. Ao incluir este capítulo no livro, espera-se contribuir com as instruções mínimas para que o profissional saiba qual caminho percorrer a fim de legalizar o seu projeto após a finalização do projeto técnico. Além disso, também se pretende apresentar, de forma breve, alguns *softwares* utilizados na execução de projetos.

7.1 APRESENTAÇÃO DE PROJETOS

Os projetos de Sistemas Prediais Hidráulicos e Sanitários (SPHS) devem ser concebidos visando o emprego de tecnologias disponíveis no mercado nacional compatíveis com o uso e, também, de materiais em conformidade com as normas técnicas e de qualidade. Os projetos devem garantir níveis aceitáveis de funcionalidade, segurança, conforto, durabilidade e economia.

Todos os projetos devem obedecer a normas técnicas, leis, decretos e regulamentos das concessionárias locais. Recomenda-se, portanto, que o projetista faça uma consulta prévia à concessionária local, a fim de obter informações importantes e atualizadas. Em relação ao projeto do sistema predial de água fria, ele deve buscar, na concessionária, informações sobre a possibilidade de oferta da água, as vazões disponíveis, o regime de variação de pressões e a constância no abastecimento. No que diz respeito ao projeto do sistema predial de esgoto sanitário, por sua vez, deve ser consultada a possibilidade de esgotamento, no que concerne à coleta, ao transporte, ao tratamento e à destinação final do efluente. Por outro lado, em relação ao projeto do sistema predial de águas pluviais, ele deve se informar na prefeitura local sobre a disposição do efluente da caixa de areia na caixa ralo.

No projeto do sistema predial de água fria e água quente, a etapa de elaboração dos desenhos, refere-se à correta disposição das peças de utilização nos cômodos abastecidos por água fria e/ou quente, bem como ao traçado propriamente dito das tubulações, nas diversas plantas baixas (situação, subsolo, pavimento térreo, pavimento-tipo e cobertura), nas perspectivas isométricas da instalação elevatória, incluindo reservatórios inferior e superior, sistema de bombeamento e tubulações de sucção e recalque, e do sistema de distribuição, incluindo reservatório superior, barrilete, colunas, ramais e sub-ramais, nas perspectivas isométricas de todas as áreas molhadas (englobando ramais e sub-ramais), no esquema vertical e no desenho do barrilete, indicando os componentes do sistema e suas interligações. Também faz parte desta etapa o detalhamento, em vista, das alturas das peças de utilização e de seus respectivos pontos de entrada de água.

No projeto do sistema predial de esgoto sanitário, esta mesma etapa tem algumas semelhanças com o que já foi descrito anteriormente, com pequenas modificações. Neste caso, a etapa de elaboração dos desenhos, refere-se à correta disposição dos pontos geradores de esgoto, que são, necessariamente, dependentes da posição das peças de utilização, definida no projeto de sistemas prediais de água fria e água quente, e dos desconectores. Também faz parte desta etapa o traçado propriamente dito das tubulações e dispositivos de esgoto sanitário nas diversas plantas baixas (situação, subsolo, pavimento térreo, pavimento-tipo e cobertura). Em particular, aqui não são necessárias as perspectivas isométricas. Para completar o conjunto de desenhos, também deve ser elaborado esquema vertical, indicando os componentes do sistema e suas interligações.

O projeto do sistema predial de águas pluviais segue as mesmas orientações do projeto do sistema predial de esgoto sanitário. São, porém, desenvolvidos desenhos separados, uma vez que não pode haver interconexão entre esses sistemas e que a "entrega" dos efluentes é realizada em redes urbanas distintas, considerando que no Brasil emprega-se o sistema separador absoluto, como já mencionado em capítulos anteriores.

Considerando o projeto de SPHS, as plantas, geralmente, são apresentadas em pranchas técnicas, em formato padrão ABNT (consultar as normas NBR 10068:1987, NBR 10582:1988 e NBR 10067:1995). Dependendo do tamanho da edificação, pranchas A1 são um formato adequado para apresentação do projeto. Em geral, trabalha-se com a escala 1:100 para as plantas dos pavimentos, e escala 1:50 (ou até mesmo 1:25, dependendo do tamanho do cômodo) para os detalhes das áreas molhadas.

Os desenhos devem apresentar o traçado de canalizações, a indicação dos diâmetros em todos os trechos, a declividade das tubulações horizontais (no caso de tubulações de esgoto sanitário ou de águas pluviais) e, também, as cotas — distância horizontal e vertical de cada trecho de tubulação. O projetista deve ter em mente que os desenhos devem ser suficientes para que seu projeto seja construído (ou seja, na obra, devem passar todas as informações necessárias para a equipe de execução).

Além do formato padrão da prancha, o projetista deve ter cuidado com a legenda utilizada. De forma geral, as legendas de projetos de sistemas prediais devem conter:

■ Desrição do projeto e endereço da obra.
■ Nome da empresa.
■ Título da prancha (de acordo com os desenhos apresentados).
■ Número do desenho.
■ Nome e espaço para assinatura do responsável técnico pelo projeto, do desenhista e do proprietário do imóvel (ou então do contratante do projeto).
■ Escala dos desenhos (se houver mais de uma escala diferente na prancha, deve conter a informação "escala indicada" e a mesma deve vir abaixo de cada desenho).
■ Unidades (se estão em metros, por exemplo).
■ Campos em branco para observações gerais, carimbos e assinaturas.

Geralmente, a concessionária local deve ser consultada, para verificar se há um carimbo padronizado para as pranchas. No caso específico do Rio de Janeiro, o carimbo sugerido pela Cedae requer informações sobre a localização e os responsáveis pelo projeto, como representado pela Figura 7.1.

O desenho técnico dos sistemas prediais é muito simples, sendo as tubulações representadas por uma linha simples, e as conexões e outras peças sanitárias representadas por símbolos específicos, conforme demonstrado nos capítulos 3, 4 e 5. É importante que os desenhos de todos os sistemas prediais aqui apresentados tenham rigor quanto à correta indicação das simbologias, cotas e legendas, sempre atendendo às normas técnicas vigentes.

Além disso, todos os desenhos devem ser adequadamente cotados, para que seja feita a correta locação das tubulações na obra. A cota é tomada em relação aos eixos das respectivas tubulações, e as conexões são localizadas pelas distâncias de eixo a eixo. A Figura 7.2 indica a melhor forma de se cotarem as canalizações.

Completando o conjunto de desenhos, há, na concepção dos projetos de SPHS, um desenho particular, conhecido como "esquema vertical". O esquema vertical é feito sem escala e de forma esquemática, para

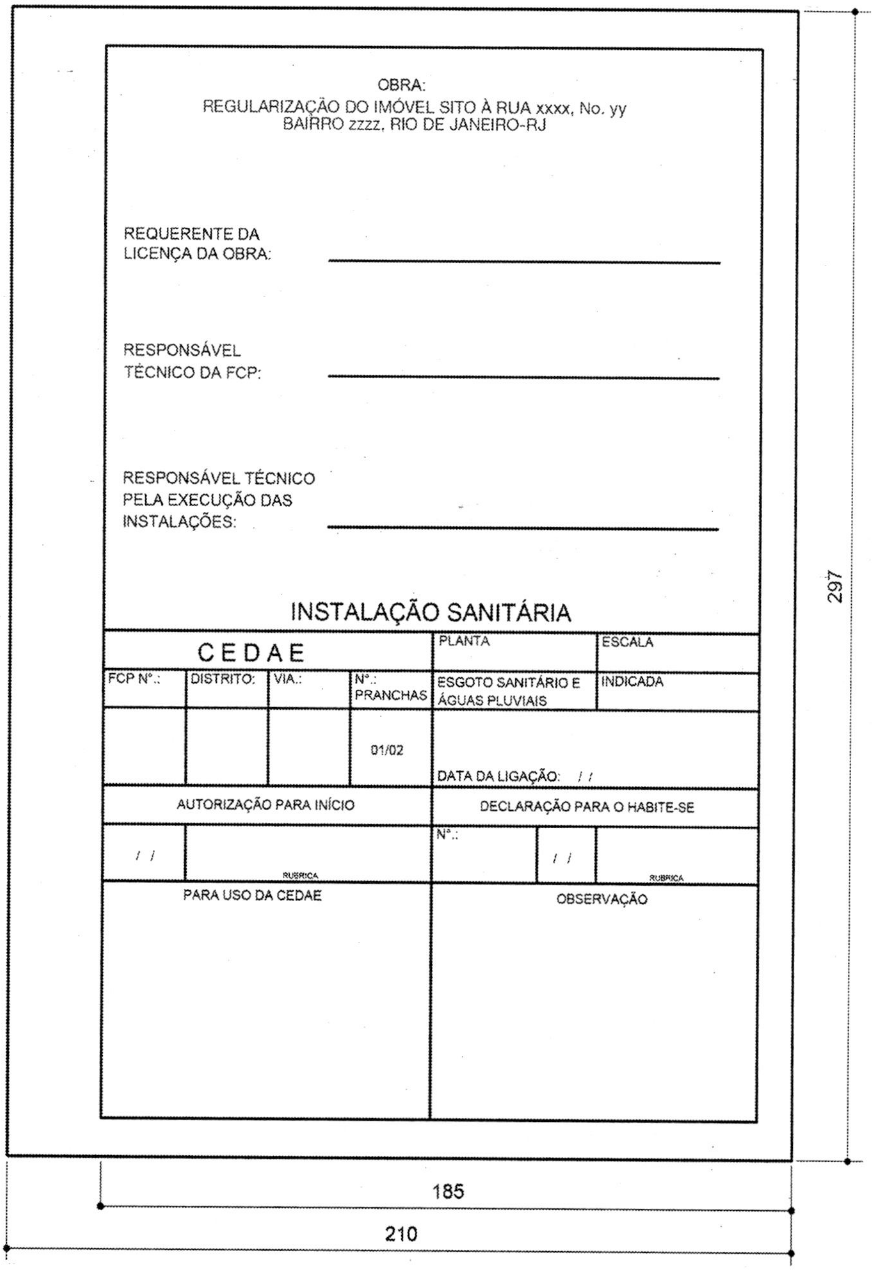

FIGURA 7.1: Carimbo modelo da concessionária Cedae (estado do Rio de Janeiro) — cotas em milímetros

representar o traçado das tubulações e sua relação com os aparelhos sanitários em cada pavimento. Além de facilitar a compreensão do projeto, o esquema vertical auxilia no dimensionamento das tubulações, por permitir uma rápida consulta a todo o sistema (quais e quantos aparelhos sanitários estão sendo alimentados por determinado ramal de água fria, por exemplo). O esquema vertical não é um corte técnico; portanto, as tubulações podem ser representadas, em relação ao eixo horizontal, lado a lado, mesmo que no projeto estejam uma à frente da outra. Assim, todas elas devem estar explícitas nesse esquema (o que, eventualmente, não acontece num corte, quando uma pode "esconder" a outra).

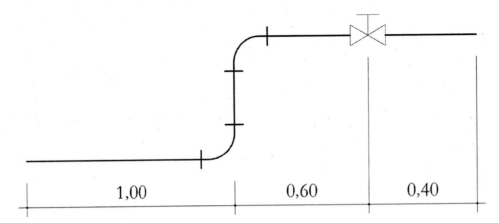

FIGURA 7.2: Cotagem de canalizações em sistemas prediais.

Cada sistema deve apresentar o seu esquema vertical específico, para fins de legalização. Entretanto, para fins didáticos, costumam-se agrupar as tubulações de água fria e água quente no mesmo esquema vertical, uma vez que ambas funcionam como conduto forçado, e as tubulações de esgoto sanitário e de águas pluviais num outro esquema vertical, dado que, estas últimas, apesar de serem sistemas distintos, funcionam por gravidade (sob pressão atmosférica).

A etapa de dimensionamento se materializa na memória de cálculo. Esta é uma etapa de grande importância, pois é a forma de validar o traçado das tubulações, proposto na etapa anterior, e detalhar cada uma das partes integrantes do sistema predial projetado.

A memória de cálculo deve compreender todos os cálculos realizados para o dimensionamento do sistema, atendendo às exigências mínimas quanto ao conforto, segurança e higiene dos usuários e às exigências normativas. Deve ser clara, concisa e capaz de municiar qualquer pessoa que tenha dúvidas em relação ao projeto com as informações necessárias sobre o dimensionamento de todas as partes do sistema predial em questão.

A memória descritiva do projeto de sistemas prediais hidráulicos e sanitários apresenta as fases do projeto, bem como os materiais que serão empregados na obra.

Inicialmente, apresenta informações como nome do projeto, endereço da obra, descrição da tipologia arquitetônica, relação das normas técnicas e relação dos materiais das tubulações. Além disso, também apresenta informações específicas a cada sistema predial projetado, da seguinte forma:

- *Sistema predial de água fria e água quente*: Escolha do sistema de suprimento de água fria, do sistema de medição e do sistema de abastecimento de água quente.
- *Sistema predial de esgoto sanitário*: Descrição da disposição final do efluente, seja na rede pública de coleta de esgoto ou, quando ela não exisitir, em sistema particular de tratamento.
- *Sistema predial de águas pluviais*: Descrição do destino final do efluente em locais permitidos pelos dispositivos legais.

A memória descritiva ainda deverá compreender os itens a seguir:

- Dimensionamento.
- Especificação dos materiais e equipamentos a serem utilizados (tubulações e conexões), acessórios (materiais de acabamento), peças de utilização, equipamentos e dispositivos que compõem os diversos sistemas prediais projetados.
- Quantificação por meio da lista de material e orçamento.

Desenho de canalizações: Resumo da forma de apresentação

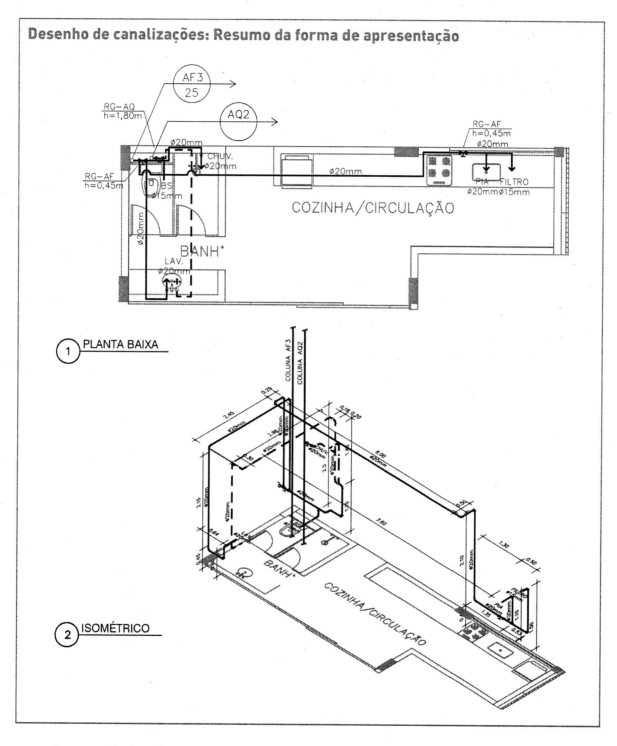

Conjunto de desenhos:
- planta baixa do subsolo, térreo, pavimento-tipo, cobertura;
- esquema vertical;
- desenhos isométricos das áreas molhadas; e
- todos os detalhes construtivos (cortes, perspectivas etc.) que se fizerem necessários ao perfeito entendimento dos elementos projetados.

7.2 LEGALIZAÇÃO DE PROJETOS DE SISTEMAS PREDIAIS NO RIO DE JANEIRO

Os procedimentos para licenciamento e legalização de projetos de sistemas prediais devem ser verificados nas respectivas concessionárias. O fornecimento de água no estado do Rio de Janeiro é feito pela concessionária Companhia Estadual de Águas e Esgoto (Cedae) ou pela Companhia Foz Água 5. Portanto, a solicitação de uma ligação de água para a obra nova ou demolição deve ser feita no respectivo órgão responsável. Já a legalização do projeto do sistema predial de águas pluviais é da competência da Secretaria Municipal de Conservação e Serviços Públicos (Seconserva).

Os projetos dos sistemas prediais de água fria e de água quente, de esgoto sanitário e de águas pluviais deverão ser executados por profissionais habilitados, de acordo com Resolução n° 218/73 do sistema Confea/Crea (Conselho Federal de Engenharia e Agronomia/Conselho Regional de Engenharia e Agronomia), ou por profissionais legalmente habilitados no Cau (Conselho de Arquitetura e Urbanismo).

No projeto do sistema predial de água fria, a ligação do ramal predial até o hidrômetro, que é uma conexão na parte externa do lote, é de responsabilidade da concessionária. Toda instalação interna, a partir do alimentador predial, ou seja, a canalização que vai desde o hidrômetro até o reservatório inferior, é de responsabilidade do proprietário, bem como o restante do sistema predial até os pontos de consumo (Figura 7.3).

Cabe ao proprietário a compra do hidrômetro, que só pode ser feita por fornecedores homologados pela concessionária, já que, na compra, será emitido um comprovante que deverá ser apresentado com os documentos solicitados para o cadastro de ligação definitiva de água. Também é de responsabilidade do proprietário a construção da caixa de proteção do hidrômetro, segundo orientação técnica das dimensões fornecidas pela concessionária. A Figura 7.4 exemplifica as orientações da Cedae, no Rio de Janeiro, quanto ao posicionamento destes elementos.

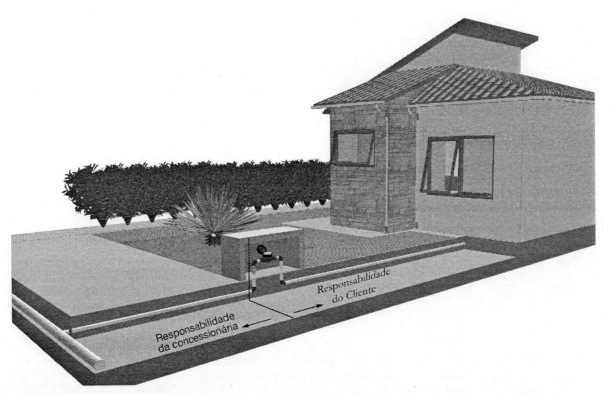

FIGURA 7.3: Limite de responsabilidades entre concessionária e proprietário.

FIGURA 7.4: Posicionamento do hidrômetro e de sua caixa de proteção, segundo a concessionária Cedae, do Rio de Janeiro: no máximo a 1,50 m da testada do imóvel ou, então, no muro.

O processo de ligação de água deve ser solicitado, preferencialmente, em um dos postos de atendimento da Cedae. Entretanto, se a construção estiver localizada dentro da área de planejamento 5 (AP5), também são necessários um estudo de viabilidade da instalação e o laudo de possibilidade de esgotamento sanitário, fornecido pela concessionária Foz Água 5.

O processo com a Cedae deve ser iniciado por meio da solicitação, de forma eletrônica, da Declaração de Possibilidade de Abastecimento (DPA) e da Declaração da Possibilidade de Esgotamento (DPE) para novos empreendimentos. Essa solicitação é feita mediante a abertura de uma Consulta a Possibilidade de Abastecimento e Esgotamento (Cepae).

A DPA é um documento que estabelece os critérios relativos ao abastecimento de água no que concerne a: pressão máxima; pressão mínima; regime de abastecimento; diâmetro nominal do ramal de entrada; estimativa do consumo diário por pessoa (litros/dia/pessoa); vazão do empreendimento (litros/segundo) e informação sobre o número de dias de reservação de água. A abertura e a análise de solicitação de ligação de água consistem em uma etapa posterior à solicitação e emissão da DPA para o empreendimento em questão. Essa solicitação também deve ser feita de forma eletrônica, no mesmo processo em que foi anteriormente requerida a respectiva DPA, mantendo num único processo administrativo todas as fases do licenciamento.

Para a abertura do processo é necessário que o proprietário, de posse da DPA (com validade de 12 meses), leve à concessionária os documentos:

- Cópias do documento de posse ou direito de propriedade (Registro Geral de Imóveis – RGI) e da Escritura.
- Cópia do carnê do IPTU.
- Cópia dos documentos do proprietário: Pessoa Física: Identidade e CPF; Pessoa Jurídica: Contrato Social e CNPJ – caso o requerente não seja o proprietário, apresentar procuração com firma reconhecida.
- Cópia da licença de obra ou cópia do alvará de construção (para obras novas) e cópia do certificado de demolição (em caso de obra demolida).
- Duas vias da planta de situação, indicando a localização aproximada do ramal e da caixa protetora, onde será instalado o hidrômetro geral.

Após análise e aprovação da documentação, a concessionária fornece as informações sobre valores e taxas para a realização dos serviços de ligação provisória da água no empreendimento. A aprovação final se faz após solicitação de vistoria para mudança do uso e *Habite-se*, para transformar a ligação provisória em definitiva. Neste caso, a vistoria serve apenas para aferir a conclusão da obra.

De modo similar ao procedimento descrito anteriormente, o processo de ligação do sistema predial de esgoto sanitário deve ser solicitado, preferencialmente, em um dos postos de atendimento da Cedae.

O processo também inicia com a abertura de uma Cepae e com a obtenção da Declaração de Possibilidade de Esgotamento Sanitário (DPE), conforme mencionado anteriormente. A DPE é um documento que estabelece os critérios relativos à concepção do esgotamento sanitário no que concerne a coleta, transporte, tratamento e destinação final do efluente. A abertura e a análise do projeto de esgoto sanitário ocorrem após a emissão da DPE para o empreendimento em questão. Cabe ressaltar que essa solicitação deve ser feita no mesmo processo em que é requerida a respectiva DPE, para organizar em um único processo administrativo todas as fases do licenciamento.

Após esses passos, o proprietário deve se dirigir à concessionária para dar entrada na Ficha Cadastral Predial (FCP), bem como apresentar:

- Cópia da licença de obras dentro da validade.
- Cópia da DPE e DPA (dentro da validade de 12 meses) e da ficha de solicitação de serviço (FSS), no caso de não haver ramal de esgoto ou cópia da conta de água.
- Cópia do documento de posse ou direito de propriedade (Registro Geral de Imóveis – RGI) e cópia da escritura.
- Cópia do documento do proprietário (Pessoa Física: Identidade; Pessoa Jurídica: Contrato Social e CNPJ.
- Cópia da carteira de identidade do Profissional Responsável pela Obra (Crea, Cau) e da anuidade do órgão de classe.
- Cópia da Anotação de Responsabilidade Técnica (ART), no caso do Crea, ou Registro de Responsabilidade Ténica (RRT), no caso do Cau.

Há, entretanto, pequena diferença em comparação ao processo anterior, uma vez que também devem ser apresentados os desenhos relacionados a seguir:

- Duas plantas de situação, com carimbo padrão da Cedae, em escala 1:50, contendo a marcação dos imóveis vizinhos e o perímetro do terreno e da construção.
- Duas plantas do pavimento térreo, contendo todas as informações sobre as caixas de inspeção e de gordura, as interligações entre essas caixas e o coletor público de esgoto sanitário, e, também, informações sobre as caixas de areia, com suas interligações até o coletor público de águas pluviais.
- Em locais desprovidos de rede de coleta de esgoto sanitário, deverão ser apresentados, também em duas plantas, o projeto e o dimensionamento da fossa séptica e filtro anaeróbico ou especificação da ETE (Estação de Tratamento de Esgotos) que receberá o efluente.

Somente após verificar toda a documentação, a concessionária fornece as informações sobre valores e taxas para realização dos serviços. Para a retirada das plantas aprovadas é necessária apresentação da guia de recolhimento (GR) paga.

A aprovação final se faz mediante solicitação de vistoria de *Habite-se*, realizada por um profissional técnico habilitado que confere *in loco* as instalações no pavimento de uso comum (PUC), verificando as principais ligações e, principalmente, a ligação final ao coletor público ou ao dispositivo de tratamento individual de esgoto sanitário. Também é verificada a ligação para o coletor público de águas pluviais, a fim de garantir que não há conexões cruzadas (em função da adoção, no Brasil, do sistema separador absoluto). A Cedae fornece apenas o *Habite-se* referente ao projeto do sistema predial de esgoto sanitário;

a responsabilidade da emissão do *Habite-se* do projeto do sistema predial de águas pluviais, no Rio de Janeiro, é da Secretaria Municipal de Conservação e Serviços Públicos (Seconserva).

Em relação à legalização do processo de esgotamento de águas pluviais, têm-se duas fases. A primeira, de análise do projeto e vistoria, realizada pela Cedae, já foi descrita anteriormente; a segunda, que se refere à legalização da ligação do efluente à rede pública, é de competência da Seconserva. No âmbito desta Secretaria está a *Coordenadoria Geral de Conservação* (CGC), que é responsável pela manutenção do sistema de microdrenagem, e a quem cabe a responsabilidade pelo licenciamento e pela fiscalização de ligações de águas pluviais em imóveis particulares. Para as ligações da Área de Planejamento 5 (AP5) do Rio de Janeiro, há algumas particularidades que deverão ser seguidas conforme instruções da Fundação Instituto das Águas do Município do Rio de Janeiro (Rio-Águas).

7.3 *SOFTWARES* PARA SPHS

Os projetos de SPHS, no passado, eram apresentados em desenhos feitos com nanquim, em pranchas de papel vegetal. Posteriormente, eram feitas cópias heliográficas, para que fossem encaminhadas aos demais profissionais envolvidos no projeto (arquitetura, estruturas etc.), a fim de verificar interferências e, ao final, de aprovar o projeto. Nesta época, os profissionais comparavam e analisavam as pranchas a olho nu, verificando a compatibilidade entre sistemas. Era um processo demorado, cansativo e suscetível a erros.

Essa realidade mudou muito nos últimos 30 anos. Os projetos passaram a ser feitos integralmente no computador, ganhando velocidade, por um lado, mas gerando a necessidade de cuidados extras por outro, uma vez que é possível atualizar os projetos a todo instante, podendo gerar incompatibilidades e até mesmo erros, caso toda a equipe não esteja muito bem alinhada e informada quanto aos procedimentos de atualização dos arquivos.

A partir da década de 1970, em outros países, e da década de 1990, no Brasil, passou-se a utilizar a tecnologia *Computer-Aided Design* (CAD) ou, em português, "Desenho Assistido por Computador", que facilitou e acelerou a representação de projetos, de forma geral. No campo dos sistemas prediais, em particular, houve um enorme ganho de tempo. A avaliação de compatibilidade entre projetos passou a ser mais rápida e menos desgastante do que quando era feita manualmente. Nessa época, os cálculos ainda eram majoritariamente realizados com auxílio de calculadoras ou planilhas do tipo Excel.

Mais recentemente, com o avanço da tecnologia, tem-se a Modelagem da Informação da Construção ou Modelo Paramétrico da Construção Virtual, cujo termo em inglês é *Building Information Modeling*, ou simplesmente BIM. A modelagem BIM pode ser definida como um modelo digital, composto por um banco de dados, que pode utilizar as informações de forma agregada, facilitando a gestão de desenhos e de informação. Com isso, há a possibilidade de melhoria na produtividade e a racionalização do processo de construção.

O uso do BIM torna a etapa de desenvolvimento do projeto mais dinâmica, uma vez que permite a geração automática de desenhos e relatórios, a análise de projeto, a simulação de programação, a gestão de tubulações e a construção de informações mais precisas para tomadas de decisão. Ao final, tem-se um projeto com menos chance de problemas de incompatibilidade entre sistemas arquitetônico, estrutural, elétrico, hidráulico e sanitário (melhor integração entre os mesmos) e, portanto, um projeto mais racional.

Em relação às ferramentas que permitem o desenvolvimento de projetos de sistemas prediais, a atualização automática nas saídas do modelo (plantas, elevações, detalhamentos) quando há alteração do modelo de informação representa um enorme avanço, em termos de tempo de trabalho do projetista. Um exemplo citado por Ywashima e Ilha (2010) é o de um projeto que tem a estrutura alterada e, nesta nova situação, há a necessidade de se deslocarem alguns tubos de queda, no projeto do sistema predial de esgoto sanitário. Caso se estivesse utilizando a ferramenta BIM, o sistema estrutural seria alterado no modelo, e a própria ferramenta gráfica apontaria as interferências com os sistemas prediais. O projetista procederia, então, com a adequação dos elementos no modelo de informação e, assim, automaticamente, todas as saídas do modelo seriam atualizadas instantaneamente.

O mercado da construção civil brasileira, porém, ainda não adota sistemas BIM em grande escala. Os métodos mais utilizados ainda são os que vigoraram a partir dos anos 1990, em que os desenhos eram feitos em plataformas CAD, com cálculos em planilhas eletrônicas. Para que haja uma mudança neste mercado, no que diz respeito à adoção de sistemas que empreguem a tecnologia BIM, se faz necessário um grande investimento, tanto em treinamento para profissionais da área, quanto na aquisição dos *softwares* específicos.

Essa realidade torna ainda mais complicada a aquisição de selos de qualidade, mas pode ser uma maneira de impulsionar a utilização dessas tecnologias, uma vez que, para que os empreendimentos sejam sustentáveis, segundo Ywashima e Ilha (2010), é condição fundamental que o desenvolvimento do projeto integre todos os agentes das diferentes áreas de conhecimento, que compõem a equipe multidisciplinar, de forma racionalizada.

Os *softwares* BIM existentes no mercado atualmente são dos principais vendedores tradicionais de *software* CAD, tais como o Revit, da Autodesk, o ArchiCAD, da Graphisoft (distribuído no Brasil pela Pini) e o Bentley Architecture, da Bentley. Alguns destes são brevemente apresentados a seguir, apenas a título de ilustração. Para informações mais detalhadas, os autores sugerem que o leitor busque os próprios fornecedores.

- *Revit MEP (Autodesk):* O Revit foi criado dentro do conceito BIM. É um *software* voltado para a área de Arquitetura e, atualmente, já inclui o Revit Architecture, Revit Structure e o Revit MEP, sendo este último específico para sistemas prediais elétricos e hidráulicos e sanitários. Ele lê arquivos gerados nos programas específicos de estrutura (*Revit Structure*) e de sistemas prediais (*Revit MEP*), agilizando a coordenação e a compatibilização dos complementares. De acordo com o fabricante, os diversos formatos de publicação e de exportação permitem a disponibilidade, em aplicativos de visualização gratuitos, das informações criadas e gerenciadas.
- *ArchiCAD (Graphisoft):* O ArchiCAD é uma ferramenta BIM, específica para Arquitetura, que permite integrar dados da construção, assim como desenho 2D/3D, modelagem 3D e maquete eletrônica. O módulo relativo a projetos de sistemas prediais hidráulicos e sanitários é o MEP (*Mechanical Electrical Plumbing*). É o mais antigo do mercado, possui uma extensa biblioteca disponível, e é compatível com *softwares* de orçamentos e de cálculo energético.
- *Bentley Architecture* (Bentley Systems): A ferramenta Bentley Architecture é construída sobre a plataforma do Microstation, um programa CAD. Ela faz parte de uma extensa plataforma que inclui *softwares* específicos para estrutura, instalações e modelagem de elementos complexos.

REFERÊNCIAS BIBLIOGRÁFICAS

ASSOCIAÇÃO BRASILEIRA DE NORMAS TÉCNICAS. NBR 10068: *Folha de Desenho – Layout e Dimensões,* 1987. 4 p.

ASSOCIAÇÃO BRASILEIRA DE NORMAS TÉCNICAS. NBR 10582 – *Apresentação da Folha para Desenho Técnico,* 1988. 4 p.

ASSOCIAÇÃO BRASILEIRA DE NORMAS TÉCNICAS. NBR 10067: *Princípios Gerais de Representação em Desenho Técnico,* 1995. 14 p.

YWASHIMA, L. A.; ILHA, M. S. O. *Concepção de Projeto dos Sistemas Hidráulicos Sanitários Prediais.*: Mudanças no processo de projeto com a utilização de Building Information Modeling (BIM). In: Anais do XIII Encontro Nacional de Tecnologia do Ambiente Construído – ENTAC 2010. Canela/RS: 2010.

Índice